经典译丛
人工智能与智能系统

深度学习的几何学
——信号处理视角

Geometry of Deep Learning
A Signal Processing Perspective

【韩】 Jong Chul Ye 著
周浦城 黄启恒 王粉梅 吴素琴 译

電子工業出版社
Publishing House of Electronics Industry
北京 · BEIJING

内容简介

深度学习是人工智能与机器学习领域的重要研究分支，经过短短十几年的发展，已经在计算机视觉与图像处理、自然语言处理等领域取得令人瞩目的成就。本书作为深度学习方面的专门书籍，融合了机器学习、人工神经网络和深度学习的相关概念，并且从信号处理视角呈现了深度学习背后的几何学原理，以便从统一的角度去深入理解深度学习的主要模型和算法，从而更好地指导理论分析和实践开发。全书分为三个部分，共 14 章。第 1～4 章为第一部分，主要介绍机器学习基础知识，包括向量空间、矩阵代数、凸优化等数学预备知识，以及支持向量机、核回归等经典机器学习技术；第 5～9 章为第二部分，主要介绍深度学习的构成要素，包括人工神经网络与反向传播、卷积神经网络、图神经网络及归一化和注意力机制，重点介绍这些模型背后的数学原理和几何解释；第 10~14 章为第三部分，主要介绍深度学习的高级主题，包括深度神经网络几何学、深度学习优化与泛化能力，以及生成模型与无监督学习。

本书适合具备一定数学基础和机器学习基础且对深度神经网络感兴趣的研究人员和工程技术人员阅读。另外，高等院校智能科学与技术、计算机科学与技术、自动化及相关专业的研究生或高年级本科生也可以将本书作为辅助教材使用。

图书在版编目 (CIP) 数据

深度学习的几何学：信号处理视角 /（韩）芮钟喆著；周浦城等译. —北京：电子工业出版社，2023.1
书名原文：Geometry of Deep Learning: A Signal Processing Perspective
ISBN 978-7-121-44799-0

Ⅰ. ①深…　Ⅱ. ①芮…　②周…　Ⅲ. ①机器学习－高等学校－教材　Ⅳ. ①TP181

中国版本图书馆 CIP 数据核字（2022）第 250498 号

责任编辑：张　鑫
印　　刷：三河市鑫金马印装有限公司
装　　订：三河市鑫金马印装有限公司
出版发行：电子工业出版社
　　　　　北京市海淀区万寿路 173 信箱　　邮编：100036
开　　本：787×1092　1/16　印张：16　　字数：399 千字
版　　次：2023 年 1 月第 1 版
印　　次：2023年8月第2次印刷
定　　价：79.00 元

凡所购买电子工业出版社图书有缺损问题，请向购买书店调换。若书店售缺，请与本社发行部联系，联系及邮购电话：（010）88254888，88258888。

质量投诉请发邮件至 zlts@phei.com.cn，盗版侵权举报请发邮件至 dbqq@phei.com.cn。

本书咨询联系方式：zhangxinbook@126.com。

译者序

本书是医学成像领域的国际著名学者、IEEE Fellow、IEEE SPS 计算成像技术委员会主席、韩国科学技术院（KAIST）教授 Jong Chul Ye 的最新著作，是他多年研究工作的梳理总结。在本书中，作者凭借扎实的数学功底和深厚的生物学背景，以独特的几何学视角对深度学习算法融入前沿的工程技术进行系统性阐述，本书不仅将机器学习相关数学知识融会贯通，还对基础理论与深度神经网络模型进行融合讲授，使读者对深度学习“黑匣子”的探究燃起了“知其然，更要知其所以然”的好奇心与求知欲。

本书的重点不是将深度学习描述为一种具体的实现技术，而是将其解释为可以想象的信号处理技术的最终形式，以便为读者提供几何学的见解，帮助他们从统一的角度理解深度学习。为此，本书首先概述了经典的核机器学习方法，并分析了它们的优点和局限性；其次，在从生物学和算法的角度详细解释深度神经网络的基础构件如卷积、池化和非线性激活函数之后，重点阐述了注意力、归一化、Transformer、BERT、GPT-3 等最新工具，并且着重强调了这样一个事实，即在这些启发式方法的背后有一个重要的、优雅的几何结构，可以帮助我们从高维几何学角度去理解深度学习的工作机理；最后，从统一的几何学角度描述了生成对抗网络、变分自编码器、归一化流等不同形式的生成模型，并且深刻揭示了它们实际上来自统计距离最小化和最优传输问题。

本书由机器学习基础、深度学习的构成要素及深度学习的高级主题三大部分构成，从实践到理论都包含了很多最新的研究进展，涉及的数学基础理论及相关算法设计相对完整，尤其是从几何学视角对深度学习进行了系统阐述，所以它既可以作为高等院校数学、生物学、计算机、人工智能等专业高年级本科生和相关学科研究生涉足高级人工智能领域的教材，也可以作为有兴趣获取最新深度学习算法及其基础的研究人员的参考资料。此外，本书最初是为生物工程和数学专业学生的代码共享课程准备的，内容设计跨学科交叉频繁，因此在每一章后面都留有一定数量的习题，以方便读者及时检验学习效果。

本书翻译人员均为高校老师，他们长期从事计算机视觉与图像处理、机器学习及最优化等方面的教学与科研工作。其中，第 1～4 章主要由王粉梅、吴素琴负责翻译，第 5～9 章主要由黄启恒负责翻译，第 10～14 章由周浦城负责翻译，最后由周浦城对全书进行了统稿。

为了尽可能准确地呈现作者想要表达的思想，在翻译过程中，在不影响内容理解的基础上，我们尽量遵照原文的表述，以避免过度翻译。另外也注意到，有一些术语实在不便于中文表达，就保留原文作为对照，如优化地形（optimization landscape）、注意力增强映射（attended map）、过参数化（over-parameterization）等。此外，还有一些专业术语也存在不同资料译法不统一的情况，我们将在附录 A 中对这些专业术语进行统一对照处理，请读者留意。在人名的翻译方面，我们也灵活处理，对译名用词固定的人名采用中文表达，如牛顿、拉格朗日、贝叶斯、希尔伯特等。而有些人名的中文译名较少出现，且中文译名在不同资料中也不统一，我们采用原文表述方式。对原文中出现的少数数学公式编辑方面的错误之处，译者在经过仔细推敲之后也及时进行了勘正。

为了方便读者查看清晰的图片，本书中增加了二维码，读者可以直接扫码。

本书是在安徽省自然科学基金项目（No.1908085MF208）资助的基础上完成的，在此表示衷心的感谢；在翻译过程中参考并引用了相关文献资料的观点和素材，在此向这些文献的作者表示感谢；在内容审校和出版过程中，得到了电子工业出版社张鑫编辑的大力支持，在此一并致谢。

书中涉及深度学习模型和相关术语之广，对译者来说是一个不小的挑战。对各种专业术语，我们都会查阅多种资料，反复斟酌和讨论，尤其是在翻译前沿研究成果的简要介绍时，我们通过阅读相关文献资料，力求译文尽可能地准确传达作者的真实意图。但囿于译者才疏学浅，加之时间仓促，书中难免存在疏漏和错误，敬请广大读者对阅读中发现的问题，及时来信告之（zhoupc@hit.edu.cn），以便我们修正完善。

译　者

2022 年 6 月于合肥

前言

这是一个前所未有的、奇特的、非常与众不同的新学期伊始，我本应面向生物与脑工程系和数学科学系高年级本科生开设一门新的高级智能课程。我最初规划了一套标准的机器学习教学方法，即在内容设置上是实用的、基于经验的讲座，并且通过许多小型项目和学期项目与学生进行大量互动。不幸的是，新冠感染的全球大流行彻底改变了世界上的教学方式，这种互动课程在大多数情况下不再是一种好的选择。

因此，我想到了给学生在线授课的最佳方式。我希望这门课程有别于其他流行的在线机器学习课程，但仍然提供有关现代深度学习的最新信息。然而，大多数现有的教材要么内容已经过时了，要么过于注重具体操作而没有涉及相关的基础知识，可用的选项并不多。一种选择是通过添加我想要讲授的所有最新知识来准备演示幻灯片。但对本科阶段的课程，演示文件通常不足以让学生跟随课堂教学，我们还需要一本学生可以独立阅读的教材来帮助他们理解消化教学内容。为此，我决定先撰写一个阅读材料，再根据它创建演示文件，这样学生就可以在线上讲座前后独立开展学习。这就是我为期一学期的《深度学习的几何学——信号处理视角》书籍项目的由来。

事实上，我一直坚信深度神经网络绝不是一个神奇的黑匣子，而是数学新发现的无穷灵感的源泉。此外，我相信艾萨克·牛顿的那句名言“站在巨人的肩膀上”，并寻求对深度学习的数学解释。对像我这样的医学影像研究人员来说，这个话题不仅从理论角度，而且对临床决策都是至关重要的，因为我们并不想创造出可以被视为“疾病”的虚假特征。

2017 年的某一天，在里斯本（Lisbon）的一条街道上，我在理解编码器-解码器神经网络中隐藏的小波框架结构方面突然来了灵感。关于深度卷积小波框架的最终解释发表在 *SIAM Journal on Imaging Science* 上，这项工作在应用数学界产生了重大影响，并且是自发表以来下载次数最多的论文之一。然而，有关整流线性单元（Rectified Linear Unit，ReLU）在这项工作中的作用机理阐述并不清晰，医学影像期刊的一位审稿人一直要求我解释 ReLU 在深度神经网络中的作用。起初，这看起来像一个超出医学应用论文范围的问题，但要感谢审稿人，因为在准备问题答复的痛苦中，我意识到 ReLU 决定了输入空间划分，它会自动适应输入空间流形。事实上，这一发现促成了 2019 年的 ICML 论文，在该论文中我们揭示了小波框架的组合表示，这清楚地表明了其与经典压缩感知（Compressed Sensing，CS）方法之间的关键联系。

回想起来，当初我非常大胆地开始了这本书的撰写工作，因为这只是我对深度学习的几何学理解的两个片段。然而，当我为深度学习的每个主题准备阅读材料时，我发现确实有许多令人兴奋的几何学见解尚未得到充分讨论。

例如，在撰写关于反向传播的章节时，我意识到分母布局（denominator layout）约定在矩阵演算中的重要性，这导致了非常优美的反向传播几何学。在写这本书之前，归一化和注意力机制在我看来似乎相当富有启发性，由于缺乏系统理解的证据，加上二者的相似性，这更加令人困惑不已。例如，AdaIN、Transformer 和 BERT 就像研究人员用他们自己的秘密调味料开发的黑暗食谱。然而，在准备阅读材料的过程中经深入研究后发现，它们的直觉背后其实有一个非常好的数学结构，这表明二者之间及它们与最优传输理论之间是密切相关的。

在撰写关于深度神经网络的几何学的章节中，另一个乐趣是它开阔了我的视野。在讲座过程中，我的一位学生指出，某些分区将会导致低秩映射（low-rank mapping）。回想起来，这其实已经蕴含在方程中了，但直到学生向我发起挑战，我才意识到分区的优美几何形状，它与深度神经网络的迷人经验观察完美吻合。

第 13 章是关于生成模型和无监督学习的，这也是令我感到非常自豪的地方。与采用概率工具对生成对抗网络、变分自编码器及归一化流进行解释的传统做法相比，我的主要重点放在利用几何工具对它们进行推导。事实上，这种努力是非常有益的，该章清楚地将各种形式的生成模型统一为统计距离最小化和最优传输问题。

事实上，本书的重点是赋予学生一种几何洞察力，以便帮助他们在一个统一的框架下理解深度学习，我相信这是第一本从这种角度写作的深度学习书籍。由于本书是基于我为高年级本科生课程而准备的材料，相信本书可用于为期一个学期的高年级本科生和研究生课程。另外，我的课程是生物工程和数学专业的代码共享课程，因此其中的大部分内容是跨学科的，试图吸引这两个学科的学生。

非常感谢我的助教及 Bi S400C 和 MAS480 2020 年春季班的学生。特别感谢我伟大的助教团队：Sangjoon Park、Yujin Oh、Chanyong Jung、Byeongsu Sim、Hyungjin Chung 和 Gyutaek Oh。尤其是 Sangjoon，作为首席助教做了大量工作，并就本书的印刷错误和谬误提供了系统的反馈。还要感谢我在 KAIST 生物成像、信号处理与学习实验室（Bio Imaging, Signal Processing and Learning Laboratory，BISPL）的出色团队，他们的开创性研究工作激发了我的灵感。

非常感谢我了不起的儿子和未来的科学家 Andy Sangwoo，以及我可爱的女儿和未来的作家 Ella Jiwoo，他们的爱和支持是我无穷无尽的能量和灵感源泉，我为你们感到骄傲。最后，但同样也是最重要的，我要感谢我亲爱的妻子 Seungjoo（Joo），自从我们认识以来，她一直给予我无尽的爱和持续不断的支持。我欠你的一切，是你让我成为一个好人。

以上致以我最诚挚的谢意。

Jong Chul Ye
于韩国大田
2021 年 2 月

符号约定

符　　号	含　　义	符　　号	含　　义
$\mathbb{Z}$	整数集	$\mathbb{R}$	实数集
$\mathbb{R}_+$	非负实数集	$\mathbb{R}_{++}$	正实数集
$\mathbb{R}_-$	负实数集	$\mathbb{R}_+^n$	n 维非负实向量空间
$\mathbb{R}^n$	n 维欧几里得空间	$\mathbb{C}^n$	n 维复向量空间
$\varnothing$	空集	$\boldsymbol{S}_{++}^n$	$n\times n$ 阶的正定矩阵集
$\boldsymbol{S}_+^n$	$n\times n$ 阶的半正定矩阵集	$\mathbb{N}$	自然数集
$\forall$	所有	$\in$	属于
$\cup$	集合的并	$\cap$	集合的交
$\subseteq$	包含	$\subset$	真包含
$\exists$	存在	$:=$	定义为
∇f	函数 f 的梯度	$\langle\cdot,\cdot\rangle$	内积
$\mapsto$	映射	$\perp$	正交
$\lVert\cdot\rVert$	范数	$[n]$	集合 $\{1,\cdots,n\}$
$\lvert A\rvert$	集合 A 的基数	$\exp(\cdot)$	自然指数函数
$\mathrm{dom}\,f$	函数 f 的定义域	$\mathrm{gra}\,f$	函数 f 的图
$\mathrm{epi}\,f$	函数 f 的上镜图	$\mathrm{span}(S)$	集合 S 的生成空间
$\otimes$	Kronecker 积	$\circledast$	循环卷积
$\mathbf{1}$	全 1 向量	$\mathbf{0}$	全 0 向量
$\mathrm{Rank}(\boldsymbol{A})$	矩阵 $\boldsymbol{A}$ 的秩	$\mathrm{Tr}(\boldsymbol{A})$	矩阵 $\boldsymbol{A}$ 的迹
$R(\boldsymbol{A})$	矩阵 $\boldsymbol{A}$ 的列空间	$N(\boldsymbol{A})$	矩阵 $\boldsymbol{A}$ 的零空间
$\lVert\boldsymbol{A}\rVert_2$	矩阵 $\boldsymbol{A}$ 的谱范数	$\lVert\boldsymbol{A}\rVert_*$	矩阵 $\boldsymbol{A}$ 的核范数
$\boldsymbol{I}_m$	$m\times m$ 阶单位矩阵	$\boldsymbol{A}^{-1}$	矩阵 $\boldsymbol{A}$ 的逆矩阵
$\det(\boldsymbol{A})$	矩阵 $\boldsymbol{A}$ 的行列式	$\boldsymbol{A}^{\top}$	矩阵 $\boldsymbol{A}$ 的伴随矩阵
$\mathrm{VEC}(\boldsymbol{A})$	矩阵 $\boldsymbol{A}$ 列向量化	$\mathrm{UNVEC}(\boldsymbol{x})$	列向量化为矩阵
$\max\{\cdot\}$	最大值函数	$\mathrm{ReLU}(z)$	整流线性单元激活函数
$E[\bullet]$	数学期望	$N(v)$	顶点（节点）v 的邻域
$\mathrm{argmax}(\cdot)$	最大值参数	$\mathrm{argmin}(\cdot)$	最小值参数
$\mathrm{sign}(\cdot)$	符号函数	$\sigma(\cdot)$	激活函数
$\tanh(\cdot)$	双曲正切函数	$\mathrm{Sig}(\cdot)$	sigmoid 函数
∞	无穷大	$\mathbf{Sig}(\cdot)$	逐元素的 sigmoid 函数

目 录

第一部分 机器学习基础

第二部分 深度学习的构成要素

第三部分　深度学习的高级主题

第一部分　机器学习基础

“我不断听到这样的说法：复杂的理论是没有用的，有用的是简单的算法。我希望能够说明，在科学领域中，那句古老的原则仍然适用，就是：没有什么比一个好的理论更实用了。”

——Vladimir N Vapnik

第 1 章 数学预备知识

本章简要介绍理解本书内容所需的基本数学概念。

1.1 度量空间

度量空间（metric space）(X, d)是指在其中定义了度量（metric）d 这种结构的集合 X。其中，度量是定义集合中任意两个成员之间距离概念的函数，其定义如下。

定义 1.1（度量） 集合 X 上的一个度量是称为距离 $d: X \times X \mapsto \mathbb{R}_+$ 的函数，其中，$\mathbb{R}_+$ 是非负实数的集合。对所有 $x,y,z \in X$，满足以下条件：

（1）$d(x,y) \geqslant 0$（非负性）；

（2）$d(x,y) = 0$ 当且仅当 $x = y$；

（3）$d(x,y) = d(y,x)$（对称性）；

（4）$d(x,z) \leqslant d(x,y) + d(y,z)$（三角不等式）。

空间上的度量引出了开集（open set）和闭集（closed set）等拓扑性质，从而导致对更加抽象的拓扑空间（topological space）的研究。对度量空间 X 中的任一点 x，我们定义中心在 x 处且半径为 $r > 0$ 的开球是集合

$$B_r(x) = \{y \in X : d(x,y) < r\} \tag{1.1}$$

这样就可以定义开集与闭集。

定义 1.2（开集与闭集） 如果对每个 $x \in U$，都存在一个 $r > 0$，使得 $B_r(x) \subset U$，则子集 $U \subset X$ 称为开集。开集的补集称为闭集。

度量空间 X 中的一个序列 $\{x_n\}$ 收敛到极限 $x \in X$，当且仅当对每个 $\varepsilon > 0$，存在一个自然数 N，使得对每个 $n > N$ 有 $d(x_n, x) < \varepsilon$。度量空间 X 中，子集 S 是闭集，当且仅当每个在 S 内的序列若可收敛至 X 内的一极限，则该极限在 S 内。此外，序列 $\{x_n\}$ 是柯西序列（Cauchy sequence），当且仅当对任意的 $\varepsilon > 0$，存在一个正整数 N，满足

$$d(x_n, x_m) < \varepsilon, \quad \forall m,n \geqslant N$$

现在我们可以定义度量空间中的重要概念。

定义 1.3（完备性） 度量空间 X 称为完备的（complete），若 X 中的每个柯西序列均收敛于 X 中的一个点，或者说，若 $d(x_n, x_m) \to 0$，其中 $n \to \infty, m \to \infty$，则存在某个 $y \in X$，使得 $d(x_n, y) \to 0$。

定义 1.4（Lipschitz 连续） 给定两个度量空间 (X, d_X) 和 (Y, d_Y)，这里 d_X 是集合 X 上

的度量，d_Y是集合 Y 上的度量，函数 $f:X \mapsto Y$ 称为 Lipschitz 连续（Lipschitz continuous），若存在一个实数 $K \geqslant 0$，使得对 $\forall x_1, x_2 \in X$，有

$$d_Y(f(x_1), f(x_2)) \leqslant K d_X(x_1, x_2) \tag{1.2}$$

其中，常数 K 通常称为 Lipschitz 常数（Lipschitz constant），f 称为 K-Lipschitz 函数。

1.2　向量空间

向量空间（vector space）V 是在有限向量加法和标量乘法运算下封闭的集合。在机器学习应用中，标量通常是实数域或复数域中的成员，此时 V 称为实数向量空间或复数向量空间。

例如，n 维欧几里得空间$\mathbb{R}^n$称为实向量空间，而$\mathbb{C}^n$称为复向量空间。在 n 维欧几里得空间$\mathbb{R}^n$中，每个元素（向量）由 n 个实数表示，加法是指对应的分量逐个相加，标量乘法是指标量和每一个分量相乘。具体而言，我们将一个实值列向量 $\boldsymbol{x}$ 定义为一个包含 n 个实数的数组，记为

$$\boldsymbol{x} = \begin{bmatrix} x_1 \\ x_2 \\ \vdots \\ x_n \end{bmatrix} = [x_1, x_2, \cdots, x_n]^\top \in \mathbb{R}^n$$

其中，上标 $\top$ 表示伴随（adjoint）。注意，对实向量，伴随就是转置。两个向量 $\boldsymbol{x}$、$\boldsymbol{y}$ 的加法记为 $\boldsymbol{x}+\boldsymbol{y}$，即 $\boldsymbol{x}+\boldsymbol{y} = [x_1+y_1, x_2+y_2, \cdots, x_n+y_n]^\top$。

类似地，对 $\alpha \in \mathbb{R}$，标量乘法定义为 $\alpha\boldsymbol{x} = [\alpha x_1, \alpha x_2, \cdots, \alpha x_n]^\top$。

此外，我们还可以定义向量空间的内积（inner product）和范数（norm）。

定义 1.5（内积） 设 V 是$\mathbb{R}$上的一个向量空间。映射 $\langle \cdot,\cdot \rangle_V : V \times V \mapsto \mathbb{R}$ 称为 V 上的内积，如果满足下列性质：

（1）线性：对 $\forall \alpha_1, \alpha_2 \in \mathbb{R}$，$\boldsymbol{f}_1, \boldsymbol{f}_2, \boldsymbol{g} \in V$，有

$$\langle \alpha_1 \boldsymbol{f}_1 + \alpha_2 \boldsymbol{f}_2, \boldsymbol{g} \rangle_V = \alpha_1 \langle \boldsymbol{f}_1, \boldsymbol{g} \rangle_V + \alpha_2 \langle \boldsymbol{f}_2, \boldsymbol{g} \rangle_V$$

（2）对称性：$\langle \boldsymbol{f}, \boldsymbol{g} \rangle_V = \langle \boldsymbol{g}, \boldsymbol{f} \rangle_V$；

（3）$\langle \boldsymbol{f}, \boldsymbol{f} \rangle_V \geqslant 0$，$\langle \boldsymbol{f}, \boldsymbol{f} \rangle_V = 0$，当且仅当 $\boldsymbol{f} = \boldsymbol{0}$。

如果潜在向量空间 V 很明显，则在内积表示时我们通常不写下标，即简写为 $\langle \boldsymbol{f}, \boldsymbol{g} \rangle$。例如，两个向量 $\boldsymbol{f}$，$\boldsymbol{g} \in \mathbb{R}^n$ 的内积定义为

$$\langle \boldsymbol{f}, \boldsymbol{g} \rangle = \sum_{i=1}^{n} f_i g_i = \boldsymbol{f}^\top \boldsymbol{g}$$

两个非零向量 $\boldsymbol{x}$、$\boldsymbol{y}$，若满足

$$\langle \boldsymbol{x}, \boldsymbol{y} \rangle = 0$$

则称向量 $\boldsymbol{x}$ 与 $\boldsymbol{y}$ 正交（orthogonal），记为 $\boldsymbol{x} \perp \boldsymbol{y}$。

如果向量 $\boldsymbol{x}$ 与集合 S 中的每个元素都正交，则称 $\boldsymbol{x}$ 与子集 $S \subset V$ 正交，记为 $\boldsymbol{x} \perp S$。

向量空间 V 的子集 S 的正交补（orthogonal complement），记为 $S^{\perp}$，由 V 中所有与 S 中的每个向量正交的向量组成，即

$$S^{\perp} = \{\boldsymbol{x} \in V : \langle \boldsymbol{v}, \boldsymbol{x} \rangle = 0, \forall \boldsymbol{v} \in S\}$$

定义 1.6（范数） 范数 $\|\cdot\|$ 是一个定义在向量空间上的实值函数（real-valued function），具有以下性质：

（1）非负性：$\|\boldsymbol{x}\| \geqslant 0$，且 $\|\boldsymbol{x}\| = 0$，当且仅当 $\boldsymbol{x} = \boldsymbol{0}$；

（2）齐次性：$\|\alpha \boldsymbol{x}\| = |\alpha| \|\boldsymbol{x}\|$，$\alpha$ 为任意标量；

（3）三角不等式：$\|\boldsymbol{x} + \boldsymbol{y}\| \leqslant \|\boldsymbol{x}\| + \|\boldsymbol{y}\|$，$\boldsymbol{x}, \boldsymbol{y}$ 为任意向量。

从内积定义中，我们可以得到诱导范数（induced norm）：

$$\|\boldsymbol{x}\| = \sqrt{\langle \boldsymbol{x}, \boldsymbol{x} \rangle}$$

类似地，由 1.1 节中度量的定义可知，向量空间 V 中的一个范数引出了一个度量：

$$d(\boldsymbol{x}, \boldsymbol{y}) = \|\boldsymbol{x} - \boldsymbol{y}\|, \quad \forall \boldsymbol{x}, \boldsymbol{y} \in V \tag{1.3}$$

向量空间中的范数和内积有着特殊的关系。例如，对任意两个向量 $\boldsymbol{x}, \boldsymbol{y} \in V$，总有下面的柯西-施瓦茨不等式（Cauchy–Schwarz inequality）：

$$|\langle \boldsymbol{x}, \boldsymbol{y} \rangle| \leqslant \|\boldsymbol{x}\| \|\boldsymbol{y}\| \tag{1.4}$$

1.3 巴拿赫空间与希尔伯特空间

内积空间（inner product space）定义为具有内积的向量空间。赋范空间（normed space）是一个定义了范数的向量空间。内积空间总是赋范空间，因为我们可以定义一个范数：$\|\boldsymbol{f}\| = \sqrt{\langle \boldsymbol{f}, \boldsymbol{f} \rangle}$，它通常称为诱导范数。在各种形式的赋范空间中，最常用的赋范空间之一是巴拿赫空间（Banach space）。

定义 1.7 巴拿赫空间是完备的赋范空间。

从优化的角度来看，“完备性”特别重要，因为大多数优化算法都是以迭代的方式实现的，所以迭代方法的最终解应该属于潜在空间 H。回想一下，收敛性是度量空间中的一个属性，因此，巴拿赫空间可以看成一个具有度量空间的理想属性的向量空间。同样地，我们可以定义希尔伯特空间（Hilbert space）。

定义 1.8 希尔伯特空间是完备的内积空间。

由诱导范数可知，希尔伯特空间必定是巴拿赫空间。向量空间、赋范空间、内积空间、巴拿赫空间和希尔伯特空间之间的包含关系如图 1.1 所示。

如图 1.1 所示，希尔伯特空间具有许多良好的数学结构，如内积、范数、完备性等，因此在机器学习文献中有着广泛的应用。下面是常见的希尔伯特空间的例子。

- $l^2(\mathbb{Z})$：一个由平方可求和的离散时间信号组成的函数空间（function space），即

$$l^2(\mathbb{Z}) = \left\{ \boldsymbol{x} = \{x_l\}_{l=-\infty}^{\infty} \middle| \sum_{l=-\infty}^{\infty} |x_l|^2 < \infty \right\}$$

其中，内积定义为

$$\langle \boldsymbol{x}, \boldsymbol{y} \rangle_H = \sum_{l=-\infty}^{\infty} x_l y_l, \quad \forall \boldsymbol{x}, \boldsymbol{y} \in H \tag{1.5}$$

- $L^2(\mathbb{R})$：一个由平方可积的连续时间信号组成的函数空间，即

$$L^2(\mathbb{R}) = \left\{ x(t) \middle| \int_{-\infty}^{\infty} |x(t)|^2 \, \mathrm{d}t < \infty \right\}$$

其中，内积定义为

$$\langle x, y \rangle_H = \int x(t) y(t) \mathrm{d}t \tag{1.6}$$

在希尔伯特空间的各种形式中，再生核希尔伯特空间（Reproducing Kernel Hilbert Space，RKHS）在经典的机器学习文献中特别有趣，后续进行介绍。注意，RKHS 只是希尔伯特空间的一个子集，如图 1.1 所示，即希尔伯特空间比 RKHS 更一般。

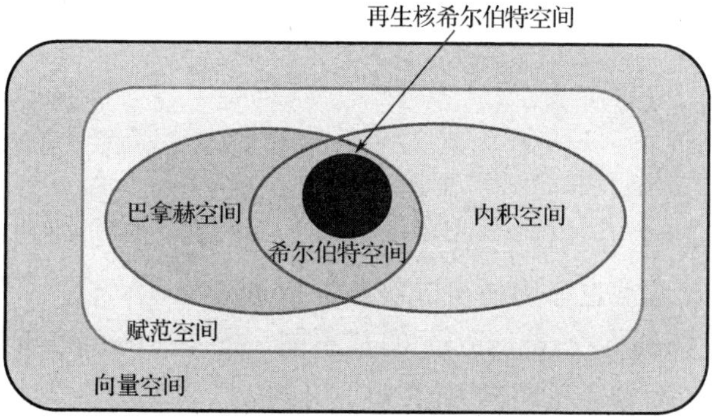

图 1.1　向量空间、赋范空间、内积空间、巴拿赫空间和希尔伯特空间之间的包含关系

基和框架

向量组 $\{\boldsymbol{x}_1, \boldsymbol{x}_2, \cdots, \boldsymbol{x}_k\}$ 称为线性无关（linearly independent）的，若下列线性组合

$$\alpha_1 \boldsymbol{x}_1 + \alpha_2 \boldsymbol{x}_2 + \cdots + \alpha_k \boldsymbol{x}_k = \boldsymbol{0}$$

只有当 $\alpha_i = 0$，$i = 1, 2, \cdots, k$ 时才成立。

由集合 S 中所有向量的线性组合组成的集合称为 S 的生成空间（span）。例如，若 $S = \{\boldsymbol{x}_i\}_{i=1}^{k}$，那么有

$$\mathrm{span}(S) = \left\{ \sum_{i=1}^{k} \alpha_i \boldsymbol{x}_i, \forall \alpha_i \in \mathbb{R} \right\}$$

向量空间 V 中的一组元素（即向量）$B = \{\boldsymbol{b}_i\}_{i=1}^{m}$ 是一个基（basis），如果 V 中的每个元素都可以唯一地由 B 中元素的线性组合来表示。也就是说，对 $\forall \boldsymbol{f} \in V$，存在唯一的系数 $\{c_i\}$ 使得

$$f = \sum_{i=1}^{m} c_i \boldsymbol{b}_i \tag{1.7}$$

成立。

集合 B 是 V 的一个基，当且仅当 B 中的每个元素线性无关且 $\mathrm{span}(B) = V$。线性组合的系数称为展开系数（expansion coefficient），或在基 B 中的坐标。基中的元素称为基向量（basis vectors）。一般来说，对 m 维空间，基向量的个数是 m。例如，当 $V = \mathbb{R}^2$ 时，下面的两个集合就是基的一些例子：

$$\left\{\begin{bmatrix}1\\0\end{bmatrix},\begin{bmatrix}0\\1\end{bmatrix}\right\},\quad \left\{\begin{bmatrix}1\\1\end{bmatrix},\begin{bmatrix}1\\-1\end{bmatrix}\right\} \tag{1.8}$$

对函数空间，基向量的个数可以是无限的。例如，对由周期为 T 的周期函数组成的空间 V_T，下面的复正弦曲线构成它的基：

$$B = \{\varphi_n(t)\}_{n=-\infty}^{\infty}, \qquad \varphi_n(t) = \mathrm{e}^{i\frac{2\pi nt}{T}} \tag{1.9}$$

因此，任何函数 $x(t) \in V_T$ 都可以表示为

$$x(t) = \sum_{n=-\infty}^{\infty} a_n \varphi_n(t) \tag{1.10}$$

其中，展开系数为

$$a_n = \frac{1}{T}\int_T x(t)\varphi_n^*(t)\mathrm{d}t \tag{1.11}$$

实际上，这种基展开式通常也称为傅里叶级数（Fourier series）。

与导致唯一展开（unique expansion）的基不同，框架（frame）是由冗余的基向量组成的，允许有多种表示。例如，考虑$\mathbb{R}^2$中的如下框架：

$$\{\boldsymbol{v}_1, \boldsymbol{v}_2, \boldsymbol{v}_3\} = \left\{\begin{bmatrix}1\\0\end{bmatrix},\begin{bmatrix}0\\1\end{bmatrix},\begin{bmatrix}1\\1\end{bmatrix}\right\} \tag{1.12}$$

那么，我们很容易地看到该框架允许多种表示，例如，$\boldsymbol{x} = [2,3]^{\top}$ 可以表示为

$$\boldsymbol{x} = 2\boldsymbol{v}_1 + 3\boldsymbol{v}_2 = \boldsymbol{v}_2 + 2\boldsymbol{v}_3 \tag{1.13}$$

也可以对框架进行扩展以便用来处理函数空间，此时框架的元素个数是无限的。

形式上，希尔伯特空间 H 中的函数集合

$$\boldsymbol{\Phi} = [\boldsymbol{\phi}_k]_{k\in\Gamma} = [\cdots \boldsymbol{\phi}_{k-1} \quad \boldsymbol{\phi}_k \cdots]$$

称为一个框架，如果满足下列不等式[1]：

$$\alpha\|\boldsymbol{f}\|^2 \leqslant \sum_{k\in\Gamma}\left|\langle \boldsymbol{f}, \boldsymbol{\phi}_k\rangle\right|^2 \leqslant \beta\|\boldsymbol{f}\|^2, \qquad \forall \boldsymbol{f} \in H \tag{1.14}$$

其中，$\alpha, \beta > 0$ 分别称为框架下界和框架上界。如果 $\alpha = \beta$，则称之为紧框架（tight frame）。事实上，基是一类特殊的紧框架。

1.4　概率空间

我们从概率空间（probability space）的正式定义和测度论（measure theory）[2]的相关术语开始介绍。

定义 1.9（概率空间） 三元组 (Ω, F, μ) 为一个概率空间，其中，Ω 是样本空间（sample space），F 是样本空间 Ω 的子集组成的事件域（通常称为 σ 代数），概率测度（probability measure）或分布（distribution）$\mu: F \to [0,1]$ 是一个满足如下性质的函数：

- （可列可加性）对每个两两互不相交的可数集 $\{E_i\}$，有

$$\mu(\bigcup_i E_i) = \bigcup_i \mu(E_i)$$

- 整个样本空间的测度等于 1，即 $\mu(\Omega) = 1$。

事实上，概率测度是测度论[2]中一般“测度”的特殊情形。一般“测度”的定义与上面定义的概率测度类似，但是只需要非负性和可列可加性。另一个重要的特殊测度就是计数测度（counting measure）$v(A)$，即度量集合 A 中所含元素的个数。

为了理解概率空间的概念，我们给出两个例子：一个是离散的情况，一个是连续的情况。

例 1.1　离散概率空间

我们考虑抛掷一枚均匀硬币的实验：每次实验的结果只可能出现正面或者反面，也就是样本空间为 $\Omega = \{H, T\}$。σ 代数或事件域包含 $2^2 = 4$ 个元素，即 $\{H\}$（正面），$\{T\}$（反面），$\{\varnothing\}$（既不是正面也不是反面），$\{H, T\}$（可能正面可能反面），则 $F = \{\{H\}, \{T\}, \{\varnothing\}, \{H, T\}\}$。出现正面或者反面的机会均为 0.5，于是本例中的概率测度为 $P(\varnothing) = 0$，$P(\{H\}) = 0.5$，$P(\{T\}) = 0.5$，$P(\{H, T\}) = 1$。

例 1.2　连续概率空间

在 0 和 1 之间随机均匀地取值，这里样本空间 $\Omega = [0, 1]$。在这种情况下，事件域 F 可以这样生成：①$[0, 1]$上的开区间(a, b)；②$[0, 1]$上的闭区间$[a, b]$；③闭区间$[0, a]$及它们的并集、交集、补集等。最终得到，测度 μ 为 Lebesgue 测度，定义为 F 内区间的长度，例如，

$$\mu([0.2, 0.5]) = 0.3，\mu([0, 0.2] \cup [0.5, 0.8]) = 0.5，\mu(\{0.5\}) = 0$$

下面定义 Radon-Nikodym 导数（Radon-Nikodym derivative），它是一种数学工具，用来推导连续域的概率密度函数（Probability Density Function，PDF）或者离散域的概率质量函数（Probability Mass Function，PMF）。Radon-Nikodym 导数在推导统计距离（statistical distances）特别是散度（divergence）时也很重要。为此，先给出绝对连续测度（absolutely continuous measure）的概念。

定义 1.10（绝对连续测度） 设 μ 和 v 是 Ω 的任意事件集（event set）F 上的两个测度，如果对任意可测集 A，若 $\mu(A) = 0$ 必有 $v(A) = 0$，则称 v 关于 μ 是绝对连续的，记为 $v \ll \mu$。

定理 1.1（Radon–Nikodym 定理） 设 λ 和 v 是 Ω 的任意事件集 F 上的两个测度，若 $\lambda \ll v$，那么在 Ω 上存在一个非负可测函数 g，使得

$$\lambda(A) = \int_A \mathrm{d}\lambda = \int_A g\mathrm{d}v, \quad A \in F \tag{1.15}$$

函数 g 称为 λ 关于 v 的 Radon–Nikodym 导数或密度，记为 $\frac{\mathrm{d}\lambda}{\mathrm{d}v}$。概率论中使用的 Radon-Nikodym 导数就是概率密度函数或概率质量函数，如下所述。

对一个概率空间 (Ω, F, μ)，随机变量（random variable）定义为一个从可能的结果空间 Ω 到可测空间（measurable space）M 的函数，即 $X: \Omega \to M$。对随机变量 X，我们可以定义其函数的期望：

$$E_\mu[g(X)] = \int_X g(x)\mathrm{d}\mu(x) \tag{1.16}$$

1.5 矩阵代数

下面介绍一些矩阵代数方面的知识，以方便读者理解本书的相关内容。

矩阵是一个矩形数组，用大写字母表示，如 $\boldsymbol{A}$。一个有 m 行和 n 列的矩阵称为 $m \times n$ 阶矩阵，表示为

$$\boldsymbol{A} = \begin{bmatrix} a_{11} & a_{12} & \cdots & a_{1n} \\ a_{21} & a_{22} & \cdots & a_{2n} \\ \vdots & \vdots & \ddots & \vdots \\ a_{m1} & a_{m2} & \cdots & a_{mn} \end{bmatrix}$$

矩阵 $\boldsymbol{A}$ 的第 k 列通常记为 $\boldsymbol{a}_k$。$\boldsymbol{A}$ 的列向量组的最大线性无关组含有向量的个数称为 $\boldsymbol{A}$ 的秩（rank）。容易证明：

$$\mathrm{Rank}(\boldsymbol{A}) = \dim\ \mathrm{span}([\boldsymbol{a}_1, \cdots, \boldsymbol{a}_n])$$

方阵 $\boldsymbol{A} \in \mathbb{R}^{n \times n}$ 的主对角线（从左上到右下）的元素之和称为 $\boldsymbol{A}$ 的迹（trace），记为 $\mathrm{Tr}(\boldsymbol{A})$，即

$$\mathrm{Tr}(\boldsymbol{A}) = \sum_{i=1}^{n} a_{ii}$$

定义 1.11（列空间） 矩阵 $\boldsymbol{A} \in \mathbb{R}^{m \times n}$ 的列的所有线性组合组成的集合称为 $\boldsymbol{A}$ 的列空间（range space），记为 $R(\boldsymbol{A})$，即 $R(\boldsymbol{A}) := \{\boldsymbol{Ax} \mid \forall \boldsymbol{x} \in \mathbb{R}^n\}$。

定义 1.12（零空间） 齐次方程 $\boldsymbol{Ax} = \boldsymbol{0}$ 的全体解的集合称为矩阵 $\boldsymbol{A} \in \mathbb{R}^{m \times n}$ 的零空间（null space），记为 $N(\boldsymbol{A})$，即 $N(\boldsymbol{A}) := \{\boldsymbol{x} \in \mathbb{R}^n \mid \boldsymbol{Ax} = \boldsymbol{0}\}$。

向量空间的一个子集若对加法和标量乘法运算封闭，则称为子空间（subspace）。容易看出，列空间和零空间是子空间，并且具有下面的性质

$$R(\boldsymbol{A})^{\perp} = N(\boldsymbol{A}^{\top}), \qquad N(\boldsymbol{A})^{\perp} = R(\boldsymbol{A}^{\top}) \tag{1.17}$$

如果一个向量空间 V 是希尔伯特空间，则对一个子空间 $S \subset V$ 和向量 $\boldsymbol{y} \in V$，S 中与 $\boldsymbol{y}$ 距离最接近的点存在且唯一，记为

$$\hat{\boldsymbol{y}} = P_S \boldsymbol{y}$$

其中，P_S 是子空间 S 的投影（projector）。特别地，如果子空间 S 具有一个基 B，则 S 的投影由下式给出

$$P_S = \boldsymbol{B}(\boldsymbol{B}^{\top}\boldsymbol{B})^{-1}\boldsymbol{B}^{\top}$$

方阵的特征分解（eigen-decomposition）定义如下。

定义 1.13（特征分解） 设方阵 $\boldsymbol{A} \in \mathbb{C}^{n \times n}$，若标量 λ 和非零向量 $\boldsymbol{v} \in \mathbb{C}^n$ 满足方程

$$\boldsymbol{A}\boldsymbol{v} = \lambda \boldsymbol{v} \tag{1.18}$$

则称 λ 是方阵 $\boldsymbol{A}$ 的特征值（eigenvalue），$\boldsymbol{v}$ 称为对应于 λ 的特征向量（eigenvector）。

下面定义矩阵 $\boldsymbol{A}$ 的奇异值分解（Singular Value Decomposition，SVD）。

定理 1.2（奇异值分解定理） 若 $\boldsymbol{A} \in \mathbb{C}^{m \times n}$ 是一个秩为 r 的矩阵，则存在矩阵 $\boldsymbol{U} \in \mathbb{C}^{m \times r}$ 和 $\boldsymbol{V} \in \mathbb{C}^{n \times r}$，使得 $\boldsymbol{U}^{\top}\boldsymbol{U} = \boldsymbol{V}^{\top}\boldsymbol{V} = \boldsymbol{I}_r$，$\boldsymbol{A} = \boldsymbol{U}\boldsymbol{\Sigma}\boldsymbol{V}^{\top}$，其中，$\boldsymbol{I}_r$ 是 $r \times r$ 阶单位矩阵（identity matrix），$\boldsymbol{\Sigma}$ 是 $r \times r$ 阶对角矩阵，它的对角线元素 $\sigma_1 \geqslant \sigma_2 \geqslant \cdots \geqslant \sigma_r > 0$ 称为矩阵 $\boldsymbol{A}$ 的奇异值。

矩阵分解可以写成

$$\boldsymbol{A} = [\boldsymbol{u}_1 \cdots \boldsymbol{u}_r] \begin{bmatrix} \sigma_1 & 0 & \cdots & 0 \\ 0 & \sigma_2 & \cdots & 0 \\ \vdots & \vdots & \ddots & \vdots \\ 0 & 0 & \cdots & \sigma_r \end{bmatrix} [\boldsymbol{v}_1 \cdots \boldsymbol{v}_r]^{\top} = \sum_{k=1}^{r} \sigma_k \boldsymbol{u}_k \boldsymbol{v}_k^{\top}$$

其中，$\boldsymbol{u}_k$、$\boldsymbol{v}_k$ 分别称为左奇异向量（left singular vector）和右奇异向量（right singular vector）。

利用奇异值分解，很容易得出

$$P_{R(\boldsymbol{A})} = \boldsymbol{U}\boldsymbol{U}^{\top}, \quad P_{R(\boldsymbol{A}^{\top})} = \boldsymbol{V}\boldsymbol{V}^{\top} \tag{1.19}$$

利用奇异值分解，我们还可以定义矩阵范数（matrix norm）。在矩阵 $\boldsymbol{X} \in \mathbb{R}^{n \times n}$ 的各种不同形式的范数中，最常用的是谱范数（spectral norm）$\|\boldsymbol{X}\|_2$ 和核范数（nuclear norm）$\|\boldsymbol{X}\|_*$，它们的定义分别为

$$\|\boldsymbol{X}\|_2 = \sigma_{\max}(\boldsymbol{X}) = (\lambda_{\max}(\boldsymbol{X}^{\top}\boldsymbol{X}))^{\frac{1}{2}} \tag{1.20}$$

$$\|\boldsymbol{X}\|_* = \sum_i \sigma_i(\boldsymbol{X}) = \sum_i (\lambda_i(\boldsymbol{X}^{\top}\boldsymbol{X}))^{\frac{1}{2}} \tag{1.21}$$

其中，$\sigma_{\max}(\cdot)$ 和 $\lambda_{\max}(\cdot)$ 分别表示最大奇异值和最大特征值。

下面的矩阵求逆引理（matrix inversion lemma）[3]非常有用。

引理 1.1（矩阵求逆引理）

$$(\boldsymbol{I} + \boldsymbol{U}\boldsymbol{C}\boldsymbol{V})^{-1} = \boldsymbol{I} - \boldsymbol{U}(\boldsymbol{C}^{-1} + \boldsymbol{V}\boldsymbol{U})^{-1}\boldsymbol{V} \tag{1.22}$$

$$(\boldsymbol{A} + \boldsymbol{U}\boldsymbol{C}\boldsymbol{V})^{-1} = \boldsymbol{A}^{-1} - \boldsymbol{A}^{-1}\boldsymbol{U}(\boldsymbol{C}^{-1} + \boldsymbol{V}\boldsymbol{A}^{-1}\boldsymbol{U})^{-1}\boldsymbol{V}\boldsymbol{A}^{-1} \tag{1.23}$$

1.5.1 Kronecker 积

数学上，Kronecker 积（Kronecker product）是两个任意大小矩阵之间的运算形成的分块矩阵（block matrix），记为 $\otimes$ 。

定义 1.14（Kronecker 积） 如果 $\boldsymbol{A}$ 是一个 $m\times n$ 阶矩阵，$\boldsymbol{B}$ 是一个 $p\times q$ 阶矩阵，则 Kronecker 积 $\boldsymbol{A}\otimes\boldsymbol{B}$ 是一个 $pm\times qn$ 阶的分块矩阵：

$$\boldsymbol{A}\otimes\boldsymbol{B}=\begin{bmatrix} a_{11}\boldsymbol{B} & \cdots & a_{1n}\boldsymbol{B} \\ \vdots & \ddots & \vdots \\ a_{m1}\boldsymbol{B} & \cdots & a_{mn}\boldsymbol{B} \end{bmatrix} \tag{1.24}$$

Kronecker 积具有许多重要的运算性质，可用来简化很多与矩阵相关的运算。下面的引理给出了一些基本性质，引理的证明参见线性代数教材[4]。

引理 1.2

$$\boldsymbol{A}\otimes(\boldsymbol{B}+\boldsymbol{C})=\boldsymbol{A}\otimes\boldsymbol{B}+\boldsymbol{A}\otimes\boldsymbol{C} \tag{1.25}$$

$$(\boldsymbol{B}+\boldsymbol{C})\otimes\boldsymbol{A}=\boldsymbol{B}\otimes\boldsymbol{A}+\boldsymbol{C}\otimes\boldsymbol{A} \tag{1.26}$$

$$\boldsymbol{A}\otimes\boldsymbol{B}\neq\boldsymbol{B}\otimes\boldsymbol{A} \tag{1.27}$$

$$(\boldsymbol{A}\otimes\boldsymbol{B})\otimes\boldsymbol{C}=\boldsymbol{A}\otimes(\boldsymbol{B}\otimes\boldsymbol{C}) \tag{1.28}$$

$$(\boldsymbol{A}\otimes\boldsymbol{B})^{\top}=\boldsymbol{A}^{\top}\otimes\boldsymbol{B}^{\top} \tag{1.29}$$

$$(\boldsymbol{A}\otimes\boldsymbol{B})^{-1}=\boldsymbol{A}^{-1}\otimes\boldsymbol{B}^{-1} \tag{1.30}$$

引理 1.3（混合乘积运算） 若 $\boldsymbol{A}$、$\boldsymbol{B}$、$\boldsymbol{C}$、$\boldsymbol{D}$ 为矩阵，并且矩阵乘积 $\boldsymbol{AC}$ 和 $\boldsymbol{BD}$ 存在，那么

$$(\boldsymbol{A}\otimes\boldsymbol{B})(\boldsymbol{C}\otimes\boldsymbol{D})=\boldsymbol{AC}\otimes\boldsymbol{BD} \tag{1.31}$$

Kronecker 积一个重要的应用是矩阵的向量化运算。为此，先定义下面两种运算。

定义 1.15 设 $\boldsymbol{A}=[\boldsymbol{a}_1\cdots\boldsymbol{a}_n]\in\mathbb{R}^{m\times n}$，则有

$$\mathrm{VEC}(\boldsymbol{A})=\begin{bmatrix} \boldsymbol{a}_1 \\ \vdots \\ \boldsymbol{a}_n \end{bmatrix}\in\mathbb{R}^{mn} \tag{1.32}$$

$$\mathrm{UNVEC}(\mathrm{VEC}(\boldsymbol{A}))=\mathrm{UNVEC}\left(\begin{bmatrix} \boldsymbol{a}_1 \\ \vdots \\ \boldsymbol{a}_n \end{bmatrix}\right)=\boldsymbol{A} \tag{1.33}$$

根据这些定义，我们得到下面两个广泛应用的引理。

引理 1.4[4] 对适当大小（appropriate size）的矩阵 $\boldsymbol{A},\boldsymbol{B},\boldsymbol{C}$，有

$$\mathrm{VEC}(\boldsymbol{CAB})=(\boldsymbol{B}^{\top}\otimes\boldsymbol{C})\mathrm{VEC}(\boldsymbol{A}) \tag{1.34}$$

引理 1.5 设向量 $\boldsymbol{x}\in\mathbb{R}^m$，$\boldsymbol{y}\in\mathbb{R}^n$，有

$$\mathrm{VEC}(\boldsymbol{x}\boldsymbol{y}^{\top})=(\boldsymbol{y}\otimes\boldsymbol{I}_m)\boldsymbol{x} \tag{1.35}$$

其中，$\boldsymbol{I}_m$ 是 $m\times m$ 阶单位矩阵。

证明： 将 $\boldsymbol{C}=\boldsymbol{I}_m$、$\boldsymbol{A}=\boldsymbol{x}$、$\boldsymbol{B}=\boldsymbol{y}^{\top}$ 代入式（1.34），得证。 □

1.5.2 矩阵与向量微积分

在计算标量、向量或矩阵对标量、向量或矩阵的导数时，我们应该保持符号一致。事实上，有两种不同的约定：分子布局（numerator layout）和分母布局（denominator layout）。例如，给定一个标量 y 和列向量 $\boldsymbol{x}=[x_1,\cdots,x_n]^{\top}\in\mathbb{R}^n$，分子布局有如下约定：

$$\frac{\partial y}{\partial \boldsymbol{x}}=\left[\frac{\partial y}{\partial x_1},\ \cdots,\ \frac{\partial y}{\partial x_n}\right],\qquad \frac{\partial \boldsymbol{x}}{\partial y}=\begin{bmatrix}\dfrac{\partial x_1}{\partial y}\\ \vdots\\ \dfrac{\partial x_n}{\partial y}\end{bmatrix}$$

这意味着行数和分子的数目一致。另外，分母布局符号为

$$\frac{\partial y}{\partial \boldsymbol{x}}=\begin{bmatrix}\dfrac{\partial y}{\partial x_1}\\ \vdots\\ \dfrac{\partial y}{\partial x_n}\end{bmatrix},\qquad \frac{\partial \boldsymbol{x}}{\partial y}=\left[\frac{\partial x_1}{\partial y},\cdots,\frac{\partial x_n}{\partial y}\right]$$

其中，得到的行数遵循分母的数量。任何一种布局约定都是可以的，但是在使用约定时应该保持一致。

此处，我们遵循分母布局约定，使用分母布局的主要原因来自对矩阵的导数。具体地说，对一个给定的标量 c 和一个矩阵 $\boldsymbol{W}\in\mathbb{R}^{m\times n}$，根据分母布局，有

$$\frac{\partial c}{\partial \boldsymbol{W}}=\begin{bmatrix}\dfrac{\partial c}{\partial w_{11}} & \cdots & \dfrac{\partial c}{\partial w_{1n}}\\ \vdots & \ddots & \vdots\\ \dfrac{\partial c}{\partial w_{m1}} & \cdots & \dfrac{\partial c}{\partial w_{mn}}\end{bmatrix}\in\mathbb{R}^{m\times n} \tag{1.36}$$

此外，还能推导出下面熟悉的结果：

$$\frac{\partial \boldsymbol{a}^{\top}\boldsymbol{x}}{\partial \boldsymbol{x}}=\frac{\partial \boldsymbol{x}^{\top}\boldsymbol{a}}{\partial \boldsymbol{x}}=\boldsymbol{a} \tag{1.37}$$

因此，对给定的标量 c 和矩阵 $\boldsymbol{W}\in\mathbb{R}^{m\times n}$，为了与式（1.36）保持一致，可以证明：

$$\frac{\partial c}{\partial \boldsymbol{W}}:=\mathrm{UNVEC}\left(\frac{\partial c}{\partial \mathrm{VEC}(\boldsymbol{W})}\right)\in\mathbb{R}^{m\times n} \tag{1.38}$$

根据分母布局符号约定，对给定的 $\boldsymbol{x}\in\mathbb{R}^m$ 和 $\boldsymbol{y}\in\mathbb{R}^n$，向量 $\boldsymbol{y}$ 对向量 $\boldsymbol{x}$ 的求导结果如下：

$$\frac{\partial \boldsymbol{y}}{\partial \boldsymbol{x}}=\begin{bmatrix}\frac{\partial y_1}{\partial x_1} & \cdots & \frac{\partial y_n}{\partial x_1}\\ \vdots & \ddots & \vdots \\ \frac{\partial y_1}{\partial x_m} & \cdots & \frac{\partial y_n}{\partial x_m}\end{bmatrix}\in\mathbb{R}^{m\times n} \tag{1.39}$$

那么，求导的链式法则（chain rule）如下：

$$\frac{\partial c(\boldsymbol{g}(\boldsymbol{u}))}{\partial \boldsymbol{x}}=\frac{\partial \boldsymbol{u}}{\partial \boldsymbol{x}}\frac{\partial \boldsymbol{g}(\boldsymbol{u})}{\partial \boldsymbol{u}}\frac{\partial c(\boldsymbol{g})}{\partial \boldsymbol{g}} \tag{1.40}$$

式（1.37）也可导出

$$\frac{\partial \boldsymbol{A}\boldsymbol{x}}{\partial \boldsymbol{x}}=\boldsymbol{A}^{\top} \tag{1.41}$$

下面的引理非常有用。

引理 1.6 令矩阵 $\boldsymbol{A}\in\mathbb{R}^{m\times n}$ 和向量 $\boldsymbol{x}\in\mathbb{R}^{n}$，那么有

$$\frac{\partial \boldsymbol{A}\boldsymbol{x}}{\partial \mathrm{VEC}(\boldsymbol{A})}=\boldsymbol{x}\otimes\boldsymbol{I}_m \tag{1.42}$$

证明：根据引理 1.4，有 $\boldsymbol{A}\boldsymbol{x}=\mathrm{VEC}(\boldsymbol{A}\boldsymbol{x})=(\boldsymbol{x}^{\top}\otimes\boldsymbol{I}_m)\mathrm{VEC}(\boldsymbol{A})$。因此

$$\frac{\partial \boldsymbol{A}\boldsymbol{x}}{\partial \mathrm{VEC}(\boldsymbol{A})}=\frac{\partial(\boldsymbol{x}^{\top}\otimes\boldsymbol{I}_m)\mathrm{VEC}(\boldsymbol{A})}{\partial \mathrm{VEC}(\boldsymbol{A})}=(\boldsymbol{x}^{\top}\otimes\boldsymbol{I}_m)^{\top}=\boldsymbol{x}\otimes\boldsymbol{I}_m \tag{1.43}$$

其中，第二个和第三个等式分别利用式（1.37）和式（1.29）得到。证毕。 □

引理 1.7[5] 设 $\boldsymbol{x}$、$\boldsymbol{a}$ 和 $\boldsymbol{B}$ 分别表示适当大小的向量与矩阵，则有

$$\frac{\partial \boldsymbol{x}^{\top}\boldsymbol{a}}{\partial \boldsymbol{x}}=\frac{\partial \boldsymbol{a}^{\top}\boldsymbol{x}}{\partial \boldsymbol{x}}=\boldsymbol{a} \tag{1.44}$$

$$\frac{\partial \boldsymbol{x}^{\top}\boldsymbol{B}\boldsymbol{x}}{\partial \boldsymbol{x}}=(\boldsymbol{B}+\boldsymbol{B}^{\top})\boldsymbol{x} \tag{1.45}$$

对一个给定的标量函数 $l:\boldsymbol{x}\in\mathbb{R}^{n}\mapsto\mathbb{R}$，其导数通常称为梯度，在分母布局下表示为

$$\nabla l:=\frac{\partial l}{\partial \boldsymbol{x}}\in\mathbb{R}^{n}$$

1.6 凸优化基础

1.6.1 基本概念

向量空间 H 上的恒等运算符记为 I，即 $I\boldsymbol{x}=\boldsymbol{x},\ \forall\boldsymbol{x}\in H$。设非空子集 $D\subset H$，映射 $T:D\mapsto D$ 为不动点（fixed points）的集合，记为

$$\mathrm{Fix}T=\{\boldsymbol{x}\in D\,|\,T\boldsymbol{x}=\boldsymbol{x}\}$$

令 X、Y 表示实赋范向量空间（real normed vector space）。线性算子（linear operators）是算子的一种特殊情形，我们定义线性算子集合为

$$B(X,Y)=\{T:X\mapsto Y\,|\,T\text{是线性和连续的}\}$$

并且记 $B(X)=B(X,X)$。

令 $f:X\mapsto[-\infty,+\infty]$ 是一个函数，那么 f 的定义域（domain）为

$$\mathrm{dom}\,f=\{\boldsymbol{x}\in X\,|\,f(\boldsymbol{x})<\infty\}$$

函数 f 的图（graph）为

$$\mathrm{gra}\,f=\{(\boldsymbol{x},y)\in X\times\mathbb{R}\,|\,f(\boldsymbol{x})=y\}$$

函数 f 的上镜图（epigraph）为

$$\mathrm{epi}\,f=\{(\boldsymbol{x},y):\boldsymbol{x}\in X,y\in\mathbb{R},y\geqslant f(\boldsymbol{x})\}$$

示性函数（indicator function）$i_C:X\mapsto[-\infty,+\infty]$，$C\subset X$ 定义为

$$i_C(\boldsymbol{x})=\begin{cases}0, & \boldsymbol{x}\in C\\ \infty, & \text{其他}\end{cases} \tag{1.46}$$

另一种经常使用的示性函数为

$$\chi_C(\boldsymbol{x})=\begin{cases}1, & \boldsymbol{x}\in C\\ 0, & \text{其他}\end{cases} \tag{1.47}$$

集合 C 的支撑函数（support function）定义为

$$S_C(\boldsymbol{x})=\sup\{\langle\boldsymbol{x},\boldsymbol{y}\rangle\,|\,\boldsymbol{y}\in C\}$$

仿射函数（affine function）记为

$$\boldsymbol{x}\mapsto T\boldsymbol{x}+\boldsymbol{b}\text{，}\quad \boldsymbol{x}\in X\text{，}\quad \boldsymbol{y}\in Y\text{，}\quad T\in B(X,Y)$$

函数 f 在 $\boldsymbol{x}_0$ 处称为下半连续的（lower semicontinuous），是指对 $\forall\varepsilon>0$，存在 $\boldsymbol{x}_0$ 的邻域 U，使得 $\forall\boldsymbol{x}\in U$ 都有 $f(\boldsymbol{x})\geqslant f(\boldsymbol{x}_0)-\varepsilon$ 成立，用下极限表示为

$$\liminf_{\boldsymbol{x}\to\boldsymbol{x}_0} f(\boldsymbol{x})\geqslant f(\boldsymbol{x}_0)$$

一个函数是下半连续的，当且仅当其所有的下水平集（lower level set）$\{\boldsymbol{x}\in X:f(\boldsymbol{x})\leqslant\alpha\}$ 均为闭集；或者说，函数 f 是下半连续的，当且仅当集合 f 的上镜图 epi f 为闭集。一个函数 f 称为是正常的（proper），若 $-\infty\notin f(X)$ 且 $\mathrm{dom}\,f\neq\varnothing$，如图 1.2 所示。

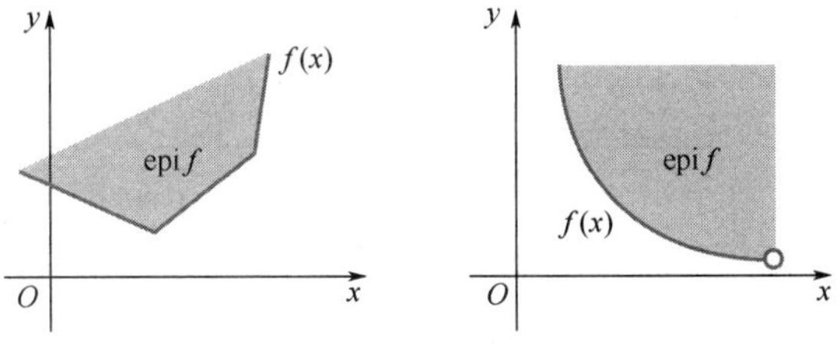

(a) 下半连续函数　　(b) 非下半连续函数

图 1.2　函数 f 的上镜图

一个算子 $A:H\mapsto H$ 是半正定的（positive semidefinite），当且仅当

$$\langle \boldsymbol{x}, A\boldsymbol{x}\rangle \geqslant 0, \qquad \forall \boldsymbol{x}\in H$$

一个算子 $A:H\mapsto H$ 是正定的（positive definite），当且仅当

$$\langle \boldsymbol{x}, A\boldsymbol{x}\rangle > 0, \qquad \forall \boldsymbol{x}\in H$$

为简单起见，记 $A\geqslant 0$（$A>0$）表示半正定算子（正定算子）。

如果 $A:\mathbb{C}^n\mapsto\mathbb{C}^n$，那么 $\boldsymbol{S}_{++}^n$ 和 $\boldsymbol{S}_{+}^n$ 分别表示 $n\times n$ 阶的正定矩阵集和半正定矩阵集。其中，半正定矩阵（正定矩阵）的特征值是非负实数（正实数）。

1.6.2 凸集与凸函数

一个函数 $f(\boldsymbol{x})$是凸函数（convex function），如果 dom f 是凸集（convex set），并且对所有的 $\boldsymbol{x}_1,\boldsymbol{x}_2\in \mathrm{dom}\, f$，$0\leqslant\theta\leqslant 1$，总有

$$f(\theta\boldsymbol{x}_1+(1-\theta)\boldsymbol{x}_2)\leqslant\theta f(\boldsymbol{x}_1)+(1-\theta)f(\boldsymbol{x}_2)$$

凸集是一个包含该集合中任意两点之间的线段的集合（如图 1.3 所示）。具体来说，如果 $\boldsymbol{x}_1,\boldsymbol{x}_2\in C$，对所有的 $0\leqslant\theta\leqslant 1$，都有 $\theta\boldsymbol{x}_1+(1-\theta)\boldsymbol{x}_2\in C$，则集合 C 是凸集。凸函数和凸集之间的关系可以用其上镜图来说明：函数 $f(\boldsymbol{x})$是凸函数，当且仅当它的上镜图 epi f 是凸集。

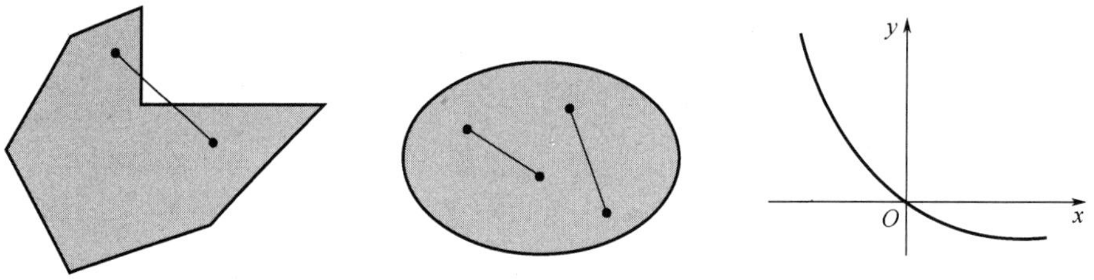

(a) 非凸集　　(b) 凸集　　(c) 凸函数

图 1.3 凸集和凸函数

凸集在各种运算下都具有保凸性。例如，如果 $\{f_i\}_{i\in I}$ 是凸函数族，则 $\sup_{i\in I} f_i$ 也是凸的。另外，凸函数集关于加法和正的数乘运算封闭。此外，凸函数的收敛序列的极限点也是凸的。表 1.1 所示为凸函数的重要例子。

表 1.1 凸函数的重要例子

名　称	$f(x)$
指数函数	e^{ax}，$\forall a\in\mathbb{R}$
二次-线性分式函数	$\dfrac{x^2}{y}$，$(x,y)\in\mathbb{R}\times\mathbb{R}_{++}$
Huber 函数	$\begin{cases}\dfrac{\lvert x\rvert^2}{2\mu}, & \lvert x\rvert<\mu\\ \lvert x\rvert-\dfrac{\mu}{2}, & \lvert x\rvert\geqslant\mu\end{cases}$
相对熵	$y\log y-y\log x$，$(x,y)\in\mathbb{R}_{++}\times\mathbb{R}_{++}$

续表

名　称	f(x)
示性函数	$i_C(\boldsymbol{x})$，C：凸集
支撑函数	$S_C(\boldsymbol{x}) = \sup\{\langle \boldsymbol{x}, \boldsymbol{y}\rangle \mid \boldsymbol{y} \in C\}$
到集合的距离	$d(\boldsymbol{x}, S) = \inf_{y\in S} \lVert \boldsymbol{x} - \boldsymbol{y} \rVert$
仿射函数	$T\boldsymbol{x} + \boldsymbol{b}$，$\boldsymbol{x} \in \mathbb{R}^n$
二次函数	$\dfrac{\boldsymbol{x}^\top \boldsymbol{Q}\boldsymbol{x}}{2}$，$\boldsymbol{x} \in \mathbb{R}^n$，$\boldsymbol{Q} \in \boldsymbol{S}_+^n$
p-范数	$\lVert \boldsymbol{x} \rVert_p = \left(\sum_i \lvert x_i\rvert^p\right)^{\frac{1}{p}}$，$p \geqslant 1$
l_∞-范数	$\lVert \boldsymbol{x} \rVert_\infty = \max_i \lvert x_i \rvert$
最大值函数	$\max\{x_1, \cdots, x_n\}$
指数和的对数	$\log\left(\sum_{i=1}^n \mathrm{e}^{x_i}\right)$，$\boldsymbol{x} = (x_1, \cdots, x_n) \in \mathbb{R}^n$
高斯数据保真度	$\lVert \boldsymbol{y} - \boldsymbol{A}\boldsymbol{x} \rVert^2$，$\boldsymbol{x} \in H$
泊松分布保真度	$\langle \boldsymbol{1}, \boldsymbol{A}\boldsymbol{x}\rangle - \langle \boldsymbol{y}, \log(\boldsymbol{A}\boldsymbol{x})\rangle$，$\boldsymbol{x} \in \mathbb{R}^n$，$\boldsymbol{1} = (1, \cdots, 1) \in \mathbb{R}^n$
谱范数	$\lVert \boldsymbol{X} \rVert_2 = \sigma_{\max}(\boldsymbol{X}) = (\lambda_{\max}(\boldsymbol{X}^\top \boldsymbol{X}))^{\frac{1}{2}}$，$\boldsymbol{X} \in \mathbb{R}^{n\times n}$
核范数	$\lVert \boldsymbol{X} \rVert_* = \sum_i \sigma_i(\boldsymbol{X}) = \sum_i (\lambda_i(\boldsymbol{X}^\top \boldsymbol{X}))^{\frac{1}{2}}$，$\boldsymbol{X} \in \mathbb{R}^{n\times n}$

函数 f 是凹函数（concave function），若 $-f$ 是凸函数。容易证明，仿射函数 $f(\boldsymbol{x}) = \boldsymbol{A}\boldsymbol{x} + \boldsymbol{b}$ 既是凸函数又是凹函数。常用的凹函数的例子如表 1.2 所示。

表 1.2　常用的凹函数的例子

名　称	f(x)
幂函数	x^p，$0 \leqslant p \leqslant 1$，$x \in \mathbb{R}_{++}$
几何平均数	$\left(\prod_{i=1}^n x_i\right)^{\frac{1}{n}}$
对数函数	$\log x$，$x \in \mathbb{R}_{++}$
对数行列式	$\log\det(\boldsymbol{X})$，$\boldsymbol{X} \in \boldsymbol{S}_{++}^n$

1.6.3　次微分

给定点 $\boldsymbol{x} \in \mathrm{dom} f$，若函数 $f(\boldsymbol{x})$在点 $\boldsymbol{x}$ 处沿向量 $\boldsymbol{y} \in H$ 方向满足

$$f'(\boldsymbol{x}; \boldsymbol{y}) = \lim_{\alpha \downarrow 0} \frac{f(\boldsymbol{x} + \alpha \boldsymbol{y}) - f(\boldsymbol{x})}{\alpha} \tag{1.48}$$

则称 $f(\boldsymbol{x})$在点 $\boldsymbol{x}$ 处沿向量 $\boldsymbol{y}$ 方向可微，并称极限值 $f'(\boldsymbol{x}; \boldsymbol{y})$为函数 $f(\boldsymbol{x})$在点 $\boldsymbol{x}$ 处沿向量 $\boldsymbol{y}$ 的方向导数（directional derivative）。

如果所有的 $\boldsymbol{y} \in H$ 极限都存在，则称 f 在点 $\boldsymbol{x}$ 处 Gâteaux 可微。设 $f'(\boldsymbol{x};\cdot)$ 在 H 上线性连续，则存在唯一的梯度向量 $\nabla f(\boldsymbol{x}) \in H$，使得

$$f'(\boldsymbol{x}; \boldsymbol{y}) = \langle \boldsymbol{y}, \nabla f(\boldsymbol{x})\rangle, \ \forall \boldsymbol{y} \in H$$

如果一个函数是可微的，则利用一阶和二阶可微性很容易证明函数的凸性（convexity），如下所述。

命题 1.1 设 $f: H \mapsto (-\infty, \infty]$ 是正常的，其定义域 dom f 是凸开集，且 f 在定义域上是 Gãteaux 可微的，则下面的命题是等价的：

（1）f 是凸的；

（2）（一阶性）：$f(\boldsymbol{y}) \geqslant f(\boldsymbol{x}) + \langle \boldsymbol{y}-\boldsymbol{x}, \nabla f(\boldsymbol{x}) \rangle$，$\forall \boldsymbol{x}, \boldsymbol{y} \in H$；

（3）（梯度的单调性）：$\langle \boldsymbol{y}-\boldsymbol{x}, \nabla f(\boldsymbol{y}) - \nabla f(\boldsymbol{x}) \rangle \geqslant 0$，$\forall \boldsymbol{x}, \boldsymbol{y} \in H$。

如果式（1.48）中的收敛性对有界集上的 $\boldsymbol{y}$ 是一致收敛的，即

$$\lim_{\boldsymbol{0} \neq \boldsymbol{y} \to \boldsymbol{0}} \frac{f(\boldsymbol{x}+\boldsymbol{y}) - f(\boldsymbol{x}) - \langle \boldsymbol{y}, \nabla f(\boldsymbol{x}) \rangle}{\|\boldsymbol{y}\|} = 0 \tag{1.49}$$

则 f 是 Fréchet 可微的（Fréchet differentiable），并且 $\nabla f(\boldsymbol{x})$ 称为 f 在点 $\boldsymbol{x}$ 处的 Fréchet 梯度。

如果 f 是可微的凸函数，那么显然有

$$\boldsymbol{x} \in \arg\min f \Leftrightarrow \nabla f(\boldsymbol{x}) = \boldsymbol{0}$$

然而，如果 f 是不可微的，就需要一个更一般的框架来描述最小化问题。函数 f 的次微分（sub-differential）是一个集值（set-valued）算子，定义为

$$\partial f(\boldsymbol{x}) = \{\boldsymbol{u} \in H : f(\boldsymbol{y}) \geqslant f(\boldsymbol{x}) + \langle \boldsymbol{y}-\boldsymbol{x}, \boldsymbol{u} \rangle, \forall \boldsymbol{y} \in H\} \tag{1.50}$$

次微分 $\partial f(\boldsymbol{x})$ 中的元素称为 f 在点 $\boldsymbol{x}$ 处的次梯度（sub-gradient）。次微分的另一个重要作用来自费马法则（Fermat's rule），它描述了全局最小解（global minimizer），如图 1.4 所示。

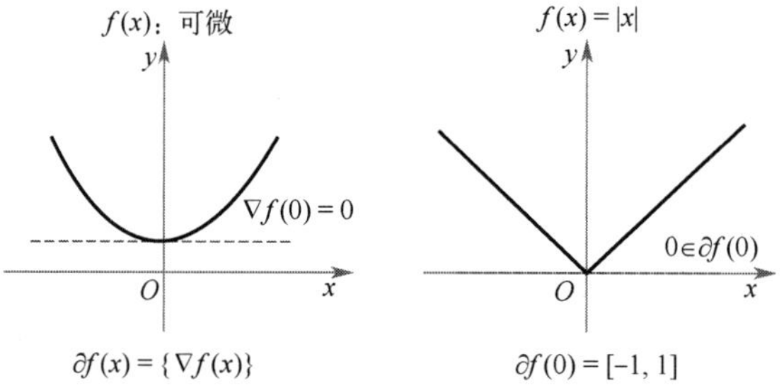

图 1.4 费马法则描述全局最小解

定理 1.3（费马法则） 如果函数 $f: H \mapsto (-\infty, \infty]$ 是正常的，则有

$$\arg\min f = \text{zer}\partial f := \{\boldsymbol{x} \in H \mid \boldsymbol{0} \in \partial f(\boldsymbol{x})\} \tag{1.51}$$

1.6.4 凸共轭

凸共轭（convex conjugate）或者凸对偶（convex dual）是经典凸优化与现代凸优化技术中非常重要的概念。正式地，设函数 $f: H \mapsto [-\infty, \infty]$，则定义共轭函数 $f^*: H \mapsto [-\infty, \infty]$ 为

$$f^*(\boldsymbol{u}) = \sup_{\boldsymbol{x} \in H} \{\langle \boldsymbol{u}, \boldsymbol{x} \rangle - f(\boldsymbol{x})\} \tag{1.52}$$

式（1.52）中的变换通常称为 Legendre-Fenchel 变换。

图 1.5（a）给出了当 $H=\mathbb{R}$时凸共轭的一种几何解释。例如，若 $f(x)=x^2-x$，那么在 $u=1$ 处的凸共轭函数 $f^*(u)$为函数 $g(x)=x$ 和 $f(x)=x^2-x$ 之间的最大差值，此例中出现了 $x=1$，这个差值也等于支撑超平面（supporting hyerplane）在 $x=1$ 处偏离 $f(x)$ 的 y 轴的截距。图 1.5（b）显示了另一个直观的例子。若 $f(x)=bx+c$，则在这种情况下，直线 $g_1(x)=u_1x$ 与 $f(x)$的差异在 $x\to\infty$时变得无穷大。类似地，直线 $g_2(x)=u_2x$ 与 $f(x)$的差异在 $x\to\infty$时变得无穷大，只有当 $u=b$ 时最大距离才是有限的，并且等于$-c$。因此，函数 $f(x)=bx+c$ 的凸共轭为

$$f^*(u)=\begin{cases}-c, & u=b\\ \infty, & u\neq b\end{cases}$$

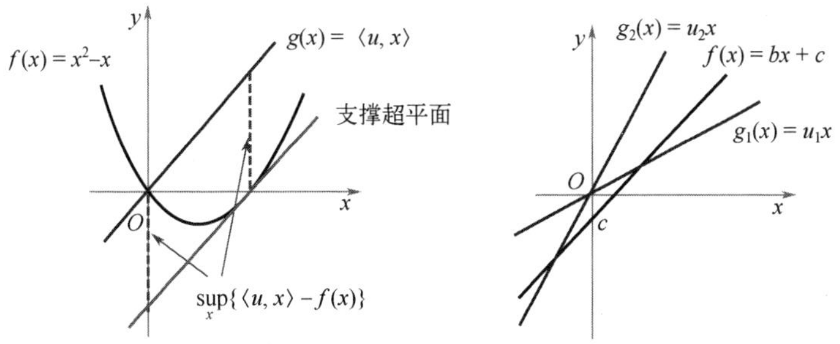

（a）凸共轭几何解释　　（b）$f(x)=bx+c$ 求凸共轭的例子

图 1.5　凸共轭及例子

表 1.3 总结了成像问题中常用的凸共轭对示例。其中，$D\subset H$，并且约定 $0\log 0=0$。

表 1.3　成像问题中常用的凸共轭对示例

$f(x)$	dom f	$f^*(u)$	dom f^*
$f(ax)$	D	$f^*\left(\frac{u}{a}\right)$	D
$f(x+b)$	D	$f^*(u)-\langle b,u\rangle$	D
$af(x)$，$a>0$	D	$af^*\left(\frac{u}{a}\right)$	D
$bx+c$	D	$\begin{cases}-c, & u=b\\ +\infty, & u\neq b\end{cases}$	$\{b\}$
$\frac{1}{x}$	$\mathbb{R}_{++}$	$-2\sqrt{-u}$	$-\mathbb{R}_{+}$
$-\log x$	$\mathbb{R}_{++}$	$-(1+\log(-u))$	$-\mathbb{R}_{++}$
$x\log x$	$\mathbb{R}_{+}$	e^{u-1}	$\mathbb{R}$
$\sqrt{1+x^2}$	$\mathbb{R}$	$-\sqrt{1-u^2}$	$[-1, 1]$
e^x	$\mathbb{R}$	$u\log(u)-u$	$\mathbb{R}_{+}$
$\log(1+\mathrm{e}^x)$	$\mathbb{R}$	$u\log(u)+(1-u)\log(1-u)$	$[0,1]$
$-\log(1-\mathrm{e}^x)$	$\mathbb{R}_{--}$	$u\log(u)+(1+u)\log(1+u)$	$\mathbb{R}_{+}$
$\frac{\lvert x\rvert^p}{p}$，$p>1$	$\mathbb{R}$	$\frac{\lvert u\rvert^q}{q}$，$\frac{1}{p}+\frac{1}{q}=1$	$\mathbb{R}$

续表

$f(x)$	dom f	$f^*(u)$	dom f^*
$\|x\|_1$	$\mathbb{R}^n$	$\begin{cases}0, & \|u\|_2 \leqslant 1 \\ \infty, & \|u\|_2 > 1\end{cases}$	$\{u \in \mathbb{R}^n : \|u\|_2 < 1\}$
$\langle a, x\rangle + b$	$\mathbb{R}^n$	$\begin{cases}-b, & u = a \\ \infty, & u \neq a\end{cases}$	$\{a\} \in \mathbb{R}^n$
$\frac{1}{2}x^\top Qx$，$Q \in S_{++}^n$	$\mathbb{R}^n$	$\frac{1}{2}u^\top Q^{-1}u$	$\mathbb{R}^n$
$i_C(x)$	C	$S_C(u)$	H
$\log\left(\sum_{i=1}^n e^{x_i}\right)$	$\mathbb{R}^n$	$\sum_{i=1}^n u_i \log u_i$，$\sum_{i=1}^n u_i = 1$	$\mathbb{R}_+^n$
$-\log\det X^{-1}$	S_{++}^n	$\log\det(-U)^{-1} - n$	$-S_{++}^n$

显然，f^*是凸函数，因为f^*可以看成一系列关于 y 的凸函数取上确界（supremum）。一般地，如果函数 $f: H \mapsto [-\infty, \infty]$，则有

（1）对 $\alpha \in R_{++}$，有

$$(\alpha f)^* = \alpha f^*\left(\frac{\cdot}{\alpha}\right) \tag{1.53}$$

（2）Fenchel-Young 不等式：

$$f(x) + f^*(y) \geqslant \langle y, x\rangle, \qquad \forall x, y \in H \tag{1.54}$$

（3）设 f, g 是 $H \mapsto [-\infty, \infty]$ 上正常的函数，则有

$$f(x) + g(x) \geqslant -f^*(u) - g^*(-u), \qquad \forall x, u \in H \tag{1.55}$$

如果 f 是正常的凸函数且下半连续，则有

$$f^{**} = f \tag{1.56}$$

$$y \in \partial f(x) \Leftrightarrow f(x) + f^*(y) = \langle x, y\rangle \Leftrightarrow x \in \partial f^*(y) \tag{1.57}$$

1.6.5 拉格朗日对偶公式

凸共轭最重要的用途之一就是得到对偶公式（dual formulation）。具体来说，对一个给定的原问题（primal problem）：

$$\text{(P)}: \quad \min_{x \in H} f(x) + g(x) \tag{1.58}$$

利用式（1.55），得到相关的对偶问题（dual problem）：

$$\text{(D)}: \quad -\min_{u \in H} f^*(u) + g^*(-u) \tag{1.59}$$

原问题和对偶问题的目标函数值差称为对偶间隙（duality gap）。

例 1.3　复合函数的对偶

给定原问题：

$$\text{(P)}: \min_{\boldsymbol{x}\in\mathbb{R}^n} f(\boldsymbol{x}) + g(\boldsymbol{A}\boldsymbol{x}) \tag{1.60}$$

其中，$\boldsymbol{A}\in\mathbb{R}^{m\times n}$，对偶问题由下式给定：

$$\text{(D)}: -\min_{\boldsymbol{u}\in\mathbb{R}^m} f^*(\boldsymbol{A}^\top\boldsymbol{u}) + g^*(-\boldsymbol{u})$$

证明：注意(P)等同于下面的约束最小化问题：

$$\begin{gathered}\min_{\boldsymbol{x},\boldsymbol{y}} f(\boldsymbol{x}) + g(\boldsymbol{y}) \\ \text{s.t.}\quad \boldsymbol{A}\boldsymbol{x} = \boldsymbol{y}\end{gathered}$$

从而有

$$\begin{aligned}\min_{\boldsymbol{x}\in\mathbb{R}^n} f(\boldsymbol{x}) + g(\boldsymbol{A}\boldsymbol{x}) &\leqslant \min_{\boldsymbol{x},\boldsymbol{y}} f(\boldsymbol{x}) + g(\boldsymbol{y}) + \boldsymbol{u}^\top(\boldsymbol{A}\boldsymbol{x}) - \boldsymbol{u}^\top\boldsymbol{y} \\ &\leqslant \min_{\boldsymbol{x}}\{f(\boldsymbol{x}) + (\boldsymbol{A}^\top\boldsymbol{u})^\top\boldsymbol{x}\} + \min_{\boldsymbol{y}}\{g(\boldsymbol{y}) - \boldsymbol{u}^\top\boldsymbol{y}\} \\ &= -f^*(\boldsymbol{A}^\top\boldsymbol{u}) - g^*(-\boldsymbol{u})\end{aligned}$$

因此，对偶问题是

$$-\min_{\boldsymbol{u}\in\mathbb{R}^m} f^*(\boldsymbol{A}^\top\boldsymbol{u}) + g^*(-\boldsymbol{u})$$

结论得证。 □

例 1.4　仿射约束下的二次规划

考虑下面的优化问题：

$$\text{(P)}: \min \frac{1}{2}\boldsymbol{x}^\top\boldsymbol{x} \quad \text{s.t.} \quad \boldsymbol{b} = \boldsymbol{A}\boldsymbol{x}$$

其中，$\boldsymbol{A}\in\mathbb{R}^{m\times n}$。现在定义 $C=\{\boldsymbol{0}\}$ 使得 $\boldsymbol{b}-\boldsymbol{A}\boldsymbol{x}\in C$。那么，最初的优化问题就变为

$$\begin{gathered}\min_{\boldsymbol{x},\boldsymbol{y}} i_C(\boldsymbol{y}) + \frac{1}{2}\boldsymbol{x}^\top\boldsymbol{x} \\ \text{s.t.}\quad \boldsymbol{y} = \boldsymbol{b} - \boldsymbol{A}\boldsymbol{x}\end{gathered}$$

从而有

$$\begin{aligned}\min_{\boldsymbol{x}} i_C(\boldsymbol{A}\boldsymbol{x}-\boldsymbol{b}) + \frac{1}{2}\boldsymbol{x}^\top\boldsymbol{x} &\leqslant \min_{\boldsymbol{x},\boldsymbol{y}} i_C(\boldsymbol{y}) + \frac{1}{2}\boldsymbol{x}^\top\boldsymbol{x} + \boldsymbol{u}^\top(\boldsymbol{A}\boldsymbol{x}-\boldsymbol{b}-\boldsymbol{y}) \\ &\leqslant \min_{\boldsymbol{y}} i_C(\boldsymbol{y}) - \boldsymbol{u}^\top\boldsymbol{y} + \min_{\boldsymbol{x}} \frac{1}{2}\boldsymbol{x}^\top\boldsymbol{x} - \boldsymbol{u}^\top\boldsymbol{A}\boldsymbol{x} + \boldsymbol{u}^\top\boldsymbol{b} \\ &\leqslant \min_{\boldsymbol{y}\in\{\boldsymbol{0}\}} -\boldsymbol{u}^\top\boldsymbol{y} + \min_{\boldsymbol{x}} \frac{1}{2}\boldsymbol{x}^\top\boldsymbol{x} - \boldsymbol{u}^\top\boldsymbol{A}\boldsymbol{x} + \boldsymbol{u}^\top\boldsymbol{b} \\ &= \frac{1}{2}\boldsymbol{u}^\top\boldsymbol{A}\boldsymbol{A}^\top\boldsymbol{u} + \boldsymbol{u}^\top\boldsymbol{b}\end{aligned}$$

最后一个等式由最小化 $\boldsymbol{x}=\boldsymbol{A}^\top\boldsymbol{u}$ 得到。因此，对偶问题就是

$$\text{(D)}: \min_{\boldsymbol{u}\in\mathbb{R}^m} \frac{1}{2}\boldsymbol{u}^\top\boldsymbol{A}\boldsymbol{A}^\top\boldsymbol{u} + \boldsymbol{u}^\top\boldsymbol{b}$$

为什么对偶公式这么有用？假设 $\boldsymbol{A}$ 是高度不适定的，如 $n=1000$，$m=1$，那么对偶问题(D)就是一个一维问题，在计算上比维度为 $n=1000$ 的原问题(P)要方便得多。一旦得到对偶解 $\hat{\boldsymbol{u}}$ 后，原问题的解就是 $\hat{\boldsymbol{x}}=\boldsymbol{A}^{\top}\hat{\boldsymbol{u}}$。

下面定义拉格朗日对偶问题（Lagrangian dual problem）。

定义 1.16[6] 假设原问题

$$\min_{\boldsymbol{x}} f_0(\boldsymbol{x})$$

$$\text{s.t.} \quad f_i(\boldsymbol{x})\leqslant 0,\quad i=1,2,\cdots,n \tag{1.61}$$

$$h_i(\boldsymbol{x})=0,\quad i=1,2,\cdots,p \tag{1.62}$$

则相应的拉格朗日对偶问题为

$$\max_{\alpha,\boldsymbol{v}} g(\boldsymbol{\alpha},\boldsymbol{v}) \tag{1.63}$$

$$\text{s.t.} \quad \boldsymbol{\alpha}\geqslant \boldsymbol{0} \tag{1.64}$$

其中，$\boldsymbol{\alpha}=[\alpha_1,\cdots,\alpha_n]$，$\boldsymbol{v}=[v_1,\cdots,v_p]$ 为对偶变量（dual variables）或拉格朗日乘子（Lagrangian multipliers）。$\boldsymbol{\alpha}\geqslant\boldsymbol{0}$ 意味着其中的每个元素都是非负的，拉格朗日算子定义为

$$g(\boldsymbol{\alpha},\boldsymbol{v}):=\inf_{\boldsymbol{x}}\left\{f_0(\boldsymbol{x})+\sum_{i=1}^{n}\alpha_i f_i(\boldsymbol{x})+\sum_{j=1}^{p}v_j h_j(\boldsymbol{x})\right\} \tag{1.65}$$

凸优化理论[6]中的一项重要发现是，如果原问题是凸的，那么有下面的强对偶性（strong duality）：

$$g(\boldsymbol{\alpha}^*,\boldsymbol{v}^*)=f_0(\boldsymbol{x}^*) \tag{1.66}$$

其中，$\boldsymbol{x}^*$ 和 $\boldsymbol{\alpha}^*,\boldsymbol{v}^*$ 分别是原问题和对偶问题的最优解。通常来说，对偶公式比原问题更容易求解。此外，还会有一些有趣的几何解释，这些内容在后面将会接触到。

1.7 习　　题

1．证明 l_p-范数当 $0<p<1$ 时不是范数。

2．证明式（1.17）。

3．证明矩阵求逆引理中的式（1.23）。

4．设 $\boldsymbol{x}\in\mathbb{R}^n,\boldsymbol{y}\in\mathbb{R}^m$ 和 $\boldsymbol{A}\in\mathbb{R}^{m\times n}$，证明：

$$\begin{aligned}\hat{\boldsymbol{x}}&=\arg\min_{\boldsymbol{x}\in\mathbb{R}^n}\|\boldsymbol{y}-\boldsymbol{A}\boldsymbol{x}\|^2+\lambda\|\boldsymbol{x}\|^2\\&=(\boldsymbol{A}^{\top}\boldsymbol{A}+\lambda\boldsymbol{I})^{-1}\boldsymbol{A}^{\top}\boldsymbol{y}\\&=\boldsymbol{A}^{\top}(\boldsymbol{A}\boldsymbol{A}^{\top}+\lambda\boldsymbol{I})^{-1}\boldsymbol{y}\end{aligned}$$

其中，$\boldsymbol{A}^{\top}$ 是矩阵 $\boldsymbol{A}$ 的伴随矩阵，$\boldsymbol{I}$ 是单位矩阵。

5．证明引理 1.2。

6．证明式（1.31）。

7．证明引理 1.4。

8．证明引理 1.7。

9．如果 L 是一个仿射映射，f 是凸的，证明 $f\circ L$ 也是凸的，其中 $\circ$ 表示复合函数。

10．举出至少 3 个非半连续的函数例子。

11．证明表 1.1 中，相对熵、示性函数、支撑函数、p-范数（$p\geqslant 1$）、最大值函数是凸函数。

12．令 $f:H\mapsto(-\infty,\infty]$ 是正常的，设其定义域 dom f 是凸开集，且 f 在其定义域上是 Gâteaux 可微的，证明下面的命题是相互等价的：

（1）f 是凸的；

（2）$f(\boldsymbol{y})\geqslant f(\boldsymbol{x})+\langle \boldsymbol{y}-\boldsymbol{x},\nabla f(\boldsymbol{x})\rangle$，$\forall \boldsymbol{x},\boldsymbol{y}\in H$；

（3）$\langle \boldsymbol{y}-\boldsymbol{x},\nabla f(\boldsymbol{y})-\nabla f(\boldsymbol{x})\rangle\geqslant 0$，$\forall \boldsymbol{x},\boldsymbol{y}\in H$；

（4）若 f 在 dom f 上是二次 Gâteaux 可微的，则 $\nabla^2 f(\boldsymbol{x})\geqslant 0$，$\forall \boldsymbol{x}\in \mathrm{dom} f$。

13．设 $f(x)=|x|, x\in[-1,1]$，求次微分 $\partial f(x)$。

14．证明引理 1.3 中的费马法则。

15．证明下列次微分的性质：

（1）若 f 是可微的，则 $\partial f(\boldsymbol{x})=\{\nabla f(\boldsymbol{x})\}$；

（2）设 f 是正常的，则对 $\forall \boldsymbol{x}\in \mathrm{dom} f$，$\partial f(\boldsymbol{x})$ 是闭凸的；

（3）设 $\lambda\in\mathbb{R}_{++}$，则有 $\partial(\lambda f)=\lambda\partial f$；

（4）设 f, g 是下半连续的凸函数，L 是一个线性算子，则

$$\partial(f+g\circ L)=\partial f+L^{*}\circ(\partial g)\circ L \tag{1.67}$$

16．证明式（1.53）。

17．设 $f(\boldsymbol{x})=\dfrac{1}{2}(x_1^2+x_2^2)-x_1-x_2$，推导出其凸共轭 $f^{*}(\boldsymbol{x})$。

18．设 f 是从 H 到 $(-\infty,\infty]$ 上的正常函数，证明 $f(\boldsymbol{x})+f^{*}(\boldsymbol{y})\geqslant\langle \boldsymbol{y},\boldsymbol{x}\rangle$，$\forall \boldsymbol{x},\boldsymbol{y}\in H$。

19．若 f 是下半连续的凸函数，证明 $(\partial f)^{-1}=\partial f^{*}$。

20．我们经常会遇到如下形式的原问题：

$$(\mathrm{P}):\ \min_{\boldsymbol{x}\in\mathbb{R}^n} f(\boldsymbol{x})+g(\boldsymbol{A}\boldsymbol{x}) \tag{1.68}$$

其中，$g(\boldsymbol{A}\boldsymbol{x})=\|\boldsymbol{A}\boldsymbol{x}\|_1$，$f(\boldsymbol{x})=\|\boldsymbol{y}-\boldsymbol{x}\|_2^2$，算子 $\boldsymbol{A}:\mathbb{R}^n\mapsto\mathbb{R}^m$。证明相关的对偶问题由下式给出：

$$\begin{aligned}-\min_{\boldsymbol{u}\in\mathbb{R}^m}&\ \boldsymbol{u}^{\top}\boldsymbol{A}\boldsymbol{A}^{\top}\boldsymbol{u}+\boldsymbol{y}^{\top}\boldsymbol{A}^{\top}\boldsymbol{u}\\ \text{s.t.}&\ \|\boldsymbol{u}\|_2\leqslant 1\end{aligned}$$

第 2 章 线性与核分类器

2.1 引　　言

分类（classification）是机器学习中最基本的任务之一。在计算机视觉中，需要设计一种图像分类器（classifier）将输入的图像划分到相应的类别中。虽然这项任务对人类来说似乎非常简单，但是利用计算机算法进行自动分类仍具有相当大的挑战性。

例如，考虑识别“狗”的图像。这里的第一个技术问题是一幅狗的图像通常是以数字格式的形式拍摄的，如 JPEG、PNG 等。除在数字格式中使用压缩方案外，图像基本上只是一个二维栅格上的数字的集合，它取从 0 到 255 的整数值。因此，计算机算法应该读取数字，以便决定这样的数字集合是否对应“狗”这样一个高层概念（high-level concept）。然而，如果视角发生变化，数组中数字的组成就会完全改变，这将给计算机程序带来额外的挑战。更糟糕的是，在自然环境中，狗很少出现在白色背景下；相反，狗要么在草坪上玩耍或者在客厅里小憩，要么躲在家具下面或闭着眼睛咀嚼，这使得数字的分布因情况而异。此外，还可能会遇到来源多样的其他方面的技术挑战，如不同的光照条件、不同姿态、遮挡、类内变化等，如图 2.1 所示。因此，设计一种强健的分类器来应对这些变化是计算机视觉文献中数十年来的重要主题之一。

图 2.1　从数字图像中识别狗的技术挑战（由 Ella Jiwoo Ye 供图）

实际上，ImageNet 大规模视觉识别挑战赛（ImageNet Large Scale Visual Recognition Challenge，ILSVRC）[7]的初衷是评估用于大规模图像分类的各种计算机算法。ImageNet 是一个大型的视觉数据库，专门用于视觉目标识别（visual object recognition）软件的研究[8]。在该项目中，超过 1400 万幅图像被手工注释，用来标识所描绘的目标，并且至少有 100 万幅图像带有边框（bounding box）。特别是，ImageNet 包含 20000 多种类别，每种类别都有数百幅图像。自 2010 年以来，ImageNet 项目组织了一年一度的软件竞赛 ILSVRC，在比赛过程中，软件程序围绕目标和场景的正确分类与识别相互竞争，主要动机是让研究人员能够在更广泛的目标类别上比较分类方面的进展。2012 年引入的 AlexNet[9]是第一个赢得 ImageNet 挑战的深度学习方法，从那以后，最先进（state-of-the art）的图像分类方法全都采用了深度学习方法，现在它们的性能甚至超过了人类观察者。

在详细讨论最近的深度学习方法之前，我们一起重新审视经典的分类器，特别是支持向量机（Support Vector Machine，SVM）[10]，以探究其背后的数学原理。尽管 SVM 是一种古老而又经典的技术，但是关于它的回顾很重要，因为对 SVM 的数学理解能够帮助读者更好地理解现代深度学习方法与经典方法之间的密切联系。

考虑一个二分类（binary classification）问题，其中数据集来自两种不同的类别，分布如图 2.2（a）、（b）和（c）所示。注意到，在图 2.2（a）中，两个数据集通过线性超平面（linear hyperplane）是完美可分离的（separable）。对图 2.2（b）的情况，不存在能够完美分离两个数据集的线性超平面，但可以找到一个线性边界，其中只有小部分数据被错误地分类。然而，图 2.2（c）的情况则大不相同，因为不存在线性边界能够分离这两种类别中的大部分元素；相反，可以找到一条非线性的类边界（class boundary），从而以较小的误差将这两个数据集分离。SVM 理论分别采用硬间隔线性分类器（hard-margin linear classifier）、软间隔线性分类器和核 SVM 方法来处理图 2.2 给出的各种情况。下面详细介绍每种方法。

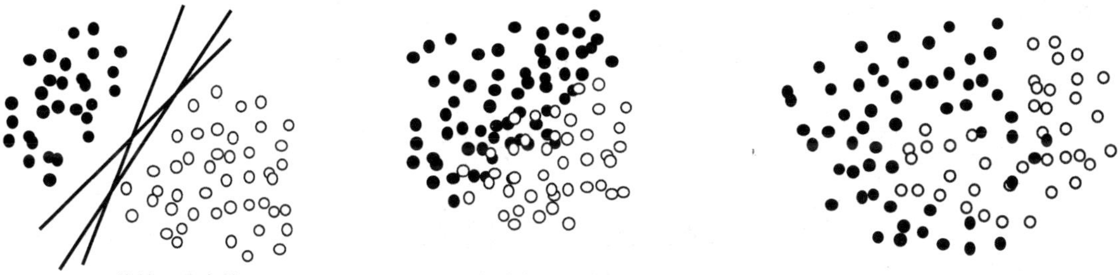

（a）线性可分离情况　　（b）近似线性可分离情况　　（c）线性不可分离情况

图 2.2　二分类问题

2.2　硬间隔线性分类器

2.2.1　可分离情况的最大间隔分类器

对图 2.2（a）的线性可分离情况，线性超平面存在无限多种选择。其中，使用最广泛的分类边界（classification boundary）使得两种类别之间具有最大的间隔，通常称之为最大间隔线性分类器（maximum margin linear classifier）[10]。

为了便于推导，下面引入一些记号。令 $\{\boldsymbol{x}_i, y_i\}_{i=1}^N$ 表示数据集，其中 $\boldsymbol{x}_i \in X \subset \mathbb{R}^d$ 具有二元标签（binary label）y_i，满足 $y_i \in \{1,-1\}$。在$\mathbb{R}^d$中定义一个超平面：

$$\langle \boldsymbol{w}, \boldsymbol{x} \rangle + b = \boldsymbol{w}^\top \boldsymbol{x} + b = 0 \tag{2.1}$$

其中，$\top$ 此处表示转置，$\langle \cdot, \cdot \rangle$ 是内积，$b \in \mathbb{R}$是一个偏置项（bias term），具体如图 2.3 所示。

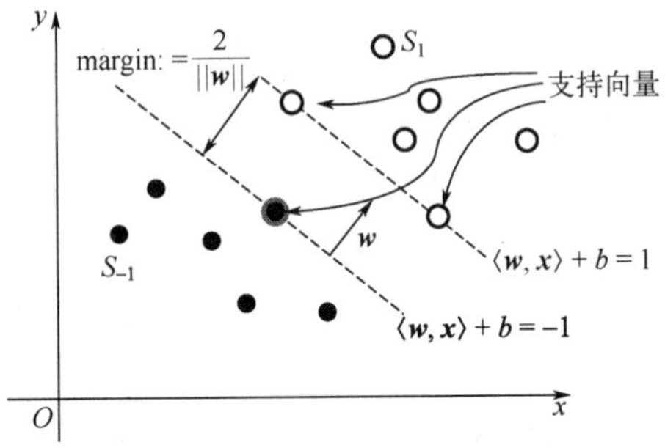

图 2.3　硬间隔线性 SVM 分类器的几何结构

如果这两种类别是可分离的，就存在集合 S_1 和 S_{-1}，使得具有正例 $y_i = 1$ 和负例 $y_i = -1$ 的数据集分别属于 S_1 和 S_{-1}：

$$S_1 = \{\boldsymbol{x} \in \mathbb{R}^d \,|\, \langle \boldsymbol{w}, \boldsymbol{x} \rangle + b \geqslant 1\} \tag{2.2}$$

$$S_{-1} = \{\boldsymbol{x} \in \mathbb{R}^d \,|\, \langle \boldsymbol{w}, \boldsymbol{x} \rangle + b \leqslant -1\} \tag{2.3}$$

这两个集合之间的间隔（margin）定义为 S_1 和 S_{-1} 的两条线性边界之间的最短距离。为了计算，我们需要下面的引理。

引理 2.1　两个平行的超平面 $l_1 : \langle \boldsymbol{w}, \boldsymbol{x} \rangle + c_1 = 0$ 和 $l_2 : \langle \boldsymbol{w}, \boldsymbol{x} \rangle + c_2 = 0$ 之间的距离为

$$m := \frac{|c_1 - c_2|}{\|\boldsymbol{w}\|} \tag{2.4}$$

证明： 令 m 为两个平行的超平面 l_1 和 l_2 之间的距离，则存在两个点 $\boldsymbol{x}_1 \in l_1$ 和 $\boldsymbol{x}_2 \in l_2$ 使得 $\|\boldsymbol{x}_1 - \boldsymbol{x}_2\| = m$。利用毕达哥拉斯定理（Pythagoras theorem），向量 $\boldsymbol{v} := \boldsymbol{x}_1 - \boldsymbol{x}_2$ 应沿着超平面的法线方向。因此

$$m = \|\boldsymbol{x}_1 - \boldsymbol{x}_2\| = \left\| \left\langle \frac{\boldsymbol{w}}{\|\boldsymbol{w}\|}, \boldsymbol{x}_1 \right\rangle - \left\langle \frac{\boldsymbol{w}}{\|\boldsymbol{w}\|}, \boldsymbol{x}_2 \right\rangle \right\|$$

由于 $\dfrac{\boldsymbol{w}}{\|\boldsymbol{w}\|}$ 是超平面的单位法向量（unit normal vector），因此有

$$m = \frac{\|\langle \boldsymbol{w}, \boldsymbol{x}_1 \rangle - \langle \boldsymbol{w}, \boldsymbol{x}_2 \rangle\|}{\|\boldsymbol{w}\|} = \frac{|c_1 - c_2|}{\|\boldsymbol{w}\|}$$

证毕。　□

由于 $\langle \boldsymbol{w}, \boldsymbol{x} \rangle + b - 1 = 0$ 和 $\langle \boldsymbol{w}, \boldsymbol{x} \rangle + b + 1 = 0$ 分别对应于 S_1 和 S_{-1} 的线性边界，由引理 2.1 可知这两种类别之间的间隔为

$$\text{margin} := \frac{2}{\|\boldsymbol{w}\|} \tag{2.5}$$

因此，对给定的训练数据集 $\{\boldsymbol{x}_i, y_i\}_{i=1}^N$，其中，$\boldsymbol{x}_i \in X \subset \mathbb{R}^d$ 和二元标签 $y_i \in \{1,-1\}$，最大间隔线性二分类器的设计问题可以表述如下：

$$\text{(P)}: \quad \min_w \frac{1}{2}\|\boldsymbol{w}\|^2 \tag{2.6}$$

$$\text{s.t.} \quad 1 - y_i(\langle \boldsymbol{w}, \boldsymbol{x}_i \rangle + b) \leqslant 0, \quad \forall i \tag{2.7}$$

注意到式（2.6）中的 $\frac{\|\boldsymbol{w}\|^2}{2}$ 最小化等价于间隔 $\frac{2}{\|\boldsymbol{w}\|^2}$ 的最大化，并且集合 S_1 和 S_{-1} 分别对应于 $y_i = 1$ 和 $y_i = -1$，可以看出式（2.7）是一种理想的约束条件。注意，尽管问题(P)中的代价最小化是关于 $\boldsymbol{w}$ 的，但对 b 的依赖性其实是隐藏在这个方程中的。在下面描述的对偶公式中，关于 b 的显性依赖变得更加明显。

2.2.2 对偶公式

优化问题(P)是不等式约束下的约束优化问题（constrained optimization problem）。约束优化问题的基本方法是运用拉格朗日对偶公式[6]。下面正式定义拉格朗日对偶问题。

定义 2.1[6] 假设原问题是

$$\min_{\boldsymbol{x}} f_0(\boldsymbol{x})$$

$$\text{s.t.} \quad f_i(\boldsymbol{x}) \leqslant 0, \quad i = 1, \cdots, n \tag{2.8}$$

$$h_i(\boldsymbol{x}) = 0, \quad i = 1, \cdots, p \tag{2.9}$$

则相应的拉格朗日对偶问题为

$$\max_{\boldsymbol{\alpha}, \boldsymbol{v}} g(\boldsymbol{\alpha}, \boldsymbol{v}) \tag{2.10}$$

$$\text{s.t.} \quad \boldsymbol{\alpha} \geqslant \boldsymbol{0} \tag{2.11}$$

其中，$\boldsymbol{\alpha} = [\alpha_1, \cdots, \alpha_n]$ 和 $\boldsymbol{v} = [v_1, \cdots, v_p]$ 为对偶变量或拉格朗日乘子。$\boldsymbol{\alpha} \geqslant \boldsymbol{0}$ 意味着其中的每个元素都是非负的，拉格朗日算子定义为

$$g(\boldsymbol{\alpha}, \boldsymbol{v}) := \inf_{\boldsymbol{x}} \left\{ f_0(\boldsymbol{x}) + \sum_{i=1}^{n} \alpha_i f_i(\boldsymbol{x}) + \sum_{j=1}^{p} v_j h_j(\boldsymbol{x}) \right\} \tag{2.12}$$

凸优化理论[6]中的一项重要发现是，如果原问题是凸的，那么有下面的强对偶性

$$g(\boldsymbol{\alpha}^*, \boldsymbol{v}^*) = f_0(\boldsymbol{x}^*) \tag{2.13}$$

其中，$\boldsymbol{x}^*$ 和 $\boldsymbol{\alpha}^*$、$\boldsymbol{v}^*$ 分别是原问题和对偶问题的最优解。通常来说，对偶公式比原问题更容易求解。

式（2.6）中的二分类问题(P)是一个关于 $\boldsymbol{w} \in \mathbb{R}^d$ 的凸优化问题，因为目标函数和约束集都是凸的。因此，根据定义 2.1，可以将原问题转化为如下对偶问题：

$$\text{(D)}: \quad \max_{\boldsymbol{\alpha}} g(\boldsymbol{\alpha})$$

$$\text{s.t.} \quad \boldsymbol{\alpha} \geqslant \boldsymbol{0}$$

其中，$\boldsymbol{\alpha} = [\alpha_1, \cdots, \alpha_n]$ 是对应于原始变量 $\boldsymbol{w}$ 和 b 的对偶变量，且

$$g(\boldsymbol{\alpha}) = \min_{\boldsymbol{w},b} \frac{\|\boldsymbol{w}\|^2}{2} + \sum_{i=1}^{n} \alpha_i \left(1 - y_i(\langle \boldsymbol{w}, \boldsymbol{x}_i \rangle + b)\right) \tag{2.14}$$

在式（2.14）的最小解位置处，关于 $\boldsymbol{w}$ 和 b 的导数应当为 0，这便得到如下的一阶必要条件（First-Order Necessary Conditions，FONCs）：

$$\boldsymbol{w} = \sum_{i=1}^{n} \alpha_i y_i \boldsymbol{x}_i \,, \qquad \sum_{i=1}^{n} \alpha_i y_i = 0 \tag{2.15}$$

式（2.15）中的一阶必要条件具有非常重要的几何解释。例如，式（2.15）中的第一个方程清楚展示了如何用对偶变量来构造超平面的法向量。第二个方程引出了平衡条件（balancing condition），这些问题将在后面介绍。

将这些一阶必要条件代入式（2.14），对偶问题(D)变为

$$\max_{\boldsymbol{\alpha}} \sum_{i=1}^{n} \alpha_i - \frac{1}{2} \sum_{i=1}^{n} \sum_{j=1}^{n} \alpha_i \alpha_j y_i y_j \langle \boldsymbol{x}_i, \boldsymbol{x}_j \rangle \tag{2.16}$$

$$\text{s.t.} \quad \sum_{i=1}^{n} \alpha_i y_i = 0 \,, \quad \alpha_i \geqslant 0 \,, \quad \forall i$$

记 $\boldsymbol{w}^*$、b^* 和 $\boldsymbol{\alpha}^*$ 分别是原问题和对偶问题的解，那么对原始公式情形，得到的二分类器为

$$y \leftarrow \text{sign}\left(\langle \boldsymbol{w}^*, \boldsymbol{x} \rangle + b^*\right) \tag{2.17}$$

或者当采用对偶公式时，相应的二分类器为

$$y \leftarrow \text{sign}\left(\sum_{i=1}^{n} \alpha_i^* y_i \langle \boldsymbol{x}_i, \boldsymbol{x} \rangle + b^*\right) \tag{2.18}$$

其中，sign(x)为符号函数。

2.2.3 KKT 条件与支持向量

为了实现式（2.13）中的强对偶性，应该满足 Karush-Kuhn-Tucker（KKT）条件[6]。关于 KKT 条件的更多细节可以参看标准的凸优化教材[6]。下面简要介绍与最大间隔线性分类器的几何理解直接相关的核心条件。

具体地说，假设 $\boldsymbol{x}^*$ 和 $\boldsymbol{\alpha}^*, \boldsymbol{v}^*$ 分别是原问题和对偶问题的最优解，那么有

$$g(\boldsymbol{\alpha}^*, \boldsymbol{v}^*) = f_0(\boldsymbol{x}^*) + \sum_{i=1}^{n} \alpha_i^* f_i(\boldsymbol{x}^*) + \sum_{j=1}^{p} v_j^* h_j(\boldsymbol{x}^*) = f_0(\boldsymbol{x}^*) + \sum_{i=1}^{n} \alpha_i^* f_i(\boldsymbol{x}^*) \tag{2.19}$$

上式最后一个等式由原问题的约束条件 $h_j(\boldsymbol{x}^*) = 0$ 得到。

为了使式（2.19）等于 $f_0(\boldsymbol{x}^*)$，即对应于式（2.13）的强对偶性，应当满足下面的条件：

$$\alpha_i^* > 0 \Rightarrow f_i(\boldsymbol{x}^*) = 0 \quad \text{或} \quad f_i(\boldsymbol{x}^*) < 0 \Rightarrow \alpha_i^* = 0 \tag{2.20}$$

这就是关键的 KKT 条件。

如果将式（2.20）应用于分类器设计问题，则有

$$\alpha_i^* > 0 \Rightarrow y_i(\langle \boldsymbol{w}^*, \boldsymbol{x}_i \rangle + b) = 1 \tag{2.21}$$

这意味着在使用式（2.15）构造超平面的法向量 $\boldsymbol{w}^*$ 时，只有类边界上的训练数据起作用，也就是

$$\boldsymbol{w}^* = \sum_{i=1}^{n} \alpha_i^* y_i \boldsymbol{x}_i = \sum_{i \in I^+} \alpha_i^* \boldsymbol{x}_i - \sum_{i \in I^-} \alpha_i^* \boldsymbol{x}_i \tag{2.22}$$

其中，I^+ 和 I^- 分别表示满足下列条件的索引集（index set）：

$$I^+ = \left\{ i \in [1, \cdots, n] \middle| \langle \boldsymbol{w}^*, \boldsymbol{x}_i \rangle + b = 1 \right\} \tag{2.23}$$

$$I^- = \left\{ i \in [1, \cdots, n] \middle| \langle \boldsymbol{w}^*, \boldsymbol{x}_i \rangle + b = -1 \right\} \tag{2.24}$$

对类边界内的训练数据 $\boldsymbol{x}_i$，由于 $y_i(\langle \boldsymbol{w}, \boldsymbol{x}_i \rangle + b) > 1$，因此相应的拉格朗日变量 $\alpha_i = 0$，如图 2.3 所示。其中，具有 $i \in I^+$ 或 $i \in I^-$ 的训练数据 $\boldsymbol{x}_i$ 的集合通常称为支持向量（support vector），这就是对应的分类器常被称为 SVM 的原因[10]。

式（2.15）中的第二个方程导致了非零对偶变量之间的附加几何关系

$$\sum_{i \in I^+} \alpha_i^* = \sum_{i \in I^-} \alpha_i^*$$

它说明了对偶变量之间的平衡条件。换句话说，支持向量的权重参数应针对每个类边界进行平衡。

2.3　软间隔线性分类器

如图 2.2（b）所示，许多实际的分类问题往往包含不能被超平面完美分离的数据集。当这些类不是线性可分离的时（如由于噪声干扰），可以通过额外项来放宽最优超平面的条件，即

$$y_i(\langle \boldsymbol{w}, \boldsymbol{x}_i \rangle + b) \geqslant 1 - \xi_i, \quad \xi_i \geqslant 0, \quad \forall i \tag{2.25}$$

其中，ξ_i 通常称为松弛变量（slack variable）。松弛变量的作用是允许在分类中出现一些错误。优化目标就是要寻找具有最大间隔和最小误差的分类器，如图 2.4 所示。

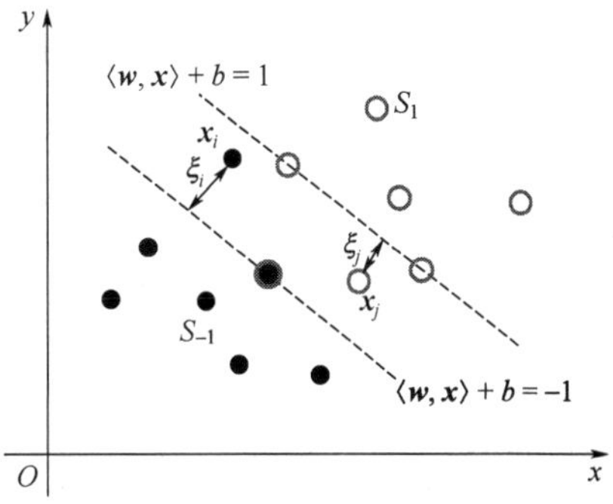

图 2.4　软间隔线性 SVM 分类器的几何结构

相应的原问题为

$$(\mathrm{P}'):\ \min_{\boldsymbol{w},\xi} \frac{1}{2}\|\boldsymbol{w}\|^2 + C\sum_{i=1}^{n} \xi_i$$

$$\text{s.t.}\ \ 1 - y_i(\langle \boldsymbol{w}, \boldsymbol{x}_i \rangle + b) \leqslant \xi_i,\ \ \xi_i \geqslant 0,\ \ \forall i \tag{2.26}$$

其中，优化问题再次对偏置项 b 具有隐式的依赖性。下面的定理表明，除对偶变量的约束不同外，相应的对偶问题与式（2.16）中的硬间隔线性分类器具有完全相似的形式。

定理 2.1 式（2.26）中的原问题的拉格朗日对偶公式为

$$\max_{\boldsymbol{\alpha}} \quad \sum_{i=1}^{n}\alpha_i - \frac{1}{2}\sum_{i=1}^{n}\sum_{j=1}^{n}\alpha_i\alpha_j y_i y_j \left\langle \boldsymbol{x}_i, \boldsymbol{x}_j \right\rangle \tag{2.27}$$

$$\text{s.t.} \quad \sum_{i=1}^{n}\alpha_i y_i = 0,\ 0 \leqslant \alpha_i \leqslant C,\ \forall i$$

证明： 对式（2.26）给定的原问题，相应的拉格朗日对偶问题为

$$\max_{\boldsymbol{\alpha},\boldsymbol{\gamma}} g(\boldsymbol{\alpha},\boldsymbol{\gamma})$$

$$\text{s.t.} \quad \boldsymbol{\alpha} \geqslant \boldsymbol{0},\ \boldsymbol{\gamma} \geqslant \boldsymbol{0} \tag{2.28}$$

$$g(\boldsymbol{\alpha},\boldsymbol{\gamma}) = \max_{\boldsymbol{w},b,\xi}\left\{\frac{1}{2}\|\boldsymbol{w}\|^2 + C\sum_{i=1}^{n}\xi_i + \sum_{i=1}^{n}\alpha_i(1 - y_i(\left\langle \boldsymbol{w}, \boldsymbol{x_i} \right\rangle + b) - \xi_i) - \sum_{i=1}^{n}\gamma_i\xi_i\right\} \tag{2.29}$$

根据关于 $\boldsymbol{w}$、b 和 $\boldsymbol{\xi}$ 的一阶必要条件可以得到下面的等式

$$\boldsymbol{w} = \sum_{i=1}^{n}\alpha_i y_i \boldsymbol{x}_i \tag{2.30}$$

和

$$\sum_{i=1}^{n}\alpha_i y_i = 0, \quad \alpha_i + \gamma_i = C \tag{2.31}$$

将式（2.30）和式（2.31）代入式（2.29），有

$$g(\boldsymbol{\alpha},\boldsymbol{\gamma}) = \sum_{i=1}^{n}\alpha_i - \frac{1}{2}\sum_{i=1}^{n}\sum_{j=1}^{n}\alpha_i\alpha_j y_i y_j \left\langle \boldsymbol{x}_i, \boldsymbol{x}_j \right\rangle$$

其中，$0 \leqslant \alpha_i \leqslant C$，因为 $\gamma_i = C - \alpha_i \geqslant 0$。证毕。 □

在式（2.26）中，表示原始问题的另一种方法是采用合页损失（hinge loss）[10, 11]，如图 2.5 所示：

$$l_{\text{hinge}}(y,\hat{y}) = \max\{0, 1 - y\hat{y}\} \tag{2.32}$$

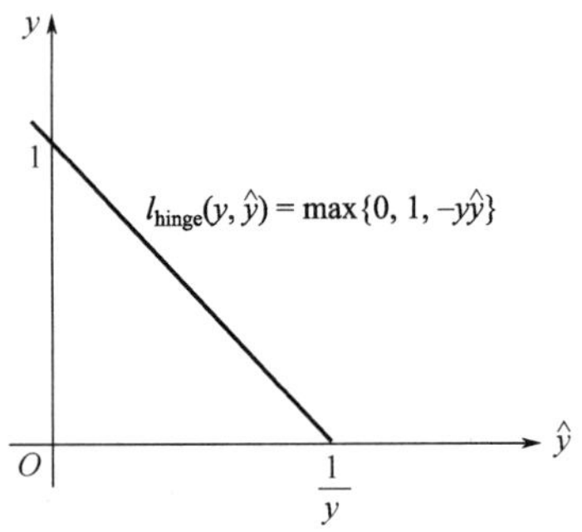

图 2.5 合页损失的图形描述

具体地说，引入松弛变量

$$\xi_i := 1 - y_i(\left\langle \boldsymbol{w}, \boldsymbol{x}_i \right\rangle + b)$$

为了使松弛变量能够表示类边界内的数据集$(\boldsymbol{x}_i, y_i)$的分类错误，当数据分类良好时 $\xi_i = 0$，当存在分类误差时 $\xi_i > 0$，这就导致松弛变量有下面的定义：

$$\xi_i = \max\{0, 1 - y_i(\left\langle \boldsymbol{w}, \boldsymbol{x}_i \right\rangle + b)\} = l_{\text{hinge}}(y_i, \left\langle \boldsymbol{w}, \boldsymbol{x}_i \right\rangle + b) \tag{2.33}$$

则式（2.26）中的原始问题可以表示为

$$\min_{\boldsymbol{w},b} \frac{1}{2}\|\boldsymbol{w}\|^2 + C\sum_{i=1}^{n} l_{\text{hinge}}(y_i, \left\langle \boldsymbol{w}, \boldsymbol{x}_i \right\rangle + b) \tag{2.34}$$

我们将在后面证明这种表示与表示定理（representer theorem）[11]密切相关。

2.4　采用核 SVM 的非线性分类器

2.4.1　特征空间中的线性分类器

现在考虑$\mathbb{R}^2$中的一个分类问题，如图 2.6 或图 2.2（c）所示，即不存在可以分离两种类别的线性超平面。具体地说，类别 1 的数据在一个椭圆内

$$S_1 = \{\boldsymbol{x} = (x_1, x_2) | (x_1 + x_2)^2 + x_2^2 \leqslant 2\} \tag{2.35}$$

而类别 2 的数据位于椭圆之外。这意味着，尽管这两类数据并不能被单个超平面分离，但是式（2.35）中的非线性边界能够分离这两类数据。

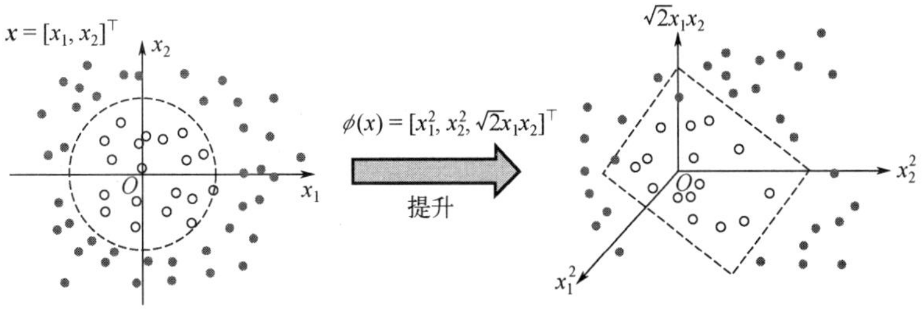

图 2.6　提升到高维特征空间进行线性分类设计

有趣的是，非线性边界的存在意味着可以在更高维的空间中找到相应的线性超平面。具体来说，假设有一个非线性映射 $\boldsymbol{\phi}: \boldsymbol{x} = [x_1, x_2]^\top \mapsto \boldsymbol{\phi}(\boldsymbol{x})$ 到 $\mathbb{R}^3$ 中的特征空间（feature space），使得

$$\boldsymbol{\phi}(\boldsymbol{x}) = [\phi_1, \phi_2, \phi_3]^\top = [x_1^2, x_2^2, \sqrt{2}x_1x_2]^\top \tag{2.36}$$

那么，容易看到 S_1 能够在特征空间中表示为

$$S_1 = \{(\phi_1, \phi_2, \phi_3) | \phi_1 + 2\phi_2 + \sqrt{2}\phi_3 \leqslant 2\} \tag{2.37}$$

因此，在$\mathbb{R}^3$中存在利用特征空间映射$\boldsymbol{\phi}(\boldsymbol{x})$的线性分类器，如图 2.6 所示。

一般来说，为了允许线性分类器的存在，特征空间应当在一个比背景输入空间（ambient input space）更高维的空间中。从这个意义上说，特征映射$\boldsymbol{\phi}(\boldsymbol{x})$相当于一个提升操作（lifting operation），即将数据的维数提升到更高维。在经特征映射$\boldsymbol{\phi}(\boldsymbol{x})$提升后的特征空间中，式（2.27）中的二分类器设计问题可以表示为

$$\max_{\boldsymbol{\alpha}} \sum_{i=1}^{n} \alpha_i - \frac{1}{2}\sum_{i=1}^{n}\sum_{j=1}^{n} \alpha_i \alpha_j y_i y_j \langle \boldsymbol{\phi}(\boldsymbol{x}_i), \boldsymbol{\phi}(\boldsymbol{x}_j) \rangle \tag{2.38}$$

$$\text{s.t.} \quad \sum_{i=1}^{n} \alpha_i y_i = 0,\ 0 \leqslant \alpha_i \leqslant C,\ \forall i$$

通过从线性分类器扩展式（2.18），与优化问题（2.38）相关的非线性分类器也可以类似地定义为

$$y \leftarrow \operatorname{sign}\left(\sum_{i=1}^{n} \alpha_i^* y_i \langle \boldsymbol{\phi}(\boldsymbol{x}_i), \boldsymbol{\phi}(\boldsymbol{x}) \rangle + b\right) \tag{2.39}$$

其中，α_i^* 和 b 是对偶问题的解。

2.4.2 核技巧

尽管式（2.38）和式（2.39）是对式（2.27）和式（2.18）的良好推广，但其中还存在几个技术问题。其中最关键的一个问题是线性分类器的存在性，提升操作可能需要一个非常高维甚至无限维（infinite-dimensional）的特征空间。因此，对特征向量 $\boldsymbol{\phi}(\boldsymbol{x})$ 的显性计算可能非常耗时甚至无法完成。

核技巧（kernel trick）可以通过避开显性构造的提升操作[11]来克服这个技术问题。具体地说，如式（2.38）和式（2.39）所示，为了计算线性分类器，只需要两个特征向量的内积即可。进一步说，如果定义了下面这样一个核函数（kernel function）$k: X \times X \mapsto \mathbb{R}$：

$$k(\boldsymbol{x}, \boldsymbol{x}') := \langle \boldsymbol{\phi}(\boldsymbol{x}), \boldsymbol{\phi}(\boldsymbol{x}') \rangle \tag{2.40}$$

那么式（2.38）和式（2.39）可以转化为

$$\max_{\boldsymbol{\alpha}} \quad \sum_{i=1}^{n} \alpha_i - \frac{1}{2} \sum_{i=1}^{n} \sum_{j=1}^{n} \alpha_i \alpha_j y_i y_j k(\boldsymbol{x}_i, \boldsymbol{x}_j) \tag{2.41}$$

$$\text{s.t.} \quad \sum_{i=1}^{n} \alpha_i y_i = 0,\ 0 \leqslant \alpha_i \leqslant C\text{，}\quad \forall i$$

并且所得到的分类器为

$$y \leftarrow \operatorname{sign}\left(\sum_{i=1}^{n} \alpha_i^* y_i k(\boldsymbol{x}_i, \boldsymbol{x}) + b\right) \tag{2.42}$$

以式（2.36）为例，相应的核函数由下式给出

$$k(\boldsymbol{x}, \boldsymbol{y}) = x_1^2 y_1^2 + x_2^2 y_2^2 + 2x_1 x_2 y_1 y_2 = (\langle \boldsymbol{x}, \boldsymbol{y} \rangle)^2$$

它对应于一个次数为 2 的多项式函数（polynomial function）。因此，在 SVM 文献中通常是直接设计核函数而不是从潜在特征映射中获取。下面是核 SVM 中常用的核函数的例子。

- 次数恰好为 p 的多项式核：

$$k(\boldsymbol{x}, \boldsymbol{y}) = (\boldsymbol{x}^\top \boldsymbol{y})^p$$

- p 次多项式核：

$$k(\boldsymbol{x}, \boldsymbol{y}) = (\boldsymbol{x}^\top \boldsymbol{y} + 1)^p$$

- 带宽 σ 的径向基函数（radial basis function）核：

$$k(\boldsymbol{x},\boldsymbol{y})=\exp\left(\frac{-\|\boldsymbol{x}-\boldsymbol{y}\|^2}{2\sigma^2}\right)$$

- sigmoid 核：

$$k(\boldsymbol{x},\boldsymbol{y})=\tanh(\eta\boldsymbol{x}^\top\boldsymbol{y}+v)$$

注意，并不是所有的核都可以用于 SVM。作为一种可行的选择，核函数应该来源于特征空间映射 $\boldsymbol{\phi}(\boldsymbol{x})$。实际上，如果核函数满足 Mercer 条件[11]，则存在一个相关的特征映射。满足 Mercer 条件的核通常称为正定核（positive definite kernel）。有关 Mercer 条件的细节可以从标准的 SVM 文献[11]中找到，后面还会在表示定理的背景下进行阐释。

2.5　图像分类的经典方法

尽管 SVM 及其核展开(kernel extension)是优美的凸优化框架，不存在局部最小解(local minimizer)，但使用这些方法进行图像分类时仍存在根本的挑战。特别地，由于优化过程计算量大，导致在 SVM 中背景空间（ambient space）X 不能太大，因此，使用 SVM 框架的一个关键步骤是特征工程（feature engineering），它对输入图像进行预处理，以便获得能够捕获输入图像的所有基本信息的维数显著降低的特征向量 $\boldsymbol{x}\in X$。例如，对图像分类任务来说，经典的分类器设计流程（pipeline）可以总结如下（如图 2.7 所示）：

- 处理数据集，根据成像物理学、几何学及其他分析工具方面的知识，提取手工特征（hand-crafted feature）；
- 或者将数据输入一组标准的特征提取器中来提取特征，如 SIFT（Scale-Invariant Feature Transform）[12]、SURF（Speeded-Up Robust Features）[13]、HOG（Histogram of Oriented Gradient）等；
- 根据所具备的专业领域知识选取核函数；
- 将手工提取的特征和标签组成的训练数据放到一个核 SVM 中来学习一个分类器。

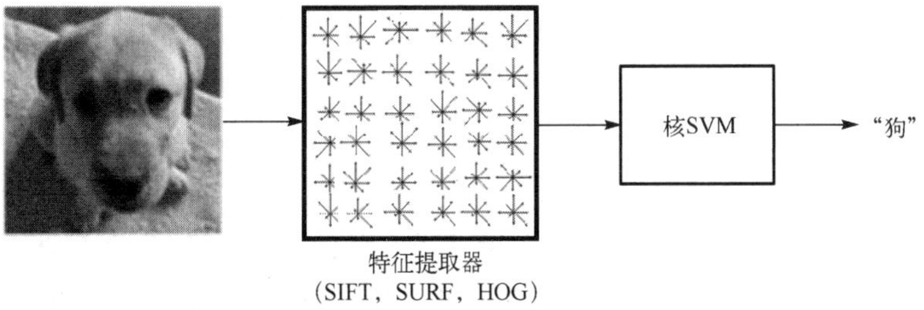

图 2.7　经典分类器设计流程

在上述设计流程中，主要的技术创新通常来自特征提取，常常是基于“幸运”研究生的意外发现。此外，核函数的选择也需要专业领域知识，这在以前是一个被广泛研究的课题。后面我们还将看到，现代深度学习方法的一个主要创新在于，它不再需要这种手工提取的特征工程和核函数设计，因为都是自动从训练数据中学习得到的。这种简单性可能是深度学习成功的主要原因之一，导致了新的深度技术公司大量涌现。

到目前为止，我们主要讨论了二分类问题。注意，除二分类器外，更一般的多分类器在实践中也很重要，例如，ImageNet 就超过了 20000 种类别。对这种情况，对线性分类器进行扩展是很重要的，我们将在后面讨论。

2.6 习 题

1．对一个给定的多项式核函数

$$k(\boldsymbol{x},\boldsymbol{y})=(\boldsymbol{x}^{\top}\boldsymbol{y}+c)^2,\ \ \boldsymbol{x},\boldsymbol{y}\in\mathbb{R}^2$$

对应的满足 $k(\boldsymbol{x},\boldsymbol{y})=\langle\boldsymbol{\phi}(\boldsymbol{x}),\boldsymbol{\phi}(\boldsymbol{y})\rangle$ 的特征映射 $\boldsymbol{\phi}(\boldsymbol{x})$ 是什么？

2．证明径向基函数的特征空间的维数是无限的。

3．假设给定如下标记为正例（positively labeled）的数据点：

$$\boldsymbol{x}_1=[2,\ 1]^{\top},\ \ \boldsymbol{x}_2=[2,\ -1]^{\top},\ \ \boldsymbol{x}_3=[3,\ 1]^{\top} \tag{2.43}$$

以及如下标记为负例（negatively labeled）的数据点：

$$\boldsymbol{x}_4=[1,\ 0]^{\top},\ \ \boldsymbol{x}_5=[0,\ 1]^{\top},\ \ \boldsymbol{x}_6=[0,\ -1]^{\top} \tag{2.44}$$

（1）这两种类别是线性可分离的吗？请通过在$\mathbb{R}^2$中可视化它们的分布来回答此问题。

（2）假设要设计一个硬间隔线性 SVM，那么支持向量是什么？请通过检验予以回答，并且给出原因。

（3）利用原始公式，手工计算线性 SVM 分类器的闭式（closed form）解。必须给出计算过程的每个步骤。提示：利用支持向量和 KKT 条件可以简化不等式约束。

（4）利用对偶公式，手工计算线性 SVM 分类器的闭式解。必须给出计算过程的每个步骤。提示：利用支持向量和 KKT 条件可以简化不等式约束。

4．假设给定如下标记为正例的数据点：

$$\boldsymbol{x}_1=[0.5,\ 0]^{\top},\ \ \boldsymbol{x}_2=[1.5,\ 1]^{\top},\ \ \boldsymbol{x}_3=[1.5,\ -1]^{\top},\ \ \boldsymbol{x}_4=[2,\ 0]^{\top} \tag{2.45}$$

以及如下标记为负例的数据点：

$$\boldsymbol{x}_5=[1,\ 0]^{\top},\ \ \boldsymbol{x}_6=[0,\ 1]^{\top},\ \ \boldsymbol{x}_7=[0,\ -1]^{\top},\ \ \boldsymbol{x}_8=[-1,\ 0]^{\top} \tag{2.46}$$

（1）这两种类别是线性可分离的吗？请通过在$\mathbb{R}^2$中可视化它们的分布来回答此问题。

（2）假设要设计一个软间隔线性 SVM，请利用 MATLAB 软件，画出选取不同的 C 时相应的决策边界（decision boundary）。

（3）当 $C\to\infty$ 时，你有什么发现？

5．假设给定如下标记为正例的数据点：

$$\boldsymbol{x}_1=[3,\ 3]^{\top},\ \ \boldsymbol{x}_2=[3,\ -3]^{\top},\ \ \boldsymbol{x}_3=[-3,\ -3]^{\top},\ \ \boldsymbol{x}_4=[-3,\ 3]^{\top} \tag{2.47}$$

以及如下标记为负例的数据点：

$$\boldsymbol{x}_5=[1,1]^\top,\quad \boldsymbol{x}_6=[1,-1]^\top,\quad \boldsymbol{x}_7=[-1,-1]^\top,\quad \boldsymbol{x}_8=[-1,1]^\top \tag{2.48}$$

（1）这两种类别是线性可分离的吗？请通过在$\mathbb{R}^2$中可视化它们的分布来回答此问题。

（2）找出一个特征映射$\boldsymbol{\phi}:\mathbb{R}^2\mapsto F\subset\mathbb{R}^3$，使得在特征空间 F 中两种类别是线性可分离的。画出在 F 中的数据分布图。

（3）对应的核函数是什么？

（4）在 F 中的支持向量是什么？

（5）利用对偶公式，手工计算核 SVM 分类器的闭式解。必须给出计算过程的每个步骤。提示：利用支持向量和 KKT 条件可以简化不等式约束。

第 3 章 线性回归、逻辑回归与核回归

3.1 引　　言

在机器学习中，回归分析（regression analysis）指估计因变量（dependent variable）和自变量（independent variable）之间关系的过程，主要用于预测和寻求各变量之间的因果关系（cause-and-effect relationship）。例如，在线性回归（linear regression）中，研究人员试图依据一定的数学标准找到一条直线来拟合数据，如图 3.1（a）所示。另一个重要的回归问题是逻辑回归（logistic regression）。例如，在图 3.1（b）中，因变量对给定的问题，其取值是“是”或者“否”这样的二元属性，其目标是使用连续变化的自变量来拟合二元数据，容易理解该问题与二分类问题密切相关。对图 3.1（c）来说，其技术问题与其他两种情况略有不同，因为它的分布无法通过一条直线来做回归。此外，因变量不是二元的，而具有连续的值，因此更好的回归方法应该是用一条光滑的变化曲线来拟合这些数据。实际上，这与非线性回归（nonlinear regression）问题直接相关。

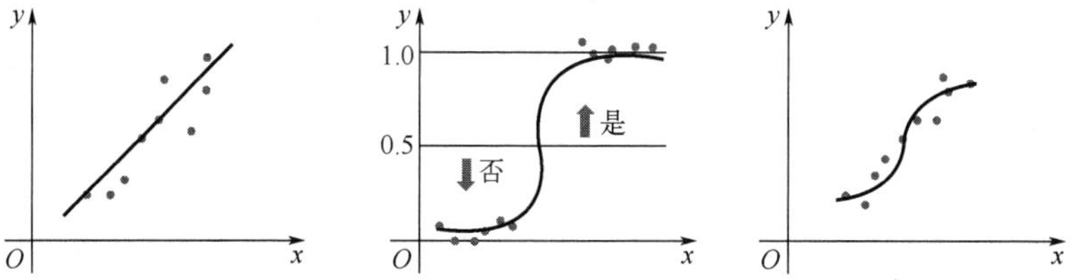

（a）线性回归　　（b）逻辑回归　　（c）采用多项式核的非线性回归

图 3.1　各种回归问题的示例（x 轴是自变量，y 轴是因变量）

虽然回归分析是一种经典方法，可以追溯到 Legendre 在 1805 年及 Gauss 在 1809 年提出的最小二乘（least squares）法，但回归分析仍然是深度学习方法的一个关键思想，后续将详细介绍。因此，我们将重温经典的回归方法，讨论回归分析的三种特定形式，即线性回归、逻辑回归和核回归（kernel regression）。稍后，这个概述将被证明有助于理解使用深度神经网络的现代回归方法。

3.2 线 性 回 归

普通最小二乘法

线性回归采用如图 3.1（a）所示的线性模型。具体来说，因变量可以通过输入变量的

线性组合来计算。通常将线性模型称为普通最小二乘（Ordinary Least Squares，OLS）线性回归，简称最小二乘回归（Least Squares regression，LS regression）。例如，一个简单的线性回归模型如下：

$$y_i = \beta_0 + \beta_1 x_i + \varepsilon_i,\ i = 1, \cdots, n \tag{3.1}$$

并且目标是从训练数据 $\{x_i, y_i\}_{i=1}^n$ 中估计参数集 $\boldsymbol{\beta} = \{\beta_0, \beta_1\}$。

通常，一个线性回归问题可以表示为

$$y_i = \langle \boldsymbol{x}_i, \boldsymbol{\beta} \rangle + \varepsilon_i,\ i = 1, \cdots, n \tag{3.2}$$

其中，$(\boldsymbol{x}_i, y_i) \in \mathbb{R}^p \times \mathbb{R}$ 为第 i 个训练数据，$\boldsymbol{\beta} \in \mathbb{R}^p$ 为回归系数。用矩阵的形式表示式（3.2）为

$$\boldsymbol{y} = \boldsymbol{X}^\top \boldsymbol{\beta} + \boldsymbol{\varepsilon} \tag{3.3}$$

其中，

$$\boldsymbol{y} := \begin{bmatrix} y_1 \\ \vdots \\ y_n \end{bmatrix},\quad \boldsymbol{X} := \begin{bmatrix} \boldsymbol{x}_1 & \cdots & \boldsymbol{x}_n \end{bmatrix},\quad \boldsymbol{\varepsilon} := \begin{bmatrix} \varepsilon_1 \\ \vdots \\ \varepsilon_n \end{bmatrix}$$

在上式中，$\boldsymbol{x}_i$ 表示自变量，而 y_i 表示因变量。

那么，利用 l_2 损失或均方误差（Mean Squared Error，MSE）损失函数进行回归分析可表示为

$$\min_{\boldsymbol{\beta}} l(\boldsymbol{\beta}),\quad l(\boldsymbol{\beta}) := \frac{1}{2}\left\| \boldsymbol{y} - \boldsymbol{X}^\top \boldsymbol{\beta} \right\|^2 \tag{3.4}$$

其中，损失函数可以进一步展开为

$$\begin{aligned} l(\boldsymbol{\beta}) &:= \frac{1}{2}\left\| \boldsymbol{y} - \boldsymbol{X}^\top \boldsymbol{\beta} \right\|^2 \\ &= \frac{1}{2}(\boldsymbol{y} - \boldsymbol{X}^\top \boldsymbol{\beta})^\top (\boldsymbol{y} - \boldsymbol{X}^\top \boldsymbol{\beta}) \\ &= \frac{1}{2}(\boldsymbol{y}^\top \boldsymbol{y} - \boldsymbol{y}^\top \boldsymbol{X}^\top \boldsymbol{\beta} - \boldsymbol{\beta}^\top \boldsymbol{X}\boldsymbol{y} + \boldsymbol{\beta}^\top \boldsymbol{X}\boldsymbol{X}^\top \boldsymbol{\beta}) \end{aligned}$$

将损失函数对 $\boldsymbol{\beta}$ 的梯度设为 $\mathbf{0}$，可以找到使 MSE 损失函数最小化的参数。为了计算向量值函数（vector-valued function）的梯度，下面的引理是有用的。

引理 3.1[5]　设 $\boldsymbol{x}$、$\boldsymbol{a}$ 是向量，$\boldsymbol{B}$ 是具有适当大小的矩阵，则有

$$\frac{\partial \boldsymbol{x}^\top \boldsymbol{a}}{\partial \boldsymbol{x}} = \frac{\partial \boldsymbol{a}^\top \boldsymbol{x}}{\partial \boldsymbol{x}} = \boldsymbol{a} \tag{3.5}$$

$$\frac{\partial \boldsymbol{x}^\top \boldsymbol{B}\boldsymbol{x}}{\partial \boldsymbol{x}} = (\boldsymbol{B} + \boldsymbol{B}^\top)\boldsymbol{x} \tag{3.6}$$

利用引理 3.1，有

$$\left.\frac{\partial l(\boldsymbol{\beta})}{\partial \boldsymbol{\beta}}\right|_{\boldsymbol{\beta}=\hat{\boldsymbol{\beta}}} = -\boldsymbol{X}\boldsymbol{y} + \boldsymbol{X}\boldsymbol{X}^\top \hat{\boldsymbol{\beta}} = \mathbf{0}$$

其中，$\hat{\boldsymbol{\beta}}$ 是最小解（minimizer）。

若 $\boldsymbol{X}\boldsymbol{X}^\top$ 可逆或者 $\boldsymbol{X}$ 是行满秩（full row rank）矩阵，则有

$$\hat{\boldsymbol{\beta}} = (\boldsymbol{X}\boldsymbol{X}^\top)^{-1}\boldsymbol{X}\boldsymbol{y} \tag{3.7}$$

满秩条件对矩阵逆的存在是很重要的，这将在岭回归（ridge regression）中继续讨论。

这种回归设置与广义线性模型（General Linear Model，GLM）密切相关，该模型已成功应用于统计分析。例如，GLM 分析是功能性磁共振成像（functional Magnetic Resonance Imaging，fMRI）数据分析[14]的主要工作手段之一。fMRI 的主要思想是，在一个给定的任务（如运动）中，获得大脑磁共振图像的多个时间帧，然后分析每个体素（voxel）位置的磁共振值随时间的变化情况，以检查其时间变化是否与给定的任务相关。其中，来自一个体素的时间序列数据 $\boldsymbol{y}$ 被描述为模型 $\boldsymbol{X}^\top$ 的线性组合，该模型通常称为“设计矩阵”（design matrix），它包含一组回归器（regressor），如图 3.2 所示，表示自变量与残差（即误差），然后以体素图（voxelwise map）的形式将结果进行存储、显示并可能做进一步分析，如图 3.2 右上角所示。

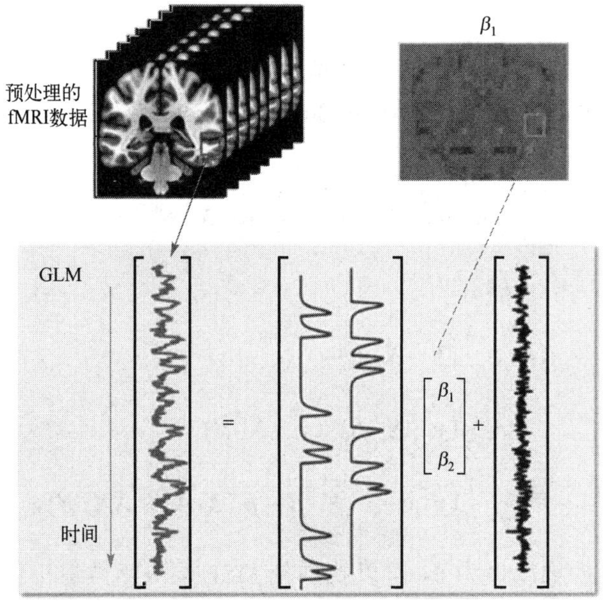

图 3.2　GLM 对 fMRI 的分析

3.3　逻 辑 回 归

3.3.1　对数概率与线性回归

与图 3.1（b）的示例类似，在很多重要的问题中因变量只有有限个数值。例如，在分析吸烟行为的二元逻辑回归（binary logistic regression）中，因变量是一个虚拟变量（dummy variable），即编码为 0（不吸烟）或 1（吸烟）。又如，人们感兴趣的是拟合事件概率的线

性模型，在这种情况下，因变量的取值在 0 与 1 之间，此时变换自变量并不能解决所有潜在的问题。相反，逻辑回归的关键思想是变换因变量。

具体地说，定义概率（odds）为

$$\text{odds} = \frac{q}{1-q} \tag{3.8}$$

其中，$q \in [0,1]$ 是一个概率。odds 的取值范围是 0～∞，当值大于 1 时，说明事件发生的可能性比不发生的可能性要大；当值小于 1 时，说明事件发生的可能性较小。将对数概率（logit）定义为对概率取对数，即

$$\log \text{it} := \log(\text{odds}) = \log\left(\frac{q}{1-q}\right)$$

这个变换很有用，因为它创建了一个取值范围从−∞到∞的变量，当事件发生和不发生的可能性相等时值为 0。这种因变量变换的一个重要优点是解决了我们在拟合一个概率的线性模型时遇到的问题。如果将概率变换为对数概率，对数概率的取值范围就不受限制，因此可以应用标准的线性回归来处理。

具体来说，利用对数概率变换（logits transform），概率的线性回归模型为

$$\log\left(\frac{q}{1-q}\right) = \beta_0 + \beta_1 x \tag{3.9}$$

由此可得

$$q = \frac{1}{1+\exp[-(\beta_0 + \beta_1 x)]} = \text{Sig}(\beta_0 + \beta_1 x) \tag{3.10}$$

其中，Sig(x)表示 sigmoid 函数，即

$$\text{Sig}(x) = \frac{1}{1+\mathrm{e}^{-x}}$$

其图形如图 3.3 所示。注意，虽然非线性变换最初是应用于线性回归的因变量，但最终结果是在线性项之后引入了非线性。事实上，这与现代深度神经网络在线性层后紧接着进行非线性处理密切相关。

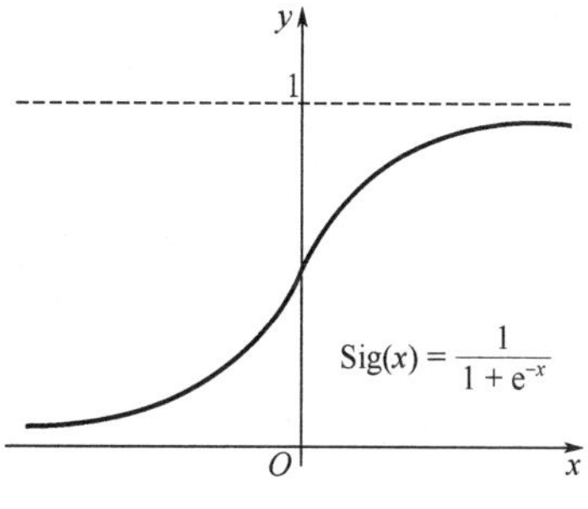

图 3.3　sigmoid 函数

3.3.2　使用逻辑回归进行多分类

在 SVM 中，主要讨论了二分类问题，其中定义了一个超平面来分离两种类别。现在，考虑图 3.4 所示的情况，我们想定义 3 个超平面，以便能将数据划分成多种类别。

对多分类器（multi-class classifier）的设计问题，SVM 的一个直接扩展是考虑所有超平面的组合的组合（combinatorial combination）。具体地说，数据 $\boldsymbol{x}_i$ 可以在超平面的任意一侧，这样给定图 3.4 所示的 3 个超平面，就可以设计一个分类

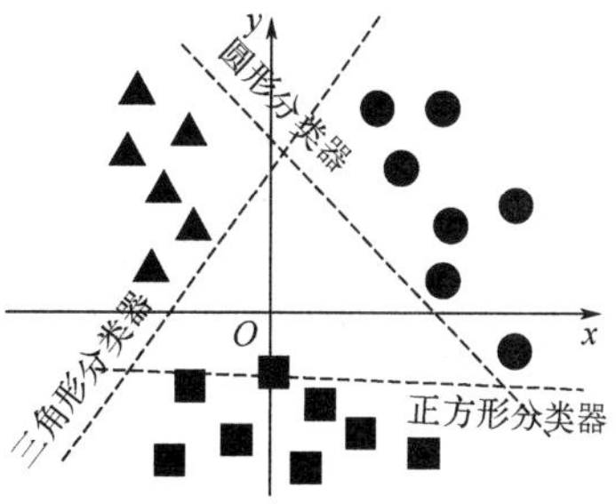

图 3.4　多分类问题

器，它能够潜在地分成 $2^3=8$ 种类别。对给定的类别数 c，虽然这种方法可能会减少超平面的数量，但 SVM 扩展的主要技术困难之一是我们需要考虑约束集（constraint set）的所有组合的组合，这是难以实现的。

针对多分类器设计问题的一个快速补救措施是采用逻辑回归。具体来说，对给定的 c 个类别，定义一个概率向量 $\boldsymbol{q}=(q_1,\cdots,q_c)^\top\in\mathbb{R}^c$，其中，$q_i\in[0,1]$ 表示数据属于类别 i 的概率。那么，对给定的因变量 $\boldsymbol{x}\in\mathbb{R}^p$，将式（3.9）扩展成向量值概率（vector-valued probability），从而有

$$\begin{bmatrix}\log\left(\dfrac{q_1}{1-q_1}\right)\\ \vdots \\ \log\left(\dfrac{q_c}{1-q_c}\right)\end{bmatrix}=\boldsymbol{W}^\top\boldsymbol{x}+\boldsymbol{b} \tag{3.11}$$

其中，$\boldsymbol{W}\in\mathbb{R}^{p\times c}$ 表示一个由 p 维空间中 c 个法向量组成的矩阵，$\boldsymbol{b}\in\mathbb{R}^c$ 是关联的偏置项。由此，我们容易看到相应的概率向量为

$$\boldsymbol{p}=\mathbf{Sig}(\boldsymbol{W}^\top\boldsymbol{x}+\boldsymbol{b}) \tag{3.12}$$

其中，$\mathbf{Sig}(\cdot)$是一个逐元素（element-wise）的 sigmoid 函数。

之后，通过对概率的大小进行排序，可以将数据划分到相应的类别。事实上，该项技术是使用深度神经网络设计现代分类器的标准方法，后面还会介绍。

3.4 岭 回 归

在式（3.7）中，线性回归解的基本假设为 $\boldsymbol{X}^\top$ 是列满秩矩阵或 $\boldsymbol{X}$ 是行满秩矩阵。然而，如果 $\boldsymbol{X}^\top$ 是高维矩阵，$\boldsymbol{X}^\top$ 的列可能会出现共线（collinear），共线在统计术语中是指两个（或多个）协变量（covariate）高度线性相关的事件。因此，$\boldsymbol{X}^\top$ 可能不是列满秩或接近于不是列满秩，导致我们不能采用标准的线性回归技术。为了处理这个问题，就有了岭回归（ridge regression）。

具体地说，岭回归要去求解下面的正则化（regularized）最小二乘问题：

$$\min_{\boldsymbol{\beta}}\ l_{\text{ridge}}(\boldsymbol{\beta})$$

这里

$$l_{\text{ridge}}(\boldsymbol{\beta}):=\frac{1}{2}\|\boldsymbol{y}-\boldsymbol{X}^\top\boldsymbol{\beta}\|^2+\frac{\lambda}{2}\|\boldsymbol{\beta}\|^2 \tag{3.13}$$

其中，$\lambda>0$ 是正则化参数（regularization parameter）。这种类型的正则化（regularization）通常称为 Tikhonov 正则化（Tikhonov regularization）。利用引理 3.1，容易有

$$\left.\frac{\partial l_{\text{ridge}}(\boldsymbol{\beta})}{\partial\boldsymbol{\beta}}\right|_{\boldsymbol{\beta}=\hat{\boldsymbol{\beta}}}=-\boldsymbol{X}\boldsymbol{y}+\boldsymbol{X}\boldsymbol{X}^\top\hat{\boldsymbol{\beta}}+\lambda\hat{\boldsymbol{\beta}}=\mathbf{0}$$

从而可得

$$\hat{\boldsymbol{\beta}} = (\boldsymbol{X}\boldsymbol{X}^\top + \lambda \boldsymbol{I})^{-1}\boldsymbol{X}\boldsymbol{y} \tag{3.14}$$

利用下面的矩阵求逆引理[3]：

$$(\boldsymbol{I} + \boldsymbol{U}\boldsymbol{C}\boldsymbol{V})^{-1} = \boldsymbol{I} - \boldsymbol{U}(\boldsymbol{C}^{-1} + \boldsymbol{V}\boldsymbol{U})^{-1}\boldsymbol{V} \tag{3.15}$$

式（3.14）可以等价地写成

$$\begin{aligned}
\hat{\boldsymbol{\beta}} &= (\boldsymbol{X}\boldsymbol{X}^\top + \lambda \boldsymbol{I})^{-1}\boldsymbol{X}\boldsymbol{y} = \frac{1}{\lambda}\left(\frac{\boldsymbol{X}\boldsymbol{X}^\top}{\lambda} + \boldsymbol{I}\right)^{-1}\boldsymbol{X}\boldsymbol{y} \\
&= \frac{1}{\lambda}\{\boldsymbol{I} - \boldsymbol{X}(\lambda\boldsymbol{I} + \boldsymbol{X}^\top\boldsymbol{X})^{-1}\boldsymbol{X}^\top\}\boldsymbol{X}\boldsymbol{y} \\
&= \frac{1}{\lambda}\boldsymbol{X}\{\boldsymbol{I} - (\lambda\boldsymbol{I} + \boldsymbol{X}^\top\boldsymbol{X})^{-1}\boldsymbol{X}^\top\boldsymbol{X}\}\boldsymbol{y} \\
&= \frac{1}{\lambda}\boldsymbol{X}(\lambda\boldsymbol{I} + \boldsymbol{X}^\top\boldsymbol{X})^{-1}\{(\lambda\boldsymbol{I} + \boldsymbol{X}^\top\boldsymbol{X}) - \boldsymbol{X}^\top\boldsymbol{X}\}\boldsymbol{y} \\
&= \boldsymbol{X}(\boldsymbol{X}^\top\boldsymbol{X} + \lambda\boldsymbol{I})^{-1}\boldsymbol{y}
\end{aligned} \tag{3.16}$$

特别地，当 $\boldsymbol{X}$ 是一个高矩阵（tall matrix）时，式（3.16）非常有用，因为矩阵求逆的计算量要比式（3.14）小得多。即使不是这种情况，式（3.16）对推导核回归也非常有帮助。

3.5 核 回 归

通过前面的介绍可知，原始输入空间中的非线性决策边界通常可表示为高维特征空间中的线性边界，在此基础上发展了非线性核 SVM。类似的想法也可用于回归。具体地说，我们的目标是在高维特征空间中实现线性回归，但最终结果是得到原始空间的非线性回归，如图 3.5 所示。

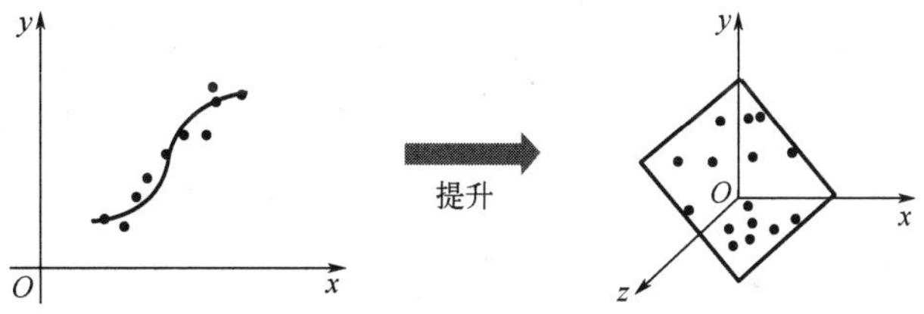

图 3.5 核回归概念

为了运用类似于核 SVM 中使用的核技巧，要重温式（3.2）中的线性回归问题。利用从岭回归的式（3.16）中得到的估计参数，对一个给定的自变量 $\boldsymbol{x} \in \mathbb{R}^p$，估计的函数 $\hat{f}(\boldsymbol{x})$ 为

$$\begin{aligned}
\hat{f}(\boldsymbol{x}) &:= \boldsymbol{x}^\top\hat{\boldsymbol{\beta}} = \boldsymbol{x}^\top\boldsymbol{X}(\boldsymbol{X}^\top\boldsymbol{X} + \lambda\boldsymbol{I})^{-1}\boldsymbol{y} \\
&= [\langle\boldsymbol{x},\boldsymbol{x}_1\rangle,\cdots,\langle\boldsymbol{x},\boldsymbol{x}_n\rangle]\left(\begin{bmatrix}\langle\boldsymbol{x}_1,\boldsymbol{x}_1\rangle & \cdots & \langle\boldsymbol{x}_1,\boldsymbol{x}_n\rangle \\ \vdots & \ddots & \vdots \\ \langle\boldsymbol{x}_n,\boldsymbol{x}_1\rangle & \cdots & \langle\boldsymbol{x}_n,\boldsymbol{x}_n\rangle\end{bmatrix} + \lambda\boldsymbol{I}\right)^{-1}\boldsymbol{y}
\end{aligned} \tag{3.17}$$

这里利用了下面的表达式：

$$\boldsymbol{x}^\top \boldsymbol{X} = [\langle \boldsymbol{x}, \boldsymbol{x}_1 \rangle, \cdots, \langle \boldsymbol{x}, \boldsymbol{x}_n \rangle]$$

及

$$\boldsymbol{X}^\top \boldsymbol{X} = \begin{bmatrix} \boldsymbol{x}_1^\top \\ \vdots \\ \boldsymbol{x}_n^\top \end{bmatrix} [\boldsymbol{x}_1 \cdots \boldsymbol{x}_n] = \begin{bmatrix} \langle \boldsymbol{x}_1, \boldsymbol{x}_1 \rangle & \cdots & \langle \boldsymbol{x}_1, \boldsymbol{x}_n \rangle \\ \vdots & \ddots & \vdots \\ \langle \boldsymbol{x}_n, \boldsymbol{x}_1 \rangle & \cdots & \langle \boldsymbol{x}_n, \boldsymbol{x}_n \rangle \end{bmatrix}$$

由于一切都由输入向量的内积表示，我们现在可以先使用 $\phi(\boldsymbol{x})$ 将数据 $\boldsymbol{x}$ 提升到特征空间，以计算高维特征空间中的内积；再利用核技巧，特征空间的内积可用核函数来替换：

$$\langle \boldsymbol{x}, \boldsymbol{x}_i \rangle \mapsto k(\boldsymbol{x}, \boldsymbol{x}_i) := \langle \phi(\boldsymbol{x}), \phi(\boldsymbol{x}_i) \rangle \tag{3.18}$$

因此，式（3.17）可以扩展到特征空间，变成

$$\hat{f}(\boldsymbol{x}) = [k(\boldsymbol{x}, \boldsymbol{x}_1) \quad \cdots \quad k(\boldsymbol{x}, \boldsymbol{x}_n)](\boldsymbol{K} + \lambda \boldsymbol{I})^{-1} \boldsymbol{y} \tag{3.19}$$

其中，$\boldsymbol{K}$ 是核 Gram 矩阵，定义为

$$\boldsymbol{K} := \begin{bmatrix} k(\boldsymbol{x}_1, \boldsymbol{x}_1) & \cdots & k(\boldsymbol{x}_1, \boldsymbol{x}_n) \\ \vdots & \ddots & \vdots \\ k(\boldsymbol{x}_n, \boldsymbol{x}_1) & \cdots & k(\boldsymbol{x}_n, \boldsymbol{x}_n) \end{bmatrix} \tag{3.20}$$

同理，式（3.19）可以从如下带有核函数的回归问题中推导得到：

$$y_i = \sum_{j=1}^{p} \alpha_j k(\boldsymbol{x}_i, \boldsymbol{x}_j) + \varepsilon \tag{3.21}$$

这是式（3.2）的非线性扩展。可以利用以下优化问题得到式（3.19）：

$$\min_{\boldsymbol{\alpha} \in \mathbb{R}^p} \sum_{i=1}^{n} \left(y_i - \sum_{j=1}^{p} \alpha_j k(\boldsymbol{x}_i, \boldsymbol{x}_j) \right)^2 + \lambda \boldsymbol{\alpha}^\top \boldsymbol{K} \boldsymbol{\alpha} \tag{3.22}$$

其中，$\boldsymbol{K}$ 是式（3.20）中的核 Gram 矩阵。这意味着正则化项（regularization term）应当由核函数进行加权，以便考虑特征空间中的变形。式（3.22）的更严格推导是从表示定理得到的，将在下一章介绍。

图 3.6 所示为线性回归及使用多项式核与径向基函数（RBF）核的核回归的示例。可以看出，非线性核回归拟合的效果更好。

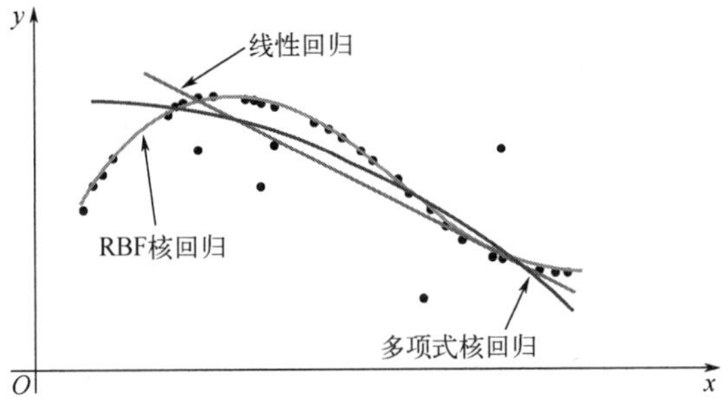

图 3.6　线性回归和非线性核回归示例

3.6　回归中的偏差–方差权衡

本节将讨论回归分析中的偏差-方差权衡这一重要问题。

设 $\{\boldsymbol{x}_i, \boldsymbol{y}_i\}_{i=1}^n$ 是训练数据集，其中 $\boldsymbol{x}_i \in \mathbb{R}^p \subset X$ 是自变量，$\boldsymbol{y}_i \in \mathbb{R}^p \subset Y$ 是关于 $\boldsymbol{x}_i$ 的因变量。我们使用加粗字符 $\boldsymbol{x}_i$、$\boldsymbol{y}_i$ 是因为它们可能为向量。在回归分析中，因变量通常表示为与对应的自变量的函数关系（functional relationship）：

$$\boldsymbol{y}_i = \boldsymbol{f}_{\boldsymbol{\Theta}}(\boldsymbol{x}_i) + \boldsymbol{\varepsilon}_i \tag{3.23}$$

其中，$\boldsymbol{\varepsilon}_i$ 表示可能代表未建模部分的加性误差项，而 $\boldsymbol{f}_{\boldsymbol{\Theta}}(\cdot)$ 是关于输入变量 $\boldsymbol{x}_i$ 和参数 $\boldsymbol{\Theta}$ 的回归函数（可能是非线性函数）。为了简化符号表示，当函数明显依赖于参数 $\boldsymbol{\Theta}$ 时，通常用 $\boldsymbol{f} := \boldsymbol{f}_{\boldsymbol{\Theta}}$ 表示。

在式（3.23）中，$\boldsymbol{\Theta}$ 是从训练数据集中估计出的回归参数集。通常，这个参数集是通过最小化损失函数来估计的。例如，最普遍使用的一个损失函数是 l_2 或 MSE 损失函数，在此情形下，参数估计问题由下式给出：

$$\min_{\boldsymbol{\Theta}} \frac{1}{2}\sum_{i=1}^{n} \left\|\boldsymbol{y}_i - \boldsymbol{f}_{\boldsymbol{\Theta}}(\boldsymbol{x}_i)\right\|^2 \tag{3.24}$$

另一个在回归分析中盛行的工具是正则化策略。在正则化回归分析中，要添加一个对参数约束的附加项。具体地说，通过求解下面的优化问题来估计参数 $\boldsymbol{\Theta}$：

$$\min_{\boldsymbol{\Theta}} \frac{1}{2}\sum_{i=1}^{n} \left\|\boldsymbol{y}_i - \boldsymbol{f}_{\boldsymbol{\Theta}}(\boldsymbol{x}_i)\right\|^2 + \lambda R(\boldsymbol{\Theta}) \tag{3.25}$$

其中，$R(\boldsymbol{\Theta})$ 和 λ 分别称为正则化函数（regularization function）和正则化参数。

利用估计的参数 $\hat{\boldsymbol{\Theta}}$，可以得到估计的函数 $\hat{\boldsymbol{f}}$ 为

$$\hat{\boldsymbol{f}}(\boldsymbol{x}) := \boldsymbol{f}_{\hat{\boldsymbol{\Theta}}}(\boldsymbol{x}) \tag{3.26}$$

设噪声 $\boldsymbol{\varepsilon}$ 是独立同分布的高斯噪声（均值为 0，方差为 σ^2），则回归问题的 MSE 为

$$\begin{aligned}
E\left\|\boldsymbol{y} - \hat{\boldsymbol{f}}\right\|^2 &= E\left\|\boldsymbol{f} + \boldsymbol{\varepsilon} - \hat{\boldsymbol{f}}\right\|^2 \\
&= E\left\|\boldsymbol{f} + \boldsymbol{\varepsilon} - \hat{\boldsymbol{f}} + E[\hat{\boldsymbol{f}}] - E[\hat{\boldsymbol{f}}]\right\|^2 \\
&= E\left\|\boldsymbol{f} - E[\hat{\boldsymbol{f}}]\right\|^2 + E\left\|\hat{\boldsymbol{f}} - E[\hat{\boldsymbol{f}}]\right\|^2 + E\|\boldsymbol{\varepsilon}\|^2 \\
&= \left\|\boldsymbol{f} - E[\hat{\boldsymbol{f}}]\right\|^2 + E\left\|\hat{\boldsymbol{f}} - E[\hat{\boldsymbol{f}}]\right\|^2 + E\|\boldsymbol{\varepsilon}\|^2 \\
&= \left\|\text{Bias}(\hat{\boldsymbol{f}})\right\|^2 + \text{Var}(\hat{\boldsymbol{f}}) + p\sigma^2
\end{aligned} \tag{3.27}$$

其中，$E[\cdot]$ 为期望运算，并且对第三个等式我们使用了下面的式子：

$$E[\boldsymbol{\varepsilon}^\top(\boldsymbol{f} - E[\hat{\boldsymbol{f}}])] = 0$$

$$E[\boldsymbol{\varepsilon}^\top(\hat{\boldsymbol{f}} - E[\hat{\boldsymbol{f}}])] = 0$$

$$E[(\hat{\boldsymbol{f}}-E[\hat{\boldsymbol{f}}])^{\top}(\boldsymbol{f}-E[\hat{\boldsymbol{f}}])]=0$$

第四个等式是因为 $\boldsymbol{f}$ 和 $E[\hat{\boldsymbol{f}}]$ 都是确定的。式（3.27）清楚地表明，预测误差的 MSE 表达式由偏差和方差两部分组成。这导致了回归问题中的偏差-方差权衡（bias–variance trade-off），下面用一个示例详细介绍。

先分析线性回归问题中的偏差-方差权衡，其中的回归函数由下式给出：

$$f(\boldsymbol{x})=\langle\boldsymbol{x},\boldsymbol{\beta}\rangle=\boldsymbol{x}^{\top}\boldsymbol{\beta} \tag{3.28}$$

由于 $E[\boldsymbol{y}]=E[\boldsymbol{X}^{\top}\boldsymbol{\beta}+\boldsymbol{\varepsilon}]=\boldsymbol{X}^{\top}\boldsymbol{\beta}+E[\boldsymbol{\varepsilon}]=\boldsymbol{X}^{\top}\boldsymbol{\beta}$，因此可以计算出式（3.7）中普通最小二乘的偏差和方差为

$$\begin{aligned}\mathrm{Bias}(\hat{\boldsymbol{f}}) &:= \boldsymbol{x}^{\top}\boldsymbol{\beta}-E[\boldsymbol{x}^{\top}\hat{\boldsymbol{\beta}}]\\ &= \boldsymbol{x}^{\top}\boldsymbol{\beta}-\boldsymbol{x}^{\top}E[(\boldsymbol{X}\boldsymbol{X}^{\top})^{-1}\boldsymbol{X}\boldsymbol{y}]\\ &= \boldsymbol{x}^{\top}\boldsymbol{\beta}-\boldsymbol{x}^{\top}(\boldsymbol{X}\boldsymbol{X}^{\top})^{-1}\boldsymbol{X}E[\boldsymbol{y}]\\ &= \boldsymbol{x}^{\top}\boldsymbol{\beta}-\boldsymbol{x}^{\top}(\boldsymbol{X}\boldsymbol{X}^{\top})^{-1}\boldsymbol{X}\boldsymbol{X}^{\top}\boldsymbol{\beta}=0\end{aligned}$$

由于偏差为 0，因此 $\hat{\boldsymbol{f}}$ 通常称为无偏估计量（unbiased estimator）。相似地，方差也可以采用下式来计算：

$$\begin{aligned}\mathrm{Var}(\hat{\boldsymbol{f}}) &:= E[\boldsymbol{x}^{\top}(\hat{\boldsymbol{\beta}}-\boldsymbol{\beta})(\hat{\boldsymbol{\beta}}-\boldsymbol{\beta})^{\top}\boldsymbol{x}]\\ &= E[\boldsymbol{x}^{\top}(\boldsymbol{X}\boldsymbol{X}^{\top})^{-1}\boldsymbol{X}\boldsymbol{\varepsilon}\boldsymbol{\varepsilon}^{\top}\boldsymbol{X}^{\top}(\boldsymbol{X}\boldsymbol{X}^{\top})^{-1}\boldsymbol{x}]\\ &= \boldsymbol{x}^{\top}(\boldsymbol{X}\boldsymbol{X}^{\top})^{-1}\boldsymbol{X}E[\boldsymbol{\varepsilon}\boldsymbol{\varepsilon}^{\top}]\boldsymbol{X}^{\top}(\boldsymbol{X}\boldsymbol{X}^{\top})^{-1}\boldsymbol{x}=\sigma^2\boldsymbol{x}^{\top}(\boldsymbol{X}\boldsymbol{X}^{\top})^{-1}\boldsymbol{x}\end{aligned}$$

式（3.14）中岭回归的偏差和方差为

$$\begin{aligned}\mathrm{Bias}(\hat{\boldsymbol{f}}) &:= \boldsymbol{x}^{\top}\boldsymbol{\beta}-E[\boldsymbol{x}^{\top}(\boldsymbol{X}\boldsymbol{X}^{\top}+\lambda\boldsymbol{I})^{-1}\boldsymbol{X}\boldsymbol{y}]\\ &= \boldsymbol{x}^{\top}(\boldsymbol{I}-(\boldsymbol{X}\boldsymbol{X}^{\top}+\lambda\boldsymbol{I})^{-1}\boldsymbol{X}\boldsymbol{X}^{\top})\boldsymbol{\beta}\\ &= \lambda\boldsymbol{x}^{\top}(\boldsymbol{X}\boldsymbol{X}^{\top}+\lambda\boldsymbol{I})^{-1}\boldsymbol{\beta}\end{aligned}$$

及

$$\begin{aligned}\mathrm{Var}(\hat{\boldsymbol{f}}) &= E[\boldsymbol{x}^{\top}(\boldsymbol{X}\boldsymbol{X}^{\top}+\lambda\boldsymbol{I})^{-1}\boldsymbol{X}\boldsymbol{\varepsilon}\boldsymbol{\varepsilon}^{\top}\boldsymbol{X}^{\top}(\boldsymbol{X}\boldsymbol{X}^{\top}+\lambda\boldsymbol{I})^{-1}\boldsymbol{x}]\\ &= \sigma^2\boldsymbol{x}^{\top}(\boldsymbol{X}\boldsymbol{X}^{\top}+\lambda\boldsymbol{I})^{-1}\boldsymbol{X}\boldsymbol{X}^{\top}(\boldsymbol{X}\boldsymbol{X}^{\top}+\lambda\boldsymbol{I})^{-1}\boldsymbol{x}\end{aligned} \tag{3.29}$$

其中用到了 $E[\boldsymbol{\varepsilon}\boldsymbol{\varepsilon}^{\top}]=\sigma^2\boldsymbol{I}$。

可以看到，随着 λ 值的增大，方差减小，偏差增大，如图 3.7 所示。这意味着岭回归的偏差-方差权衡依赖于正则化参数。我们可以找到一个最优的参数 λ^*，使得总预测误差（total prediction error）最小，从而获得最佳的偏差-方差权衡。寻找这一最优的超参数（hyperparameter）是经典岭回归问题中的重要研究课题。

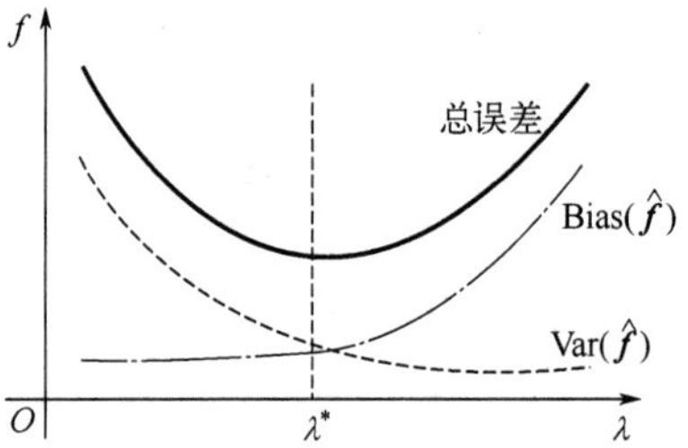

图 3.7　岭回归中的偏差-方差权衡

3.7　习　题

1．证明式（3.15）中的矩阵求逆引理。

2．下表显示了 7 位患者的年龄 x（岁）和血压 y（mmHg）：

患者编号	1	2	3	4	5	6	7
x	42	70	45	30	55	25	57
y (mmHg)	98	130	121	88	182	80	125

（1）求血压关于年龄的普通最小二乘估计值；

（2）在散点图（scatter plot）上绘制回归线。

3．在不同的温度条件下对某个机械零件进行测试。下表给出了 10 次试验的观察数据，其中除温度（用摄氏度表示）外，其他所有试验条件都相同。损坏表示损坏部件的数量，未损坏表示未损坏部件的数量。

试验编号	1	2	3	4	5	6	7	8	9	10
温度	53	57	58	63	66	67	67	67	68	69
损坏	5	1	1	1	0	0	0	0	0	1
未损坏	7	6	5	6	8	8	7	6	5	6

（1）写出逻辑回归模型；

（2）对给定的温度 T，请估计零件失效概率。

4．证明式（3.14）中的岭回归等价于如下增加因变量和自变量的线性回归：

$$\tilde{\boldsymbol{y}} = \begin{bmatrix} \boldsymbol{y} \\ \sqrt{\lambda}\boldsymbol{I} \end{bmatrix},\quad \tilde{\boldsymbol{X}} = [\boldsymbol{X} \quad \sqrt{\lambda}\boldsymbol{I}]$$

其中，$\boldsymbol{I}$ 是 $p \times p$ 阶单位矩阵。

5．考虑下表中的回归问题，其中 x 是自变量，y 是因变量：

x	11	22	32	41	55	67	78	89	100	50	71	91
y	2330	2750	2309	2500	2100	1120	1010	1640	1931	1705	1751	2002

（1）建立线性回归模型，剩余的残差是多少？

（2）考虑下面的高斯核函数

$$k(x, x_i) = \frac{1}{h\sqrt{2\pi}} \exp\left(-\frac{1}{2}\left(\frac{x - x_i}{h}\right)^2\right)$$

分别用 $h = 5$、10 和 15 建立核回归，你观察到了什么？

6．通过直接求解式（3.22），推导式（3.17）中的核回归模型。

7．证明式（3.29）中的核回归的方差随着正则化参数 λ 的减小而增大。

第 4 章　再生核希尔伯特空间与表示定理

4.1　引　　言

机器学习的关键概念之一是特征空间，它通常称为隐空间（latent space）。特征空间通常是一个比输入数据所在的原始空间（通常称为背景空间）更高维或更低维的空间。回想一下，在核 SVM 中，通过将数据提升到一个更高维的特征空间，我们可以找到一个线性分类器，能够分离两种不同类别的样本，如图 4.1（a）所示。类似地，在核回归中，并不是在背景空间中寻找能够拟合数据的非线性函数，而是在更高维的特征空间中计算线性回归器（linear regressor），如图 4.1（b）所示。同时，在主成分分析（Principal Component Analysis，PCA）中，可以利用奇异向量分解（singular vector decomposition）将输入信号投影到更低维的特征空间上，如图 4.1（c）所示。

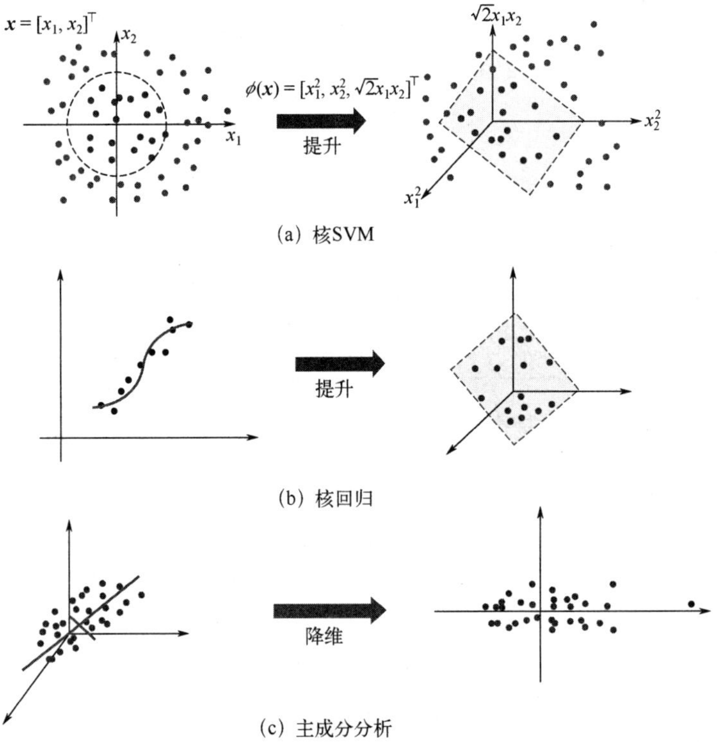

(a) 核SVM

(b) 核回归

(c) 主成分分析

图 4.1　特征空间嵌入示例

在本节中，我们正式地定义一个具有良好数学性质的特征空间。这里，“良好”数学性质指的是定义明确的结构，如内积的存在性（existence）、完备性（completeness）、再生性（reproducing property）等。事实上，具有这些性质的特征空间通常称为再生核希尔伯特空间（Reproducing Kernel Hilbert Space，RKHS）[11]。虽然再生核希尔伯特空间只是希尔伯特空间的一个子集，但它的数学性质是高度通用的，这使得算法的开发变得更加简单。

再生核希尔伯特空间理论有着广泛的应用，包括复分析（complex analysis）、调和分析（harmonic analysis）和量子力学（quantum mechanics）。再生核希尔伯特空间在机器学习理论领域尤其重要，因为著名的表示定理[11, 15]指出，在再生核希尔伯特空间中使得经验风险泛函（empirical risk functional）最小化的每个函数都可以写成在训练样本中评估的核函数的线性组合。事实上，表示定理在经典的机器学习问题中发挥了关键作用，因为它提供了一种将无限维（infinite-dimensional）优化问题简化为易处理的有限维（finite-dimensional）优化问题的方法。

在本章中，我们首先回顾再生核希尔伯特空间理论和表示定理；其次，将再次讨论分类器和回归问题，以便说明如何根据表示定理推导核 SVM 和核回归；然后，将讨论核机器（kernel machine）的局限性；最后，将说明如何通过现代深度学习方法在很大程度上克服核机器的不足。

4.2　再生核希尔伯特空间

由于再生核希尔伯特空间理论起源于核心数学（core mathematics），因此严格的定义非常抽象，这对从事机器学习应用工作的读者来说往往很难理解。因此，本节试图从机器学习的角度解释这个概念，让读者理解为什么再生核希尔伯特空间理论是经典机器学习理论的主力。

在深入研究细节之前，需要提醒读者的是，再生核希尔伯特空间只是希尔伯特空间的一个子集，如图 4.2 所示，即希尔伯特空间比再生核希尔伯特空间更一般。关于希尔伯特空间的正式定义，可参考第 1 章。

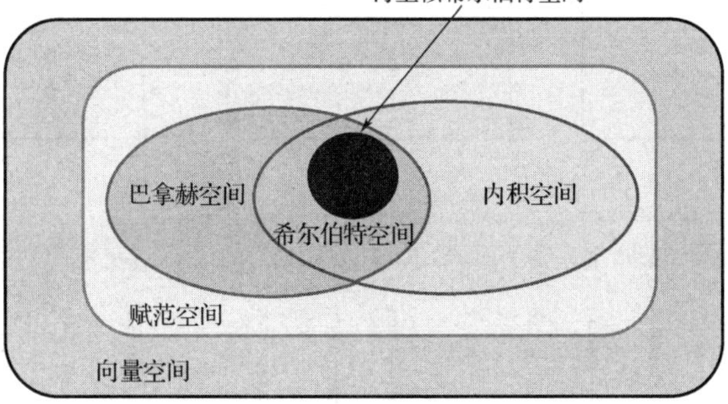

图 4.2　再生核希尔伯特空间、希尔伯特空间、巴拿赫空间和向量空间

4.2.1 特征映射和核

下面从核的正式定义开始。

定义 4.1 设 X 是非空集，如果存在一个希尔伯特空间 H 和一个从 X 到 H 的特征映射（feature map）$\phi: X \mapsto H$，使得对 $\forall \boldsymbol{x}, \boldsymbol{x}' \in X$，函数 $k: X \times X \mapsto \mathbb{R}$ 满足以下条件，则称为核：

$$k(\boldsymbol{x}, \boldsymbol{x}') := \langle \phi(\boldsymbol{x}), \phi(\boldsymbol{x}') \rangle_H \tag{4.1}$$

例如，用来解释核 SVM 的特征映射为

$$\phi(\boldsymbol{x}) = [\phi_1, \phi_2, \phi_3]^\top = [x_1^2, x_2^2, \sqrt{2}x_1x_2]^\top \tag{4.2}$$

其中，$X = \mathbb{R}^2$，具体如图 4.1（a）所示。对所有的 $\boldsymbol{x} = [x_1, x_2]^\top$，$\boldsymbol{y} = [y_1, y_2]^\top \in \mathbb{R}^2$，我们还证明了相应的核是由下式给出的：

$$k(\boldsymbol{x}, \boldsymbol{y}) = \langle \phi(\boldsymbol{x}), \phi(\boldsymbol{y}) \rangle = x_1^2 y_1^2 + x_2^2 y_2^2 + 2x_1x_2y_1y_2 = (\langle \boldsymbol{x}, \boldsymbol{y} \rangle)^2$$

上式对应于一个次数为 2 的多项式核。注意，特征空间可以是无限维的，如 $l^2(\mathbb{Z})$。在这种情况下，利用 $l^2(\mathbb{Z})$ 中内积的定义（见式（1.5）），核可以定义为

$$k(\boldsymbol{x}, \boldsymbol{x}') = \sum_{l=-\infty}^{\infty} \phi_l(\boldsymbol{x}) \phi_l(\boldsymbol{x}')$$

其中，$\phi = \{\phi_l\}_{l=-\infty}^{\infty} \in H$。

需要强调的是，这里对 X 几乎没有施加任何限定条件，即 X 并不需要定义内积运算。另外，特征空间 H 应当是一个希尔伯特空间，这意味着特征映射对数据集施加了一定的数学结构，尽管该数据集不一定具有数学结构。这是一种重要的机器学习设备，因为它提供一个通用的工具来对训练数据设置数学结构。例如，用于文档分类（document classification）的词袋（Bag-Of-Words，BOW）核[16]，为文档等非结构化数据（unstructured data）施加了一个数学结构，如图 4.3 所示。

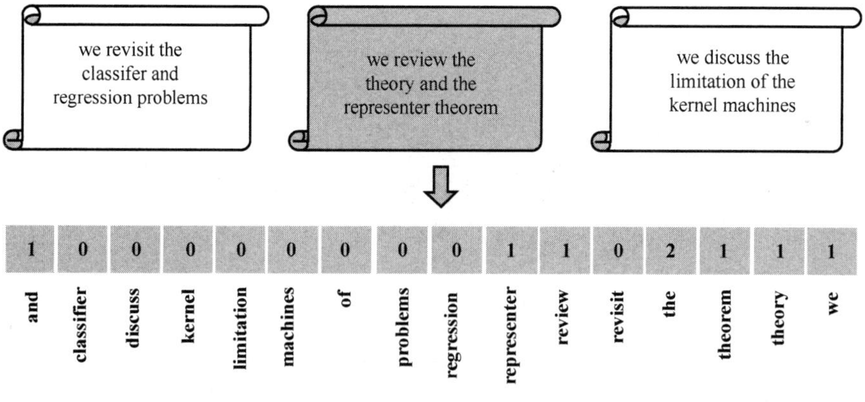

图 4.3　嵌入特征空间的词袋

例 4.1　词袋核

假设特征映射 $\phi(\boldsymbol{x})$ 的第 l 个元素表示在文档 $\boldsymbol{x}$ 中出现的第 l 个单词（来自字典），如果我们想根据文档中单词的数量对文档进行分类，可以使用核 $k(\boldsymbol{x},\boldsymbol{y})=\langle\phi(\boldsymbol{x}),\phi(\boldsymbol{y})\rangle$。

在核 SVM 或核回归中，分类器或回归器设计的优化问题是根据核函数而不是特征映射来描述的。因此，如果我们已经得到了一个包含两个参数的函数 $k(\boldsymbol{x},\boldsymbol{x}')$，应该如何确定它是否是一个有效的核呢？为了回答这个问题，我们需要检查是否存在一个有效的特征映射。为此，需要引入正定性（positive definiteness）这样一个重要的概念。

定义 4.2　一个对称函数（symmetric function）$k: X\times X\mapsto\mathbb{R}$ 是正定的（positive definite），如果 $\forall n\geqslant 1$，$\forall(a_1,\cdots,a_n)\in\mathbb{R}^n$，以及 $\forall(\boldsymbol{x}_1,\cdots,\boldsymbol{x}_n)\in X^n$，有

$$\sum_{i=1}^{n}\sum_{j=1}^{n}a_ia_jk(\boldsymbol{x}_i,\boldsymbol{x}_j)\geqslant 0 \tag{4.3}$$

虽然这是一个必要和充分条件，但在理解为什么核函数应该是正定的时候必要性条件更加直观。具体来说，如果定义式（4.1）的核，则有

$$\sum_{i=1}^{n}\sum_{j=1}^{n}a_ia_jk(\boldsymbol{x}_i,\boldsymbol{x}_j)=\sum_{i=1}^{n}\sum_{j=1}^{n}a_ia_j\left\langle\phi(\boldsymbol{x}_i),\phi(\boldsymbol{x}_j)\right\rangle_H=\left\|\sum_{i=1}^{n}a_i\phi(\boldsymbol{x}_i)\right\|_H^2\geqslant 0$$

因此，特征映射的存在性保证了核的正定性。

4.2.2　再生核希尔伯特空间的定义

有了核和特征映射的定义，现在可以定义再生核希尔伯特空间。为此，重新审视用来解释核 SVM 的特征映射：

$$\phi(\boldsymbol{x})=[\phi_1,\phi_2,\phi_3]^\top=[x_1^2,x_2^2,\sqrt{2}x_1x_2]^\top$$

假设通过一个特征映射来定义函数 $f: X\mapsto\mathbb{R}$：

$$f(\boldsymbol{x})=\sum_{l=1}^{3}f_l\phi_l(\boldsymbol{x})=f_1x_1^2+f_2x_2^2+f_3(\sqrt{2}x_1x_2)$$

在特征空间坐标（feature space coordinate）方面，f 表示为 $f(\cdot)$：

$$f=f(\cdot):=[f_1,f_2,f_3]^\top$$

因此，$f(\boldsymbol{x})$ 可以表示为内积：

$$f(\boldsymbol{x})=\left\langle f(\cdot),\phi(\boldsymbol{x})\right\rangle_H \tag{4.4}$$

其中，特征映射 $\phi(\boldsymbol{x})$ 在再生核希尔伯特空间文献中通常被称为在 $\boldsymbol{x}$ 处的点求值泛函（point evaluation function）。

现在，再生核希尔伯特空间的关键不是考虑所有的希尔伯特空间 H，而只需关注由求值泛函 ϕ 生成的子集 H_ϕ。更具体地说，对所有的 $f(\cdot)\in H_\phi$，存在一个集合 $\{\boldsymbol{x}_i\}_{i=1}^n$，$\boldsymbol{x}_i\in X$，使得

$$f(\cdot)=\sum_{i=1}^{n}\alpha_i\phi(\boldsymbol{x}_i) \tag{4.5}$$

这相当于说 H_ϕ 是 $\{\phi(\boldsymbol{x}):\boldsymbol{x}\in X\}$ 的线性生成空间。然后，将式（4.5）代入式（4.4），可得

$$f(\boldsymbol{x})=\left\langle f(\cdot),\phi(\boldsymbol{x})\right\rangle_H=\sum_{i=1}^{n}\alpha_i\left\langle\phi(\boldsymbol{x}_i),\phi(\boldsymbol{x})\right\rangle_H=\sum_{i=1}^{n}\alpha_i k(\boldsymbol{x}_i,\boldsymbol{x}) \tag{4.6}$$

这是一种特殊情况，我们可以很容易地看到，对给定的 $\boldsymbol{x}'\in X$，特征空间中核的坐标 $k(\boldsymbol{x}',\cdot)$位于再生核希尔伯特空间 H_ϕ 中，这是因为

$$k(\boldsymbol{x}',\boldsymbol{x})=\left\langle k(\boldsymbol{x}',\cdot),\phi(\boldsymbol{x})\right\rangle_H=\left\langle\phi(\boldsymbol{x}'),\phi(\boldsymbol{x})\right\rangle \tag{4.7}$$

其中，最后一个等式来自核的定义。因此，可以看到

$$k(\boldsymbol{x}',\cdot)=\phi(\boldsymbol{x}') \tag{4.8}$$

这对应于式（4.5）当 $n=1$ 时的情形。因此，可以在潜在希尔伯特空间（underlying Hilbert space）中根据内积写出核函数：

$$k(\boldsymbol{x},\boldsymbol{x}')=\left\langle k(\boldsymbol{x},\cdot),k(\boldsymbol{x}',\cdot)\right\rangle_H \tag{4.9}$$

此外，还可以将式（4.4）表示为

$$f(\boldsymbol{x})=\left\langle f(\cdot),k(\boldsymbol{x},\cdot)\right\rangle_H \tag{4.10}$$

这就是再生性[11]。

因此，对所有的 $f(\cdot),g(\cdot)\in H_\phi$，由于 $\phi(\boldsymbol{x})=k(\boldsymbol{x},\cdot)$，可以证明存在 $\{\alpha_i\}_{i=1}^{r}$ 和 $\{\beta_i\}_{i=1}^{s}$，使得 $f(\cdot)=\sum_{i=1}^{r}\alpha_i k(\boldsymbol{x}_i,\cdot)$ 和 $g(\cdot)=\sum_{i=1}^{s}\beta_i k(\boldsymbol{x}_i,\cdot)$。当明确了 $k(\boldsymbol{x},\boldsymbol{x}')$ 后，我们经常交替使用 H_k 来表示 H_ϕ，这就带来了内积的显性表示：

$$\left\langle f,g\right\rangle_H=\sum_{i=1}^{r}\sum_{j=1}^{s}\alpha_i\beta_j\left\langle k(\boldsymbol{x}_i,\cdot),k(\boldsymbol{x}_j',\cdot)\right\rangle \tag{4.11}$$

$$=\sum_{i=1}^{r}\sum_{j=1}^{s}\alpha_i\beta_j k(\boldsymbol{x}_i,\boldsymbol{x}_j') \tag{4.12}$$

诱导范数定义为

$$\|f\|_H=\sqrt{\left\langle f,f\right\rangle_H}=\sum_{i=1}^{r}\sum_{j=1}^{r}\alpha_i\alpha_j k(\boldsymbol{x}_i,\boldsymbol{x}_j') \tag{4.13}$$

通过总结这些发现，我们现在给出再生核希尔伯特空间的直观定义。

定义 4.3 设 $k:X\times X\mapsto\mathbb{R}$ 是一个正定核，由核 k 生成的再生核希尔伯特空间 H_k，是一个由 $\{k(\boldsymbol{x},\cdot):\boldsymbol{x}\in X\}$ 表示的、具有内积的线性生成子空间（linear span）：

$$\left\langle f,g\right\rangle_H=\sum_{i=1}^{r}\sum_{j=1}^{s}\alpha_i\beta_j k(\boldsymbol{x}_i,\boldsymbol{x}_j') \tag{4.14}$$

其中，$f(\cdot)=\sum_{i=1}^{r}\alpha_i k(\boldsymbol{x}_i,\cdot)$，$g(\cdot)=\sum_{i=1}^{s}\beta_i k(\boldsymbol{x}'_i,\cdot)$。

从经典的机器学习视角来看，使用再生核希尔伯特空间最重要的原因在于式（4.5），即目标函数（target function）的特征映射可以表示为 $\{k(\boldsymbol{x},\cdot):\boldsymbol{x}\in X\}$，或者等价的 $\{\phi(\boldsymbol{x}):\boldsymbol{x}\in X\}$ 的线性生成子空间。这意味着，只要有足够数量的训练数据，就可以通过估计它们的特征空间坐标来估计目标函数。

事实上，现代神经网络方法的一个重要突破就是放宽了目标函数的特征映射可以表示为线性生成子空间这样一条假设，后面将会详细讨论这个问题。

4.3　表示定理

给定了核和再生核希尔伯特空间的定义，表示定理就是一个简单的推论。回想一下，在机器学习问题中，损失定义为实际目标和估计目标之间的误差能量（error energy）。例如，在线性回归问题中，对给定的训练数据集 $\{\boldsymbol{x}_i,y_i\}_{i=1}^{n}$，MSE 损失定义为

$$l_2(\{\boldsymbol{x}_i,y_i,f(\boldsymbol{x}_i)\}_{i=1}^{n})=\sum_{i=1}^{n}\|y_i-f(\boldsymbol{x}_i)\|^2 \tag{4.15}$$

其中，

$$f(\boldsymbol{x}_i)=\langle\boldsymbol{x}_i,\boldsymbol{\beta}\rangle$$

这里的 $\boldsymbol{\beta}$ 是待估计的参数。

在软间隔 SVM 中，采用的合页损失为

$$l_{\text{hinge}}(\{\boldsymbol{x}_i,y_i,f(\boldsymbol{x}_i)\}_{i=1}^{n})=\sum_{i=1}^{n}\max\{0,1-y_i f(\boldsymbol{x}_i)\} \tag{4.16}$$

且

$$f(\boldsymbol{x}_i)=\langle\boldsymbol{w},\boldsymbol{x}_i\rangle+b$$

其中，$\boldsymbol{w}$ 和 b 是待估计的参数。对一般的损失函数，有如下著名的表示定理。

定理 4.1[11, 15]　考虑在一个具有相应的再生核希尔伯特空间 H_k 的非空集合 X 上的正定实值核 $k:X\times X\mapsto\mathbb{R}$，设给定训练数据集 $\{\boldsymbol{x}_i,y_i\}_{i=1}^{n}$，其中 $\boldsymbol{x}_i\in X$，$y_i\in\mathbb{R}$，严格递增实值正则化函数 $R:[0,\infty)\mapsto\mathbb{R}$，则对任意损失函数 $l(\{\boldsymbol{x}_i,y_i,f(\boldsymbol{x}_i)\}_{i=1}^{n})$，下列优化问题的任意最小解

$$f^*=\arg\min_{f\in H_k} l(\{\boldsymbol{x}_i,y_i,f(\boldsymbol{x}_i)\}_{i=1}^{n})+R(\|f\|_H) \tag{4.17}$$

可以表示为如下形式：

$$f^*(\cdot)=\sum_{i=1}^{n}\alpha_i k(\boldsymbol{x}_i,\cdot)=\sum_{i=1}^{n}\alpha_i\phi(\boldsymbol{x}_i) \tag{4.18}$$

其中，$\alpha_i\in\mathbb{R}$，$i=1,\cdots,n$；或者它可以等价地表示为

$$f^*(\boldsymbol{x})=\sum_{i=1}^{n}\alpha_i k(\boldsymbol{x}_i,\boldsymbol{x}) \tag{4.19}$$

表示定理的证明可以在相关的机器学习图书[11]中找到，这里不再赘述。我们简要回顾证明的主要思想，它也强调了核机器的局限性。具体地说，最小解 f^* 的特征空间坐标，记为 $f^*(\cdot)$，应该由训练数据 $\{\phi(\boldsymbol{x}_i)\}_{i=1}^n$ 的特征映射及其正交补（orthogonal complement）的线性组合来表示。但是当在训练阶段根据内积利用 $\{\phi(\boldsymbol{x}_i)\}_{i=1}^n$ 进行点求值时，正交补的贡献消失，这就导致了式（4.18）中的最终形式。

4.4　表示定理的应用

本节将重新讨论核 SVM 与核回归，以展示表示定理是如何简化推导过程的。

4.4.1　核岭回归

如前所述，岭回归是由如下优化问题给出的：

$$\min_{\boldsymbol{\beta}} \sum_{i=1}^{n} \left\| y_i - \langle \boldsymbol{x}_i, \boldsymbol{\beta} \rangle \right\|^2 + \lambda \|\boldsymbol{\beta}\|^2$$

通过将其扩展到非参数（nonparameteric）形式，则核岭回归通过下面的最小化问题给出：

$$\min_{f \in H_k} \sum_{i=1}^{n} \left\| y_i - f(\boldsymbol{x}_i) \right\|^2 + \lambda \|f\|_H^2 \tag{4.20}$$

其中，H_k 是具有正定核 k 的再生核希尔伯特空间。根据定理 4.1，最小解应具有如下形式：

$$f(\cdot) = \sum_{j=1}^{n} \alpha_j \phi(\boldsymbol{x}_j) \tag{4.21}$$

利用式（4.4），MSE 损失变为

$$\begin{aligned}
\sum_{i=1}^{n} \left\| y_i - f(\boldsymbol{x}_i) \right\|^2 &= \sum_{i=1}^{n} \left\| y_i - \langle f(\cdot), \phi(\boldsymbol{x}_i) \rangle \right\|^2 \\
&= \sum_{i=1}^{n} \left\| y_i - \sum_{j=1}^{n} \alpha_j \langle \phi(\boldsymbol{x}_j), \phi(\boldsymbol{x}_i) \rangle \right\|^2 \\
&= \sum_{i=1}^{n} \left\| y_i - \sum_{j=1}^{n} \alpha_j k(\boldsymbol{x}_j, \boldsymbol{x}_i) \right\|^2 \\
&= \|\boldsymbol{y} - \boldsymbol{K}\boldsymbol{\alpha}\|^2
\end{aligned}$$

其中，$\boldsymbol{K} \in \mathbb{R}^{n \times n}$ 表示如下形式的核 Gram 矩阵：

$$\boldsymbol{K} = \begin{bmatrix} k(\boldsymbol{x}_1, \boldsymbol{x}_1) & \cdots & k(\boldsymbol{x}_1, \boldsymbol{x}_n) \\ \vdots & \ddots & \vdots \\ k(\boldsymbol{x}_n, \boldsymbol{x}_1) & \cdots & k(\boldsymbol{x}_n, \boldsymbol{x}_n) \end{bmatrix} \tag{4.22}$$

且

$$\boldsymbol{y}=[y_1\cdots y_n]^\top,\quad \boldsymbol{\alpha}=[\alpha_1\cdots\alpha_n]^\top \tag{4.23}$$

类似地，正则化项变为

$$\begin{aligned}\|f\|_H^2&=\langle f(\cdot),f(\cdot)\rangle\\&=\sum_{i=1}^n\sum_{j=1}^n\alpha_i\alpha_j\left\langle\phi(\boldsymbol{x}_i),\phi(\boldsymbol{x}_j)\right\rangle\\&=\sum_{i=1}^n\sum_{j=1}^n\alpha_i\alpha_j k(\boldsymbol{x}_i,\boldsymbol{x}_j)\\&=\boldsymbol{\alpha}^\top\boldsymbol{K}\boldsymbol{\alpha}\end{aligned}$$

因此，式（4.20）可以等价地用有限维优化问题来表示：

$$\hat{\boldsymbol{\alpha}}:=\arg\min_{\boldsymbol{\alpha}\in\mathbb{R}^n}\|\boldsymbol{y}-\boldsymbol{K}\boldsymbol{\alpha}\|^2+\lambda\boldsymbol{\alpha}^\top\boldsymbol{K}\boldsymbol{\alpha} \tag{4.24}$$

该问题是凸的，因此利用一阶必要条件，有

$$(\boldsymbol{K}^2+\lambda\boldsymbol{K})\hat{\boldsymbol{\alpha}}=\boldsymbol{K}\boldsymbol{y}$$

这里利用了 Gram 矩阵的对称性，即 $\boldsymbol{K}^\top=\boldsymbol{K}$。

如果 $\boldsymbol{K}$ 是可逆的（通常情况下这是核的标准选择），则有

$$\hat{\boldsymbol{\alpha}}=(\boldsymbol{K}+\lambda\boldsymbol{I})^{-1}\boldsymbol{y}$$

根据式（4.4）和式（4.21），有

$$\begin{aligned}f^*(\boldsymbol{x})&=\langle f(\cdot),\phi(\boldsymbol{x})\rangle\\&=\sum_{i=1}^n\alpha_i\left\langle\phi(\boldsymbol{x}_i),\phi(\boldsymbol{x})\right\rangle\\&=[k(\boldsymbol{x}_1,\boldsymbol{x})\cdots k(\boldsymbol{x}_n,\boldsymbol{x})](\boldsymbol{K}+\lambda\boldsymbol{I})^{-1}\boldsymbol{y}\end{aligned}$$

这就是之前得到的结果。

4.4.2　核 SVM

根据前面的介绍，软间隔 SVM 公式（无偏置）可以表示为

$$\min_{\boldsymbol{w}}\frac{1}{2}\|\boldsymbol{w}\|^2+C\sum_{i=1}^n l_{\text{hinge}}(y_i,\langle\boldsymbol{w},\boldsymbol{x}_i\rangle) \tag{4.25}$$

其中，l_{hinge} 是颌损失

$$l_{\text{hinge}}(y,\hat{y})=\max\{0,1-y\hat{y}\} \tag{4.26}$$

这个问题可以用表示定理解决。具体地说，在再生核希尔伯特空间中，式（4.25）的一个扩展公式为

$$\min_{f\in H_k}\frac{1}{2}\|f\|_H^2+C\sum_{i=1}^n l_{\text{hinge}}(y_i,f(\boldsymbol{x}_i)) \tag{4.27}$$

其最小解 f 在特征空间中具有以下坐标

$$f(\cdot)=\sum_{j=1}^{n}\alpha_j k(\boldsymbol{x}_j,\cdot) \tag{4.28}$$

基于此，铰损失项就变为

$$l_{\text{hinge}}(y_i,f(\boldsymbol{x}_i))=\max\left\{0,1-y_i\sum_{j=1}^{n}\alpha_j k(\boldsymbol{x}_j,\boldsymbol{x}_i)\right\} \tag{4.29}$$

类似地，正则化项变为

$$\|f\|_H^2=\boldsymbol{\alpha}^\top\boldsymbol{K}\boldsymbol{\alpha}$$

其中，$\boldsymbol{K}$ 是式（4.22）中的核 Gram 矩阵。现在，式（4.27）可以用约束形式表示为

$$\begin{aligned}&\min_{\boldsymbol{\alpha},\xi}\ \frac{1}{2}\boldsymbol{\alpha}^\top\boldsymbol{K}\boldsymbol{\alpha}+C\sum_{i=1}^{n}\xi_i\\&\text{s.t.}\quad 1-y_i\sum_{j=1}^{n}\alpha_j k(\boldsymbol{x}_j,\boldsymbol{x}_i)\leqslant\xi_i,\ \ \xi_i\geqslant 0,\ \ \forall i\end{aligned} \tag{4.30}$$

对式（4.30）中给出的原问题，相应的拉格朗日对偶问题为

$$\begin{aligned}&\max_{\boldsymbol{\lambda},\boldsymbol{\gamma}}\ g(\boldsymbol{\lambda},\boldsymbol{\gamma})\\&\text{s.t.}\quad \boldsymbol{\lambda}\geqslant\mathbf{0},\ \ \boldsymbol{\gamma}\geqslant\mathbf{0}\end{aligned} \tag{4.31}$$

$$g(\boldsymbol{\lambda},\boldsymbol{\gamma})=\min_{\boldsymbol{\alpha},\xi}\left\{\frac{1}{2}\boldsymbol{\alpha}^\top\boldsymbol{K}\boldsymbol{\alpha}+C\sum_{i=1}^{n}\xi_i+\sum_{i=1}^{n}\lambda_i\left(1-y_i\sum_{j=1}^{n}\alpha_j k(\boldsymbol{x}_j,\boldsymbol{x}_i)-\xi_i\right)-\sum_{i=1}^{n}\gamma_i\xi_i\right\} \tag{4.32}$$

式（4.32）可以进一步化简为

$$g(\boldsymbol{\lambda},\boldsymbol{\gamma})=\min_{\boldsymbol{\alpha},\xi}\left\{\frac{1}{2}\boldsymbol{\alpha}^\top\boldsymbol{K}\boldsymbol{\alpha}+\sum_{i=1}^{n}\lambda_i(1-\xi_i)+(C-\gamma_i)\xi_i-\boldsymbol{r}^\top\boldsymbol{K}\boldsymbol{\alpha}\right\} \tag{4.33}$$

其中，$\boldsymbol{r}=[y_1\lambda_1\cdots y_n\lambda_n]^\top$。

关于 $\boldsymbol{\alpha}$ 和 $\boldsymbol{\xi}$ 的一阶最优条件可以得到下式：

$$\boldsymbol{K}\boldsymbol{\alpha}=\boldsymbol{K}\boldsymbol{r}\Rightarrow\boldsymbol{\alpha}=\boldsymbol{r} \tag{4.34}$$

及

$$\lambda_i+\gamma_i=C \tag{4.35}$$

将式（4.34）和式（4.35）代入式（4.32），可得

$$g(\boldsymbol{\lambda},\boldsymbol{\gamma})=\sum_{i=1}^{n}\lambda_i-\frac{1}{2}\sum_{i=1}^{n}\sum_{j=1}^{n}\lambda_i\lambda_j y_i y_j k(\boldsymbol{x}_i,\boldsymbol{x}_j)$$

其中，$0\leqslant\lambda_i\leqslant C$，并且分类器由下式给出：

$$f(\boldsymbol{x})=\sum_{j=1}^{n}y_j\lambda_j k(\boldsymbol{x}_j,\boldsymbol{x}) \tag{4.36}$$

这相当于之前推导出的核 SVM。

4.5　核机器的优缺点

核机器具有许多值得进一步讨论的重要优点。这种方法建立在再生核希尔伯特空间优美的理论之上，并且根据表示定理，在设计分类器和回归器时能够获得闭式解。因此，经典的研究问题不再是机器学习算法本身，而是要寻找能够在背景空间中有效表示数据的特征空间嵌入（feature space embedding）。

话虽如此，经典的核机器还是存在一些局限性的。首先，根据表示定理实现闭式解的根本原因是假设特征空间构成一个再生核希尔伯特空间，这就意味着从特征空间到最终函数的映射假设是线性的。这种方法有些不平衡（unbalanced），因为只有从背景空间到特征空间的映射是非线性的，而特征空间的表示是线性的。此外，如前所述，再生核希尔伯特空间只是潜在希尔伯特空间的一个子集，因而把特征空间限制在再生核希尔伯特空间中，严重减少了来自潜在希尔伯特空间的可用函数类（available function class），从而限制了学习算法的灵活性和由此产生的表达力（expressiveness）。

经典机器学习方法中的特征映射和关联的核主要是基于人们直觉或数学建模以自上而下的方式选择的，并没有可以从数据中自动学习的余地。事实上，核机器的学习部分只是针对表示定理中的线性加权参数（即式（4.18）中的 α_i），因而一旦以自上而下的方式选择了核函数，特征映射本身就是确定性的，这极大限制了学习能力。后面将研究如何通过现代深度学习方法来减轻核机器的这种局限性。

4.6　习　　题

1．证明下面的核是正定的：

（1）余弦核：$k(x,y)=\cos(x-y),\ \forall x,y\in\mathbb{R}$；

（2）次数恰好为 p 的多项式核：$k(\boldsymbol{x},\boldsymbol{y})=(\boldsymbol{x}^\top\boldsymbol{y})^p$；

（3）p 次多项式核：$k(\boldsymbol{x},\boldsymbol{y})=(\boldsymbol{x}^\top\boldsymbol{y}+1)^p$；

（4）带宽 σ 的径向基函数核：$k(\boldsymbol{x},\boldsymbol{y})=\exp\left(\dfrac{-\|\boldsymbol{x}-\boldsymbol{y}\|^2}{2\sigma^2}\right)$；

（5）sigmoid 核：$k(\boldsymbol{x},\boldsymbol{y})=\tanh(\eta\boldsymbol{x}^\top\boldsymbol{y}+v)$。

2．设 k_1 和 k_2 是集合 X 上的两个正定核，$\alpha,\beta>0$，证明 $\alpha k_1+\beta k_2$ 是正定的。

3．设 k_1 是集合 X 上的正定核，那么对任意具有非负系数的多项式 $p(\cdot)$，证明下式也是集合 X 上的一个正定核：

$$k(x,y)=p(k_1(x,y)),\quad \forall x,y\in X$$

4．设集合序列 $\{X_i\}_{i=1}^p$，k_i 是 X_i 上相应的正定函数的集合，证明：

$$k(x_1\cdots x_p;y_1\cdots y_p)=k_1(x_1,y_1)\cdots k_p(x_p,y_p),\ \ x_i,y_i\in X_i,\ \ \forall i$$

是空间 $X:=X_1\times\cdots\times X_p$ 上的核。

5．设 $X_0\subset X$，证明 k 到 $X_0\times X_0$ 的限定（restriction）是再生核。

6．设 k 是集合 X 上的有效核（valid kernel），下面的归一化函数（normalized function）是有效正定核吗？

$$k_{\text{norm}}(x,y)=\begin{cases}0, & k(x,x)=0\text{或}k(y,y)=0\\ \dfrac{k(x,y)}{\sqrt{k(x,x)}\sqrt{k(y,y)}}, & \text{其他}\end{cases},\quad \forall x,y\in X$$

7．考虑一个归一化核 k，使得对 $\forall x\in X$ 有 $k(x,x)=1$。定义 X 上的一个伪度量（pseudo-metric）为

$$d_X(x,y)=\|k(x,\cdot)-k(y,\cdot)\|_H \tag{4.37}$$

（1）证明 $d_X(x,y)=2(1-k(x,y))$；

（2）证明 $d_X(x,y)$ 不是一个度量，并指出它违反了度量的哪条属性。

8．定义特征空间的均值为

$$\boldsymbol{\mu}_\phi=\frac{1}{n}\sum_{i=1}^{n}\phi(\boldsymbol{x}_i)$$

（1）证明

$$\|\boldsymbol{\mu}_\phi\|_H^2=\frac{1}{n^2}\sum_{i=1}^{n}\sum_{j=1}^{n}k(\boldsymbol{x}_i,\boldsymbol{x}_j)$$

（2）证明

$$\sigma_\phi^2:=\frac{1}{n}\sum_{i=1}^{n}\|\phi(\boldsymbol{x}_i)-\boldsymbol{\mu}_\phi\|_H^2=\frac{1}{n}\mathrm{Tr}(\boldsymbol{K})-\|\boldsymbol{\mu}_\phi\|_H^2$$

其中，$\mathrm{Tr}(\cdot)$表示矩阵的迹，$\boldsymbol{K}$ 是核 Gram 矩阵

$$\boldsymbol{K}=\begin{bmatrix}k(\boldsymbol{x}_1,\boldsymbol{x}_1) & \cdots & k(\boldsymbol{x}_1,\boldsymbol{x}_n)\\ \vdots & \ddots & \vdots\\ k(\boldsymbol{x}_n,\boldsymbol{x}_1) & \cdots & k(\boldsymbol{x}_n,\boldsymbol{x}_n)\end{bmatrix}$$

9．式（4.27）中的核 SVM 公式通常称为 1-SVM，这里我们感兴趣的是获得 2-SVM，定义为

$$\min_{f\in H_k}\frac{1}{2}\|f\|_H^2+C\sum_{i=1}^{n}l_{\text{hinge}}^2(y_i,f(\boldsymbol{x}_i))$$

其中，l_{hinge}^2 是均方合页损失（square hinge loss）：$l_{\text{hinge}}^2(y,\hat{y})=(\max\{0,1-y\hat{y}\})^2$。写出 2-SVM 关联的原问题和对偶问题，并将得到的结果与 1-SVM 进行比较。

10．考虑下面的核回归问题：

$$\min_{f\in H_k}\frac{1}{2}\|f\|_H^2+C\sum_{i=1}^{n}l_{\text{logit}}(y_i,f(\boldsymbol{x}_i))$$

其中，l_{logit} 是逻辑回归损失（logistic regression loss）：$l_{\text{logit}}(y,\hat{y})=\log(1+\exp(-y\hat{y}))$。请写出相应的对偶问题，并尽可能简单地找到问题的解。

第二部分　深度学习的构成要素

“当我们发现一种与大脑工作方式密切相关，并且能够让神经网络变得更好的方法时，我感到非常兴奋。”

——Geoffrey Hinton

第 5 章 生物神经网络

5.1 引　　言

生物神经网络（biological neural network）由一组连接在一起的神经元（neuron）组成。单个神经元能够与其他许多神经元连接，并且网络中神经元和连接（connection）的总数可能非常大。当神经元相互连接时，就会涌现出单个神经元无法观察到的更高层次的智能，这是生物神经网络最令人惊奇的一个方面。神经元网络中智能涌现（the emergence of intelligence）的确切机制一直是神经科学家、生物学家和工程师的热门研究课题，并且还没有被完全理解。事实上，生物神经网络的计算建模和数学分析是称为计算神经科学（computational neuroscience）的神经科学学科的组成部分，它也与人工神经网络（artificial neural network）领域密切相关。该学科的主要假设是，通过计算建模可以揭示生物神经网络的可能工作机制。此外，大家相信理解生物神经网络的工作原理能够为设计高性能的人工神经网络开辟道路。

因此，本章先回顾有关单个神经元及其网络的神经生物学基础知识，再介绍一些已经启发了人工神经网络的有趣神经科学发现。然而，这些介绍性材料覆盖面还比较窄，所以建议有兴趣的读者阅读神经科学的相关图书[17-19]。

5.2 神　经　元

5.2.1 神经元解剖

一个典型的神经元包括细胞体（cell body，简称胞体（soma））、树突（dendrite）和单个轴突（axon），如图 5.1 所示。其中，轴突和树突是从细胞体伸出的细丝。树突通常具有很多分叉，并且从细胞体伸出数百微米。轴突在轴突丘（axon hillock）处离开细胞体，并且在人体内伸出长达 1 米，在其他物种中可能还会更长。轴突的终末分支称为终树突（telodendria）。轴突分支的末端是突触终末（synaptic terminal），神经元在这里可以通过突触（synapse）向另一个细胞传输信号。

细胞体中的内质网（Endoplasmic Reticulum，ER）可以实现许多基础功能，包括折叠蛋白质分子和将囊泡（vesicle）中合成的蛋白质转运到高尔基体（Golgi apparatus）等。在内质网中合成的蛋白质被包装成囊泡，然后与高尔基体融合。这些底物蛋白（cargo protein）在高尔基体中被修改，并通过胞吐作用（exocytosis）分泌或在细胞中使用，如图 5.2 所示。

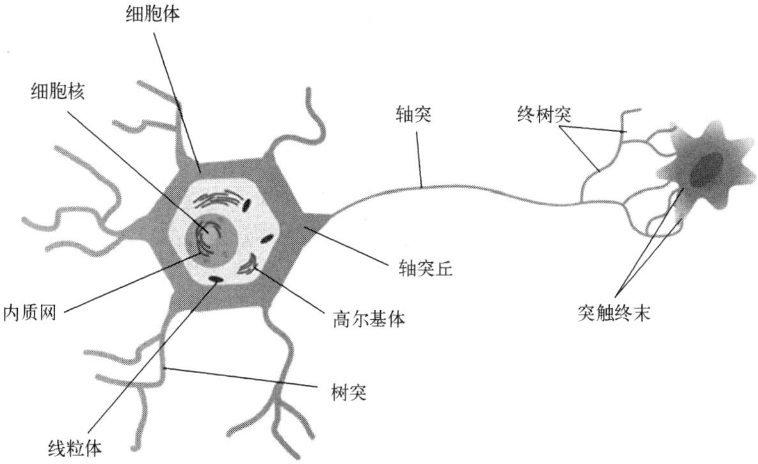

图 5.1 神经元

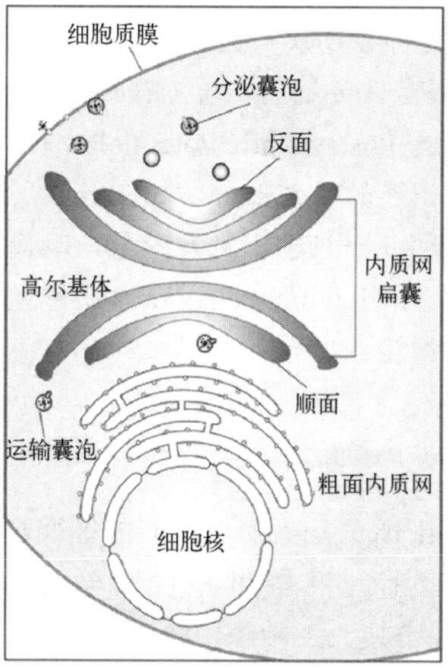

图 5.2 内质网和高尔基体在蛋白质合成与转运中的作用

5.2.2 信号传输机制

神经元专门通过突触向单个靶细胞（target cell）传递信号。在突触处，突触前（presynaptic）神经元的膜（membrane）与突触后（postsynaptic）细胞的膜靠得很近，如图 5.3 所示。尽管存在突触前和突触后神经元直接融合在一起的电突触（electric synapses）[18, 19]，以便快速进行电信号传输，但是通过神经递质（neurotransmitter）传输动作电位（action potential）的化学突触（chemical synapse）最常见，吸引了人工神经网络研究人员的极大兴趣。

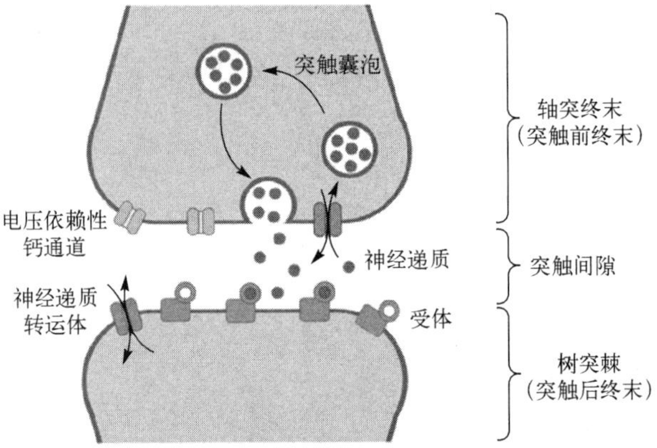

图 5.3 突触前终末和突触后树突之间的化学突触

如图 5.3 所示，在化学突触中，突触前神经元的电活动转化为神经递质的释放，这些神经递质与位于突触后细胞膜上的受体（receptor）结合。神经递质通常被包裹在突触囊泡中。在突触后终末的实际神经递质的数量是每个囊泡中神经递质数量的整数倍，这种现象通常称为量子释放（quantal release）。这种释放由电压依赖性钙通道（voltage-dependent calcium channel）调节。释放的神经递质与突触后树突（postsynaptic dendrites）上的受体结合，可以触发电反应，产生兴奋性突触后电位（Excitatory Postsynaptic Potentials，EPSPs）或抑制性突触后电位（Inhibitory Postsynaptic Potentials，IPSPs）。

轴突丘是细胞体中与轴突相连的特殊部分，如图 5.1 所示。兴奋性突触后电位和抑制性突触后电位都在轴突丘中叠加，一旦超出触发阈值，动作电位就会通过轴突的其余部分传播。轴突丘的这种开关行为（switching behavior）在神经网络的信息处理中起着非常重要的作用，这将在第 6 章详细讨论。

5.2.3 突触可塑性

突触可塑性（synaptic plasticity）是指随着时间的推移，突触随着其活动的增加或减少而增强或减弱的能力。事实上，突触可塑性是学习和记忆的一种重要神经化学（neurochemical）基础，并且经常被人工神经网络所模仿。

神经元细胞中突触可塑性研究最好的两种形式是长时程增强（Long-Term Potentiation，LTP）和长时程抑制（Long-Term Depression，LTD）。具体来说，长时程增强是基于最近的活动模式对突触的持续强化。这些突触活动的模式导致两个神经元之间的信号传递持续增强。与长时程增强对立的是长时程抑制，它导致突触强度持续下降。

人工神经网络的突触可塑性变化通常通过简单的权重变化来建模，而生物神经元中的突触可塑性变化通常是由位于突触上的神经递质受体的数量变化引起的。例如，如图 5.4 所示，在长时程增强期间，额外的受体先通过胞吐作用融合到膜上，然后通过膜内的侧向扩散（lateral diffusion）移动到突触后树突；在长时程抑制情况下，一些多余的受体通过膜内的侧向扩散移动到胞吞区，然后通过胞吞作用（endocytosis）被细胞吸收。

由于学习和突触可塑性的动态性，显而易见，受体的运输是满足神经元各个突触位置受体需求和供应的重要机制。神经生物学家正在深入研究各种机制，例如，组装后的受体离开内质网并通过高尔基体网络到达神经表面；新生受体包通过微管网络沿着微管轨道从细胞体转运到突触部位。图 5.5 所示为受体组装、转运、胞内运输（intracellular trafficking）、缓慢释放和插入突触的关键步骤。

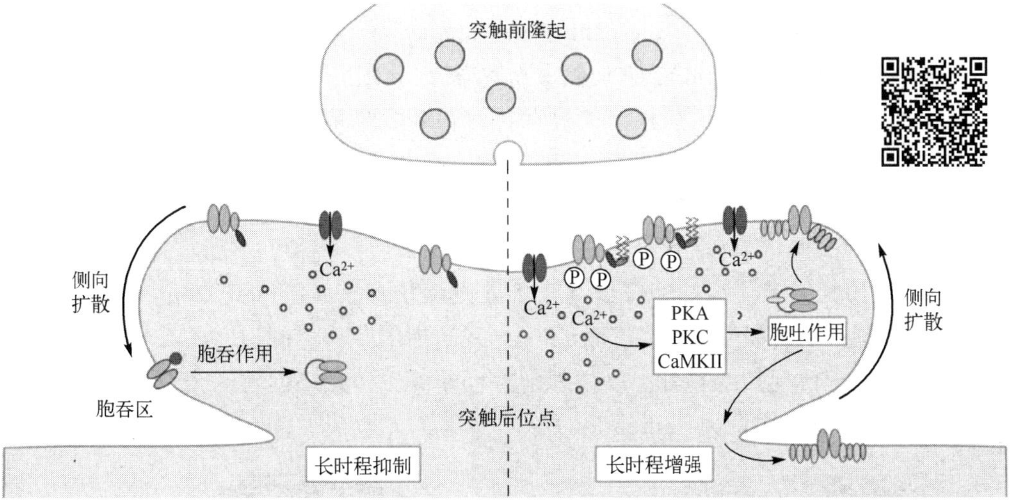

图 5.4　长时程增强和长时程抑制的生物学机制

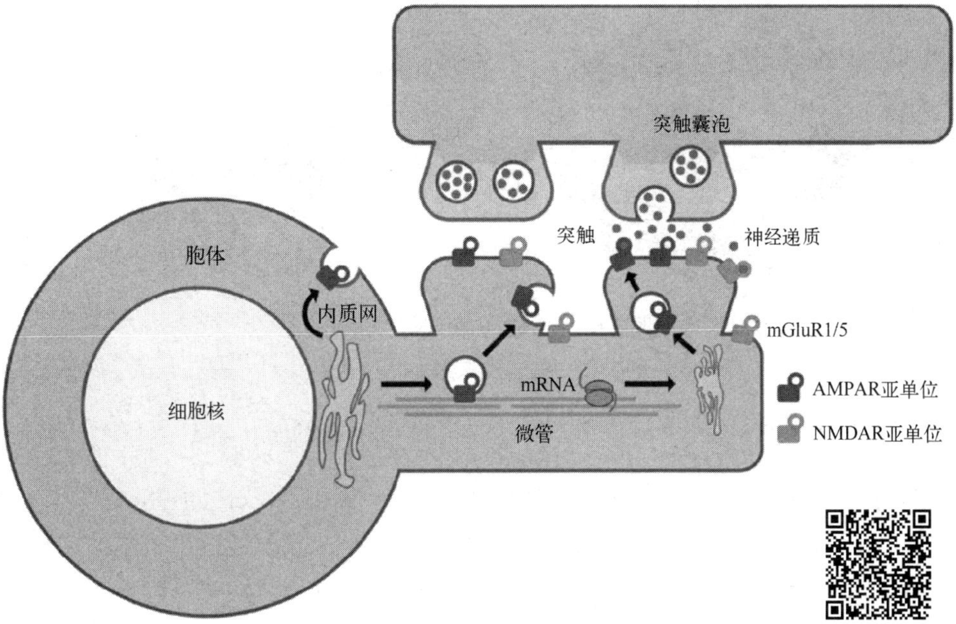

图 5.5　突触可塑性的受体传输

5.3　生物神经网络

大脑最神秘的特征之一是神经元之间的连接产生了更高层次的信息处理。为了理解这种涌现性，视觉系统（visual system）成为生物神经网络中最广泛的研究对象之一。因此，本节将回顾视觉系统中的信息处理。

5.3.1 视觉系统

视觉系统是中枢神经系统（the central nervous system）的一部分，它使生物体能够将视觉细节处理为视力（eyesight）。它检测并解释来自可见光的信息，从而创建环境的表示。视觉系统执行从捕获光线到识别和分类视觉目标等诸多复杂的任务。

如图 5.6 所示，物体的反射光照射在视网膜（retina）上形成图像。视网膜利用光感受器（photoreceptor）将这种图像转换成电脉冲。视神经（optic nerve）通过视神经管（optic canal）传递这些脉冲，当到达视交叉（optic chiasm）后，视神经纤维（nerve fiber）进行交叉（左变为右）。大多数视神经纤维终止于外侧膝状体核（Lateral Geniculate Nucleus，LGN）。LGN 将脉冲传递给视皮质（visual cortex）中的 V1，并且还向 V2 和 V3 发送一些神经纤维。V1 用于实现边缘检测，以便理解空间组织，并且还创建一个自下而上的显著图（saliency map）来引导注意力（attention）。

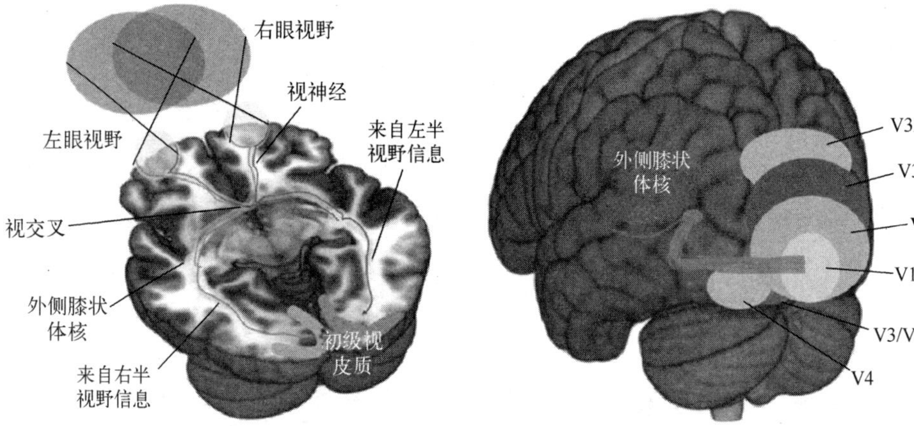

图 5.6 视觉系统解剖与信息处理

5.3.2 Hubel-Wiesel 模型

Hubel 和 Wiesel 最重要的发现之一是初级视皮质（primary visual cortex）中的层次视觉信息流（hierarchical visual information flow）[20]。具体来说，通过检查猫的初级视皮质，Hubel 和 Wiesel 在初级视皮质中发现了两类功能细胞，分别是简单细胞（simple cell）和复杂细胞（complex cell）。具体地说，V1 L4 中的简单细胞在其相对较小的感受野（receptive field）内对具有特定方向、位置和相位的边缘状刺激（edge-like stimuli）的响应最好，如图 5.7 所示。他们意识到，简单细胞的这种响应可以通过汇聚（pooling）一组在 LGN 细胞中观察到的具有相同感受野的输入细胞的活性（activity）来获得。他们还观察到，V1 L2/L3 中的复杂细胞虽然对定向条和边缘也有选择性，但往往具有更大的感受野，并且对其感受野内的确切位置有一定的容忍度。Hubel 和 Wiesel 发现，复杂细胞级别的位置容忍度

（position tolerance）可以通过具有相同优选方向但位置略有不同的简单细胞群组来获得。正如稍后将讨论的，将具有相同感受野的 LGN 细胞汇聚的操作类似于卷积操作，这启发了 Yann LeCun 发明了用于手写邮政编码识别的卷积神经网络（convolutional neural network）[21]。

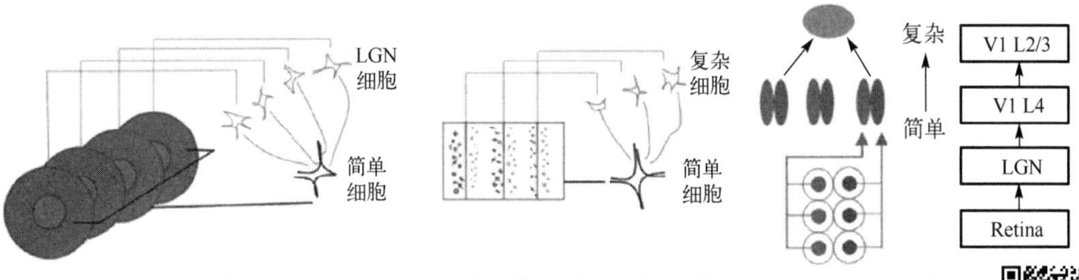

（a）由LGN细胞构建简单细胞的电路　（b）简单细胞构建复杂细胞　（c）层次模型

图 5.7　初级视皮层的 Hubel-Wiesel 模型

将这些想法从初级视皮质扩展到视皮质的更高区域，便产生了一类目标识别模型，即前馈层次模型（feedforward hierarchical model）[22]。如图 5.8 所示，当从 V1 区到 TE 区时，感受野的范围逐渐增大，响应的延迟也逐渐增加。这意味着，沿着这条路径有一个神经元连接，形成了一个神经元层级。一个更令人惊讶的发现是，随着我们沿着这条通路不断前进，神经元对更复杂的输入变得敏感，而这些输入对转换并不敏感。

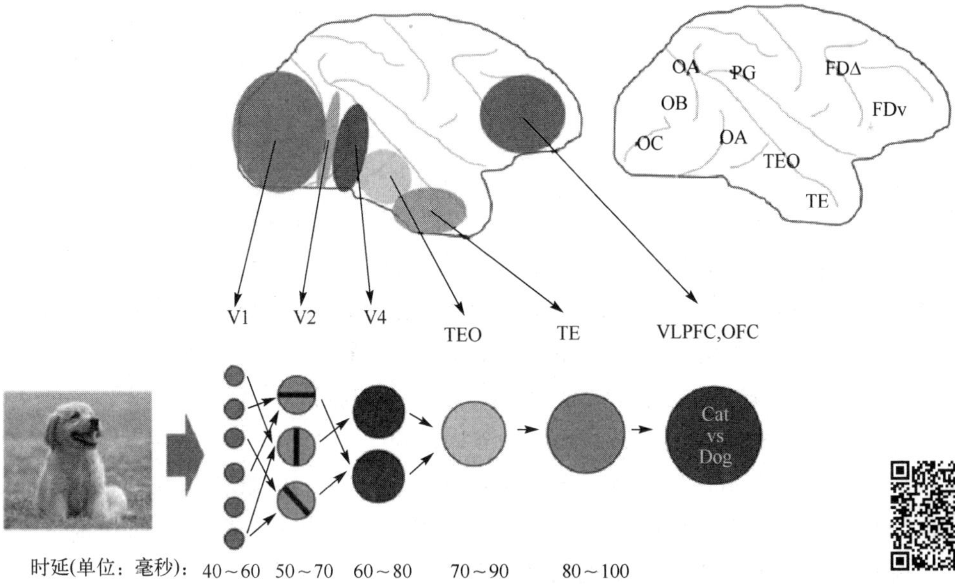

图 5.8　视觉信息处理的层次模型

5.3.3　Jennifer Aniston 细胞

在图 5.8 所示的信息处理层次结构中，一种极端形式或令人惊讶的例子可以在被称为“Jennifer Aniston 细胞”[23]的发现中找到，它代表着一个复杂而具体的概念或对象。Jennifer

Aniston 是 20 世纪 90 年代最受欢迎的美国女演员之一，曾主演过美国最受欢迎的情景喜剧之一《老友记》。

这项研究涉及 8 名癫痫患者，他们被暂时植入单细胞记录设备，以便监测内侧颞叶（Medial Temporal Lobe，MTL）脑细胞的活动。内侧颞叶包括一个与解剖相关的结构系统，这些结构对陈述性记忆（事实和事件的有意识记忆）至关重要。该系统由海马体（氨角区（Cornu Ammonis，CA）、齿状回和下颌复合体）及相邻的鼻周（perirhinal）、内嗅（entorhinal）、海马旁皮质（parahippocampal cortices）组成，如图 5.9 所示。

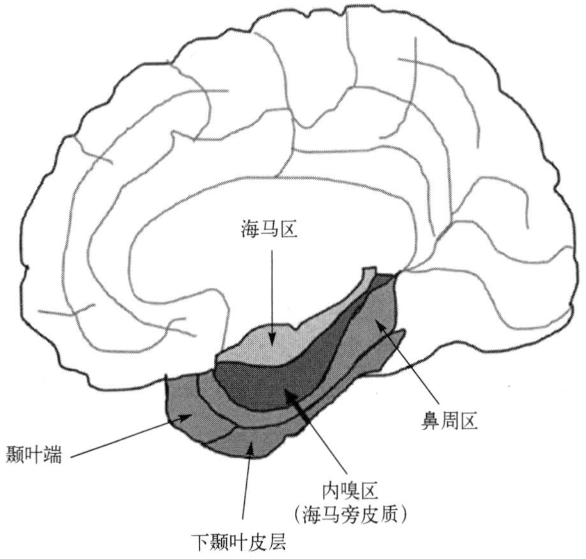

图 5.9　内侧颞叶的解剖学位置

在单细胞记录过程中[23]，研究人员注意到其中一名参与者的大脑内侧颞叶上出现了一种奇怪的模式。每次他看到 Jennifer Aniston 的照片时，大脑中的一个特定神经元就会被激发（fired）。他们试图展示“Jennifer Aniston”这个词时，神经元还是会被激发。他们用其他方式再次尝试表达 Jennifer Aniston 时，每次都是如此。结论是不可避免的：对这个特定的人来说，总有一个神经元体现了 Jennifer Aniston 的概念。

实验表明，内侧颞叶中的单个神经元会对某些人的脸部做出响应。研究人员认为这种类型的细胞参与了视觉处理的复杂方面，例如，识别一个人，而不仅仅是一个简单的形状。这一观察引出了一个根本性的问题：单个神经元能否体现一个概念？本书对这个问题进行了研究，简短的答复是否定的。因为单个神经元并不是孤立的神经元，而是来自密集连接的神经系统的神经元，所以它可以提取高层概念。

5.4　习　　题

1．解释以下结构在神经元中的作用：

（1）细胞体

（2）树突

（3）内质网

（4）高尔基体

（5）轴突丘

（6）突触

2．了解细胞成分的相对数量级十分重要，请详细描述突触的以下物理参数：

（1）囊泡的直径

（2）突触的宽度

（3）每个动作电位每个活动区释放的囊泡数

（4）突触间隙的宽度

3．解释电突触和化学突触之间的区别。

4．解释不同类型的神经递质及其作用。

5．解释离子通道型受体（ionotropic receptor）和代谢型受体（metabotropic receptor）之间的差异。

6．解释长时程抑制和长时程增强的机制。

7．神经递质传输的作用是什么？

8．逐步讲解视觉信息处理。

9．解释为什么 Hubel-Wiesel 模型隐含视皮质的卷积处理？

10．Jennifer Aniston 细胞的主要观察结果是什么？

第 6 章 人工神经网络与反向传播

6.1 引　　言

受生物神经网络的启发，下面讨论其数学抽象，称之为人工神经网络（Artificial Neural Network，ANN）。尽管我们已经努力使用数学模型对生物神经元的所有方面进行建模，但并非各个方面都是必需的。相反，在对神经元建模时，有一些关键方面不应被忽视，其中包括权重自适应（weight adaptation）和非线性（nonlinearity）。事实上，如果没有这些技术作为支撑，我们就不能指望任何学习行为。

本章先描述单个神经元的数学模型，并使用前馈神经网络（Feed-Forward Neural Network，FFNN）来解释其多层实现方式；再讨论更新权重的标准方法，通常称之为神经网络训练。神经网络训练最重要的部分之一是梯度计算，因此本章还将详细讨论称为反向传播的主要权重更新技术。

6.2 人工神经网络

6.2.1 符号约定

由于人工神经网络的数学描述涉及神经元、层、训练样本等多个索引变量，下面总结这些变量，以便在本章中使用。

首先，每个训练数据集通常表示为带有索引 n 的粗体小写英文字母。例如，下面的符号用来表示与第 n 个训练数据相关的变量：

$$\boldsymbol{x}_n, \boldsymbol{y}_n, \{\boldsymbol{x}_n, \boldsymbol{y}_n\}_{n=1}^{N}, \boldsymbol{o}_n, \boldsymbol{g}_n$$

其次，小写英文字母的下标 i 和 j 分别表示向量的第 i 个元素和第 j 个元素。例如，o_i 表示向量 $\boldsymbol{o} \in \mathbb{R}^d$ 的第 i 个元素：

$$o_i = [\boldsymbol{o}]_i \quad 或者 \quad \boldsymbol{o} = [o_1 \cdots o_d]^{\top}$$

类似地，小写英文字母的双索引下标 ij 表示矩阵中的第(i, j)个元素。例如，w_{ij} 是矩阵 $\boldsymbol{W} \in \mathbb{R}^{p \times q}$ 中的第(i, j)个元素：

$$w_{ij}=[\boldsymbol{W}]_{i,j} \quad \text{或者} \quad \boldsymbol{W}=\begin{pmatrix} w_{11} & \cdots & w_{1q} \\ \vdots & \ddots & \vdots \\ w_{p1} & \cdots & w_{pq} \end{pmatrix}$$

这种索引符号通常用于表示神经网络每一层中的第 i 个或第 j 个神经元。为了避免潜在的混淆，如果要表示第 n 个训练数据向量 $\boldsymbol{x}_n$ 中的第 i 个元素，可以将它表示为$(\boldsymbol{x}_n)_i$。

接着，为了表示神经网络的第 l 层，可以采用如下上标符号：

$$\boldsymbol{g}^{(l)},\ \boldsymbol{W}^{(l)},\ \boldsymbol{b}^{(l)},\ d^{(l)}$$

相应地，通过组合训练索引 n，例如，$\boldsymbol{g}_n^{(l)}$ 指的是第 n 个训练数据的第 l 层 $\boldsymbol{g}$ 向量。

最后，使用优化器（optimizer）（如随机梯度法（stochastic gradient method））的第 t 次更新可以用$[t]$表示。例如，$\boldsymbol{\Theta}[t]$、$\boldsymbol{V}[t]$分别表示第 t 次更新的参数映射 $\boldsymbol{\Theta}$ 和 $\boldsymbol{V}$。

6.2.2　单个神经元建模

考虑图 6.1 中的一个典型神经元及其在图 6.2 中的数学模型。令 o_j（$j=1,\cdots,\ d$）表示第 j 个树突状突触（dendric synapse）的突触前电位。为了数学上的简单性，假设电位同步发生，同时到达轴突丘。在轴突丘处它们叠加在一起，若叠加后的信号大于特定的阈值，则激发动作电位。这个过程可以数学建模为

$$\mathrm{net}_i=\sigma\left(\sum_{j=1}^{d} w_{ij}o_j+b_i\right) \tag{6.1}$$

其中，net_i 表示到达终树突的第 i 个突触终末的动作电位，b_i 是轴突丘处非线性函数 $\sigma(\cdot)$ 的偏置项（bias term）。注意，w_{ij} 是由突触可塑性决定的权重参数，取值为正意味着 $w_{ij}o_j$ 是兴奋性突触后电位（Excitatory Postsynaptic Potentials，EPSPs），而取值为负则对应的是抑制性突触后电位（Inbibitory Postsynaptic Potentials，IPSPs）。

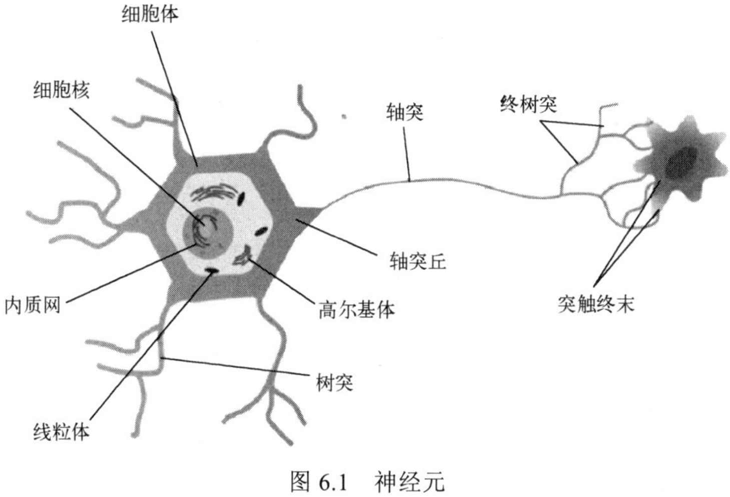

图 6.1　神经元

在人工神经网络中，式（6.1）中的非线性函数 $\sigma(\cdot)$ 可以多种形式建模，如图 6.3 所示，这种非线性函数通常称为激活函数（activation function）。非线性可能是神经网络最重要的

特征，因为没有非线性，学习与自适应就不会发生。这个论点的数学证明稍微有点复杂，所以留到后面讨论。

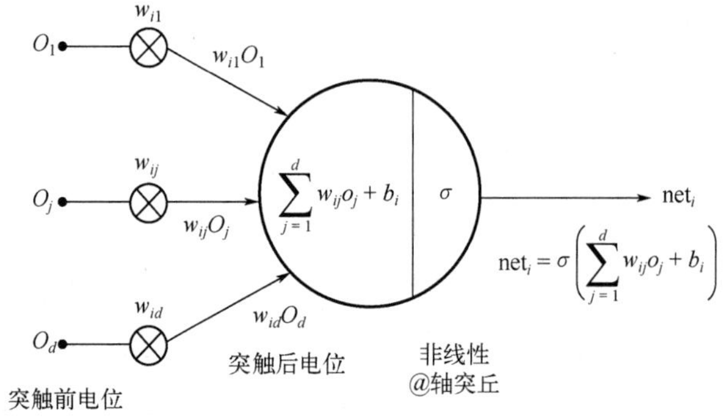

图 6.2　单个神经元的数学模型

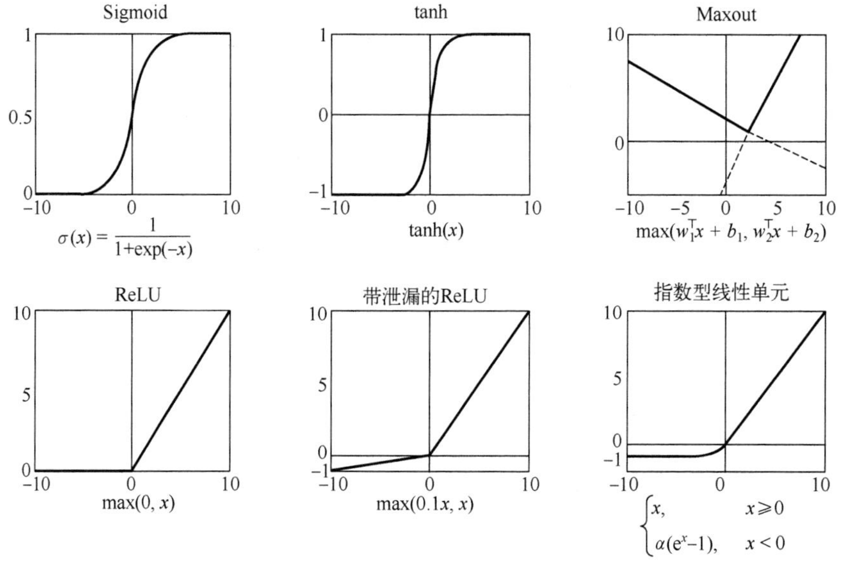

图 6.3　各种形式的激活函数

在各种形式的激活函数中，现代深度学习中最成功的激活函数之一是整流线性单元（Rectified Linear Unit，ReLU），其定义为[24]

$$\sigma(x) = \text{ReLU}(x) := \max\{0, x\} \tag{6.2}$$

当输出值不等于零时，ReLU 激活函数处于激活状态（active）。一般认为，正值范围内的非消失梯度（non-vanishing gradient）有助于现代深度学习的成功。具体来说，有

$$\frac{\partial \text{ReLU}(x)}{\partial x} = \begin{cases} 1, & x > 0 \\ 0, & \text{其他} \end{cases} \tag{6.3}$$

式（6.3）表明，每当 ReLU 激活函数处于激活状态时，梯度始终为 1。注意，按照惯例，当 $x = 0$ 时将梯度设置为 0，因为 ReLU 函数在 $x = 0$ 时是不可微的。

在评估激活函数 $\sigma(x)$时，增益函数（gain function）即输出 / 输入比，也是有用的：

$$\gamma(x) := \frac{\sigma(x)}{x},\ x \neq 0 \tag{6.4}$$

例如，ReLU 激活函数满足以下重要性质：

$$\gamma(x) = \frac{\partial \sigma(x)}{\partial x} = \begin{cases} 1, & x > 0 \\ 0, & \text{其他} \end{cases} \tag{6.5}$$

这将在后面分析反向传播算法时使用。

与其他非线性函数相比，使用 ReLU 激活函数还有一个额外的优点。正如后面还会详细阐述的，ReLU 激活函数将输入空间和特征空间划分为两个不相交的集合，即活跃区域和非活跃区域，从而在划分几何上实现了非线性映射的分片线性逼近（piecewise linear approximation）。因此，即使整个映射是高度非线性的，但每个分区内的神经网络依然可视为局部线性的。这就是我们想在本书中向读者强调的深度神经网络的几何图形。

6.2.3 多层前馈神经网络

生物神经网络由多个相互连接的神经元组成。这种连接可以具有复杂的拓扑结构，如循环连接（recurrent connection）、异步连接（asynchronous connection）、神经元间连接等。

神经网络最简单的连接方式之一是多层前馈神经网络，如图 6.4 所示。具体来说，设 $o_j^{(l-1)}$ 表示第$(l-1)$层神经元的第 j 个输出，其将作为第 l 层神经元的第 j 个树突突触前电位输入，$w_{ij}^{(l)}$ 对应于第 l 层的突触权重。对 $i=1,\cdots,d^{(l)}$，通过扩展式（6.1）中的模型，可得

$$o_i^{(l)} = \sigma\left(\sum_{j=1}^{d^{(l)}} w_{ij}^{(l)} o_j^{(l-1)} + b_i^{(l)}\right) \tag{6.6}$$

其中，$d^{(l)}$表示第 l 层神经元树突的数量。

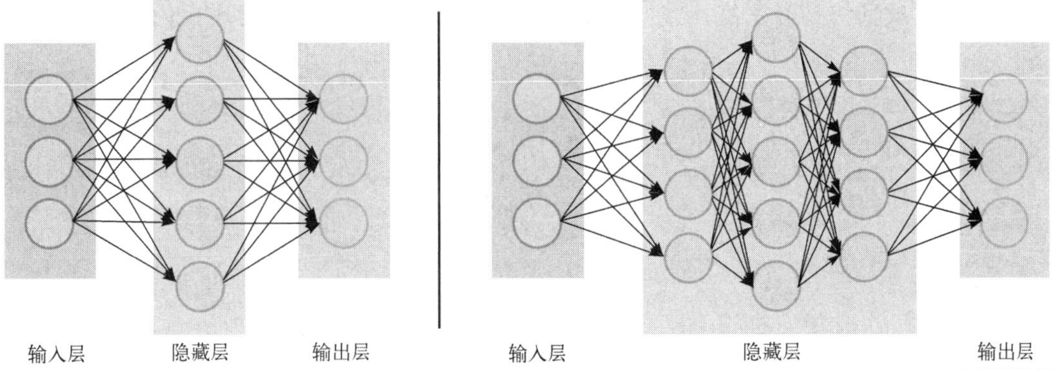

图 6.4 多层前馈神经网络示例

式（6.6）可以用矩阵形式表示为

$$\boldsymbol{o}^{(l)} = \boldsymbol{\sigma}(\boldsymbol{W}^{(l)} \boldsymbol{o}^{(l-1)} + \boldsymbol{b}^{(l)}) \tag{6.7}$$

式中，$\boldsymbol{W}^{(l)} \in \mathbb{R}^{d^{(l)} \times d^{(l-1)}}$ 是权重矩阵，其中(i, j)元素由 $w_{ij}^{(l)}$ 得到，$\boldsymbol{\sigma}(\cdot)$表示应用于向量中的每

个元素的非线性运算 $\sigma(\cdot)$，并且

$$\boldsymbol{o}^{(l)}=[o_1^{(l)}\cdots o_{d^{(l)}}^{(l)}]^\top\in\mathbb{R}^{d^{(l)}} \tag{6.8}$$

$$\boldsymbol{b}^{(l)}=[b_1^{(l)}\cdots b_{d^{(l)}}^{(l)}]^\top\in\mathbb{R}^{d^{(l)}} \tag{6.9}$$

简化多层表示的另一种方法是使用中间线性层的隐藏节点（hidden node）。具体地说，一个 L 层前馈神经网络可以用隐藏节点 $\boldsymbol{g}^{(l)}$ 递归地表示为

$$\boldsymbol{o}^{(l)}=\boldsymbol{\sigma}(\boldsymbol{g}^{(l)}),\quad \boldsymbol{g}^{(l)}=\boldsymbol{W}^{(l)}\boldsymbol{o}^{(l-1)}+\boldsymbol{b}^{(l)} \tag{6.10}$$

其中，$l=1,\cdots,L$。

6.3 人工神经网络训练

6.3.1 问题描述

对给定的训练数据 $\{\boldsymbol{x}_n,\boldsymbol{y}_n\}_{n=1}^N$，神经网络训练问题可以用下式表示：

$$\hat{\boldsymbol{\Theta}}=\arg\min_{\boldsymbol{\Theta}} c(\boldsymbol{\Theta}) \tag{6.11}$$

其中，代价函数（cost function）由下式给出：

$$c(\boldsymbol{\Theta}):=\sum_{n=1}^N l(\boldsymbol{y}_n,\boldsymbol{f}_{\boldsymbol{\Theta}}(\boldsymbol{x}_n)) \tag{6.12}$$

这里的 $l(\cdot,\cdot)$ 表示损失函数，$\boldsymbol{f}_{\boldsymbol{\Theta}}(\boldsymbol{x}_n)$ 是带有输入 $\boldsymbol{x}_n$ 的回归函数，并通过参数集 $\boldsymbol{\Theta}$ 参数化。

对一个 L 层前馈神经网络，式（6.12）中的回归函数 $\boldsymbol{f}_{\boldsymbol{\Theta}}(\boldsymbol{x}_n)$ 可以表示为

$$\boldsymbol{f}_{\boldsymbol{\Theta}}(\boldsymbol{x}_n):=(\boldsymbol{\sigma}\circ\boldsymbol{g}^{(L)}\circ\boldsymbol{\sigma}\circ\boldsymbol{g}^{(L-1)}\cdots\circ\boldsymbol{g}^{(1)})(\boldsymbol{x}_n) \tag{6.13}$$

其中，参数集 $\boldsymbol{\Theta}$ 由每层的突触权重和偏置组成：

$$\boldsymbol{\Theta}=\begin{bmatrix}\boldsymbol{W}^{(1)},\boldsymbol{b}^{(1)}\\ \vdots\quad\vdots\\ \boldsymbol{W}^{(L)},\boldsymbol{b}^{(L)}\end{bmatrix} \tag{6.14}$$

正如第 4 章对核机器所做的讨论，式（6.11）的表示具有普适性，它通过简单地更改损失函数便可以实现分类、回归等任务，例如，回归采用 l_2 损失，分类采用合页损失。但是，与核机器相比，神经网络训练的主要困难之一是代价函数 $c(\boldsymbol{\Theta})$ 不是凸的，其确实存在许多局部最小解，如图 6.5 所示。因此，神经网络的训练在很大程度上取决于优化算法的选取、初始化、步长等因素。

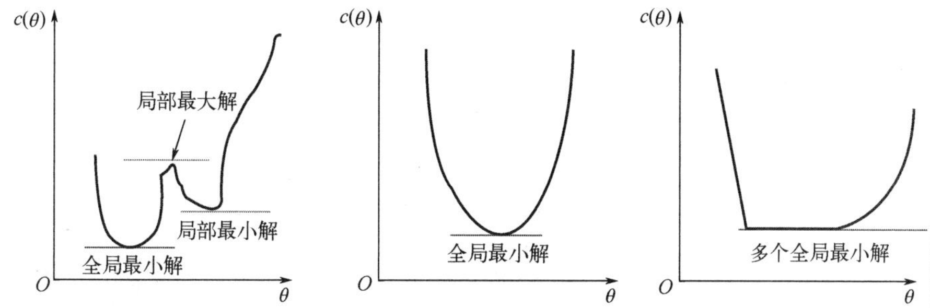

（a）局部最小解和全局最小解都存在　（b）只有一个全局最小解　（c）存在多个全局最小解

图 6.5　一维优化问题的代价函数示例

6.3.2　优化器

对式（6.13）中的参数化神经网络，关键问题是如何找到式（6.11）优化问题的最小解。如前所述，该最小化问题的主要技术挑战是存在很多局部最小解，如图 6.5（a）所示。另一个棘手的问题是，有时还可能存在多个全局最小解，如图 6.5（c）所示。尽管所有的全局最小解在训练阶段可能都是一样好的，但是每个全局最小解在测试阶段可能具有不同的泛化性能。这个问题很重要，稍后讨论。此外，根据优化器的具体选择，可以实现不同的全局最小解，通常称之为优化算法的隐含偏置（implicit bias）或归纳偏置（inductive bias）。这个问题也将在后面讨论。

在优化算法设计中，最重要的一个观察结果是一阶必要条件在局部最小解处成立。

引理 6.1　设 $c:\mathbb{R}^p \mapsto \mathbb{R}$ 是一个可微函数，如果 $\boldsymbol{\Theta}^*$ 是一个局部最小解，则

$$\left.\frac{\partial c}{\partial \boldsymbol{\Theta}}\right|_{\boldsymbol{\Theta}=\boldsymbol{\Theta}^*} = \mathbf{0} \tag{6.15}$$

确实，各种优化算法都利用了一阶必要条件，它们之间的主要区别在于避免局部极小点（local minimum）及提供快速收敛的方式不同。下面先讨论经典的梯度下降法（gradient descent method）及其随机扩展版本，即随机梯度下降法（Stochastic Gradient Descent，SGD），再讨论各种改进的优化算法。

1．梯度下降

对给定的训练数据 $\{\boldsymbol{x}_n, \boldsymbol{y}_n\}_{n=1}^N$，式（6.12）中代价函数的梯度由下式得到：

$$\frac{\partial c}{\partial \boldsymbol{\Theta}}(\boldsymbol{\Theta}) = \frac{\partial\left(\sum_{n=1}^{N} l(\boldsymbol{y}_n, \boldsymbol{f}_{\boldsymbol{\Theta}}(\boldsymbol{x}_n))\right)}{\partial \boldsymbol{\Theta}} = \sum_{n=1}^{N} \frac{\partial l}{\partial \boldsymbol{\Theta}}(\boldsymbol{y}_n, \boldsymbol{f}_{\boldsymbol{\Theta}}(\boldsymbol{x}_n)) \tag{6.16}$$

式（6.16）等于每个训练数据的梯度之和。由于梯度是递增代价函数的陡峭方向，因此陡峭下降算法（steep descent algorithm）将以相反的方向更新参数：

$$\boldsymbol{\Theta}[t+1] = \boldsymbol{\Theta}[t] - \eta \left.\frac{\partial c}{\partial \boldsymbol{\Theta}}(\boldsymbol{\Theta})\right|_{\boldsymbol{\Theta}=\boldsymbol{\Theta}[t]} = \boldsymbol{\Theta}[t] - \eta \sum_{n=1}^{N} \left.\frac{\partial l}{\partial \boldsymbol{\Theta}}(\boldsymbol{y}_n, \boldsymbol{f}_{\boldsymbol{\Theta}}(\boldsymbol{x}_n))\right|_{\boldsymbol{\Theta}=\boldsymbol{\Theta}[t]} \tag{6.17}$$

其中，$\eta>0$ 表示步长，$\boldsymbol{\Theta}[t]$ 表示参数 $\boldsymbol{\Theta}$ 的第 t 次更新。图 6.6（a）说明了为什么梯度下降是使凸优化问题代价最小化的好方法。由于代价函数的梯度指向代价函数的上坡方向，因此参数更新应为其负方向。在前进一小步后，重新计算一个梯度并找到一个新的搜索方向。通过重复迭代这个过程，我们可以到达全局最小点（global minimum）。

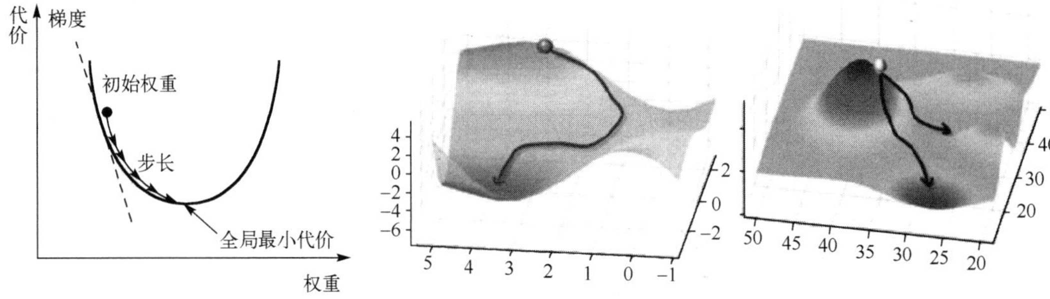

(a) 凸情况 (b) 非凸情况 (c) 局部最小解依赖于初始化

图 6.6 最陡梯度下降法示例

梯度下降法的缺点之一是，当在局部最小解 t^* 处的梯度变为零时，式(6.17)中的更新方程将会导致迭代陷入局部最小解，即

$$\boldsymbol{\Theta}[t+1]=\boldsymbol{\Theta}[t],\quad t\geqslant t^* \tag{6.18}$$

例如，图 6.6（b）和图 6.6（c）显示了梯度下降的潜在限制。对图 6.6（b）的情况，在朝着全局最小点的路径上存在上坡方向，这是梯度方法无法克服的。图 6.6（c）表明，根据初始化，由于不同的中间路径，梯度下降可以找到不同的局部最小解。事实上，图 6.6（b）和图 6.6（c）中的状况更可能是在神经网络训练中会遇到的情形，因为非线性的级联连接造成待优化的问题是高度非凸的。此外，尽管初始化相同，优化器仍可以根据步长或特定的优化算法收敛到完全不同的解。事实上，算法偏置是现代深度学习的一个主要研究课题，通常称为归纳偏置。

这可能是神经网络难以训练的另一个原因，并且在很大程度上取决于是谁在训练模型。例如，即便给多个学生提供了完全相同的训练集、网络架构、GPU 等，通常也会观察到一些学生成功地训练了神经网络，而另一些则没有。造成这种差异的主要原因通常是他们投入的精力和自信心不同，从而导致不同的优化算法具有不同的归纳偏置。成功的学生往往会尝试不同的初始化、优化器、不同的学习率（learning rate）等，直至模型起作用；不成功的学生则通常会一直坚持原先的参数不变，而不是尝试着对它们进行调整。后者往往声称失败不是他们的错，而是因为他们一开始就使用了错误的模型。如果训练问题是凸的，那么不管他们在训练中的归纳偏差如何，所有学生都能取得成功。但是，神经网络训练是高度非凸的，因此它高度依赖于学生的归纳偏置。好消息是，一旦学生学会了如何让模型发挥作用，他们从这些经验中获得的直觉通常就可以用来训练更复杂的神经网络。

事实上，在深度神经网络优化算法方面的进展可视为克服对操作者的依赖性。下面描述在神经网络训练时能够系统减少依赖于操作员的（operator-dependent）归纳偏置的方法。即使由于问题的非凸性，同样的问题也仍然存在，尽管程度有所减轻。

2．随机梯度下降法

前面说过，式（6.17）中的更新方程是基于总梯度（full gradient）的，因为在每次迭代中需要计算整个数据集的梯度。然而，如果 n 很大，梯度计算的成本就相当高。此外，使用总梯度很难避免局部极小解，因为梯度下降方向总是朝向较低的代价函数值。

为了解决这个问题，随机梯度下降法在计算估计梯度时只使用了其中的一小部分训练数据。虽然由此得到的计算结果有点嘈杂，但这种嘈杂的梯度甚至有助于避免局部最小解。例如，设 $I[t]\subset\{1,\cdots,N\}$ 表示第 t 次更新时索引集 $\{1,\cdots, N\}$ 的随机子集。那么，在第 t 次迭代时对总梯度的估计为

$$\left.\frac{\partial c}{\partial \boldsymbol{\Theta}}(\boldsymbol{\Theta})\right|_{\boldsymbol{\Theta}=\boldsymbol{\Theta}[t]} \simeq \frac{N}{|I[t]|}\sum_{i\in I[t]}\left.\frac{\partial l}{\partial \boldsymbol{\Theta}}(\boldsymbol{y}_n,\boldsymbol{f}_{\boldsymbol{\Theta}}(\boldsymbol{x}_n))\right|_{\boldsymbol{\Theta}=\boldsymbol{\Theta}[t]} \tag{6.19}$$

其中，$|I[t]|$表示集合 $I[t]$中元素的数量。由于随机梯度下降法在计算梯度时使用了原始训练数据集的一小部分随机子集（即$|I[t]|\ll N$），因此每次更新的计算复杂度比原始梯度下降法要小得多。此外，它与真实梯度方向并不完全相同，因而产生的噪声提供了一种逃离局部最小解的手段。

3．动量法

克服局部极小点的另一种方法是将以前的更新方式作为附加项考虑进来，以避免陷入局部最小值（local minima）。具体地说，对合适的遗忘因子（forgetting factor）β，且 $0<\beta<1$，更新方程可以写为

$$\boldsymbol{\Theta}[t+1]=\boldsymbol{\Theta}[t]-\eta\sum_{s=1}^{t}\beta^{t-s}\frac{\partial c}{\partial \boldsymbol{\Theta}}(\boldsymbol{\Theta}[s]) \tag{6.20}$$

式（6.20）意味着在计算当前更新方向时，之前梯度的贡献会逐渐减少。然而，使用式（6.20）的主要限制是应当保存所有先前的历史梯度，这就需要占用巨大的 GPU 内存资源。目前主要采用下面的递推公式以提供等效表示：

$$\begin{cases}\boldsymbol{V}[t]=\beta(\boldsymbol{\Theta}[t]-\boldsymbol{\Theta}[t-1])-\eta\dfrac{\partial c}{\partial \boldsymbol{\Theta}}(\boldsymbol{\Theta}[t])\\ \boldsymbol{\Theta}[t+1]=\boldsymbol{\Theta}[t]+\boldsymbol{V}[t]\end{cases} \tag{6.21}$$

这种方法称为动量法（momentum method），当它与随机梯度下降法相结合时特别有效。图 6.7（b）显示了带动量的随机梯度下降法的更新轨迹示例。与波动路径相比，由于来自历史梯度的平均效应，动量方法提供了一条光滑的解路径，从而导致收敛速度更快。

4．其他变体

在神经网络中，还经常使用其他几种优化器，其中，ADAGrad[25]、RMSprop[26]和 Adam[27]最受欢迎。这些变体的主要思想是，不是对梯度的所有元素使用固定步长 η，而是采用元

素级的（element-wise）自适应步长。例如，对式（6.17）中的最陡下降情况，可使用以下更新方程：

$$\boldsymbol{\Theta}[t+1]=\boldsymbol{\Theta}[t]-\boldsymbol{\rho}[t]\odot\frac{\partial c}{\partial \boldsymbol{\Theta}}(\boldsymbol{\Theta}[t]) \tag{6.22}$$

其中，$\boldsymbol{\rho}[t]$是步长矩阵，$\odot$是逐元素乘法（element-wise multiplication）。事实上，这些算法的主要区别在于每次迭代时如何更新矩阵 $\boldsymbol{\rho}[t]$。有关具体更新规则的更多细节可参见文献[25-27]。

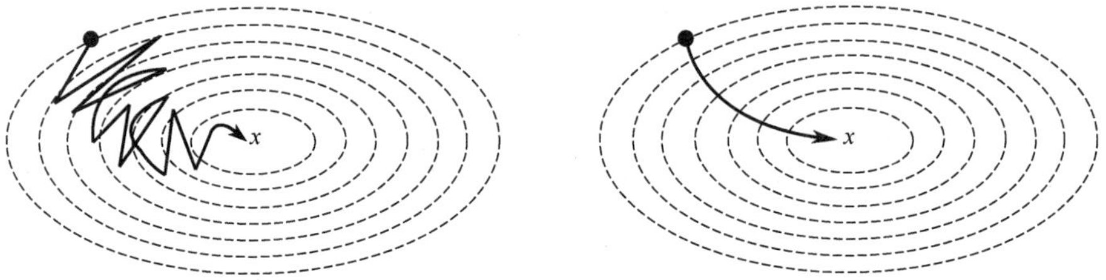

(a) 随机梯度下降法　　(b) 带动量的随机梯度下降法

图 6.7　随机梯度下降法更新轨迹示例

6.4　反向传播算法

前面基于梯度$\frac{\partial c}{\partial \boldsymbol{\Theta}}(\boldsymbol{\Theta}[t])$计算出来的假设，讨论了神经网络训练的各种优化算法。然而，鉴于前馈神经网络的复杂非线性特性，梯度的计算并非易事。

在机器学习中，反向传播（backpropagation，简称 backprop 或 BP）[28]是训练前馈神经网络时计算梯度的标准方法，它提供了一种显性且计算效率高的梯度计算方法。反向传播一词及其在神经网络中的一般用途最初来源于 Rumelhart、Hinton 和 Williams[28]。他们的主要思想是，尽管多层神经网络是由具有大量未知权重的神经元的复杂连接组成的，但式（6.10）中多层前馈神经网络的递归结构使其适合计算有效的优化方法。

6.4.1　反向传播算法的推导

下面的引理在第 1 章中介绍过，它可以用来推导反向传播算法。

引理 6.2　设 $\boldsymbol{A}\in\mathbb{R}^{m\times n}$ 和 $\boldsymbol{x}\in\mathbb{R}^{n}$，则有

$$\frac{\partial \boldsymbol{A}\boldsymbol{x}}{\partial \mathrm{VEC}(\boldsymbol{A})}=\boldsymbol{x}\otimes \boldsymbol{I}_m \tag{6.23}$$

引理 6.3　对向量 $\boldsymbol{x}\in\mathbb{R}^{m}$，$\boldsymbol{y}\in\mathbb{R}^{n}$，有

$$\mathrm{VEC}(\boldsymbol{x}\boldsymbol{y}^{\top})=(\boldsymbol{y}\otimes \boldsymbol{I}_m)\boldsymbol{x} \tag{6.24}$$

其中，$\boldsymbol{I}_m$ 表示 $m\times m$ 阶的单位矩阵。

为了推导反向传播算法，暂时假设偏置项为零，即 $\boldsymbol{b}^{(l)}=\boldsymbol{0}$，$l=1,\cdots,L$。在这种情况下，式（6.14）中神经网络参数$\boldsymbol{\Theta}$可以简化为

$$\boldsymbol{\Theta}=\begin{bmatrix}\boldsymbol{W}^{(1)}\\ \vdots\\ \boldsymbol{W}^{(L)}\end{bmatrix} \tag{6.25}$$

其中，$\boldsymbol{W}^{(l)}\in\mathbb{R}^{d^{(l)}\times d^{(l-1)}}$。使用第 1 章中阐述的矩阵求导中的分母布局，有

$$\frac{\partial c}{\partial\boldsymbol{\Theta}}=\begin{bmatrix}\dfrac{\partial c}{\partial\boldsymbol{W}^{(1)}}\\ \vdots\\ \dfrac{\partial c}{\partial\boldsymbol{W}^{(L)}}\end{bmatrix} \tag{6.26}$$

那么第 l 层的权重可以用增量更新：

$$\Delta\boldsymbol{\Theta}=\begin{bmatrix}\Delta\boldsymbol{W}^{(1)}\\ \vdots\\ \Delta\boldsymbol{W}^{(L)}\end{bmatrix},\qquad \Delta\boldsymbol{W}^{(l)}=-\eta\frac{\partial c}{\partial\boldsymbol{W}^{(l)}} \tag{6.27}$$

由此可见，$\dfrac{\partial c}{\partial\boldsymbol{W}^{(l)}}$ 应被明确指定。具体地说，对给定的训练数据集 $\{\boldsymbol{x}_n,\boldsymbol{y}_n\}_{n=1}^{N}$，根据式（6.12）中的代价函数 $c(\boldsymbol{\Theta})$ 有

$$c(\boldsymbol{\Theta})=\sum_{n=1}^{N}l(\boldsymbol{y}_n,\boldsymbol{f}_{\boldsymbol{\Theta}}(\boldsymbol{x}_n)) \tag{6.28}$$

其中，$\boldsymbol{f}_{\boldsymbol{\Theta}}(\boldsymbol{x}_n)$ 的定义参见式（6.13）。

现在根据第 n 个训练数据定义第 l（$l=1,\cdots,L$）层的变量：

$$\boldsymbol{o}_n^{(l)}=\boldsymbol{\sigma}(\boldsymbol{g}_n^{(l)}),\quad \boldsymbol{g}_n^{(l)}=\boldsymbol{W}^{(l)}\boldsymbol{o}_n^{(l-1)} \tag{6.29}$$

并且初始化为

$$\boldsymbol{o}_n^{(0)}:=\boldsymbol{x}_n \tag{6.30}$$

这里假设偏置为零，那么有

$$\boldsymbol{o}_n^{(L)}=\boldsymbol{f}_{\Theta}(\boldsymbol{x}_n)$$

采用分母布局约定的链式法则（参见式（1.40））

$$\frac{\partial c(\boldsymbol{g}(\boldsymbol{u}))}{\partial\boldsymbol{x}}=\frac{\partial\boldsymbol{u}}{\partial\boldsymbol{x}}\frac{\partial\boldsymbol{g}(\boldsymbol{u})}{\partial\boldsymbol{u}}\frac{\partial c(\boldsymbol{g})}{\partial\boldsymbol{g}} \tag{6.31}$$

有

$$\frac{\partial c}{\partial\mathrm{VEC}(\boldsymbol{W}^{(l)})}=\sum_{n=1}^{N}\frac{\partial\boldsymbol{g}_n^{(l)}}{\partial\mathrm{VEC}(\boldsymbol{W}^{(l)})}\frac{\partial\ell(\boldsymbol{y}_n,\boldsymbol{o}_n^{(L)})}{\partial\boldsymbol{g}_n^{(l)}}$$

此外，根据引理 6.2 有

$$\frac{\partial\boldsymbol{g}_n^{(l)}}{\partial\mathrm{VEC}(\boldsymbol{W}^{(l)})}=\boldsymbol{o}_n^{(l-1)}\otimes\boldsymbol{I}_{d^{(l)}} \tag{6.32}$$

进一步定义如下项

$$\boldsymbol{\delta}_n^{(l)} := \frac{\partial l(\boldsymbol{y}_n, \boldsymbol{o}_n^{(L)})}{\partial \boldsymbol{g}_n^{(l)}} \tag{6.33}$$

其中，$l = 1, \cdots, L$。上式可以用式（6.31）的链式法则计算如下

$$\begin{aligned}\boldsymbol{\delta}_n^{(l)} &= \frac{\partial \boldsymbol{o}_n^{(l)}}{\partial \boldsymbol{g}_n^{(l)}} \frac{\partial \boldsymbol{g}_n^{(l+1)}}{\partial \boldsymbol{o}_n^{(l)}} \cdots \frac{\partial \boldsymbol{o}_n^{(L)}}{\partial \boldsymbol{g}_n^{(L)}} \frac{\partial l(\boldsymbol{y}_n, \boldsymbol{o}_n^{(L)})}{\partial \boldsymbol{o}_n^{(L)}} \\ &= \boldsymbol{\Lambda}_n^{(l)} \boldsymbol{W}^{(l+1)\top} \boldsymbol{\Lambda}_n^{(l+1)} \boldsymbol{W}^{(l+2)\top} \cdots \boldsymbol{W}^{(L)\top} \boldsymbol{\Lambda}_n^{(L)} \boldsymbol{\epsilon}_n\end{aligned} \tag{6.34}$$

误差项 $\boldsymbol{\epsilon}_n$ 的计算公式为

$$\boldsymbol{\epsilon}_n = \frac{\partial l(\boldsymbol{y}_n, \boldsymbol{o}_n^{(L)})}{\partial \boldsymbol{o}_n^{(L)}}$$

在式（6.34）中，使用

$$\boldsymbol{\Lambda}_n^{(l)} := \frac{\partial \boldsymbol{o}_n^{(l)}}{\partial \boldsymbol{g}_n^{(l)}} = \frac{\partial \boldsymbol{\sigma}(\boldsymbol{g}_n^{(l)})}{\partial \boldsymbol{g}_n^{(l)}} \in \mathbb{R}^{d^{(l)} \times d^{(l)}} \tag{6.35}$$

且

$$\frac{\partial \boldsymbol{g}_n^{(l+1)}}{\partial \boldsymbol{o}_n^{(l)}} = \frac{\partial \boldsymbol{W}^{(l+1)} \boldsymbol{o}_n^{(l)}}{\partial \boldsymbol{o}_n^{(l)}} = \boldsymbol{W}^{(l+1)\top} \tag{6.36}$$

这里使用了第 1 章阐述的分母布局（参见式（1.41））。因此，有

$$\begin{aligned}\frac{\partial c}{\partial \mathrm{VEC}(\boldsymbol{W}^{(l)})} &= \sum_{n=1}^{N} \frac{\partial \boldsymbol{g}_n^{(l)}}{\partial \mathrm{VEC}(\boldsymbol{W}^{(l)})} \frac{\partial l(\boldsymbol{y}_n, \boldsymbol{o}_n^{(L)})}{\partial \boldsymbol{g}_n^{(l)}} \\ &= \sum_{n=1}^{N} (\boldsymbol{o}_n^{(l-1)} \otimes \boldsymbol{I}_{d^{(l)}}) \boldsymbol{\delta}_n^{(l)} \\ &= \sum_{n=1}^{N} \mathrm{VEC}(\boldsymbol{\delta}_n^{(l)} \boldsymbol{o}_n^{(l-1)\top})\end{aligned}$$

其中，对第二个等式用到了式（6.32）与式（6.33），最后一个等式用到了引理 6.3。由此，有如下关于 $\boldsymbol{W}^{(l)}$ 的代价函数的导数：

$$\begin{aligned}\frac{\partial c}{\partial \boldsymbol{W}^{(l)}} &= \mathrm{UNVEC}\left(\frac{\partial c}{\partial \mathrm{VEC}(\boldsymbol{W}^{(l)})}\right) \\ &= \mathrm{UNVEC}\left(\sum_{n=1}^{N} \mathrm{VEC}(\boldsymbol{\delta}_n^{(l)} \boldsymbol{o}_n^{(l-1)\top})\right) \\ &= \sum_{n=1}^{N} \boldsymbol{\delta}_n^{(l)} \boldsymbol{o}_n^{(l-1)\top}\end{aligned}$$

其中，对最后一个等式利用了 UNVEC(·)算子的线性。因此，权重更新增量为

$$\Delta \boldsymbol{W}^{(l)} = -\eta \frac{\partial c}{\partial \boldsymbol{W}^{(l)}} = -\eta \sum_{n=1}^{N} \boldsymbol{\delta}_n^{(l)} \boldsymbol{o}_n^{(l-1)\top} \tag{6.37}$$

6.4.2 反向传播算法的几何解释

式（6.37）中的权重更新增量方案是反向传播算法的关键。式（6.37）中权重更新的最终形式不仅非常简洁，而且具有非常重要的几何意义，值得进一步讨论。特别是，更新完全由两项 $\boldsymbol{\delta}_n^{(l)}$ 和 $\boldsymbol{o}_n^{(l-1)}$ 的外积（outer product）决定，即 $\boldsymbol{\delta}_n^{(l)}\boldsymbol{o}_n^{(l-1)}$。为什么这两项如此重要？本节将重点讨论。

首先，$\boldsymbol{o}_n^{(l-1)}$ 是第 $l-1$ 层神经网络输出，由式（6.29）得到。由于该项是在神经网络的前向传播路径中计算的，因此它只不过是第 l 层神经元的前向传播输入（forward-propagated input）。其次，根据

$$\boldsymbol{\epsilon}_n = \frac{\partial l(\boldsymbol{y}_n, \boldsymbol{o}_n^{(L)})}{\partial \boldsymbol{o}_n^{(L)}}$$

如果使用 l_2 损失，则此项变成

$$\boldsymbol{\epsilon}_n = \frac{\partial l\left(\frac{1}{2}\left\|\boldsymbol{y}_n - \boldsymbol{o}_n^{(L)}\right\|^2\right)}{\partial \boldsymbol{o}_n^{(L)}} = \boldsymbol{o}_n^{(L)} - \boldsymbol{y}_n$$

这其实就是神经网络输出的估计误差。既然有

$$\boldsymbol{\delta}_n^{(l)} = \boldsymbol{\Lambda}_n^{(l)} \boldsymbol{W}^{(l+1)\top} \boldsymbol{\Lambda}_n^{(l+1)} \boldsymbol{W}^{(l+2)\top} \cdots \boldsymbol{W}^{(L)\top} \boldsymbol{\Lambda}_n^{(L)} \boldsymbol{\epsilon}_n \tag{6.38}$$

意味着 $\boldsymbol{\delta}_n^{(l)}$ 实际上是反向传播到第 l 层的估计误差。因此不难发现，权重更新是由前向传播输入和反向传播估计误差（backward-propagated estimation error）的外积决定的。

最后，在计算方面，可以使用递推公式有效地计算前向和反向项 $\boldsymbol{o}_n^{(l)}$、$\boldsymbol{\delta}_n^{(l)}$。具体地说，有

$$\boldsymbol{o}_n^{(l-1)} = \sigma(\boldsymbol{W}^{(l-1)} \boldsymbol{o}_n^{(l-2)}) \tag{6.39}$$

$$\boldsymbol{\delta}_n^{(l)} = \boldsymbol{\Lambda}_n^{(l)} \boldsymbol{W}^{(l+1)\top} \boldsymbol{\delta}_n^{(l+1)} \tag{6.40}$$

初始化为

$$\boldsymbol{o}_n^{(0)} = \boldsymbol{x}_n, \quad \boldsymbol{\delta}_n^{(L)} = \boldsymbol{\epsilon}_n \tag{6.41}$$

反向传播算法的几何解释和递推公式如图 6.8 所示。

6.4.3 反向传播算法的变分解释

变分原理（variational principle）是在变分法（calculus of variations）[29]中使用的科学原理，发展了寻找函数的一般方法，使依赖于这些函数的量的值最小化。变分法是由艾萨克·牛顿开创的数学分析领域，采用变分来减小能量函数（energy function）[29]。

鉴于式（6.37）中的增量变化，我们感兴趣的是它是否确实降低了能量函数。为此，考虑 l_2 损失中 $N=1$ 时的损失函数简化形式。下面将证明，对具有 ReLU 激活函数的神经网络，反向传播算法确实等价于变分方法。

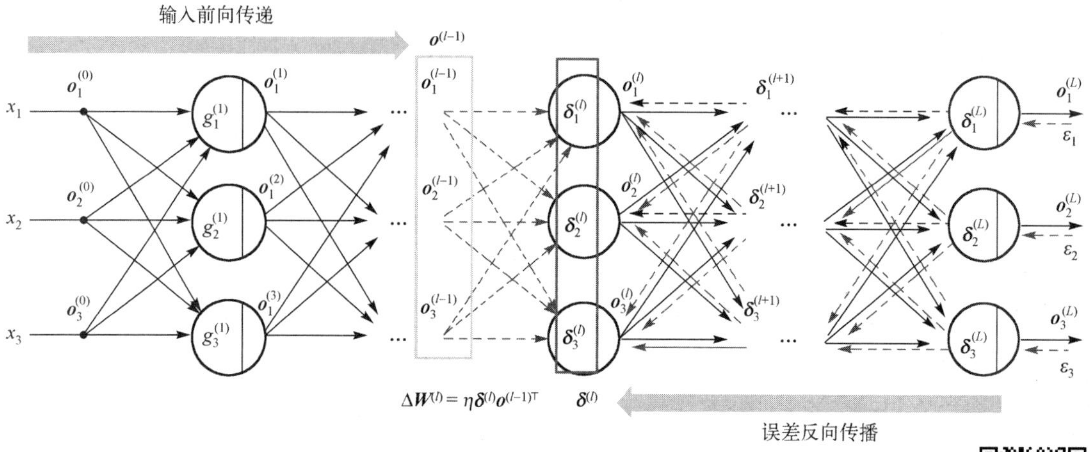

图 6.8　反向传播算法的几何解释和递推公式

更具体地说，基线能量函数（指扰动前的代价函数）由下式给出：

$$l(\boldsymbol{y},\boldsymbol{o}^{(L)})=\frac{1}{2}\left\|\boldsymbol{y}-\boldsymbol{o}^{(L)}\right\|^2 \tag{6.42}$$

为了简单和方便，这里忽略了训练数据的索引下标值 n，且

$$\boldsymbol{o}^{(L)}:=\boldsymbol{\sigma}(\boldsymbol{W}^{(L)}\boldsymbol{o}^{(L-1)}) \tag{6.43}$$

对 ReLU 激活函数的情况，一个重要的观察结果是式（6.43）可以表示为

$$\boldsymbol{o}^{(L)}:=\boldsymbol{\Gamma}^{(L)}\boldsymbol{g}^{(L)}，\text{其中 }\boldsymbol{g}^{(L)}=\boldsymbol{W}^{(L)}\boldsymbol{o}^{(L-1)} \tag{6.44}$$

其中，$\boldsymbol{\Gamma}^{(L)}\in\mathbb{R}^{d^{(L)}\times d^{(L)}}$ 是一个由 0 和 1 构成的对角矩阵，由下式给出：

$$\boldsymbol{\Gamma}^{(L)}=\begin{bmatrix}\gamma_1 & \cdots & 0 & \cdots & 0\\ \vdots & \ddots & \vdots & \ddots & \vdots\\ 0 & \cdots & \gamma_j & \cdots & 0\\ \vdots & \ddots & \vdots & \ddots & \vdots\\ 0 & \cdots & 0 & \cdots & \gamma_{d^{(L)}}\end{bmatrix} \tag{6.45}$$

其中，

$$\gamma_j=\gamma([\boldsymbol{g}^{(L)}]_j) \tag{6.46}$$

其中，$[\boldsymbol{g}^{(L)}]_j$ 表示向量 $\boldsymbol{g}^{(L)}$ 的第 j 个元素，$\gamma(\cdot)$ 的定义参见式（6.4）。根据式（6.5），有

$$\boldsymbol{\Gamma}^{(L)}=\boldsymbol{\Lambda}^{(l)},\quad l=1,\cdots,L \tag{6.47}$$

其中，$\boldsymbol{\Lambda}^{(l)}$ 定义为式（6.35）中激活函数的导数。因此，利用递推公式，有

$$\boldsymbol{o}^{(L)}=\boldsymbol{\Lambda}^{(L)}\boldsymbol{W}^{(L)}\cdots\boldsymbol{\Lambda}^{(l)}\boldsymbol{W}^{(l)}\boldsymbol{o}^{(l-1)} \tag{6.48}$$

利用这一点，下面研究代价函数是否会随扰动权重的增加而降低：

$$\Delta\boldsymbol{W}^{(l)}=-\eta\boldsymbol{\delta}^{(l)}\boldsymbol{o}^{(l-1)\top} \tag{6.49}$$

当步长 η 足够小时，根据 $\boldsymbol{W}^{(l)}+\Delta\boldsymbol{W}^{(l)}$ 得到的 ReLU 激活模式与 $\boldsymbol{W}^{(l)}$ 的相同（这个问题将在后面讨论），因此新的代价函数值由下式给出

$$\hat{l}(\boldsymbol{y},\boldsymbol{o}^{(L)}) := \left\|\boldsymbol{y}-\boldsymbol{\Lambda}^{(L)}\boldsymbol{W}^{(L)}\cdots\boldsymbol{\Lambda}^{(l)}(\boldsymbol{W}^{(l)}+\Delta\boldsymbol{W}^{(l)})\boldsymbol{o}^{(l-1)}\right\|^2$$

由于

$$\boldsymbol{\delta}^{(L)} = \boldsymbol{o}^{(L)} - \boldsymbol{y} = \boldsymbol{\Lambda}^{(L)}\boldsymbol{W}^{(L)}\cdots\boldsymbol{\Lambda}^{(l)}\boldsymbol{W}^{(l)}\boldsymbol{o}^{(l-1)} - \boldsymbol{y}$$

因此有

$$\begin{aligned}\hat{l}(\boldsymbol{y},\boldsymbol{o}^{(L)}) &= \left\|-\boldsymbol{\delta}^{(L)}-\boldsymbol{\Lambda}^{(L)}\boldsymbol{W}^{(L)}\cdots\boldsymbol{\Lambda}^{(l)}\Delta\boldsymbol{W}^{(l)}\boldsymbol{o}^{(l-1)}\right\|^2 \\ &= \left\|-\boldsymbol{\delta}^{(L)}+\eta\boldsymbol{\Lambda}^{(L)}\boldsymbol{W}^{(L)}\cdots\boldsymbol{\Lambda}^{(l)}\boldsymbol{\delta}^{(l)}\boldsymbol{o}^{(l-1)\top}\boldsymbol{o}^{(l-1)}\right\|^2 \\ &= \left\|(\boldsymbol{I}-\eta\left\|\boldsymbol{o}^{(l-1)}\right\|^2\boldsymbol{M}^{(l)})\boldsymbol{\delta}^{(L)}\right\|^2\end{aligned} \tag{6.50}$$

其中，使用了$\left\|\boldsymbol{o}^{(l-1)}\right\|^2 = \boldsymbol{o}^{(l-1)\top}\boldsymbol{o}^{(l-1)}$，以及来自式（6.38）的如下等式：

$$\boldsymbol{M}^{(l)} = \boldsymbol{\Lambda}^{(L)}\boldsymbol{W}^{(L)}\cdots\boldsymbol{W}^{(l+1)}\boldsymbol{\Lambda}^{(l)}\boldsymbol{\Lambda}^{(l)}\boldsymbol{W}^{(l+1)\top}\cdots\boldsymbol{W}^{(L)\top}\boldsymbol{\Lambda}^{(L)}$$

现在可以容易看出，对所有的$\boldsymbol{x}\in\mathbb{R}^{d^{(L)}}$，有

$$\boldsymbol{x}^\top\boldsymbol{M}^{(l)}\boldsymbol{x} = \left\|\boldsymbol{\Lambda}^{(l)}\boldsymbol{W}^{(l+1)\top}\cdots\boldsymbol{W}^{(L)\top}\boldsymbol{\Lambda}^{(L)}\boldsymbol{x}\right\|^2 \geqslant 0 \tag{6.51}$$

所以矩阵$\boldsymbol{M}^{(l)}$是半正定的，也就是说，它的特征值是非负的。此外，还有

$$\left\|(\boldsymbol{I}-\eta\left\|\boldsymbol{o}^{(l-1)}\right\|^2\boldsymbol{M}^{(l)})\boldsymbol{\delta}^{(L)}\right\|^2 \leqslant \lambda_{\max}^2(\boldsymbol{I}-\eta\left\|\boldsymbol{o}^{(l-1)}\right\|^2\boldsymbol{M}^{(l)})\times\left\|\boldsymbol{\delta}^{(L)}\right\|^2 \tag{6.52}$$

其中，$\lambda_{\max}(\boldsymbol{A})$表示$\boldsymbol{A}$的最大特征值（largest eigenvalue）。此外，还有

$$\lambda_{\max}^2(\boldsymbol{I}-\eta\left\|\boldsymbol{o}^{(l-1)}\right\|^2\boldsymbol{M}^{(l)}) = (1-\eta\left\|\boldsymbol{o}^{(l-1)}\right\|^2\lambda_{\max}(\boldsymbol{M}^{(l)}))^2$$

因此，如果最大特征值满足

$$0\leqslant\lambda_{\max}(\boldsymbol{M}^{(l)})\leqslant\frac{2}{\eta\left\|\boldsymbol{o}^{(l-1)}\right\|^2} \tag{6.53}$$

那么可以证明

$$\hat{l}(\boldsymbol{y},\boldsymbol{o}^{(L)}) \leqslant \left\|\boldsymbol{\delta}^{(l)}\right\|^2 = l(\boldsymbol{y},\boldsymbol{o}^{(L)})$$

也就是说，代价函数值随扰动而减小。

需要强调的是，这种强收敛（strong convergence）结果是由于式（6.47）中的 ReLU 激活函数具有其他激活函数所不具备的独特性质，这可能是 ReLU 激活函数在现代深度学习中取得成功的一个原因。话虽如此，但还应注意，因为该论点仅适用于足够小的步长η，所以扰动后 ReLU 激活函数的激活模式（activation pattern）不会发生改变。事实上，这可能是在优化算法中需要选择一个合适步长的另一个原因。

6.4.4 局部变分公式

另一种理解反向传播算法的方式是通过代价函数的传播。如图 6.8 所示，在输入和误差分别向前和向后传播后，第l层权重更新的优化问题如下所示：

$$\min_{\boldsymbol{W}}\left\|-\boldsymbol{\delta}^{(l)}-\boldsymbol{W}\boldsymbol{o}^{(l-1)}\right\|^2 \tag{6.54}$$

注意，$\boldsymbol{\delta}^{(l)}$ 前面有一个负号，其灵感来源于式（6.50）中的全局对应项。经过检验，可以容易地看出式（6.54）的最优解由下式给出：

$$\boldsymbol{W}^{*}=-\frac{1}{\left\|\boldsymbol{o}^{(l-1)}\right\|^{2}}\boldsymbol{\delta}^{(l)}\boldsymbol{o}^{(l-1)\top} \tag{6.55}$$

因为式（6.55）在式（6.54）中使得代价函数为零，所以权重更新的最佳搜索方向为

$$\Delta\boldsymbol{W}^{(l)}=-\eta\boldsymbol{\delta}^{(l)}\boldsymbol{o}^{(l-1)\top} \tag{6.56}$$

这等价于式（6.49）。这里要传达的信息是，只要能够获得反向传播误差和前向传播输入，就能得到一个局部变分公式，它可以用任何方法求解。

6.5 习　题

1．推导满足以下微分方程的激活函数 $\sigma(x)$的一般形式：

$$\frac{\sigma(x)}{x}=\frac{\partial\sigma(x)}{\partial x}$$

2．证明式（6.21）等价于式（6.20）。

3．回想一下，当 $l=1,\cdots,L$ 时，L 层前馈神经网络可以递归地表示为

$$\boldsymbol{o}^{(l)}=\boldsymbol{\sigma}(\boldsymbol{g}^{(l)}),\quad \boldsymbol{g}^{(l)}=\boldsymbol{W}^{(l)}\boldsymbol{o}^{(l-1)}+\boldsymbol{b}^{(l)} \tag{6.57}$$

当训练数据大小为 1 时，权重更新由

$$\Delta\boldsymbol{W}^{(l)}=-\gamma\boldsymbol{\delta}^{(l)}\boldsymbol{o}^{(l-1)\top} \tag{6.58}$$

其中，$\gamma>0$是步长，且

$$\boldsymbol{\delta}^{(l)}:=\frac{\partial l(\boldsymbol{y},\boldsymbol{o}^{(L)})}{\partial\boldsymbol{g}^{(l)}} \tag{6.59}$$

（1）推导类似于式（6.58）的偏置项更新方程，即 $\Delta\boldsymbol{b}^{(l)}$；

（2）假设权重矩阵$\boldsymbol{W}^{(l)}$（$l=1,\cdots,L$）是对角矩阵。绘制与图 6.8 类似的网络连接架构。假设偏置为零，推导权重矩阵的对角项的反向传播算法。必须采用链式法则推导。

4. 令两层 ReLU 神经网络 $\boldsymbol{f}_{\boldsymbol{\Theta}}$ 中的每一层在$\mathbb{R}^2$都有输入和输出，即 $\boldsymbol{f}_{\boldsymbol{\Theta}}:\boldsymbol{x}\in\mathbb{R}^2\mapsto\boldsymbol{f}_{\boldsymbol{\Theta}}(\boldsymbol{x})\in\mathbb{R}^2$，假设网络参数$\boldsymbol{\Theta}$由权重和偏置组成：

$$\boldsymbol{\Theta}=\{\boldsymbol{W}^{(1)},\boldsymbol{W}^{(2)},\boldsymbol{b}^{(1)},\boldsymbol{b}^{(2)}\} \tag{6.60}$$

其初始化如下：

$$\boldsymbol{W}^{(1)}=\boldsymbol{W}^{(2)}=\begin{bmatrix}1&-1\\0&1\end{bmatrix},\quad \boldsymbol{b}^{(1)}=\boldsymbol{b}^{(2)}=\begin{bmatrix}1\\0\end{bmatrix} \tag{6.61}$$

那么，对给定的 l_2 损失函数

$$l(\boldsymbol{\Theta})=\frac{1}{2}\left\|\boldsymbol{y}-\boldsymbol{f}(\boldsymbol{x})\right\|^{2} \tag{6.62}$$

及一个训练数据

$$\boldsymbol{x}=[1,-1]^{\top},\quad \boldsymbol{y}=[1,0]^{\top} \tag{6.63}$$

计算反向传播算法前两次迭代时的权重和偏置更新。建议使用单位步长，即 $\gamma=1$。

5．现在希望对式（6.54）进行扩展，以便应用于由 N 个样本组成的训练数据。

（1）证明对局部变分公式以下等式成立：

$$\min_{\boldsymbol{W}}\sum_{n=1}^{N}\left\|-\boldsymbol{\delta}_n^{(l)}-\boldsymbol{W}\boldsymbol{o}_n^{(l-1)}\right\|^2=\min_{\boldsymbol{W}}\left\|-\boldsymbol{\Delta}^{(l)}-\boldsymbol{W}\boldsymbol{O}_n^{(l-1)}\right\|_F^2 \tag{6.64}$$

其中，$\|\cdot\|_F$ 表示 Frobenious 范数，且

$$\boldsymbol{\Delta}^{(l)}=[\boldsymbol{\delta}_1^{(l)}\cdots\boldsymbol{\delta}_N^{(l)}],\quad \boldsymbol{O}^{(l-1)}=[\boldsymbol{o}_1^{(l-1)}\cdots\boldsymbol{o}_N^{(l-1)}]$$

（2）证明存在一个步长 $\gamma>0$，使得如下权重扰动降低了式（6.64）中的代价函数值：

$$\boldsymbol{\Delta W}^{(l)}=-\gamma\sum_{n=1}^{N}\boldsymbol{\delta}_n^{(l)}\boldsymbol{o}_n^{(l-1)\top}$$

6．假设激活函数采用的是 sigmoid 函数。请推导 L 层前馈神经网络的反向传播算法。与使用 ReLU 激活函数的网络相比，反向传播算法的主要区别是什么？这是优势还是劣势？从变分的角度回答这个问题。

7．现在我们有兴趣将式（6.6）中的模型扩展到卷积神经网络模型

$$o_i^{(l)}=\sigma\left(\sum_{j=1}^{d^{(l)}}h_{i-j}^{(l)}o_j^{(l-1)}+b_i^{(l)}\right) \tag{6.65}$$

其中，$i=1,\cdots,d^{(l)}$，$h_i^{(l)}$ 是滤波器 $\boldsymbol{h}^{(l)}=[h_1^{(l)},\cdots,h_p^{(l)}]^{\top}$ 的第 i 个元素。

（1）如果想用矩阵的形式表示如下卷积神经网络：

$$\boldsymbol{o}^{(l)}=\boldsymbol{\sigma}(\boldsymbol{W}^{(l)}\boldsymbol{o}^{(l-1)}+\boldsymbol{b}^{(l)}) \tag{6.66}$$

那么相应的权重矩阵 $\boldsymbol{W}^{(l)}$ 是什么？请根据 $\boldsymbol{h}^{(l)}$ 中的元素显性地表示 $\boldsymbol{W}^{(l)}$ 的结构。

（2）推导滤波器更新 $\Delta\boldsymbol{h}^{(l)}$ 的反向传播算法。

第 7 章 卷积神经网络

7.1 引　　言

卷积神经网络（Convolutional Neural Network，CNN 或 ConvNet）是一种深度神经网络，广泛应用于分析和处理图像。多层感知器（Multilayer Perceptron，MLP）通常要求是全连接的网络，即每一层的各个神经元都与下一层的所有神经元连接。不幸的是，这种连接方式不可避免地增加了权重数量。在卷积神经网络中，使用源自卷积的平移不变特性的共享权重架构，可以显著减少权重的数量。

Yann LeCun 首先提出了用于手写邮政编码识别的卷积神经网络[21]，其灵感来自 Hubel 和 Wiesel 对猫初级视皮质的著名实验[20]。Hubel 和 Wiesel 发现，猫的初级视皮质中的简单细胞在其相对较小的感受野中，对特定的方向、位置和相位的边缘刺激反应最好。Yann LeCun 意识到具有相同感受野的外侧膝状体核细胞的聚集类似于卷积运算，这促使他构建了一个由卷积、非线性、图像子采样（image subsampling）级联应用的神经网络，后面紧接的是全连接层，以便确定特征空间中用于分类任务的线性超平面。由此产生的网络架构称为 LeNet[21]，如图 7.1 所示。

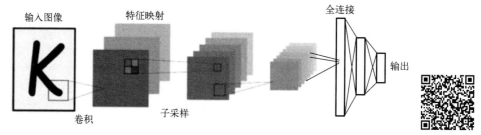

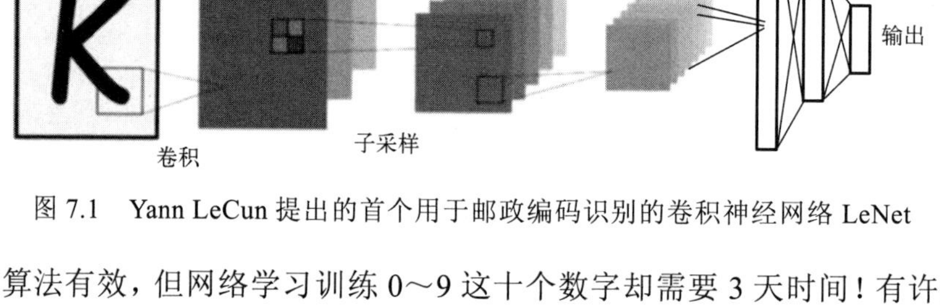

图 7.1　Yann LeCun 提出的首个用于邮政编码识别的卷积神经网络 LeNet

虽然该算法有效，但网络学习训练 0～9 这十个数字却需要 3 天时间！有许多因素导致算法训练速度缓慢，其中包括梯度消失问题（vanishing gradient problem），这将在后面讨论。由于人工神经网络的计算代价高昂及缺乏对其工作机制的理解，因此在 20 世纪 90 年代和 21 世纪初期人们普遍采用的是更加简单的基于特定任务的手工特征的模型，如 SVM 或者核机器[11]。事实上，许多当代科学家一直质疑的是在人工神经网络方面缺乏可解释性，其中包括著名的 SVM 发明者 Vladmir Vapnik。Vapnik 在其经典著作 *The Nature of Statistical Learning Theory* 的序言[10]中表达了他的担忧，他说：“在人工智能（Artificial Intelligence，

AI）研究人员中，强硬派有着相当大的影响力（正是他们宣称复杂的理论是没有用的，有用的是简单的算法）。”

具有讽刺意味的是，正是 SVM 和核机器的出现，导致了神经网络的研究长期处于低迷期，通常称之为“人工智能的寒冬”（AI winter）。在人工智能寒冬时期，神经网络研究人员在很大程度上被认为是伪科学家，甚至难以获得研究资金。尽管在人工智能寒冬时期也有几篇关于神经网络的文章在著名出版物上发表，但卷积神经网络研究的复兴不得不等到在 ImageNet 大规模视觉识别挑战赛（ILSVRC）[7]上一系列深度神经网络取得了突破，才达到公众普遍接受的水平。

下面将简要概述现代卷积神经网络研究的历史，这些研究为神经网络研究的复兴做出了贡献。

7.2 现代卷积神经网络发展简史

7.2.1 AlexNet

ImageNet 是一个大型的视觉数据库，专门用于视觉目标识别软件的研究[8]。ImageNet 数据库包含 20000 多种类别，每种类别都有数百幅图像。自 2010 年以来，ImageNet 项目每年都会举办一次名为 ImageNet 大规模视觉识别挑战赛的软件竞赛，在比赛中参赛者通过编写软件程序对目标和场景进行正确的分类和检测。2011 年前后，基于经典机器学习的方法在 ImageNet 大规模视觉识别挑战赛中的分类错误率（classification error rate）大约为 27%。

在 2012 年的 ImageNet 大规模视觉识别挑战赛中，Krizhevsky 等人[9]提出了一种卷积神经网络架构，现在称之为 AlexNet，如图 7.2 所示。AlexNet 由 5 个卷积层和 3 个全连接层组成。事实上，除激活函数选择了新的非线性函数即 ReLU 函数外，AlexNet 的基本组成与 Yann LeCun[21]提出的 LeNet 几乎一样。AlexNet 的 Top-5 错误率（在前五个预测结果中没有包含给定图像真实标签的比率）为 16.4%，在该届挑战赛中获得次优结果的是基于经典的核机器方法，其 Top-5 错误率为 26.2%，远远落后于 AlexNet 的结果。

事实上，AlexNet 的胜利标志着数据科学（data science）“新时代”的到来，据谷歌学术（Google Scholar）统计，截至 2021 年 1 月，这项工作的引用次数超过了 75000 次。随着 AlexNet 的出现，学术研究的世界已经不再是原来的样子。从那以后，ImageNet 大规模视觉识别挑战赛的所有获胜者都采用了深度神经网络，并且如今卷积神经网络在 ImageNet 分类方面已经超越了人类观察者。下面将介绍几种在深度学习研究中做出重大贡献的卷积神经网络架构。

7.2.2 GoogLeNet

GoogLeNet[30]是 2014 年 ImageNet 大规模视觉识别挑战赛的获胜者，出自 Google 公司。为什么要命名为“GoogLeNet”？这是因为“GoogLeNet”的研究人员试图通过包含“LeNet”一词来向 Yann LeCun 提出的 LeNet[21]致敬。

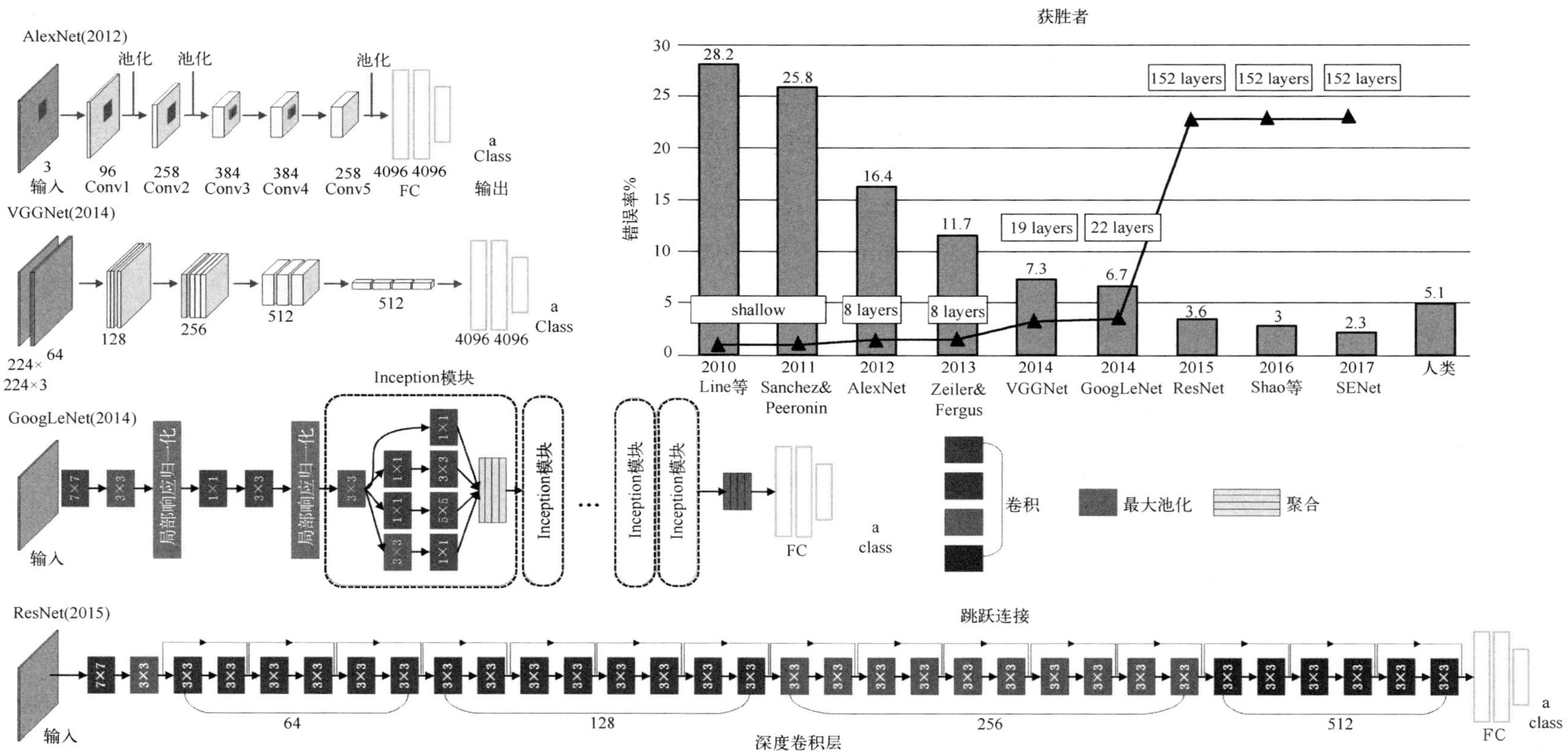

图 7.2　ImageNet 大规模视觉识别挑战赛和卷积神经网络赢家彻底改变了人工智能的格局

如图 7.3 所示，GoogLeNet 的网络架构与 AlexNet 有很大不同，GoogLeNet 采用了 inception 模块（inception module）[30]。具体来说，在每个 inception 模块中，对相同的输入和堆叠所有输出都存在着不同大小或类型的卷积核。这个想法的提出受到了 2010 年由 Leonardo DiCaprio 担任主角的著名科幻电影 *Inception*（《盗梦空间》）的启发。在这部电影中，导演 Christoper Nolan 想要探索“人们共享一个梦境空间的想法……这让你能够进入某人的潜意识。”GoogLeNet 从该电影中借用的关键概念是“梦中之梦”（dream within a dream）策略，这也造就“网络中之网络”（network within a network）策略的诞生，从而提高了网络的整体性能。

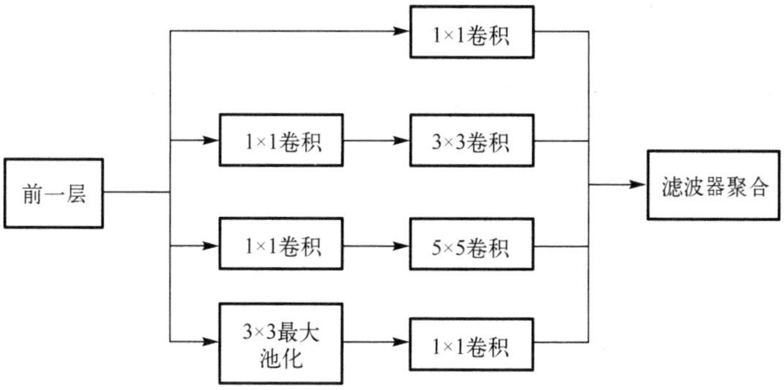

图 7.3　GoogLeNet 中的 Inception 模块

7.2.3　VGGNet

VGGNet[31]是由牛津大学的视觉几何组（Visual Geometry Group，VGG）在 2014 年举办的 ImageNet 大规模视觉识别挑战赛中提出的。虽然 VGGNet 不是冠军得主（GoogLeNet 拔得头筹，VGGNet 屈居第二），但是 VGGNet 由于其网络模块化和结构简单，在机器学习领域产生了深远的影响，并且与 AlexNet 相比，其性能有了显著提升[9]。事实上，预训练的 VGGNet 模型能够捕获许多重要的图像特征，因此仍然被广泛用于各类任务中，如感知损失（perceptual loss）[32]等。稍后将使用 VGGNet 对卷积神经网络进行可视化。

如图 7.2 所示，VGGNet 由多个卷积层、最大池化层（max pooling）、ReLU 激活函数及全连接层和 softmax 层组成。VGGNet 最重要的一个发现是通过使用多个 3×3 的卷积核来代替大型卷积核，实现了对 AlexNet 的改进。正如稍后将要展示的，对给定的感受野大小，通过较小尺寸的卷积核且与 ReLU 激活函数级联应用，使得到的神经网络比具有较大尺寸卷积核的神经网络有更强的表现力。这就是为什么 VGGNet 尽管结构简单，但相较于 AlexNet 性能却得到了显著提升。

7.2.4　ResNet

在 ImageNet 大规模视觉识别挑战赛的历史中，残差网络（Residual Network，ResNet）[33]被认为是另一部杰作，截至 2020 年 1 月，这项工作获得了超过 68000 次的引用记录。

由于深度神经网络的表示能力会随网络深度的增加而增强，因此增加网络深度一直是研究的热点。例如，2012 年 ImageNet 大规模视觉识别挑战赛中的 AlexNet[9]只有 5 个卷积层，而 2014 年出现的 VGGNet[31]和 GoogLeNet[30]分别有 19 层和 22 层。然而，人们很快意识到，更深的神经网络更难训练。这是因为存在梯度消失问题，也就是说，虽然梯度可以容易地反向传播到更靠近输出的网络层，但是很难反向传播到远离输出层的网络层，因为反复进行乘法运算可能会使梯度变得很小。如前面章节所述，由于网络的前向传播和反向传播是对称的，因此 ReLU 激活函数的非线性能够部分缓解该问题。但因为不利的优化地形（optimization landscape），深度神经网络仍然难以训练[34]，这个问题将在后面介绍。

如图 7.2 所示，在 ResNet 中存在旁路连接（或者跳跃连接（skip connection）），表示恒等映射（identity mapping）。跳跃连接的提出促进了梯度的反向传播。正是由于跳跃连接的存在，ResNet 可以训练多达数百层网络甚至数千层网络，从而显著提高了网络性能。最近的研究表明，跳跃连接也改善了前向传播能力，使网络表示更具表现力[35]。此外，由于跳跃连接消除了许多局部最小解[35, 36]，从而使其优化地形可以得到显著改善。

7.2.5 DenseNet

稠密卷积网络（Dense Convolutional Network，DenseNet）[37]将跳跃连接用到了极致，即每一层都存在来自所有先前层的跳跃连接以便获得额外的输入，如图 7.4 所示。

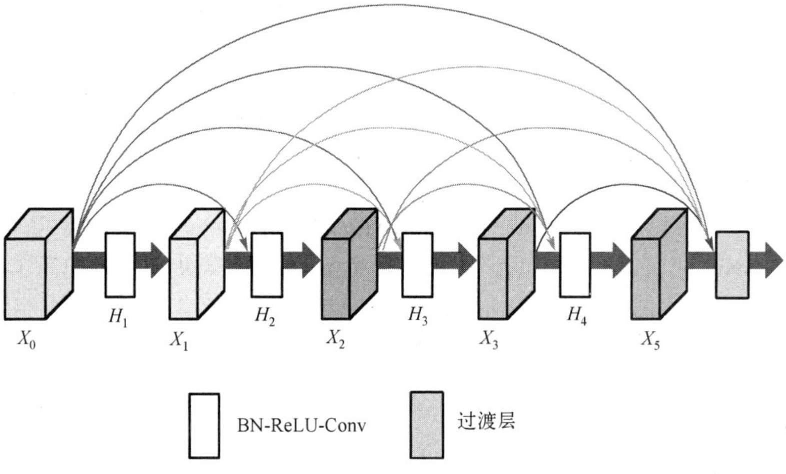

图 7.4 DenseNet 网络架构

由于每个网络层都会接收来自前面所有网络层的输入，因此网络的表示能力得到显著提高，这使得网络变得更加紧凑，从而减少了通道的数量。与 ResNet 相比，作者证明通过密集连接可以获得更少的参数和更高的精度[37]。

7.2.6 U-Net

与上述专门为 ImageNet 数据库分类任务设计的网络不同，图 7.5 所示的 U-Net 网络架构[38]最初用于生物医学图像分割，并广泛应用于反问题（inverse problem）[39, 40]。

U-Net 的一个独特之处在于它是对称的编码器-解码器架构（encoder-decoder architecture）。

编码器部分由 3×3 卷积核、批量归一化（batch normalization）[41]和 ReLU 激活函数组成。解码器部分使用上采样（upsampling）和 3×3 卷积核。同时，还有最大池化层和跳跃连接来实现通道聚合。

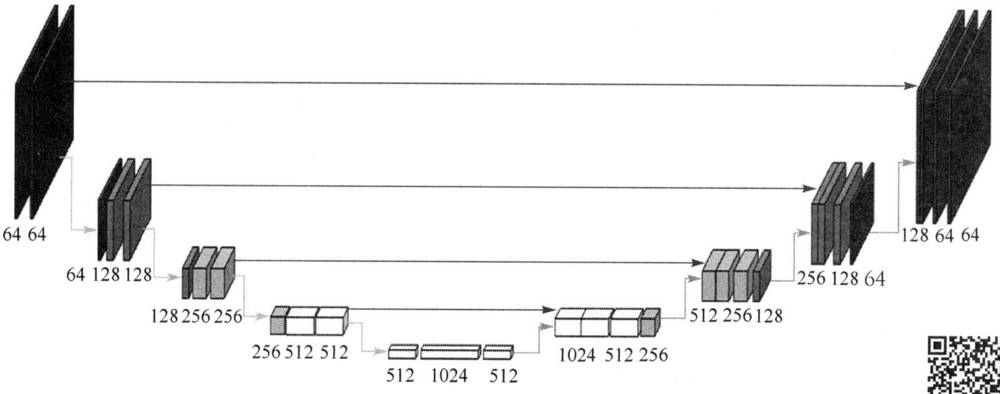

图 7.5　U-Net 网络架构

U-Net 的多尺度网络架构显著增加了感受野，这可能是 U-Net 在图像分割、反问题等方面取得成功的主要原因，这类问题需要来自所有图像的全局信息来更新局部图像信息。这个问题将在后面讨论。同时，跳跃连接对保留输入信号的高频内容信息很重要。

U-Net 的对称性和多尺度架构不仅为信号处理领域的许多发现带来了启发[42]，而且为理解深度神经网络的几何学提供了重要的见解。

7.3　卷积神经网络的基础构件

虽然前面提到的卷积神经网络架构看起来有些复杂，但我们仔细观察就会发现，它们只不过是简单构件（building block）的级联组合，如卷积、池化/反池化（unpooling）、ReLU 激活函数等，这些模块组件甚至被视为信号处理中的基础或“原始”工具。事实上，通过基础工具的组合来获得卓越的性能，是深度神经网络的奥秘之一，这将在后面进行广泛讨论。本节还详细解释了卷积神经网络中的基础构件。

7.3.1　卷积

卷积（convolution）运算源于线性时不变系统（Linear Time Invariant，LTI）或线性空间不变系统（Linear Spatially Invariant，LSI）的基本特性。具体地说，对给定的线性空间不变系统，$\boldsymbol{h}$ 表示冲激响应，那么相对于输入图像 $\boldsymbol{x}$ 的输出图像 $\boldsymbol{y}$ 可以通过下式计算：

$$\boldsymbol{y} = \boldsymbol{h} * \boldsymbol{x} \tag{7.1}$$

其中，$*$表示卷积运算。例如，二维图像的 3×3 卷积可以逐元素（element by element）表示为

$$y[m,n] = \sum_{p,q=-1}^{1} h[p,q]x[m-p,n-q] \tag{7.2}$$

其中，$y[m,n]$、$h[m,n]$和 $x[m,n]$分别表示矩阵 $\boldsymbol{Y}$、$\boldsymbol{H}$ 和 $\boldsymbol{X}$ 中的(m,n)元素。此类卷积计算的一个示例如图 7.6 所示，其中滤波器已经进行了翻转操作以方便可视化。

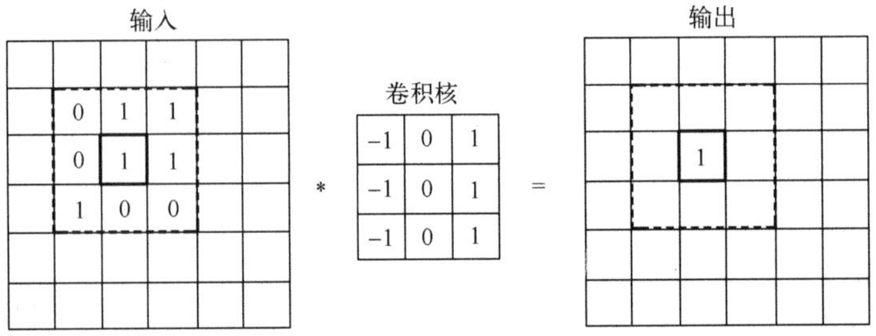

图 7.6　一个 3×3 滤波器卷积的示例

注意，卷积神经网络中使用的卷积运算比式（7.1）和图 7.6 中的简单卷积运算更加丰富。例如，1 个 3 通道输入信号可以产生如图 7.7（a）所示的单通道输出信号，通常称之为多输入-单输出卷积（Multi-input Single-output Convolution，MISO）。在图 7.7（b）所示的示例中，6 个 5×5 卷积核使 3 通道输入信号生成 6 通道输出信号，再通过 10 个 5×5 卷积核生成 10 通道输出信号，通常称之为多输入-多输出卷积（Multi-input Multi-output Convolution，MIMO）。在图 7.7（c）中，通过 1×1 卷积核使 3 通道输入信号生成单通道输出信号。

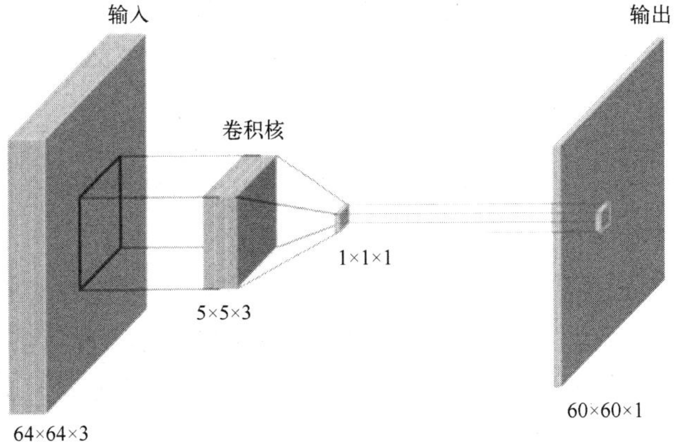

（a）多输入-单输出卷积

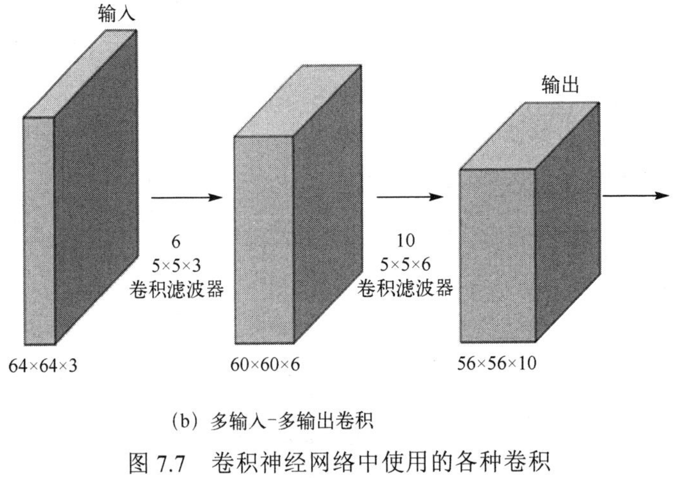

（b）多输入-多输出卷积

图 7.7　卷积神经网络中使用的各种卷积

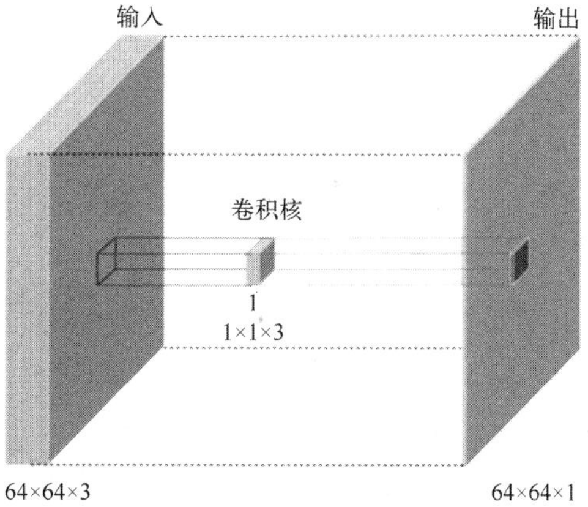

（c）1×1卷积

图 7.7　卷积神经网络中使用的各种卷积（续）

所有这些看似不同的卷积运算都可以写成广义的多输入-多输出卷积形式：

$$\boldsymbol{y}_i = \sum_{j=1}^{c_{\text{in}}} \boldsymbol{h}_{i,j} * \boldsymbol{x}_j \ , \quad i = 1,\cdots,c_{\text{out}} \tag{7.3}$$

其中，c_{in}, c_{out} 分别表示输入通道和输出通道的数量；$\boldsymbol{x}_j$, $\boldsymbol{y}_i$ 分别表示第 j 个输入通道和第 i 个输出通道的图像；$\boldsymbol{h}_{i,j}$ 是卷积核，通过与第 j 个输入通道的图像进行卷积，得到第 i 个输出通道图像。

对采用1×1的卷积情况，此时卷积核变为

$$\boldsymbol{h}_{i,j} = w_{ij}\delta[0,0]$$

因此式（7.3）变成输入通道图像的加权和，如下所示：

$$\boldsymbol{y}_i = \sum_{j=1}^{c_{\text{in}}} w_{ij}\boldsymbol{x}_j, \quad i = 1,\cdots,c_{\text{out}} \tag{7.4}$$

7.3.2　池化与反池化

为了减少网络中的参数数量和计算量，池化层（pooling layer）经常被用来逐步减小表示空间的大小。池化层在每个特征映射（feature map）上独立计算。池化中的常用方法是最大池化（max pooling）和平均池化（average pooling），如图 7.8（b）所示。在这种情况下，池化层将始终把每个特征映射的尺寸减少 2 倍。例如，图 7.8（b）中的最大（平均）池化层应用于 16×16 的输入图像，便会产生 8×8 的输出池化特征映射。

反池化（unpooling）是一种图像上采样（image upsampling）操作。例如，针对最大池化的狭义上的反池化操作中，我们可以在原始位置复制最大池化的信号，如图 7.9（a）所示；或者可以执行转置操作，将所有池化的信号复制到放大区域，如图 7.9（b）所示，通常称之为反卷积（deconvoltion）。无论定义如何，反池化都会尝试放大下采样图像。

一般认为，池化层对在分类任务中施加空间不变性（spatial invariance）是必要的[43]。这种说法的主要依据是输入图像中特征位置的微小移动将导致卷积操作后产生不同的特征映射，因而空间不变的目标分类可能会很困难。因此，通过施加平移不变性，将输入信号下采样到没有细节的较低分辨率版本可能对分类任务有帮助。

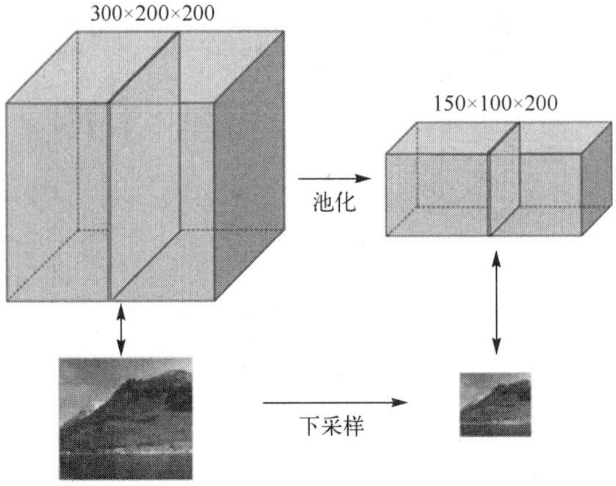

(a) 池化和反池化

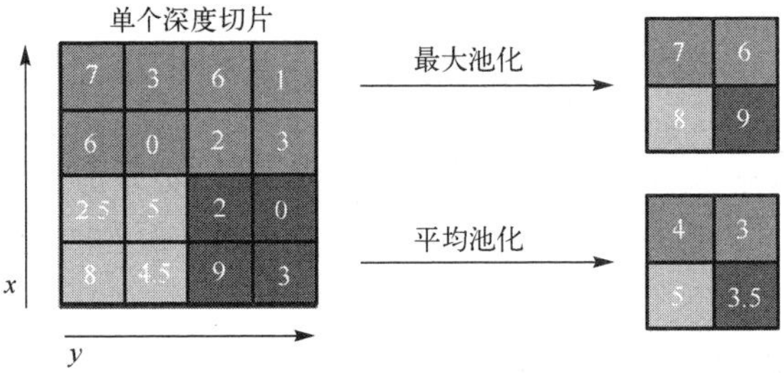

(b) 最大池化和平均池化

图 7.8　池化操作示例

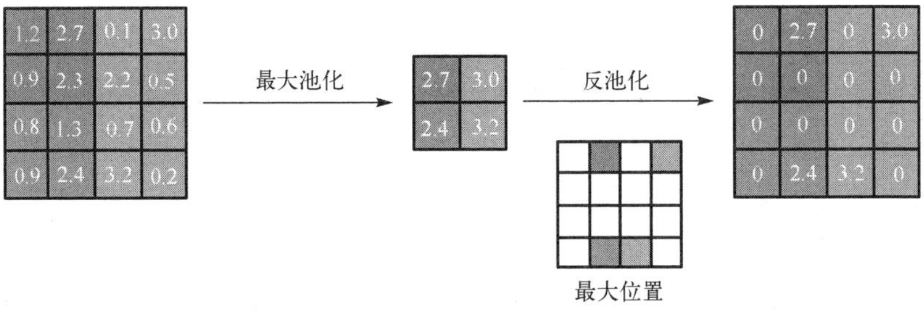

(a) 复制到原始位置（反池化）

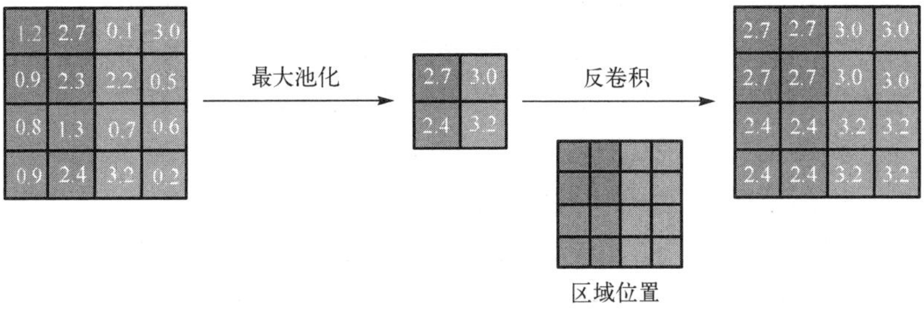

(b) 复制到所有邻域（反卷积）

图 7.9　反池化的两种方法

然而，这些经典观点受到了诸多质疑，其中甚至还包括“深度学习之父”Geoffrey Hinton。在 Reddit 的“问我什么”栏目中，Geoffrey Hinton 说：“卷积神经网络中使用的池化操作是一个巨大的错误，它如此有效的事实是一场灾难。如果池化不重叠，池化将丢失有关目标位置的宝贵信息。我们需要这些信息来检测目标中各部分之间的精确关系”。

尽管 Geoffrey Hinton 发表了富有争议的评论，但不可否认的是，池化层的优势来自感受野的增大。例如，在图 7.10 中，我们比较了有效感受野大小，它们分别决定了输入图像影响单分辨率网络和 U-Net 输出图像上特定点的区域。不难看出，在没有池化的情况下，感受野的大小呈线性增加；但在池化层的帮助下，感受野的大小可以呈指数增长。在许多计算机视觉任务中，较大的感受野有助于获得更好的性能。因此，在这些应用领域中，池化和反池化非常有效。

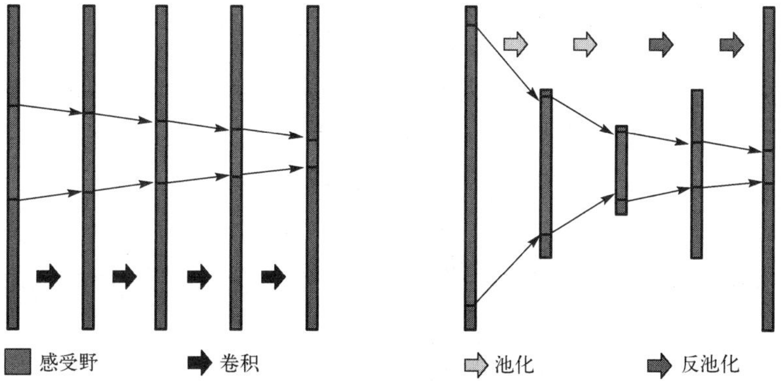

(a) 没有池化层　　(b) 有池化层

图 7.10　神经网络的感受野

在继续下一个主题之前，抛出一个问题：是否存在这样一种池化操作，它不会丢失任何信息，但能够以指数方式增加感受野的大小？如果有，那么它确实解决了 Geoffrey Hinton 的担忧。幸运的是，回答是肯定的，因为已经在深度神经网络的几何理解这一领域取得了重要进展[40, 42]。我们还会在后面介绍数学原理时讨论这个问题。

7.3.3　跳跃连接

另一个由 ResNet[33]和 U-Net[38]开创的重要构件是跳跃连接。如图 7.11 所示，内部块（internal block）输出的特征映射为

$$\boldsymbol{y} = F(\boldsymbol{x}) + \boldsymbol{x}$$

其中，$F(\boldsymbol{x})$是卷积神经网络中标准层相对于输入 $\boldsymbol{x}$ 的输出，输出时的附加项 $\boldsymbol{x}$ 直接来自输入。

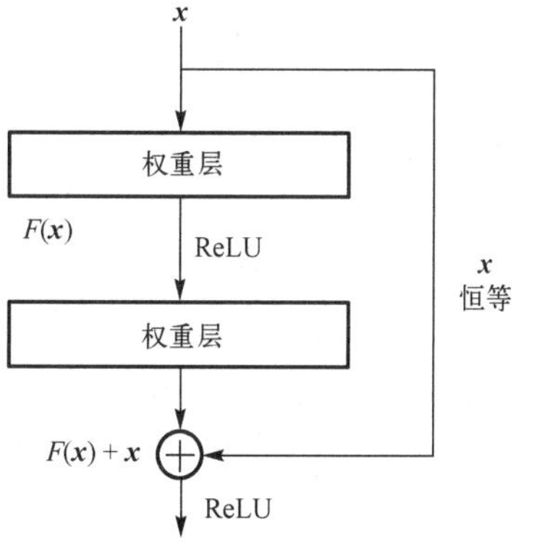

图 7.11　ResNet 中的跳跃连接

由于跳跃分支的存在，ResNet[33]可以轻松地逼近恒等映射，而利用标准卷积神经网络块（standard CNN block）却很难做到这一点。稍后将展示跳跃连接的额外优势在于它能够消除局部最小解，从而使网络训练变得更加稳定[35, 36]。

7.4 训练卷积神经网络

7.4.1 损失函数

当选定了卷积神经网络架构后，就需要估计卷积核参数。这通常是在训练阶段通过最小化损失函数实现的。具体来说，给定输入数据 $\boldsymbol{x}$ 及其标签 $\boldsymbol{y}\in\mathbb{R}^m$，平均损失函数定义为

$$c(\boldsymbol{\Theta}) := E[l(\boldsymbol{y}, \boldsymbol{f}_{\boldsymbol{\Theta}}(\boldsymbol{x}))] \tag{7.5}$$

其中，$E[\cdot]$表示平均值，$l(\cdot)$是损失函数，$\boldsymbol{f}_{\boldsymbol{\Theta}}(\boldsymbol{x})$是一个输入为 $\boldsymbol{x}$ 的卷积神经网络，并且被滤波器核参数集 $\boldsymbol{\Theta}$ 参数化。在式（7.5）中，平均值通常是根据经验从训练数据中获取的。

对使用卷积神经网络实现多分类问题，使用最为广泛的损失函数之一是 softmax 损失[44]。这是对前面介绍的二元逻辑回归分类器的多类扩展。softmax 分类器生成归一化的分类概率，同时也具有概率解释。具体来说，我们采用如下 softmax 变换：

$$\hat{\boldsymbol{p}}(\boldsymbol{\Theta}) = \frac{\mathbf{exp}(\boldsymbol{f}_{\boldsymbol{\Theta}}(\boldsymbol{x}))}{\mathbf{1}^{\top}\mathbf{exp}(\boldsymbol{f}_{\boldsymbol{\Theta}}(\boldsymbol{x}))} \tag{7.6}$$

其中，$\mathbf{exp}(\boldsymbol{f}_{\boldsymbol{\Theta}}(\boldsymbol{x}))$ 表示对逐个元素进行指数运算。那么采用 softmax 损失，平均损失计算如下：

$$c(\boldsymbol{\Theta}) = -E\left[\sum_{i=1}^{m} y_i \log \hat{p}_i(\boldsymbol{\Theta})\right] \tag{7.7}$$

其中，y_i 和 $\hat{p}_i$ 分别表示 $\boldsymbol{y}$ 和 $\hat{\boldsymbol{p}}$ 的第 i 个元素。如果类标签 $\boldsymbol{y}\in\mathbb{R}^m$ 被归一化为具有概率意义，即 $\mathbf{1}^{\top}\boldsymbol{y}=1$，那么式（7.7）的确就是目标类分布和估计类分布之间的交叉熵（cross entropy）。

对使用卷积神经网络实现回归任务的问题（通常用于图像处理任务，如去噪），损失函数通常定义为范数形式，即

$$c(\boldsymbol{\Theta}) = E\left\|\boldsymbol{y} - \boldsymbol{f}_{\boldsymbol{\Theta}}(\boldsymbol{x})\right\|_p^p \tag{7.8}$$

其中，当 $p=1$ 时为 l_1 损失，$p=2$ 时为 l_2 损失。

7.4.2 数据划分

在训练卷积神经网络时，先将原始标签数据（labaled data）划分为 3 类，分别是训练集（training set）、验证集（validation set）和测试集（test set），如图 7.12 所示。训练数据也被分割成小批量（mini-batch），这样每个小批量都可以用于随机梯度计算。再使用训练集估计卷积神经网络中的卷积核参数，使用验证集监控训练中是否存在过拟合（overfitting）问题。

例如，图 7.13（a）所示为可以在训练期间使用验证数据监控过拟合问题的示例。如果出现这种类型的过拟合问题，应该采取几种方法来实现稳定的训练，如图 7.13（b）所示。这种策略将在下面讨论。

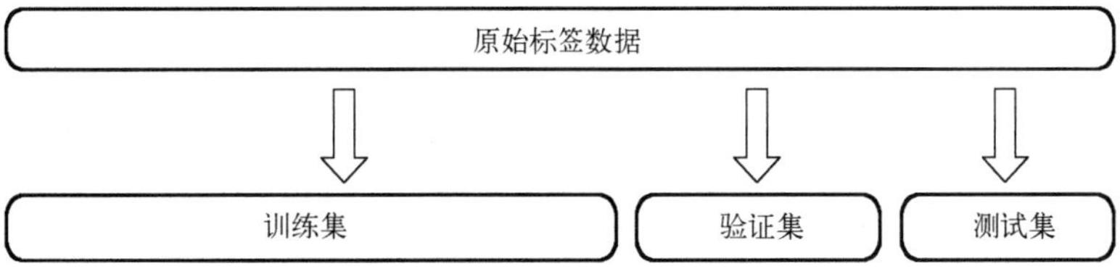

图 7.12　训练集、验证集和测试集

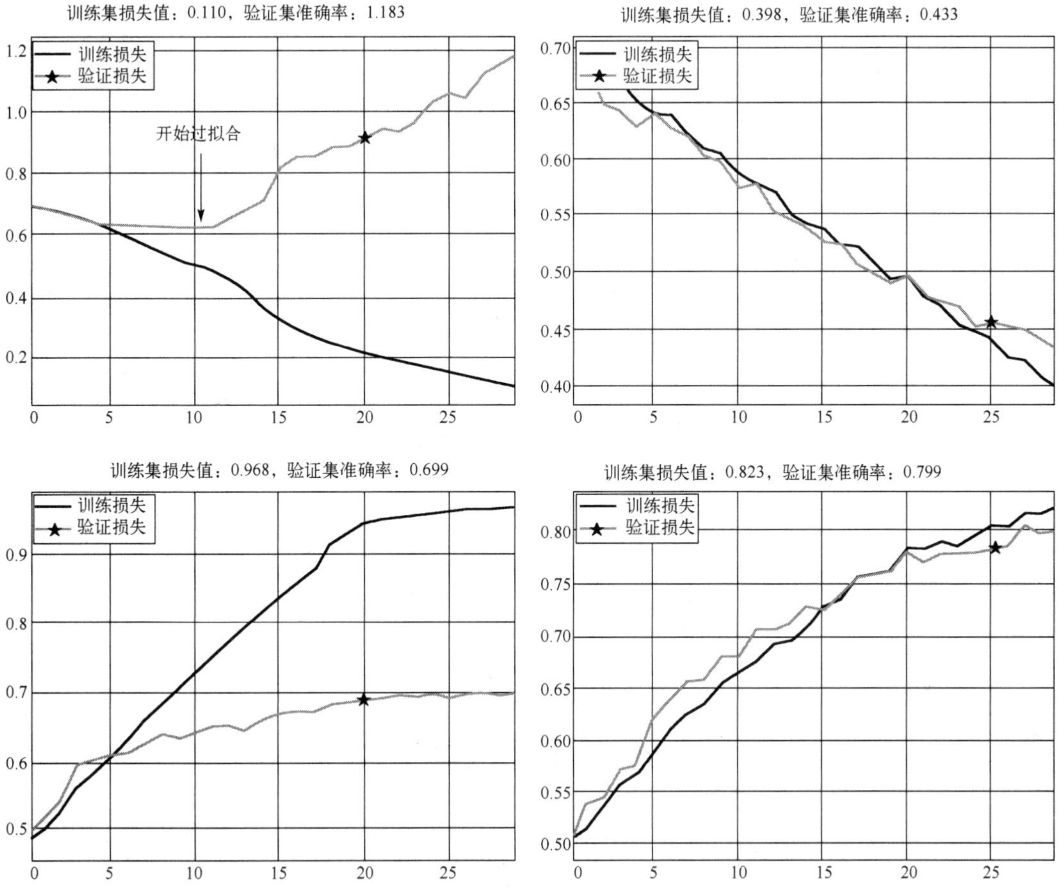

(a) 出现过拟合　　(b) 未发生过拟合

图 7.13　卷积神经网络训练动态

7.4.3　正则化

当我们观察到类似于图 7.13（a）的过拟合问题时，最简单的解决方案是增加训练集的数量。然而，在许多实际应用中，训练数据非常稀缺。在这种情况下，可以采用以下几种方法对卷积神经网络训练进行正则化。

1. 数据增强

可以使用数据增强（data augmentation）生成人工训练实例。这些是创建的新训练实例，例如，在原始图像上应用镜像、翻转、旋转等几何变换，使其不会更改标签信息。

2. 参数正则化

另一种缓解过拟合问题的方法是在原始损失函数中添加正则化项。例如，我们可以将式（7.5）中的损失函数替换为以下形式：

$$c_{\mathrm{reg}}(\boldsymbol{\Theta}) := E[l(\boldsymbol{y}, \boldsymbol{f}_{\boldsymbol{\Theta}}(x))] + R(\boldsymbol{\Theta}) \tag{7.9}$$

其中，$R(\boldsymbol{\Theta})$ 是一个正则化函数。回想一下，在核机器中也使用过类似技术。

3. 随机失活

另一种用于深度学习的独特正则化方法是随机失活（dropout）[45]。随机失活背后的想法相对简单：在训练期间，每次迭代时让一个神经元以概率 p 被暂时“丢弃”或禁用。这就意味着在当前迭代中，某些神经元的所有输入和输出都将被禁用。在每个训练步骤中，丢弃的神经元都会以概率 p 被重新采样，因此在一个步骤中丢弃的神经元可以在下一个步骤中重新被激活，如图 7.14 所示。随机失活能够防止过拟合的原因是在随机丢弃过程中，每一层的输入信号都会发生变化，从而产生额外的数据增强效果。

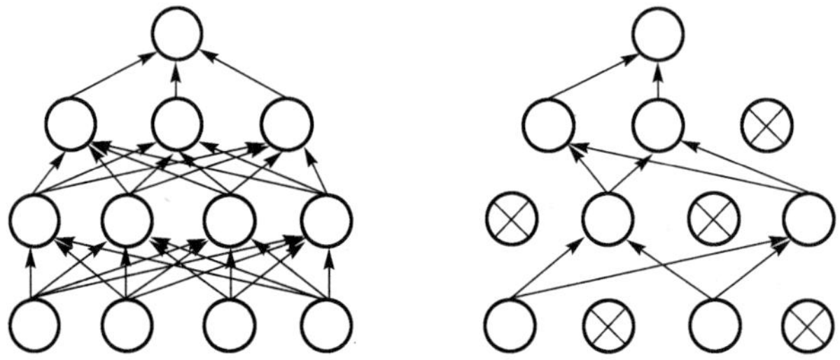

图 7.14　随机失活示例

7.5　卷积神经网络可视化

如前所述，在视觉信息处理过程中，大脑中会出现层次特征。一旦经过适当训练，在卷积神经网络中就可以观察到类似现象。特别是，VGGNet 提供了非常直观的信息，这些信息与大脑中的视觉信息处理密切相关。

例如，图 7.15 所示为在 VGGNet 的特定通道和特定层上，滤波器产生最大响应时的输入图像[31]。由于滤波器的大小都是 3×3，因此这里可视化的并不是滤波器本身，而是在特定通道和特定层滤波器中使滤波器处于最大激活状态时的输入图像。事实上，这与 Hubel 和 Wiesel 的实验相似，他们分析了让神经元处于最大激活状态时的输入图像。

图 7.15 显示，在前面的网络层中，输入信号的最大滤波器响应由方向性的边缘组成，这与 Hubel 和 Wiesel 的实验结果相似。随着不断深入网络内部，滤波器彼此连接建模，并且学习和编码更为复杂的模式。有趣的是，随着网络层深度的增加，使滤波器响应最大化的输入图像变得更加复杂。在其中一组滤波器中，我们可以看到不同方向的多个目标，因为图像中的特定位置并不重要，只要它显示的是滤波器被激活的某个位置即可。因此，滤波器尝试在滤波器中的多个位置对目标编码，以便识别多个位置的目标。

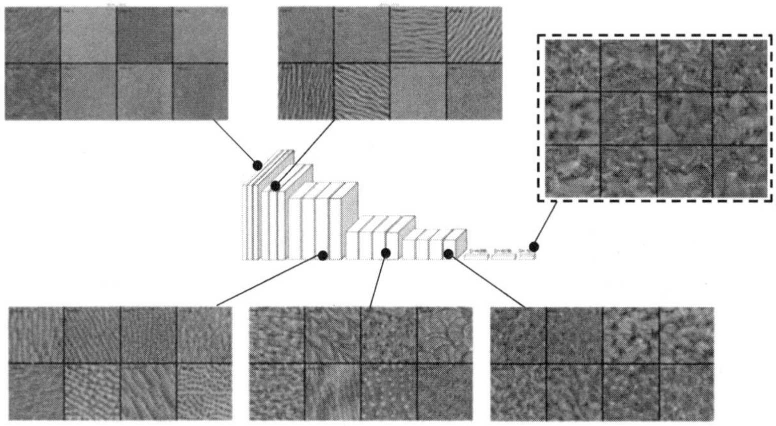

图 7.15　在 VGGNet 的特定通道和特定层上最大化滤波器响应的输入图像

另外，图 7.15 中的虚线框显示了在特定类别的最后一个 softmax 层上具有最大响应的输入图像。事实上，这对应于最大类别的输入图像的可视化。在特定类别中，一个目标会在图像中多次出现。从简单边缘到高层概念的层次特征的出现，与大脑中的视觉信息处理相似。

图 7.16 所示为与一幅猫图像相关的 VGGNet 不同层级上的特征映射。由于卷积层的输出是一个三维体（3D volume），因此只可视化其中的部分图像。从图 7.16 可以看出，特征映射从猫的类边缘特征（edge-like feature）发展到描述猫所在位置的低分辨率信息。在后面的层级中，特征映射将与猫所在位置的概率图配合使用。

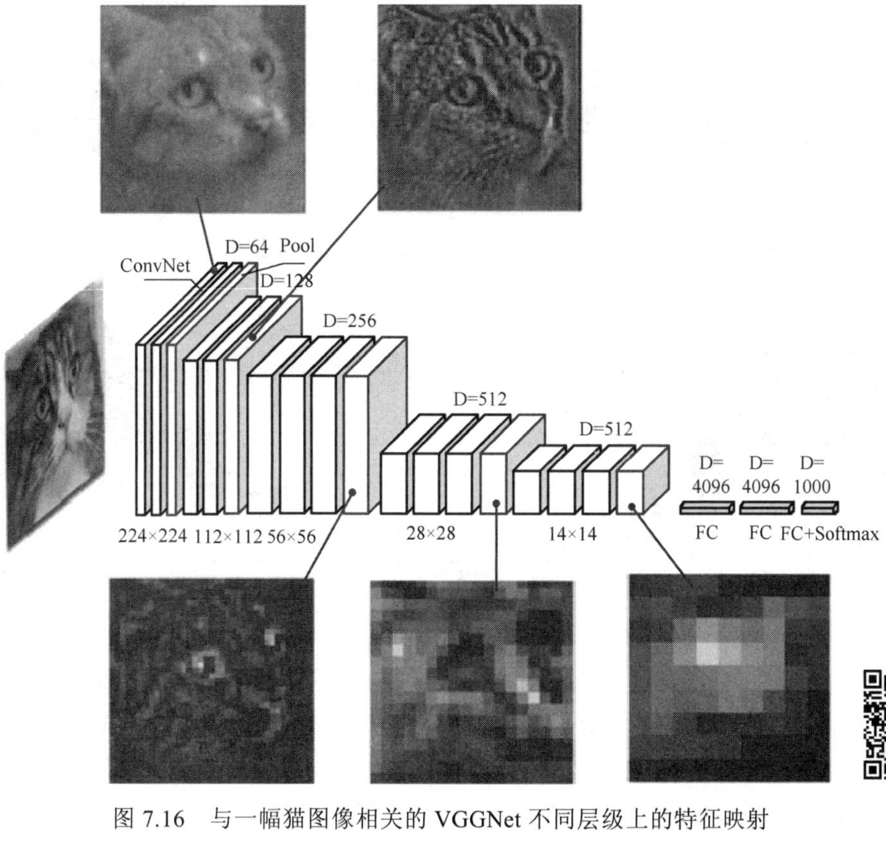

图 7.16　与一幅猫图像相关的 VGGNet 不同层级上的特征映射

7.6 卷积神经网络的应用

卷积神经网络是现代人工智能时代应用最广泛的一种神经网络架构。与大脑中的视觉信息处理相似，训练后的卷积神经网络滤波器能够有效捕获层次特征。这是卷积神经网络在许多图像分类问题、底层图像处理问题等方面取得成功的原因之一。

除在无人驾驶车辆、智能手机、商业电子产品等方面的商业应用外，卷积神经网络另一个重要的应用体现在医学影像领域。卷积神经网络已经成功应用于疾病诊断、图像分割与配准、图像重建等任务。

图 7.17 显示了用于癌症分割的分割网络架构。其中，标签是癌症的二分类掩码（binary mask），骨干卷积神经网络是基于 U-Net 网络架构的，在该架构的末尾连接一个用于像素级分类的 softmax 层。之后，训练网络实现对背景和癌症区域的分类。如图 7.18 所示，非常相似的网络架构也用于低剂量（low-dose）CT 图像中的去噪处理。该网络并没有使用 softmax 层，而是使用高质量、低噪声图像作为参考，以 l_1 或 l_2 回归损失训练网络。事实上，深度学习一个令人感到惊奇而又神秘的部分在于，一个相似的网络架构只需简单更改训练数据，就可以用来解决不同的问题。

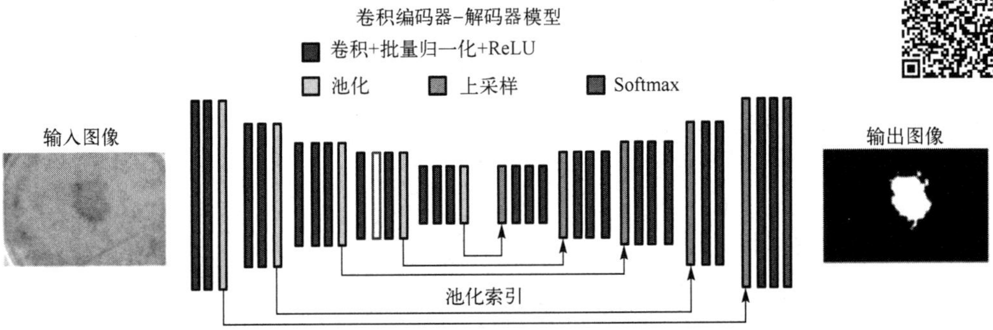

图 7.17 基于 U-Net 的癌症分割网络架构

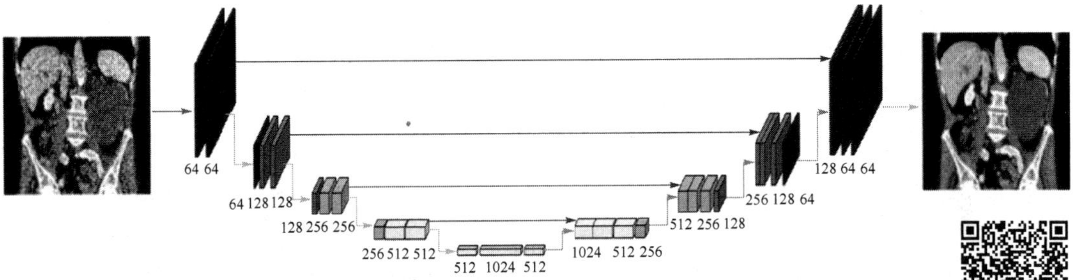

图 7.18 基于卷积神经网络的低剂量 CT 图像去噪

由于设计和训练卷积神经网络的简单性，许多初创公司瞄准了人工智能的新型医疗应用。随着新冠肺炎疫情在全球不断蔓延，全球卫生健康的重要性日益凸显，医学影像和基础医疗健康无疑是人工智能应用最重要的领域之一。因此，人工智能在健康领域的应用充满各种机遇，需要很多年轻、聪明的研究人员投入时间和精力，为改善人类健康保驾护航。

7.7　习　　题

1．考虑图 7.2 所示的 VGGNet，在原始设定中，卷积核的大小为 3×3，那么：

（1）VGGNet 中卷积滤波器组的总数是多少？

（2）VGGNet 中包括卷积滤波器和全连接层在内可训练的（trainable）参数的总数是多少？（提示：对于全连接层，参数数量应为输入维数×输出维数）

2．假设在修改后的 MNIST 数据集上进行分类时，所采用的神经网络用 $\boldsymbol{f}_{\boldsymbol{\Theta}}(\boldsymbol{x})$ 表示，其中，$\boldsymbol{\Theta}$ 表示可训练的参数，$\boldsymbol{x}$ 为输入图像，神经网络的最后一层是 softmax 层，由下式给出：

$$\hat{p}(\boldsymbol{\Theta}) = \frac{\exp(\boldsymbol{f}_{\boldsymbol{\Theta}}(\boldsymbol{x}))}{\mathbf{1}^{\top}\exp(\boldsymbol{f}_{\boldsymbol{\Theta}}(\boldsymbol{x}))} \tag{7.10}$$

其中，$\exp(\boldsymbol{f}_{\boldsymbol{\Theta}}(\boldsymbol{x}))$ 表示指数的逐元素应用。

（1）softmax 层的含义是什么？

（2）假设采用如下方式定义 MNIST 分类器的损失函数：

$$c(\boldsymbol{\Theta}) = -E\left[\sum_{i=1}^{10} y_i \log \hat{p}_i(\boldsymbol{\Theta})\right] \tag{7.11}$$

其中，$\hat{p}_i$ 表示 $\hat{\boldsymbol{p}}$ 中的第 i 个元素。那么，$\{y_i\}_{i=1}^{10}$ 是什么？提供当标签的值分别为 1 和 5 时的答案。

3．对图 7.5 中给定的 U-Net 架构，请计算有效感受野的大小。如果假设不存在池化层，那么有效感受野的大小又是多少？

4．令 $\boldsymbol{u} = [u[0],\cdots,u[n-1]]^{\top} \in \mathbb{R}^n$, $\boldsymbol{v} = [v[0],\cdots,v[n-1]]^{\top} \in \mathbb{R}^n$，两个向量之间的循环卷积（circular convolution）定义为

$$(\boldsymbol{u} \circledast \boldsymbol{v})[n] = \sum_{i=0}^{n-1} u[n-i]v[n]$$

这里假设满足周期性边界条件（periodic boundary condition）。现在，对任意向量 $\boldsymbol{x} \in \mathbb{R}^{n_1}$ 和 $\boldsymbol{y} \in \mathbb{R}^{n_2}$，其中，$n_1, n_2 \leqslant m$，定义它们在 $\mathbb{R}^n$ 中的循环卷积：

$$\boldsymbol{x} \circledast \boldsymbol{y} = \boldsymbol{x}^0 \circledast \boldsymbol{y}^0$$

其中，$\boldsymbol{x}^0 = [\boldsymbol{x}, \mathbf{0}^{n-n_1}]^{\top}$，$\boldsymbol{y}^0 = [\boldsymbol{y}, \mathbf{0}^{n-n_2}]^{\top}$。最后，对任意 $\boldsymbol{v} \in \mathbb{R}^{n_1}$（$n_1 \leqslant n$），定义翻转（flip）操作为 $\overline{v}[n] = v^0[-n]$。

（1）对输入信号 $\boldsymbol{x} \in \mathbb{R}^n$ 与滤波器 $\overline{\boldsymbol{\psi}} \in \mathbb{R}^n$，证明

$$\boldsymbol{y} = \boldsymbol{x} \circledast \overline{\boldsymbol{\psi}} = \boldsymbol{H}_r^n(\boldsymbol{x})\boldsymbol{\psi} \tag{7.12}$$

其中，$\boldsymbol{H}_r^n(\boldsymbol{x}) \in \mathbb{R}^{n \times r}$ 是一个环绕 Hankel 矩阵（wrap-around Hankel matrix）：

$$\boldsymbol{H}_r^n(\boldsymbol{x})=\begin{bmatrix} x[0] & x[1] & \cdots & x[r-1] \\ x[1] & x[2] & \cdots & x[r] \\ \vdots & \vdots & \ddots & \vdots \\ x[n-1] & x[n] & \cdots & x[r-2] \end{bmatrix} \tag{7.13}$$

（2）对输入信号 $\boldsymbol{x}\in\mathbb{R}^n$ 和滤波器 $\boldsymbol{\psi}\in\mathbb{R}^r$（$r\leqslant n$），证明循环卷积在 $\mathbb{R}^n$ 中满足交换关系：

$$\boldsymbol{x}\circledast\overline{\boldsymbol{\psi}}=\boldsymbol{H}_r^n(\boldsymbol{x})\boldsymbol{\psi}=\boldsymbol{H}_n^r(\boldsymbol{\psi})\boldsymbol{x}=\boldsymbol{\psi}\circledast\overline{\boldsymbol{x}} \tag{7.14}$$

（3）对给定的 $\boldsymbol{f}$、$\boldsymbol{u}\in\mathbb{R}^n$ 和 $\boldsymbol{v}\in\mathbb{R}^r$（$r\leqslant n$），证明

$$\boldsymbol{u}^\top\boldsymbol{F}\boldsymbol{v}=\boldsymbol{u}^\top(\boldsymbol{f}\circledast\overline{\boldsymbol{v}})=\boldsymbol{f}^\top(\boldsymbol{u}\circledast\boldsymbol{v})=\langle\boldsymbol{f},\boldsymbol{u}\circledast\boldsymbol{v}\rangle \tag{7.15}$$

其中，$\boldsymbol{F}=\boldsymbol{H}_r^n(\boldsymbol{f})$。

（4）设多输入-单输出循环卷积的 p 通道输入 $\boldsymbol{Z}=[\boldsymbol{z}_1,\cdots,\boldsymbol{z}_p]\in\mathbb{R}^{n\times p}$ 和输出 $\boldsymbol{y}\in\mathbb{R}^n$ 定义为

$$\boldsymbol{y}=\sum_{j=1}^{p}\boldsymbol{z}_j\circledast\overline{\boldsymbol{\psi}}^j \tag{7.16}$$

其中，$\boldsymbol{\psi}_i\in\mathbb{R}^r$ 表示 r 维向量，$\overline{\boldsymbol{\psi}}_i\in\mathbb{R}^n$ 表示它的翻转。证明式（7.16）可用矩阵形式表示为

$$\boldsymbol{y}=\boldsymbol{Z}\circledast\boldsymbol{\Psi}=\boldsymbol{H}_{r|p}^n(\boldsymbol{Z})\boldsymbol{\Psi} \tag{7.17}$$

其中，

$$\boldsymbol{\Psi}=\begin{bmatrix}\boldsymbol{\psi}^1\\ \vdots \\ \boldsymbol{\psi}^p\end{bmatrix}$$

且

$$\boldsymbol{H}_{r|p}^n(\boldsymbol{Z}):=[\boldsymbol{H}_r^n(\boldsymbol{z}_1)\boldsymbol{H}_r^n(\boldsymbol{z}_2)\cdots\boldsymbol{H}_r^n(\boldsymbol{z}_p)] \tag{7.18}$$

（5）设多输入-多输出循环卷积的 p 通道输入 $\boldsymbol{Z}=[\boldsymbol{z}_1,\cdots,\boldsymbol{z}_p]\in\mathbb{R}^{n\times p}$ 和 q 通道输出 $\boldsymbol{Y}=[\boldsymbol{y}_1,\cdots,\boldsymbol{y}_q]\in\mathbb{R}^{n\times q}$ 定义为

$$\boldsymbol{y}=\sum_{j=1}^{p}\boldsymbol{z}_j\circledast\overline{\boldsymbol{\psi}}_{i,j},\ \ i=1,\cdots,q \tag{7.19}$$

其中，p 和 q 分别是输入通道和输出通道的数量；$\boldsymbol{\psi}_{i,j}\in\mathbb{R}^r$ 表示 r 维向量，$\overline{\boldsymbol{\psi}}_{i,j}\in\mathbb{R}^n$ 表示它的翻转。证明式（7.19）可以用矩阵形式表示：

$$\boldsymbol{Y}=\sum_{j=1}^{p}\boldsymbol{H}_r^n(\boldsymbol{z}_j)\boldsymbol{\Psi}_j=\boldsymbol{H}_{r|p}^n(\boldsymbol{Z})\boldsymbol{\Psi}$$

其中，

$$\boldsymbol{\Psi}=\begin{bmatrix}\boldsymbol{\Psi}^1\\ \vdots \\ \boldsymbol{\Psi}^p\end{bmatrix},\quad \boldsymbol{\Psi}_j=[\boldsymbol{\psi}_{1,j}\cdots\boldsymbol{\psi}_{q,j}]$$

（6）在卷积神经网络中，通常在卷积层之后进行 1×1 卷积。对一维信号，此操作可以写成：

$$\boldsymbol{y}_i = \sum_{j=1}^{p} w_j (\boldsymbol{z}_j \circledast \bar{\boldsymbol{\varPsi}}_{i,j}),\ \ i = 1,\cdots,q \tag{7.20}$$

其中，w_j 表示第 j 个索引值对应的 1×1 卷积滤波器权重。证明上式可以用矩阵形式表示为

$$\boldsymbol{Y} = \sum_{j=1}^{p} w_j \boldsymbol{H}_r^n (\boldsymbol{z}_j) \boldsymbol{\varPsi}_j = \boldsymbol{H}_{r|p}^n (\boldsymbol{Z}) \boldsymbol{\varPsi}^w \tag{7.21}$$

其中，

$$\boldsymbol{\varPsi}^w = \begin{bmatrix} w_1 \boldsymbol{\varPsi}_1 \\ \vdots \\ w_p \boldsymbol{\varPsi}_p \end{bmatrix} \tag{7.22}$$

第 8 章 图神经网络

8.1 引　　言

在现实世界中，很多重要的数据集都是以图或网络的形式呈现的，如社交网络（social network）、万维网（World-Wide Web，WWW）、蛋白质相互作用网络（protein-interaction network）、大脑网络（brain network）、分子网络（molecule network）等。图 8.1 给出了一些示例。事实上，现实系统中的复杂交互性可以用不同形式的图（graph）来描述，因此图可以成为表示复杂系统的一种普适性工具。

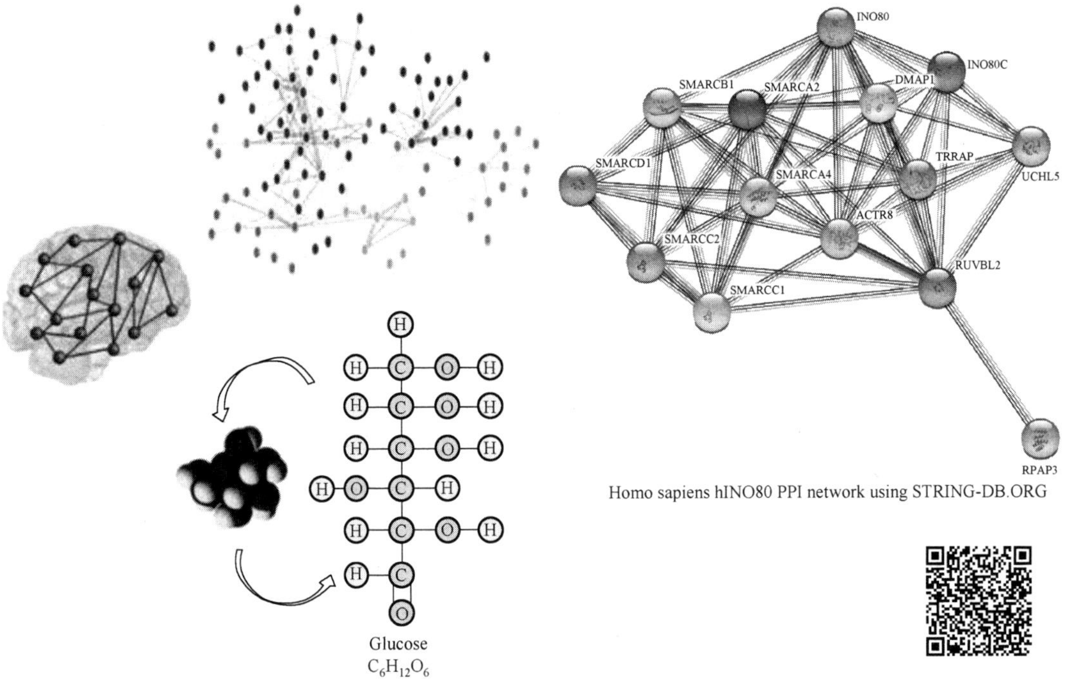

图 8.1　现实生活中数据集的图或网络形式示例

图是由节点（node）和边（edge）组成的，如图 8.2 所示。尽管看上去很简单，但主要的技术问题是，在许多有趣的现实世界问题中的节点和边的数量非常庞大，无法通过简单的检查来追溯。因此，人们希望借助不同形式的机器学习方法从图中提取有用的信息。

例如，利用机器学习工具可以实现节点分类（node classification），即在复杂图（complex

diagram）中为每个节点分配不同的标签，用于对相互作用网络中蛋白质的功能进行分类，如图 8.3（a）所示。链接分析（Link analysis）是图机器学习中的另一个重要问题，即寻找节点之间缺失的链接。如图 8.3（b）所示，链接分析可用于将药物重新用于新型病原体或疾病。图分析的另一个重要目标是社区检测（community detection），例如，可以确定由疾病蛋白质组成的子网络（subnetwork），如图 8.3（c）所示。

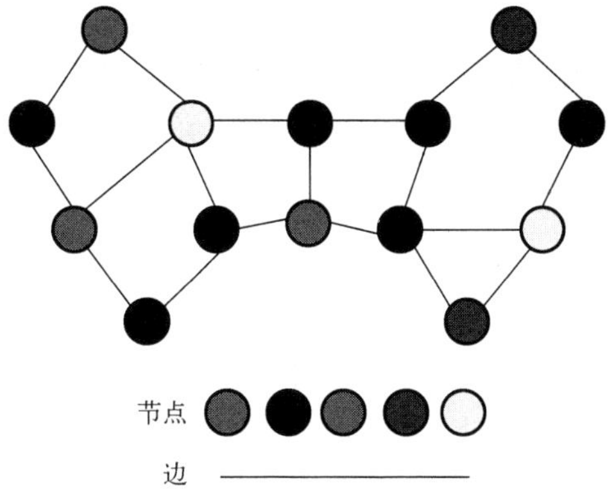

图 8.2　图的节点和边

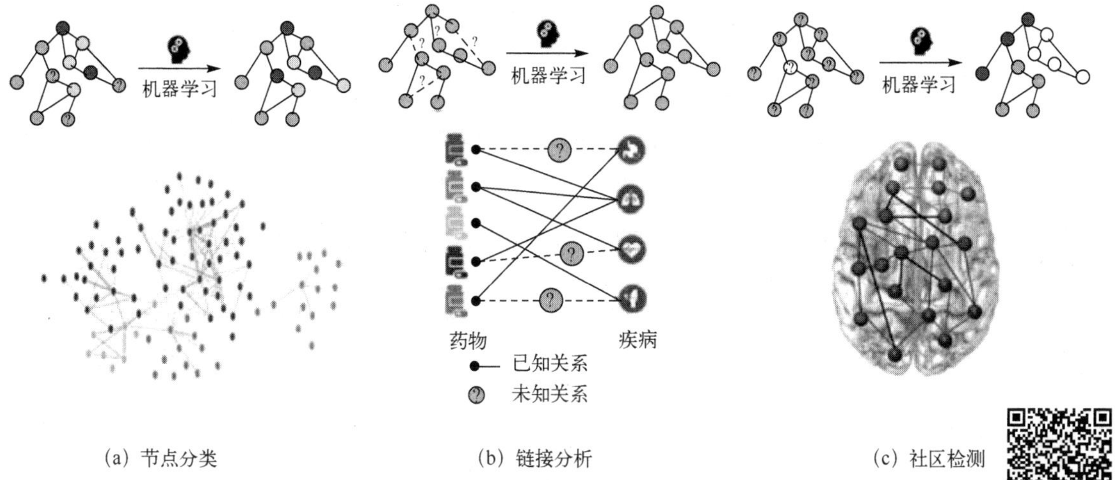

图 8.3　机器学习在图中的几个应用

尽管有着广泛的应用前景，但图的神经网络方法并不像其他图像、音频等神经网络研究那样成熟，这是因为图数据的处理和学习需要对神经网络有新的认识。

如图 8.4 所示，卷积神经网络的基本假设是图像在规则的栅格（grid）上具有像素值，但是图具有不规则的节点和边结构，因此卷积、池化等基本构件并不容易应用于图中。另一个严重的问题是，尽管卷积神经网络的训练数据由相同大小的图像或图像块组成，但是图神经网络（Graph Neural Network，GNN）的训练数据通常是由具有不同节点数量、网络拓扑等的图组成的。例如，在用于检查候选药物毒性的图神经网络方法中，训练数据集中的化学品可以有不同数量的分子。这就引出了图机器学习任务中的一个基本问题：我们从训练数据中学到了什么？

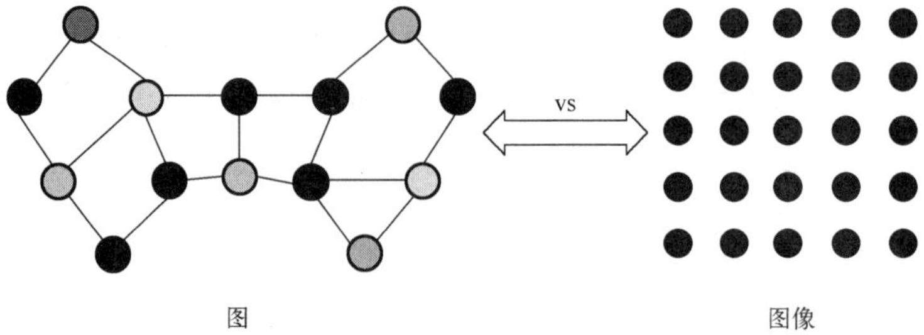

图 8.4　图像域卷积神经网络与图神经网络的区别

事实上，与其他机器学习方法，如压缩感知（compressed sensing）[46]和低秩矩阵分解（low-rank matrix factorization）[47]相比，神经网络方法的主要优势在于它是归纳的（inductive），这意味着经过训练的神经网络不仅适用于网络所包含的数据和最初训练的数据，还适用于训练期间未见过的数据。

然而，鉴于训练数据中每个图的结构不同（如具有不同的节点和边数甚至拓扑结构），我们可以从图神经网络训练中获得什么样的归纳信息？尽管万能逼近定理（Universal Approximation Theorem）[48]保证了神经网络能够逼近任意非线性函数，但我们甚至并不清楚图神经网络可以逼近哪一个非线性函数。

因此，本章的主要目的是回答这些令人费解的问题。事实上，我们将专注于机器学习研究人员如何提出绝妙的想法，使得在训练阶段可以实现独立于不同图结构的归纳学习（inductive learning）。

8.2　数学基础

在讨论图神经网络之前，先介绍图论（graph theory）中的基本数学概念。

8.2.1　定义

一个图可以被表示为 $G=(V, E)$，其中，$V(G)=\{1,\cdots,N\}$ 是大小为 $N:=|V|$ 的顶点（vertices）集合，$E(G)=\{e_{ij}\}$ 是边集合。若顶点 i 和 j 是邻接的（adjacent）或者邻居，则通过边 e_{ij} 将二者相连。顶点 v 的邻域集（set of neighborhood）记为 $N(v)$。对加权图（weighted graphs），边 e_{ij} 具有实数值。如果 G 是非加权图（unweighted graph），则 $\boldsymbol{E}$ 是元素为 0 或 1 的稀疏矩阵（sparse matrix）。

对一个顶点集为 V 的简单非加权图，邻接矩阵（adjacency matrix）是一个 $|V|\times|V|$ 的方阵（square matrix）$\boldsymbol{A}$，满足当从顶点 u 到顶点 v 存在一条边时，元素 a_{uv} 为 1，否则 a_{uv} 为 0。无向图（undirected graph）的邻接矩阵示例如图 8.5 所示。注意，邻接矩阵的维数取决于图中的节点数。

8.2.2　图同构

一个具有相同数量的顶点、边及相同的边连通性（edge connectivity）的图可以有不同的形式，这种图称为同构图（isomorphic graph）。形式上，两个图 G 和 H 被称为是同构的（isomorphic），如果满足：①它们的分量（顶点和边）数量相等；②它们的边连接相同。同构图的示例如图 8.6 所示。

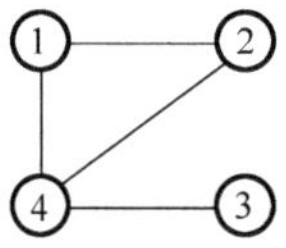

$$\begin{bmatrix}0&1&0&1\\1&0&0&1\\0&0&0&1\\1&1&1&0\end{bmatrix}\quad\begin{bmatrix}0&0&1&0\\0&0&1&1\\1&1&0&1\\0&1&1&0\end{bmatrix}\quad\begin{bmatrix}0&1&0&0\\1&0&1&0\\0&1&0&1\\0&0&1&0\end{bmatrix}$$

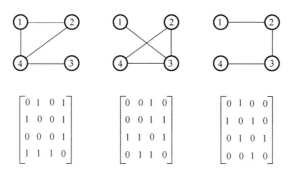

图 8.5　无向图的邻接矩阵示例

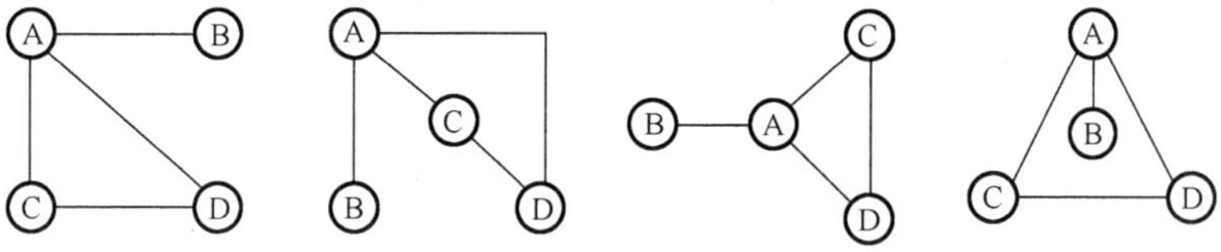

图 8.6　同构图的示例

图同构（graph isomorphism）广泛用于需要识别图与图之间相似性的领域。在这些领域，图同构问题通常称为图匹配问题（graph matching problem）。图同构的一些实际用途包括识别不同配置中的相同化合物、检查电子设计中的等效电路等。

注意，测试图同构并不是一项简单的任务。例如，两个同构图即使节点的数量相同，也可以有不同的邻接矩阵，因为同构图中节点的顺序可以是任意的，但是它们的邻接矩阵的结构取决于节点的顺序。事实上，图同构问题是少数几个其计算复杂度仍未得到解决的标准问题之一。

8.2.3　图着色

节点着色（node coloring）是一个具有任意值域（codomain）Σ 的函数 $V(G)\mapsto\Sigma$。节点着色或着色图(G, l)是指图 G 的节点被染色为 $l:V(G)\mapsto\Sigma$，称 $l(v)$ 是节点 $v\in V(G)$ 的颜色。

图 8.7 所示为一个分子系统的图着色（graph coloring）示例[49]。在初始阶段，每个节点都用由各种化学性质组成的特征向量着色。在

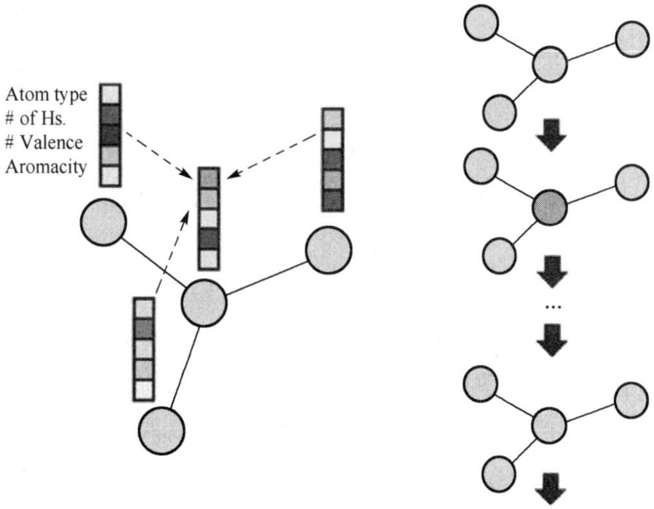

(a) 初始着色　　(b) 连续着色

图 8.7　一个分子系统的图着色示例

这种情况下，值域是$\Sigma \subset \mathbb{R}^5$。利用机器学习方法，可以通过考虑相邻节点的颜色信息来顺序更新节点颜色，从而提取分子有用的全局属性。

8.3 相关工作

由于训练数据中的每个图都具有不同的配置，图机器学习的主要关注点是将公共隐空间（common latent space）中的隐向量（latent vector）分配给图、子图或者节点，以便标准的卷积神经网络、感知器等可以应用于隐空间进行推理或回归。这个过程通常称为图嵌入（graph embedding），如图 8.8 所示。图神经网络中最重要的研究课题之一是寻找图嵌入的归纳规则（inductive rule），以便适用于不同节点数、不同拓扑结构等的图。

不幸的是，与图相关的困难之一是，它们是非结构化的（unstructured）。事实上，我们在日常生活中会遇到很多非结构化数据，其中最重要的一种非结构化数据是自然语言。因此，许多图机器学习技术都借鉴了自然语言处理（Natural Language Processing，NLP）中的方法。因此，本节将解释自然语言处理的关键思想。

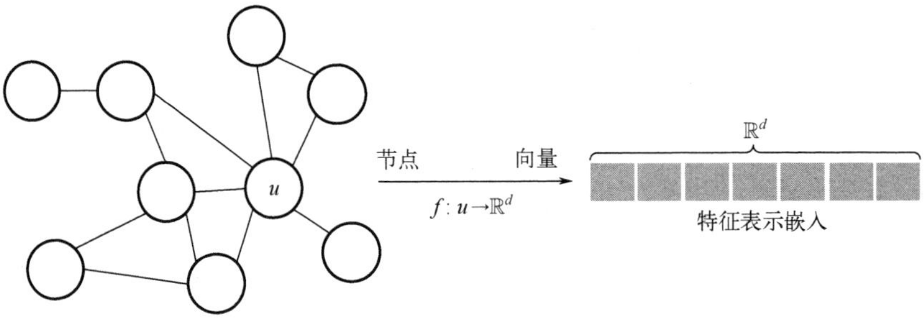

图 8.8 隐向量的图嵌入

8.3.1 词嵌入

词嵌入（word embedding）是自然语言处理中最常用的表示方法之一。基本上，它是一个特定单词的向量表示，可以获得文档中某个单词的上下文、语义和句法相似性及与其他单词之间的关系等信息。

例如，考虑一个词汇“King”。从它的语义性可以得出以下结论：

$$\text{King} - \text{Man} + \text{Woman} = \text{Queen} \tag{8.1}$$

然而，在自然语言中并没有数学运算可以正式推导式（8.1）。因此，词嵌入的想法是通过隐空间中的向量操作来实现式（8.1）中的语义关系叠加。具体来说，让$\boldsymbol{V}(\cdot)$表示词汇到$\mathbb{R}^d$中向量的映射。那么，词嵌入的目标是找到映射$\boldsymbol{V}$，使得

$$\boldsymbol{V}(\text{King}) - \boldsymbol{V}(\text{Man}) + \boldsymbol{V}(\text{Woman}) = \boldsymbol{V}(\text{Queen}) \tag{8.2}$$

这一概念如图 8.9 所示。有几种方法可以实现词嵌入。这里的主要问题是将大量文本中的每个单词表示为一个向量，使得相似的单词在隐空间中能够靠在一起。

在实现词嵌入的各种方法中，Word2vec 模型是最常用的方法之一[50, 51]。Word2vec 模

型由两层神经网络组成。该网络以两种互补的方式进行训练：连续词袋（Continuous Bag of Words，CBOW）模型和 Skip-gram 模型。这些方法的关键思想是自然语言中的单词之间存在显著的因果关系和冗余性，这些信息可用来将单词嵌入向量空间。下面详细介绍。

1. CBOW 模型

CBOW 模型假设可以从句子的周围单词中找到缺失的单词。例如，考虑这样一句话："The big dog is chasing the small rabbit"。CBOW 模型的思想是句子中的目标词（target word），通常是中心词（center word）。例如，图 8.10 中的"dog"，可以从上下文窗口内的附近词中估计出来（在上下文窗口大小 $c=1$ 的情况下，使用"big"和"is"）。一般来说，对给定上下文窗口大小 c，假设使用窗口内的邻接词估计第 i 个单词 $\boldsymbol{x}_i$，即 $\{\boldsymbol{x}_j | j \in I_c(i)\}$，如图 8.10 所示，其中，

$$I_c(i) := \{i-c, \cdots, i-1, i+1, \cdots, i+c\} \tag{8.3}$$

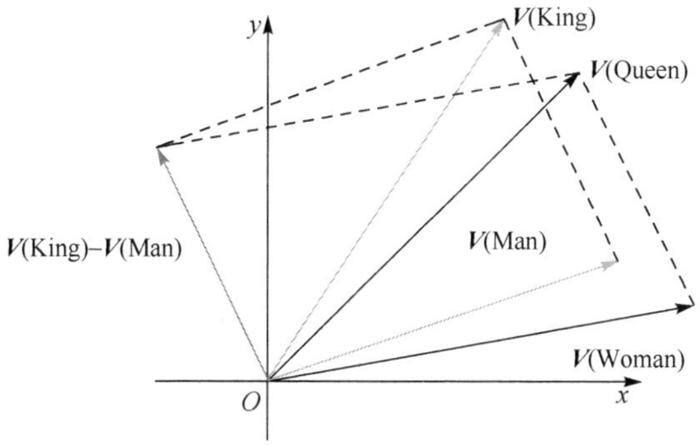

图 8.9　通过词嵌入进行向量运算的示例

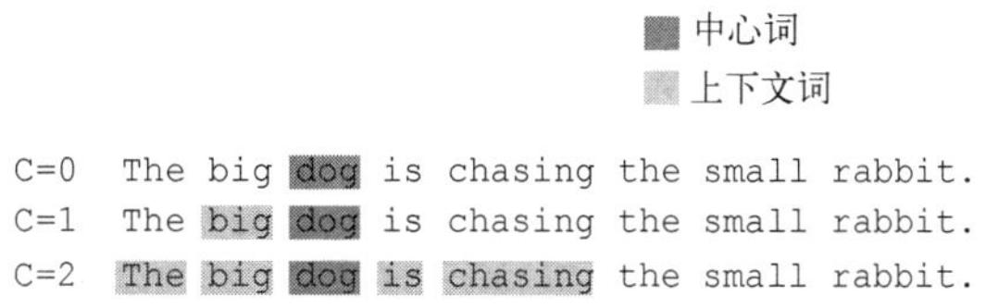

图 8.10　CBOW 模型中的上下文词和中心词示例

有趣的是，CBOW 模型并不是直接估计单词 $\boldsymbol{x}_i$，而是采用如图 8.11 所示的编码器-解码器结构。具体来说，由具有共享权重 $\boldsymbol{W}$ 表示的编码器将输入的 $\boldsymbol{x}_n$ 转换为相应的隐空间向量（latent space vector），然后权重为 $\tilde{\boldsymbol{W}}$ 的解码器将隐向量转换为目标单词 $\hat{\boldsymbol{x}}_i$ 的估计值。

此外，CBOW 模型最重要的假设之一是缺失词的隐向量能够表示为相邻词的隐向量的平均值，即

$$\boldsymbol{h}_i = \frac{1}{2c-1} \sum_{k \in I_c(i)} \boldsymbol{W} \boldsymbol{x}_k \tag{8.4}$$

具体来看，使用 $2c-1$ 个输入向量和共享编码器权重，可以先生成 $2c-1$ 个隐向量，再生成其平均值。下面通过加权平均隐向量 $\tilde{\boldsymbol{W}}$ 来解码估计中心词：

$$\hat{\boldsymbol{x}}_i = \tilde{\boldsymbol{W}}^{\top} \boldsymbol{h}_i \tag{8.5}$$

注意，除网络输出中的 softmax 单元（稍后将做解释）外，在 CBOW 模型的隐藏层（hidden layer）中并没有非线性单元。

首先需要建立语料库词汇（corpus vocabulary），此处可以将每个词汇映射到唯一的数字标识符 $\boldsymbol{x}_i$。例如，如果语料库大小是 M，则 $\boldsymbol{x}_i$ 是一个具有独热向量编码（one-hot vector encoding）的 M 维向量，如图 8.12 所示。一旦 CBOW 模型中的神经网络训练完毕，就可以使用网络的编码器部分简单地完成词嵌入。

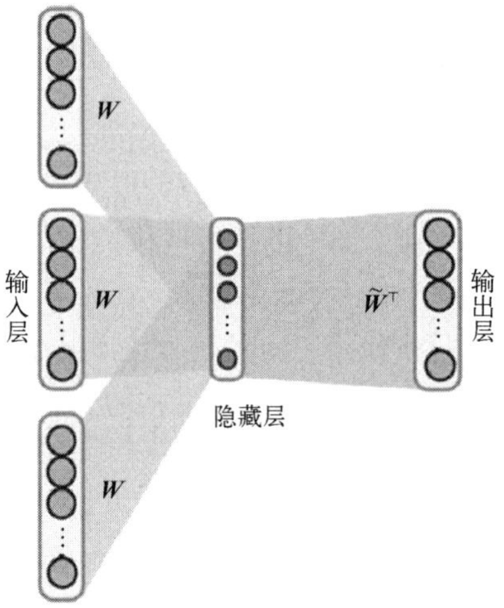

图 8.11　CBOW 的编码器-解码器结构

图 8.12　词汇的独热向量编码示例

尽管中心词可能与隐空间中周围词汇的平均值相似这一假设非常严格，但是实际效果非常好，因而 CBOW 模型是最流行的经典词嵌入技术之一[50, 51]。

2. Skip-Gram 模型

Skip-gram 模型可以看成 CBOW 模型的补充。Skip-gram 模型的主要思想是，一旦神经网络得到训练，由焦点词（focus word）生成的隐向量就可以高概率地预测窗口中的每一个单词。图 8.13 所示为如何在不同大小的窗口内提取焦点词和目标词的示例。其中，阴影部分的单词是焦点词，窗口中的目标词是根据它来估计的。

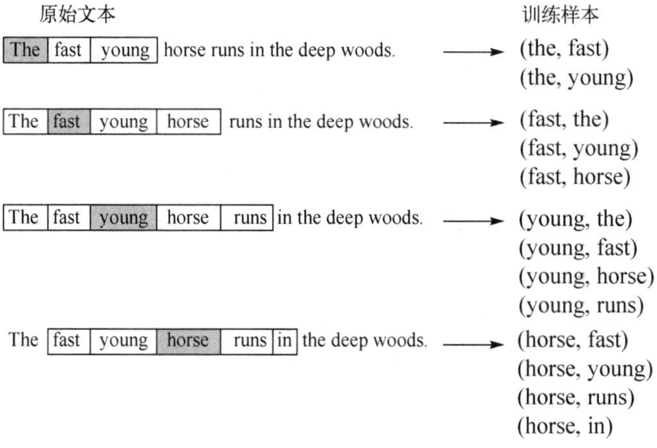

图 8.13　Skip-gram 模型训练中的焦点词和目标词提取示例

与 CBOW 模型类似，神经网络训练是以隐向量的形式进行的。具体来说，通过权重为 $\boldsymbol{W}$ 的编码器将采用独热向量编码的焦点词转换为隐向量，然后通过共享权重为 $\tilde{\boldsymbol{W}}^{\top}$ 的并行解码器网络对隐向量进行解码，如图 8.14 所示。

因此，Skip-gram 模型的基本假设可以写成

$$\boldsymbol{x}_j \simeq \tilde{\boldsymbol{W}}^\top \boldsymbol{h}_i,\ \forall j \in I_c(i) \tag{8.6}$$

其中，隐向量 $\boldsymbol{h}_i$ 由下式给出

$$\boldsymbol{h}_i = \boldsymbol{W}\boldsymbol{x}_i \tag{8.7}$$

同样，除网络输出中的 softmax 单元外，Skip-gram 模型的隐藏层中没有非线性单元。

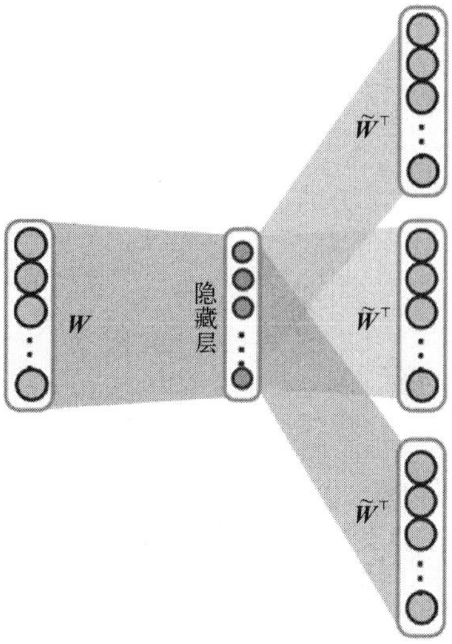

图 8.14　Skip-gram 模型的编码器-解码器结构

8.3.2　损失函数

在 Word2vec 模型中，神经网络训练的损失函数值得深入讨论。与分类问题类似，损失函数是基于目标词和解码器生成的词之间的交叉熵。

尤其是对 CBOW 模型的情况，目标向量 $\boldsymbol{x}_i$ 也是一个独热编码向量。设 t_k 表示词汇向量 $\boldsymbol{x}_k$ 的非零索引值。那么，CBOW 模型的损失函数可以写成 softmax 函数：

$$\begin{aligned} l_{\text{CBOW}}(\boldsymbol{W},\tilde{\boldsymbol{W}}) &= -\log\left(\frac{\mathrm{e}^{\tilde{\boldsymbol{w}}_{t_i}^\top \boldsymbol{h}_i}}{\sum_{k=1}^{M}\mathrm{e}^{\tilde{\boldsymbol{w}}_{t_k}^\top \boldsymbol{h}_i}}\right) \\ &= -\tilde{\boldsymbol{w}}_{t_i}^\top \boldsymbol{h}_i + \log\left(\sum_{k=1}^{M}\mathrm{e}^{\tilde{\boldsymbol{w}}_{t_k}^\top \boldsymbol{h}_i}\right) \end{aligned} \tag{8.8}$$

其中，隐向量 $\boldsymbol{h}_i$ 由式（8.4）中的平均隐向量给出。Skip-gram 模型的损失函数由下式给出：

$$\begin{aligned} l_{\text{skipgram}}(\boldsymbol{W},\tilde{\boldsymbol{W}}) &= -\log\left(\prod_{j\in I_c(i)}^{C}\frac{\mathrm{e}^{\tilde{\boldsymbol{w}}_{t_j}^\top \boldsymbol{h}_i}}{\sum_{k=1}^{M}\mathrm{e}^{\tilde{\boldsymbol{w}}_{t_k}^\top \boldsymbol{h}_i}}\right) \\ &= -\sum_{j\in I_c(i)}\tilde{\boldsymbol{w}}_{t_j}^\top \boldsymbol{h}_i + C\log\left(\sum_{k=1}^{M}\mathrm{e}^{\tilde{\boldsymbol{w}}_{t_k}^\top \boldsymbol{h}_i}\right) \end{aligned} \tag{8.9}$$

其中，隐向量 $\boldsymbol{h}_i$ 由式（8.7）给出。

在这两种方法中，计算最密集的步骤是分母项的计算，因为我们必须为每个大小是 M 的语料库计算其分母项，目前主要的研究成效是如何在不损失准确性的情况下对该项进行近似[50, 51]。

8.4　图　嵌　入

与词嵌入相似，图嵌入用于将节点、子图及其特征转换为隐空间中的向量，以便相似的节点、子图和特征在隐空间中更加靠近。

如图 8.15 所示，目前主要有 3 种图嵌入方法：矩阵分解（matrix factorization）、随机游走（random walks）和神经网络[52]。下面先介绍前两种方法，再详细讨论神经网络方法。

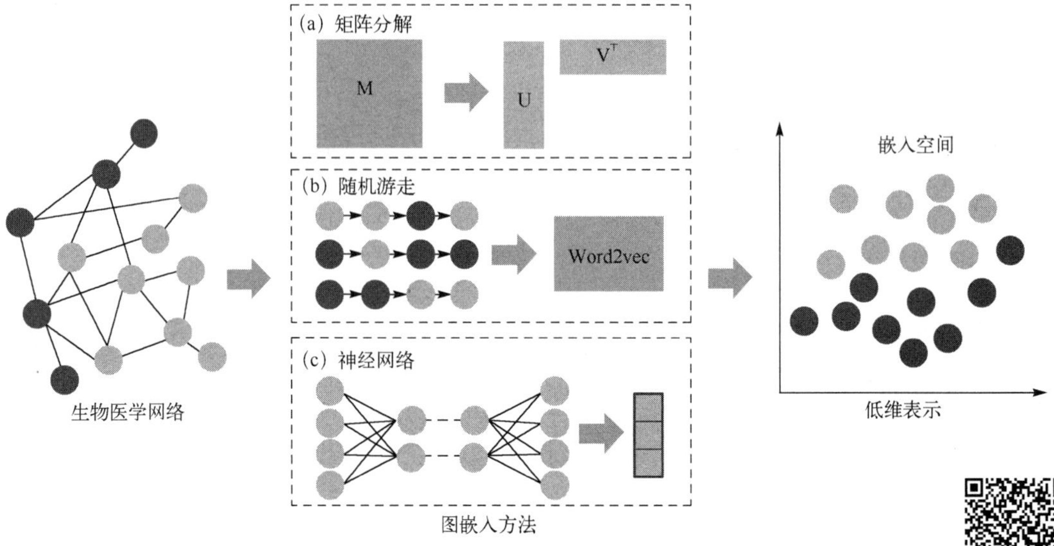

图 8.15　图嵌入的不同方法

8.4.1　矩阵分解方法

图嵌入方法中，矩阵分解方法的主要假设是一个邻接矩阵可以分解为低秩矩阵。具体来说，对给定的邻接矩阵 $\boldsymbol{A}\in\mathbb{R}^{N\times N}$，它的低秩矩阵分解就是寻找矩阵 $\boldsymbol{U},\boldsymbol{V}\in\mathbb{R}^{N\times d}$，使得

$$\boldsymbol{A}\simeq\boldsymbol{U}\boldsymbol{V}^{\top} \tag{8.10}$$

其中，d 是隐空间的维数。那么，在隐空间 $\mathbb{R}^d$ 中第 i 个节点嵌入（node embedding）由下式给出：

$$\boldsymbol{h}_i=\boldsymbol{V}^{\top}\boldsymbol{x}_i\in\mathbb{R}^d$$

其中，$\boldsymbol{x}_i\in\mathbb{R}^N$ 仍然是第 i 个节点向量的独热向量编码。

除计算复杂度较高外，矩阵分解方法作为一种图嵌入方法还存在一些局限性。第一，为了使用矩阵分解方法，节点的数量应该相同。第二，这种方法并不是归纳的，而是直推的（transductive）。这就意味着学习到的嵌入变换只适用于具有相同邻接矩阵的图，并且如果连通性（connectivity）发生变化，则嵌入不再有效。

8.4.2　随机游走方法

随机游走方法与词嵌入模型特别是 Word2vec 模型[50, 51]密切相关。下面简单介绍两种强大的随机游走方法：DeepWalks[53]和 Node2vec[54]。

1. DeepWalks

DeepWalks 的主要想法来源于随机游走与 Word2vec 模型方法中的句子具有可比性，因此 Word2vec 模型可用于嵌入图的每个节点。具体地说，如图 8.16 所示，该方法基本上包括以下三个步骤。

- 采样：采用随机游走方法对图进行采样。从每个节点出发执行一些具有特定长度的随机游走。
- 训练 Skip-gram 模型：通过接收随机游走中的一个节点作为独热向量，以此作为输入和目标来训练 Skip-gram 模型。
- 节点嵌入：从经过训练 Skip-gram 的编码器部分，将图中的每个节点都嵌入隐空间的一个向量中。

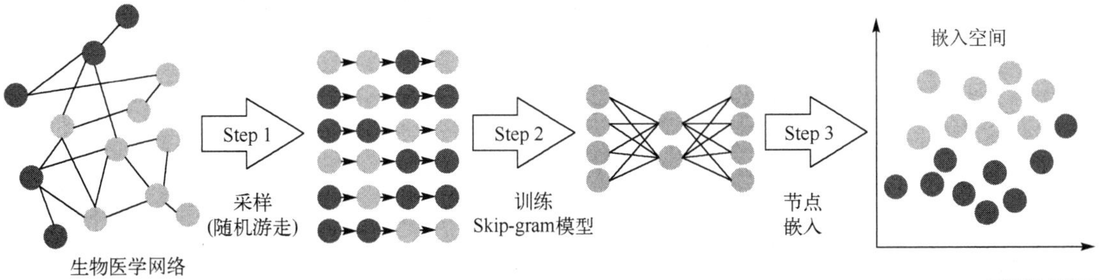

图 8.16　基于 DeepWalks 的图节点嵌入

2. Node2vec

Node2vec 是对 DeepWalks 的一种改进，二者具有细微而显著的差异。Node2vec 由两个参数 p 和 q 对其进行参数化。参数 p 优先考虑广度优先搜索（Breadth-First-Search，BFS）过程，而参数 q 则优先考虑深度优先搜索（Depth-First-Search，DFS）过程。因此，决定下一步走到哪里受概率 $\frac{1}{p}$ 或 $\frac{1}{q}$ 的影响。如图 8.17 所示，BFS 适合学习局部邻居，而 DFS 适合学习全局变量。Node2vec 可以根据任务切换这两个优先级。其他过程，如 Skip-gram 模型的使用，与 DeepWalks 完全相同。

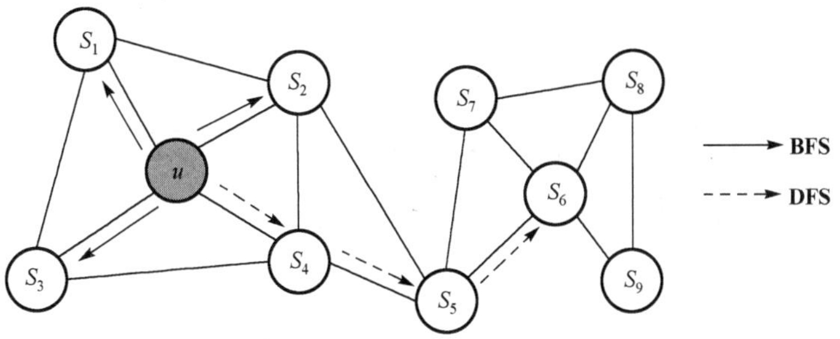

图 8.17　Node2vec 中的 BFS 和 DFS 随机游走

8.4.3 神经网络方法

近年来，在图神经网络的研究方面（包括由深度神经网络执行的图操作）取得了重大进展，并且引起了人们越来越广泛的关注，如谱图卷积方法（Spectral Graph Convolution Approaches）[55]、图卷积网络（Graph Convolution Network，GCN）[56]、图同构网络（Graph Isomorphism Network，GIN）[57]、graphSAGE[58]等。

尽管这些方法源自不同的假设和近似，但常见的图神经网络通常会集成每一层的特征，以便将每个节点特征都嵌入下一层的预定义特征向量中。集成过程是通过选择合适的函数来聚合邻域节点（neighborhood node）的特征实现的。由于图神经网络中的一层聚合了它的 1-跳邻居（1-hop neighbor），因此每个节点特征经过 k 个聚合层后嵌入了图的 k-跳邻居（k-hop neighbor）的特征。通过读出函数（readout function）提取这些特征，从而获得节点嵌入。

具体来说，设 $\boldsymbol{x}_v^{(t)}$ 表示第 v 个节点处的第 t 次迭代特征向量，那么图操作通常由聚合函数 AGGREGATE 和组合函数 COMBINE 组成：

$$\boldsymbol{a}_v^{(t)} = \text{AGGREGATE}(\{\{\boldsymbol{x}_u^{(t-1)} : u \in N(v)\}\})$$

$$\boldsymbol{x}_v^{(t)} = \text{COMBINE}(\boldsymbol{x}_v^{(t-1)}, \boldsymbol{a}_v^{(t)})$$

其中，AGGREGATE 函数收集邻域节点的特征，以便提取聚合的特征向量 $\boldsymbol{a}_v^{(t)}$，然后由 COMBINE 函数将上一个节点特征 $\boldsymbol{x}_v^{(t-1)}$ 与聚合的节点特征 $\boldsymbol{a}_v^{(t)}$ 组合在一起，并输出节点特征 $\boldsymbol{x}_v^{(t)}$。

在将图神经网络设计为图嵌入方法时，需要重点考虑的一个因素是 AGGREGATE 函数是一个表示为多重集（multiset）的$\{\{\cdot\}\}$函数。多重集是一种元素可能会多次出现的集合（集合中元素的顺序并不重要）。因此，AGGREGATE 函数应该与不同的节点集在一起运行，并且应独立于集合中元素的顺序。

图 8.18 所示为图神经网络中的聚合函数操作示例，很好地说明了上面这种情况的重要性。例如，在 $t=1$ 时，每个节点都有一组不同的邻域节点，因此神经网络应适用于所有这些具有共享权重的节点配置。由于节点 A 和 B 分别有 3 个和 2 个与之连接的节点，因此在 $t=2$ 时也可能出现类似情况。满足此要求的 AGGREGATE 函数的一个简单示例是求和运算（sum operation）：

$$\boldsymbol{a}_v^{(t)} = \text{AGGREGATE}(\{\{\boldsymbol{x}_u^{(t-1)} : u \in N(v)\}\}) = \sum_{u \in N(v)} \boldsymbol{x}_u^{(t-1)} \tag{8.11}$$

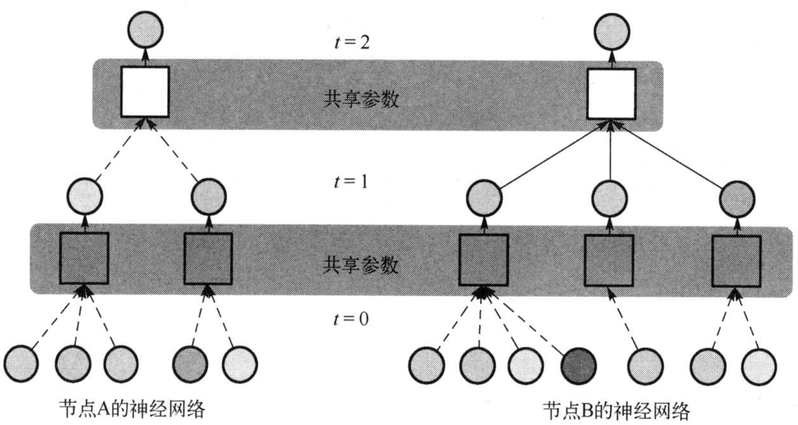

图 8.18　图神经网络中的聚合函数操作示例

尽管这种求和运算是图神经网络中最流行的方法之一，但是我们可以考虑一种具有理想属性的更通用的运算形式。这是下一节要讨论的主题。

8.5　WL 同构测试与图神经网络

与矩阵分解方法和随机游走方法相比，利用神经网络的图嵌入能够取得成功的背后似乎很神秘。这是因为要想成为一个有效的嵌入，语义相似的输入在隐空间中的位置就应该尽量靠近，但图神经网络是否会产生这样的行为尚不清楚。

对矩阵分解的情况，嵌入变换（embedding transform）是基于隐向量应位于低维子空间（low-dimensional subspace）这一假设得到的。对随机游走的情况，嵌入的潜在直觉与 Word2vec 模型类似。因此，这些方法可以保证在隐空间中保留语义信息（semantic information）。那么，我们如何知道基于神经网络的图嵌入也传递了语义信息呢？

这种理解尤其重要，因为图神经网络算法通常被设计为一种经验算法，而不是基于自上而下的原则来实现所需的嵌入特性。最近，许多研究人员[57, 59–62]已经证明，图神经网络确实是 Weisfeiler–Lehman（WL）图同构测试（graph isomorphism test）[63]的神经网络实现。这就意味着，如果图神经网络的嵌入向量彼此不同，相应的图就不是同构图。因此，图神经网络可以在嵌入过程中保留有用的语义信息。下面详细介绍这一激动人心的发现。

8.5.1　WL 同构测试

如前所述，确定两个图是否同构是一个富有挑战性的问题，因为甚至还不知道是否存在一个多项式时间算法能够确定图是不是同构的。

从这个意义上说，WL 算法[63]是一种有效分配独特属性的机制。WL 同构测试（Weisfeiler-Lehman isomorphism test）的核心思想是根据节点周围的邻域为每个图中的各个节点找到一个标记（signature），然后使用这些标记来查找两个图中节点之间的对应关系。具体地说，如果两个图的标记不等价，那么这两个图肯定不是同构的。

下面正式描述 WL 算法。对给定的着色图（colored graph）G，WL 算法根据上一次迭代的着色计算节点着色 $\boldsymbol{c}_v^{(t)}: V(G) \mapsto \Sigma$。为了进行迭代，我们先为每个节点分配一个元组（tuple），其中包含节点的旧压缩标签（compressed label）（或颜色）和邻域节点的压缩标签（或颜色）的多重集：

$$\boldsymbol{m}_v^{(t)} = \{\boldsymbol{c}_v^{(t)}, \{\{\boldsymbol{c}_u^{(t)} \mid u \in N(v)\}\}\} \tag{8.12}$$

其中，$\{\cdot\}$表示多重集。再通过散列函数 HASH($\cdot$)将上述元组双射地赋予在前面的迭代中未曾使用过的唯一压缩标签：

$$\boldsymbol{c}_v^{(t+1)} = \mathrm{HASH}(\boldsymbol{m}_v^{(t)}) \tag{8.13}$$

如果两次迭代之间颜色的数量没有发生变化，则算法迭代结束。其过程如图 8.19 所示。

为了测试两个图 G 和 H 的同构性，我们在两个图上并行地运行上述算法。如果这两个图具有不同数量的节点，在 WL 算法中被着色，则可以得出结论：这两个图不是同构的。

在上述算法中，压缩标签作为标记使用。然而，两个非同构图可能具有相同的标记，因此仅此测试并不能提供两个图同构的确凿证据。已有研究表明，WL 测试能够以很高的概率成功进行图同构测试，这是 WL 测试如此重要的主要原因[63]。

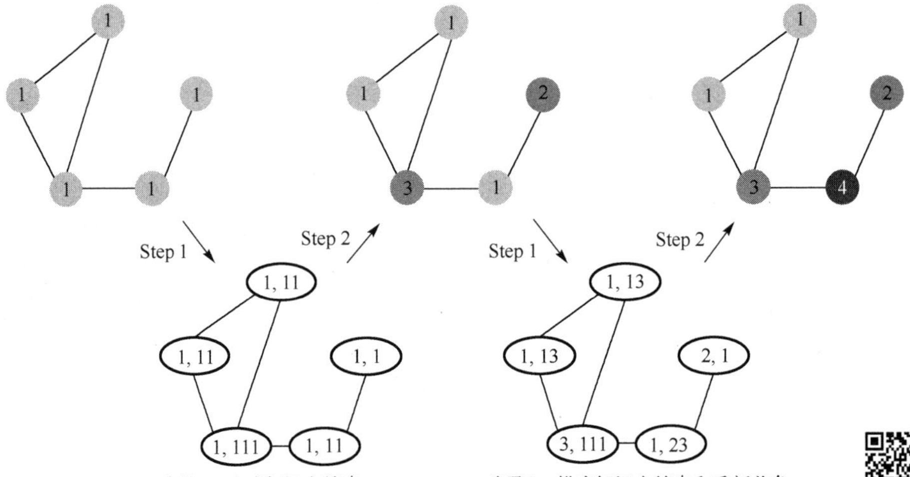

图 8.19　图同构测试的 WL 算法

8.5.2　图神经网络作为 WL 测试

回想一下，图神经网络计算一个图 $G=(V, E)$的向量嵌入的序列$\{\boldsymbol{x}_v^{(t)}\}_{v\in V}$（$t\geqslant 0$）。在最一般的形式中，嵌入可以递归计算为

$$\boldsymbol{a}_v^{(t)}=\text{AGGREGATE}(\{\{\boldsymbol{x}_u^{(t-1)}:u\in N(v)\}\}) \tag{8.14}$$

其中，$\{\cdot\}$是多重集，聚合函数的参数是对称的，并且更新后的特征向量由下式给出：

$$\boldsymbol{x}_v^{(t)}=\text{COMBINE}(\boldsymbol{x}_v^{(t-1)},\boldsymbol{a}_v^{(t)}) \tag{8.15}$$

将式（8.14）、式（8.15）与式（8.12）、式（8.13）进行比较，如果在第 t 次迭代时确定 $\boldsymbol{x}_v^{(t)}$ 为着色，即 $\boldsymbol{c}_v^{(t)}$，那么可以看到图神经网络更新和 WL 算法在参数方面具有显著的相似性，即它们都是由多重集邻域节点和前一个节点组成的。实际上，这些并不是偶然的发现，它们之间存在一个基本的等价关系。

例如，在图卷积神经网络[56]和 graph-SAGE[58]中，AGGREGATE 函数由平均运算给出，而它只是图同构网络[57]中的简单求和运算。可以采用逐元素取最大操作（element-by-element max operation）作为 AGGREGATE 函数，还可以使用长短期记忆（Long Short-Term Memory，LSTM）网络[58]。类似地，可以先使用简单求和运算再采用多层感知器作为 COMBINE 函数，或者先使用加权求和或串联再接多层感知器[58, 59]。一般来说，对矩阵 $\boldsymbol{W}_1^{(t)}$、$\boldsymbol{W}_2^{(t)}$ 和非线性函数 $\sigma(\cdot)$，图神经网络的操作可以表示为[59]

$$\boldsymbol{x}_v^{(t+1)}=\sigma\left(\boldsymbol{W}_1^{(t)}\boldsymbol{x}_v^{(t)}+\sum_{u\in N(v)}\boldsymbol{W}_2^{(t)}\boldsymbol{x}_u^{(t)}\right) \tag{8.16}$$

Morris 等人[59]的一个重要发现是，对给定的着色 $\{\boldsymbol{x}_v^{(t-1)}\}_{v\in V}$，总是存在矩阵 $\boldsymbol{W}_1^{(t)}$ 和 $\boldsymbol{W}_2^{(t)}$，使得更新式（8.16）等价于式（8.12）和式（8.13）中的 WL 算法。因此，图神经网络确实是一种用于图同构测试的 WL 算法的神经网络实现，并且图神经网络生成节点嵌入的方式是将图映射到能够用于测试图匹配的标记。

8.6　总结和展望

到目前为止，我们已经把图神经网络方法当成一种实现图嵌入的现代方法进行了讨论。最重要的发现是，图神经网络实际上是 WL 测试的神经网络实现。因此，图神经网络实现了嵌入的重要特性，即如果隐空间中的两个特征向量不同，那么基础图（underlying graph）也是不同的。

利用图神经网络进行图嵌入绝不是完备的。为了得到一个真正有意义的图嵌入，隐空间中的向量运算应该具有与原始图相同的语义，类似于词嵌入。然而，目前尚不清楚基于图神经网络的图嵌入能否产生这样多用途的特性。

因此，图神经网络领域仍然是一个广阔的研究领域，下一阶段的突破将需要年轻而富有热情的研究人员提出许多好的想法。

8.7　习　　题

1．证明由 n 个顶点构成的连通图至少有 $n-1$ 条边。

2．对 CBOW 模型的情况，目标向量 $\boldsymbol{x}_i$ 是一个独热编码向量，设 t_k 表示词汇向量 $\boldsymbol{x}_k$ 的非零索引值，证明 CBOW 模型的损失函数可以写成 softmax 函数：

$$l_{\text{CBOW}}(\boldsymbol{W},\tilde{\boldsymbol{W}}) = -\log\left(\frac{\mathrm{e}^{\tilde{\boldsymbol{w}}_{t_i}^{\top}\boldsymbol{h}_i}}{\sum_{k=1}^{M}\mathrm{e}^{\tilde{\boldsymbol{w}}_{t_k}^{\top}\boldsymbol{h}_i}}\right) = -\tilde{\boldsymbol{w}}_{t_i}^{\top}\boldsymbol{h}_i + \log\left(\sum_{k=1}^{M}\mathrm{e}^{\tilde{\boldsymbol{w}}_{t_k}^{\top}\boldsymbol{h}_i}\right) \tag{8.17}$$

其中，隐向量 $\boldsymbol{h}_i$ 由平均隐向量给出。

3．对具有 5 个顶点和 5 条边的所有连通图进行分类，直至同构。你可能会发现，每个具有 5 个顶点和 5 条边的简单连通图都同构于五种情况中的一种。

4．假设 G 是一个具有 4 个连通分量和 20 条边的图，那么 G 中最大可能的顶点数是多少？

5．图同构网络是空间图神经网络的一个特例，适用于图分类任务，网络将 AGGREGATE 函数和 COMBINE 函数实现为节点特征的求和运算：

$$\boldsymbol{x}_v^{(k)} = \text{MLP}^{(k)}\left(1+\varepsilon^{(k)}\cdot\boldsymbol{x}_v^{(k-1)} + \sum_{u\in N(v)}\boldsymbol{x}_u^{(k-1)}\right) \tag{8.18}$$

其中，$\varepsilon^{(k)}=0.1$，MLP 是具有 ReLU 非线性的多层感知器。

（1）假设其邻接矩阵如下，请绘制相应的图：

$$A = \begin{bmatrix} 0 & 1 & 1 & 0 \\ 1 & 0 & 1 & 1 \\ 1 & 1 & 0 & 0 \\ 0 & 1 & 0 & 0 \end{bmatrix}$$

（2）假设输入节点特征是如下的独热特征矩阵：

$$X^{(0)} = \begin{bmatrix} 1 & 0 & 0 & 0 \\ 0 & 1 & 0 & 0 \\ 0 & 0 & 1 & 0 \\ 0 & 0 & 0 & 1 \end{bmatrix}$$

且 MLP 的权重矩阵 $W^{(1)} = W^{(2)}$ 由下式给出：

$$W^{(1)} = \begin{bmatrix} 0.1 & -0.2 & -0.3 & 0.4 \\ -0.1 & 0.2 & -0.3 & 0.4 \\ 0.4 & 0.3 & 0.2 & -0.1 \\ -0.4 & 0.3 & 0.2 & -0.1 \end{bmatrix}$$

那么，假设每个 MLP 都不存在偏置，请计算下一层的特征矩阵 $X^{(1)}$ 和 $X^{(2)}$。

第9章 归一化和注意力

9.1 引 言

本章我们将讨论深度学习中非常激动人心且发展迅速的技术领域：归一化（normalization）和注意力（attention）。

归一化起源于批量归一化技术[41]，该技术通过减少协变量偏移（covariate shift）加速随机梯度法的收敛。这一思想被进一步拓展为各种形式的归一化技术，如逐层归一化（layer norm）[64]、实例归一化（instance norm）[65]、分组归一化（group norm）[66]等。除最初使用归一化更好地收敛随机梯度外，归一化技术还可以作为风格迁移（style transfer）和生成模型（generative models）的简单但又强大的工具，自适应实例归一化（Adaptive Instance Normalization，AdaIN）[67]就是其中一个例子。

鉴于我们在处理大量信息时往往会关注于特定部分这样一种直觉[68–72]，注意力机制受到计算机视觉应用领域的广泛关注。注意力在自然语言处理领域最近的突破中已经发挥了关键作用，如 Transformer[73]、谷歌的双向编码器表示 Transformers（Bidirectional Encoder Representations from Transformers，BERT）[74]、OpenAI 的生成预训练 Transformer（Generative Pre-trained Transformer，GPT）-2[75]和 GPT-3[76]。

对初学者来说，归一化和注意力机制看起来非常陌生，没有任何系统理解方面的线索，并且由于二者之间的相似性，更加令人感到困惑。此外，理解 AdaIN、Transformer、BERT 和 GPT 就像在阅读研究人员用他们自己的秘方开发的食谱一样。然而，深入的研究揭示了他们的直觉背后具有非常良好的数学结构。

本章首先介绍经典的和当前最先进的归一化和注意力技术；然后讨论它们在各种深度学习架构中的具体实现，如风格迁移[77–83]、多域图像迁移（Multi-domain Image Transfer）[84–87]、生成对抗网络（Generative Adversarial Network，GAN）[71, 88, 89]、Transformer 模型、BERT 及 GPT；最后提供了一个统一的数学视图来理解归一化和注意力。

在深度神经网络中，每层滤波器的输出定义为特征映射。例如，VGGNet 的特征映射如图 9.1 所示，其中输入图像是一只猫。由于每层都有多个通道，因此特征映射实际上是一个三维体。而且，在训练期间，从一个小批量样本中可获得多个三维特征映射。

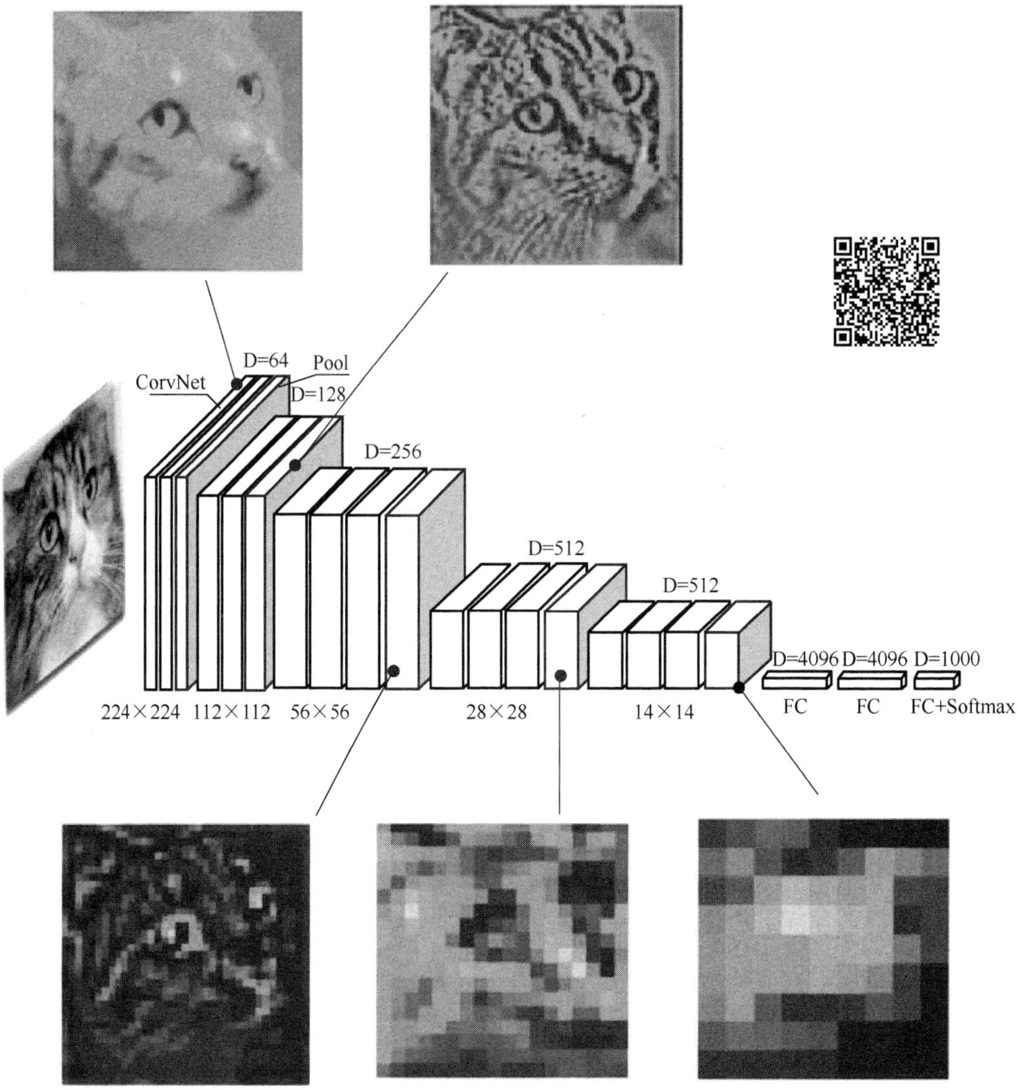

图 9.1 VGGNet 每层一个通道上的特征映射示例

为了简化符号以方便数学分析，本章对每个通道的特征映射进行向量化。此外，我们经常忽略特征中依赖于层的索引。具体来说，网络层中的特征映射可以表示为

$$\boldsymbol{X}=[\boldsymbol{x}_1\cdots\boldsymbol{x}_C]\in\mathbb{R}^{HW\times C} \tag{9.1}$$

其中，$\boldsymbol{x}_c\in\mathbb{R}^{HW\times 1}$ 是 $\boldsymbol{X}$ 的第 c 个列向量（column vector)，它表示第 c 个通道中大小为 $H\times W$ 的向量化特征映射。我们通常使用 $N:=HW$ 表示像素的数量。式（9.1）通常用行向量（row vector）表示，以便明确显示行的依赖关系：

$$\boldsymbol{X}=\begin{bmatrix}\boldsymbol{x}^1\\ \vdots\\ \boldsymbol{x}^{HW}\end{bmatrix}\in\mathbb{R}^{HW\times C} \tag{9.2}$$

其中，$\boldsymbol{x}^i\in\mathbb{R}^{1\times C}$ 是第 i 个行向量，表示的是第 i 个像素位置的通道维特征。

9.2 归　一　化

虽然归一化的具体细节因算法而异，但基本思想都是通过重新中心化（recentering）和重新缩放（rescaling）来归一化输入层或者特征层。或许开启归一化这一研究领域的最具影响力的论文是关于批量归一化的[41]，截至 2021 年 2 月，该文的引用次数达到 25000 次。因此，下面介绍批量归一化技术，并讨论它是如何演变为不同形式的归一化技术的。

9.2.1　批量归一化

批量归一化最初是为了减少内部协变量偏移（internal covariate shift）并提高人工神经网络的速度、性能和稳定性而提出的。在网络的训练阶段，如果网络前几层的特征分布发生变化，则当前层的输入分布也会相应变化，因此当前网络层必须不断适应新的分布。这个问题对深度网络来说尤其严重，因为较浅隐藏层的微小变化在通过网络传播时会被放大，从而导致较深隐藏层发生显著改变。为此，提出了批量归一化的方法，以便通过重新中心化和缩放来减少这些不希望出现的偏移。

具体来说，通过以下变换实现批量归一化：

$$\boldsymbol{y}_c = \frac{\gamma_c}{\bar{\sigma}_c}(\boldsymbol{x}_c - \bar{\mu}_c\mathbf{1}) + \beta_c\mathbf{1} \tag{9.3}$$

其中，$c = 1,\cdots,C$；$\mathbf{1} \in \mathbb{R}^{HW}$ 表示所有元素都为 1 的向量；γ_c 和 β_c 是第 c 个通道中可训练的参数，$\bar{\mu}_c$ 和 $\bar{\sigma}_c$ 是小批量统计量，定义为

$$\bar{\mu}_c = \frac{1}{HW}E[\mathbf{1}^\top \boldsymbol{x}_c] \tag{9.4}$$

$$\bar{\sigma}_c = \sqrt{\frac{1}{HW}E\left[\|\boldsymbol{x}_c - \bar{\mu}_c\mathbf{1}\|^2\right]} \tag{9.5}$$

其中，数学期望 $E[\cdot]$是针对小批量的。在矩阵形式中，式（9.3）可表示为

$$\boldsymbol{Y} = \boldsymbol{X}\boldsymbol{T} + \boldsymbol{B} \tag{9.6}$$

其中，

$$\boldsymbol{T} = \begin{bmatrix} \dfrac{\gamma_1}{\bar{\sigma}_1} & \cdots & 0 \\ \vdots & \ddots & \vdots \\ 0 & \cdots & \dfrac{\gamma_C}{\bar{\sigma}_C} \end{bmatrix} \in \mathbb{R}^{C\times C}，\quad \boldsymbol{B} = \overbrace{[\mathbf{1}\cdots\mathbf{1}]}^{C}\begin{bmatrix} \beta_1 - \dfrac{\gamma_1\bar{\mu}_1}{\bar{\sigma}_1} & \cdots & 0 \\ \vdots & \ddots & \vdots \\ 0 & \cdots & \beta_C - \dfrac{\gamma_C\bar{\mu}_C}{\bar{\sigma}_C} \end{bmatrix} \tag{9.7}$$

除减少内部协变量偏移外，一般认为批量归一化还有许多其他优势。通过这种额外操作，网络可以使用更高的学习效率而不会出现梯度消失或梯度爆炸的现象。此外，批量归一化还具有正则化效果，从而改善网络的泛化特性，因此无须使用随机失活来减少过拟合。人们还观察到，通过批量归一化，网络对不同的初始化方案和学习率变得更加鲁棒。

图 9.2 显示了在稠密卷积网络(DenseNet)[37]架构中使用批量归一化层来提高 ImageNet 分类任务的学习率。类似地，Zhang 等人提出了一种功能强大的卷积神经网络图像去噪器[90]，它只需要级联批量归一化层、ReLU 激活函数和滤波器层，如图 9.3 所示。

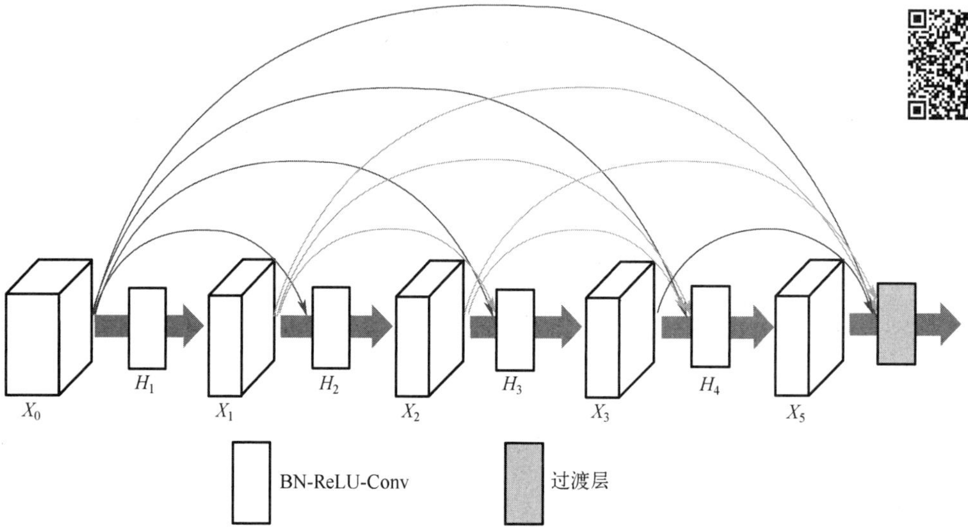

图 9.2　DenseNet 架构中的批量归一化层

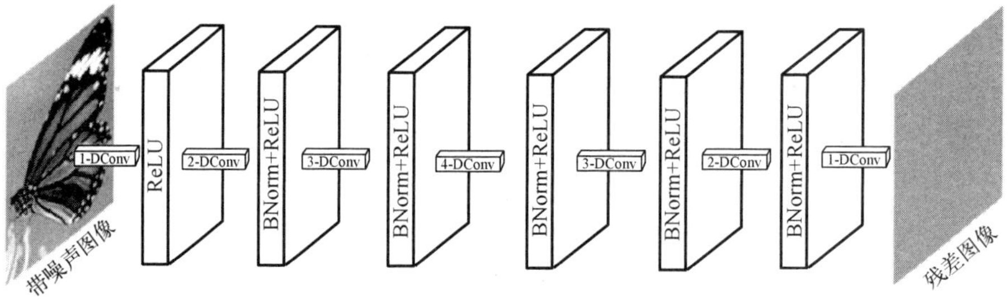

图 9.3　批量归一化在卷积神经网络图像去噪器中的应用

9.2.2　逐层和实例归一化

虽然批量归一化是一个强大的工具，但也存在局限性。批量归一化的主要不足在于当计算式（9.4）和式（9.5）时依赖于所选取的小批量样本。怎样才能缓解这个问题呢？

为了便于理解这个问题，我们看一下在图 9.4 中沿小批量方向堆叠形成的特征映射体(volume of the feature maps)。图 9.4（a）显示了批量归一化的归一化操作，其中，阴影区域用于计算中心化和重新缩放的均值和标准差；B 表示小批量的大小；C 表示通道数量；H 和 W 分别表示特征映射的高度和宽度。

事实上，批量归一化图形表明存在几种不同的归一化方法。例如，逐层归一化（layer normalization）沿着通道和图像方向计算均值和标准差[64]，而不考虑小批量样本。具体地说，有

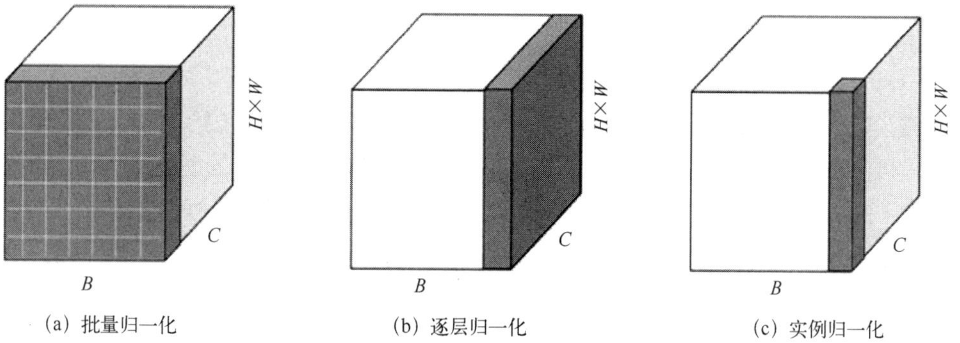

图 9.4　不同形式的特征归一化方法

$$\boldsymbol{y}_c = \frac{\gamma}{\sigma}(\boldsymbol{x}_c - \mu\mathbf{1}) + \beta\mathbf{1} \tag{9.8}$$

其中，$c = 1,\cdots,C$；γ 和 β 是与通道维度无关的可训练参数；μ 和 σ 通过下式来计算：

$$\mu = \frac{1}{HWC}\sum_{c=1}^{C}\mathbf{1}^\top \boldsymbol{x}_c \tag{9.9}$$

$$\sigma = \sqrt{\frac{1}{HWC}\sum_{c=1}^{C}\|\boldsymbol{x}_c - \mu_c\mathbf{1}\|^2} \tag{9.10}$$

在逐层归一化中，小批量中的每个样本都有不同的归一化操作，并且允许使用任意的小批量大小。实验结果表明，逐层归一化在递归神经网络（Recurrent Neural Network，RNN）中表现较好[64]。

另外，实例归一化（instance normalization）将每个样本和通道的特征数据都进行归一化处理，如图 9.4（c）所示。具体地说，有

$$\boldsymbol{y}_c = \frac{\gamma_c}{\sigma_c}(\boldsymbol{x}_c - \mu_c\mathbf{1}) + \beta_c\mathbf{1} \tag{9.11}$$

其中，$c = 1,\cdots,C$，且

$$\mu_c = \frac{1}{HW}\mathbf{1}^\top \boldsymbol{x}_c \tag{9.12}$$

$$\sigma_c = \sqrt{\frac{1}{HW}\|\boldsymbol{x}_c - \mu_c\mathbf{1}\|^2} \tag{9.13}$$

而 γ_c 和 β_c 是通道 c 上可训练的参数。

采用矩阵形式时，式（9.11）可表示为

$$\boldsymbol{Y} = \boldsymbol{XT} + \boldsymbol{B} \tag{9.14}$$

其中，$\boldsymbol{T}$ 和 $\boldsymbol{B}$ 与式（9.7）中的类似，但要计算每一个样本。

9.2.3　自适应实例归一化

自适应实例归一化（AdaIN）[67]的提出开启了归一化方法的新篇章，它超越了旨在提

高性能和降低对学习效率依赖的经典归一化方法。AdaIN 最重要的发现是，式（9.11）中的实例归一化转换为风格迁移提供了重要线索。

在讨论 AdaIN 的细节前，先解释图像风格迁移的概念。图 9.5 给出了采用 AdaIN[67]实现图像风格迁移（image style transfer）的示例。这里，第一行显示的是与内容特征（content feature）$\boldsymbol{X}=[\boldsymbol{x}_1,\cdots,\boldsymbol{x}_C]$相关联的内容图像（content image），而第一列对应的是与风格特征（style feature）$\boldsymbol{S}=[\boldsymbol{s}_1,\cdots,\boldsymbol{s}_C]$相关联的风格图像（style image）。图像风格迁移的目的就是将内容图像转换为由特定风格引导的风格图像。在这种情况下，AdaIN 是如何实现风格迁移的呢？

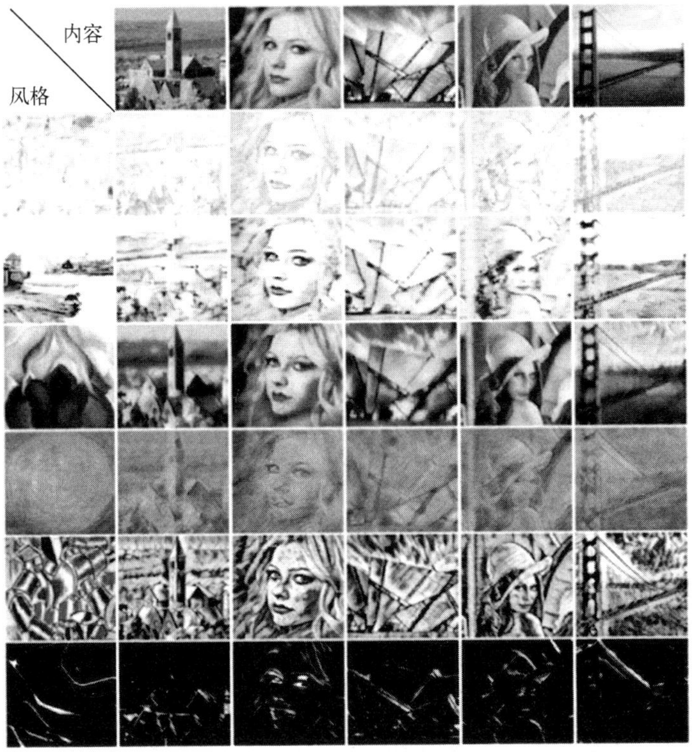

图 9.5　采用 AdaIN 实现图像风格迁移的示例

主要思想是使用式（9.11）的实例归一化，但并不利用根据其自身特征计算的γ_c和β_c，而是将这些值计算为风格图像的标准差和均值，即

$$\beta_c^s=\frac{1}{HW}\mathbf{1}^\top\boldsymbol{s}_c \tag{9.15}$$

$$\gamma_c^s=\sqrt{\frac{1}{HW}\left\|\boldsymbol{s}_c-\beta_c^2\mathbf{1}\right\|^2} \tag{9.16}$$

其中，$\boldsymbol{s}_c$是风格图像中的第 c 个通道的特征映射。AdaIN 可以用矩阵形式表示为

$$\boldsymbol{Y}=\boldsymbol{X}\boldsymbol{T}_x\boldsymbol{T}_s+\boldsymbol{B}_{x,s} \tag{9.17}$$

其中，$\boldsymbol{T}_x$和$\boldsymbol{T}_s$分别是根据$\boldsymbol{X}$和$\boldsymbol{S}$计算得到的对角矩阵：

$$\boldsymbol{T}_x = \begin{bmatrix} \frac{1}{\sigma_1} & \cdots & 0 \\ \vdots & \ddots & \vdots \\ 0 & \cdots & \frac{1}{\sigma_C} \end{bmatrix} \in \mathbb{R}^{C\times C} \tag{9.18}$$

$$\boldsymbol{T}_s = \begin{bmatrix} \gamma_1^s & \cdots & 0 \\ \vdots & \ddots & \vdots \\ 0 & \cdots & \gamma_C^s \end{bmatrix} \in \mathbb{R}^{C\times C} \tag{9.19}$$

而 $\boldsymbol{B}_{x,s}$ 则是根据 $\boldsymbol{X}$ 和 $\boldsymbol{S}$ 计算得到的偏置项：

$$\boldsymbol{B}_{x,s} = \overbrace{[\mathbf{1}\cdots\mathbf{1}]}^{C} \begin{bmatrix} \beta_1^s - \frac{\gamma_1^s}{\sigma_1}\mu_1 & \cdots & 0 \\ \vdots & \ddots & \vdots \\ 0 & \cdots & \beta_C^s - \frac{\gamma_C^s}{\sigma_C}\mu_C \end{bmatrix} \tag{9.20}$$

可以采用相同的编码器来生成风格特征映射（style feature map），如图 9.6 所示，其中内容图像和风格图像都作为 VGG 编码器的输入，以便从中提取特征向量，在此基础上 AdaIN 层利用前面描述的自适应实例归一化操作来改变其风格。

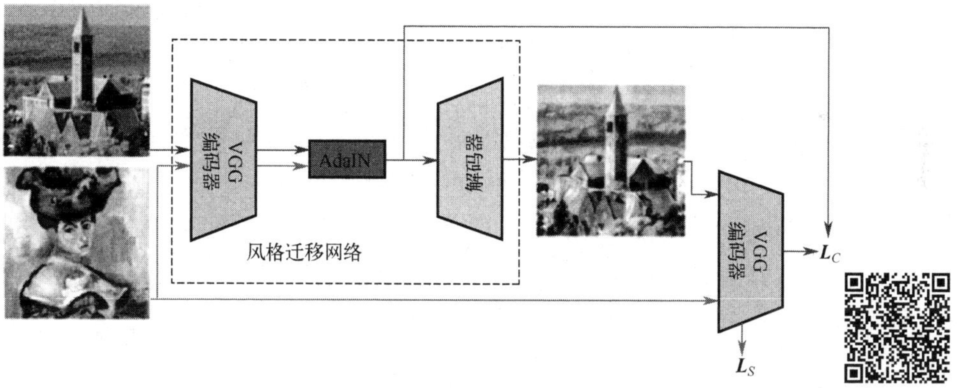

图 9.6　AdaIN 风格迁移的网络架构

9.2.4　白化与着色变换

白化与着色变换（Whitening and Coloring Transform，WCT）是另一种强大的图像风格迁移方法[79]，它由白化变换（whitening transform）和着色变换（coloring transform）组成。从数学上，可以描述为

$$\boldsymbol{Y} = \boldsymbol{X}\boldsymbol{T}_x\boldsymbol{T}_s + \boldsymbol{B}_{x,s} \tag{9.21}$$

其中，$\boldsymbol{B}_{x,s}$ 与式（9.20）相同，白化变换 $\boldsymbol{T}_x$ 和着色变换 $\boldsymbol{T}_s$ 分别由 $\boldsymbol{X}$ 和 $\boldsymbol{S}$ 计算得到：

$$\boldsymbol{T}_x = \boldsymbol{U}_x\boldsymbol{\Sigma}_x^{-\frac{1}{2}}\boldsymbol{U}_x^\top, \qquad \boldsymbol{T}_s = \boldsymbol{U}_s\boldsymbol{\Sigma}_s^{\frac{1}{2}}\boldsymbol{U}_s^\top \tag{9.22}$$

其中，U_x、Σ_x 和 U_s、Σ_s 分别是来自 X 和 S 的协方差矩阵（covariance matrix）的特征分解：

$$X^\top X = U_x \Sigma_x U_x^\top, \quad S^\top S = U_s \Sigma_s U_s^\top \tag{9.23}$$

容易看出，当协方差矩阵是对角矩阵时，AdaIN 是 WCT 的一个特例。

9.3 注 意 力

在认知神经科学（cognitive neuroscience）领域，注意力被定义为一个人选择性地关注某一方面的信息而忽略其他可感知信息的行为和认知过程。本节将介绍神经元水平上注意力的生物学类比，并讨论其数学描述。

9.3.1 代谢型受体：生物学类比

已知神经递质存在两种类型的受体，分别是离子通道型受体（ionotropic receptors）和代谢型受体（metabotropic receptors）[91]。离子通道型受体是一种跨膜分子（transmembrane molecule），可以“开启”或者“关闭”一个通道，从而使不同类型的离子可以迁移进出细胞，如图 9.7（a）所示。代谢型受体的激活只是间接地影响离子通道（ion channel）的开启和关闭。特别是，一旦配体（ligand）与代谢型受体结合，受体便会激活 G 蛋白（G-protein）；而一旦 G 蛋白被激活，自身就会继续激活另一种被称为“第二信使”（secondary messenger）的分子。第二信使一直移动到它与位于膜上不同点的离子通道结合并开启它们才会停止，如图 9.7（b）所示。需要重点注意的是，代谢型受体没有离子通道，配体的结合可能会也可能不会导致膜上不同位置的离子通道打开。

从数学上讲，上述过程可以建模如下。设 x_n 是与第 n 个突触结合的神经递质的数量。在第 n 个突触处产生的 G 蛋白与代谢型受体的敏感度（sensitivity）成正比，用 k_n 表示。G 蛋白产生第二信使，以 q_m 的敏感度与第 m 个突触处的离子通道结合。由于第二信使是由不同突触处的代谢型受体产生的，因此来自第 m 个突触的离子流（ion influx）总量由下面给出的求和公式决定：

$$y_m = \sum_{n=1}^{N} q_m k_n x_n, \quad m = 1, \cdots, N \tag{9.24}$$

用向量形式表示为

$$\boldsymbol{y} = \boldsymbol{T}\boldsymbol{x}, \text{ 其中 } \boldsymbol{T} := \boldsymbol{q}\boldsymbol{k}^\top \tag{9.25}$$

需要注意的是，式（9.25）中的矩阵 $\boldsymbol{T}$ 是从 $\boldsymbol{x}$ 到 $\boldsymbol{y}$ 的变换矩阵。实际上，变换矩阵 $\boldsymbol{T}$ 是秩为 1 的矩阵（rank-1 matrix）。因此，输出 $\boldsymbol{y}$ 被约束在列向量的线性子空间（linear subspace）中，即 $R(\boldsymbol{q})$，其中 $R(\cdot)$ 表示列空间。这意味着神经元中的激活模式遵循离子通道的敏感度模式 $\boldsymbol{q}$，而幅度则由 $\boldsymbol{k}$ 调控。

这可以解释代谢型受体的另一个作用，即代谢型受体的长期激活（prolonged activation）作用比离子通道型受体的短期激活（short-term activation）作用更大，因为激活模式是由第二信使结合的离子通道的分布决定的，而不是由原始神经递质释放的特定位置决定的。因此，$\boldsymbol{q}$ 和 $\boldsymbol{k}$ 的协同组合决定了神经元激活的一般行为。

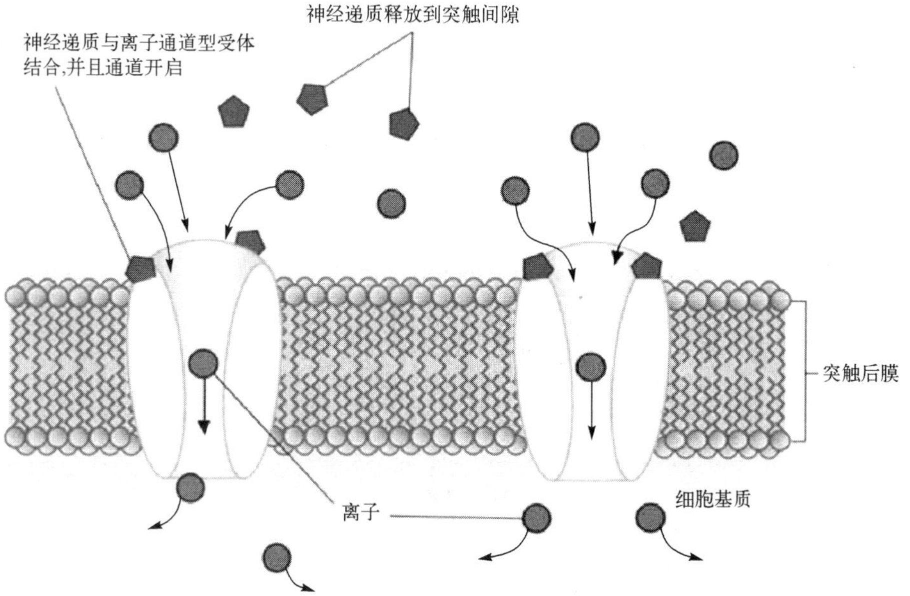

(a) 离子通道型受体

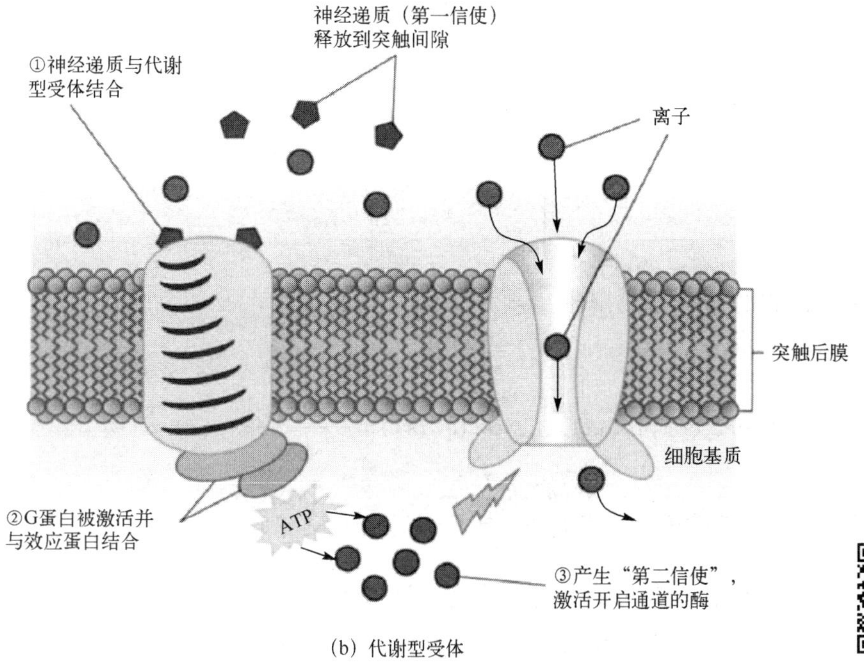

(b) 代谢型受体

图 9.7　两种类型的神经递质受体及其机制

9.3.2　空间注意力的数学建模

在式（9.25）中，向量 $\boldsymbol{q}$ 和 $\boldsymbol{k}$ 通常称为查询（query）和键（key）。需要注意的是，即使采用相同的键 $\boldsymbol{k}$，通过改变查询向量（query vector）$\boldsymbol{q}$ 也可以获得完全不同的激活模式，其实这就是注意力机制（attention mechanism）的核心思想。通过解耦（decouple）查询和键，我们可以有目的地调整神经元的激活模式。下面介绍基于这个概念开发的注意力的一般形式。

在人工神经网络中，模型（9.24）被推广到向量形式。具体来说，第 m 个像素 $\boldsymbol{y}^m \in \mathbb{R}^C$ 处的行向量输出由查询 $\boldsymbol{q}^m \in \mathbb{R}^d$、键 $\boldsymbol{k}^n \in \mathbb{R}^d$ 及值（value） $\boldsymbol{x}^n \in \mathbb{R}^C$ 的向量版本决定：

$$\boldsymbol{y}^m = \sum_{n=1}^{N} a_{mn} \boldsymbol{x}^n \tag{9.26}$$

其中， $m=1,\cdots,N$ ，并且

$$a_{mn} := \frac{\exp(\text{score}(\boldsymbol{q}^m, \boldsymbol{k}^n))}{\sum_{n'=1}^{N} \exp(\text{score}(\boldsymbol{q}^m, \boldsymbol{k}^{n'}))} \tag{9.27}$$

这里的打分函数（score functions） $\text{score}(\cdot,\cdot)$ 决定了两个向量之间的相似性。

式（9.26）可以用矩阵形式表示为

$$\boldsymbol{Y} = \boldsymbol{A}\boldsymbol{X} \tag{9.28}$$

其中，

$$\boldsymbol{X} = \begin{bmatrix} \boldsymbol{x}^1 \\ \vdots \\ \boldsymbol{x}^N \end{bmatrix}, \quad \boldsymbol{Y} = \begin{bmatrix} \boldsymbol{y}^1 \\ \vdots \\ \boldsymbol{y}^N \end{bmatrix} \tag{9.29}$$

及

$$\boldsymbol{A} = \begin{bmatrix} a_{11} & \cdots & a_{1N} \\ \vdots & \ddots & \vdots \\ a_{N1} & \cdots & a_{NN} \end{bmatrix} \tag{9.30}$$

有各种形式的打分函数可以用于注意力计算，例如：

- 点积（dot product）， $\text{score}(\boldsymbol{q}^m, \boldsymbol{k}^n) := \langle \boldsymbol{q}^m, \boldsymbol{k}^n \rangle$ ；
- 缩放点积（scaled dot product）， $\text{score}(\boldsymbol{q}^m, \boldsymbol{k}^n) := \dfrac{\langle \boldsymbol{q}^m, \boldsymbol{k}^n \rangle}{\sqrt{d}}$ ；
- 余弦相似度， $\text{score}(\boldsymbol{q}^m, \boldsymbol{k}^n) := \dfrac{\langle \boldsymbol{q}^m, \boldsymbol{k}^n \rangle}{\|\boldsymbol{q}^m\| \|\boldsymbol{k}^n\|}$ 。

例如，在基于点积的注意力中，通常采用线性嵌入生成查询向量和键向量，即

$$\boldsymbol{q}^n = \boldsymbol{x}^n \boldsymbol{W}_Q, \quad \boldsymbol{k}^n = \boldsymbol{x}^n \boldsymbol{W}_K, \; n=1,\cdots,N \tag{9.31}$$

其中， $\boldsymbol{W}_Q, \boldsymbol{W}_K \in \mathbb{R}^{C\times d}$ 在所有索引中共享。

查询和键的矩阵形式表示如下：

$$\boldsymbol{Q} = \boldsymbol{X}\boldsymbol{W}_Q, \quad \boldsymbol{K} = \boldsymbol{X}\boldsymbol{W}_K \tag{9.32}$$

其中， $\boldsymbol{Q}, \boldsymbol{K} \in \mathbb{R}^{N\times d}$ 分别由下式给出：

$$\boldsymbol{Q} = \begin{bmatrix} \boldsymbol{q}^1 \\ \vdots \\ \boldsymbol{q}^N \end{bmatrix}, \quad \boldsymbol{K} = \begin{bmatrix} \boldsymbol{k}^1 \\ \vdots \\ \boldsymbol{k}^N \end{bmatrix} \tag{9.33}$$

我们通常希望将 $\boldsymbol{x}^n$ 嵌入更小维向量 $\boldsymbol{v}^n \in \mathbb{R}^{d_v}$ 中，这将引出值的如下矩阵表示：

$$\boldsymbol{v}^n = \boldsymbol{x}^n \boldsymbol{W}_V \quad (\in \mathbb{R}^{d_v}) \tag{9.34}$$

其中，$\boldsymbol{W}_V \in \mathbb{R}^{C \times d_v}$ 是值的线性嵌入矩阵（linear embedding matrix）。那么，注意力可以计算为

$$\boldsymbol{y}^m = \sum_{n=1}^{N} a_{mn} \boldsymbol{v}^n \tag{9.35}$$

其中，

$$a_{mn} := \frac{\exp\left(\left\langle \boldsymbol{x}^m \boldsymbol{W}_Q, \boldsymbol{x}^n \boldsymbol{W}_K \right\rangle\right)}{\sum_{n'=1}^{N} \exp\left(\left\langle \boldsymbol{x}^m \boldsymbol{W}_Q, \boldsymbol{x}^{n'} \boldsymbol{W}_K \right\rangle\right)} \tag{9.36}$$

或者写成矩阵形式，即

$$\boldsymbol{Y} = \boldsymbol{A}\boldsymbol{X}\boldsymbol{W}_V \tag{9.37}$$

其中，$\boldsymbol{X}, \boldsymbol{Y}, \boldsymbol{A}$ 分别由式（9.29）和式（9.30）定义。

9.3.3　通道注意力

到目前为止，我们已经讨论了空间注意力的数学描述。空间注意力的一个缺点是需要进行大小为 $N \times N$ 的注意力映射（attention map）$\boldsymbol{A}$ 的矩阵乘法，这可能会涉及大量计算。为了解决这个问题，提出了通道注意力（channel attention）技术。最广为人知的一种通道注意力方法是“压缩和激励网络”（Squeeze and Excitation Network，SENet）方法，它在 2017 年 ImageNet 大规模视觉识别挑战赛上获得了图像分类任务的冠军[68]。

SENet 由压缩（squeeze）和激励（excitation）两个步骤组成，网络架构如图 9.8 所示。

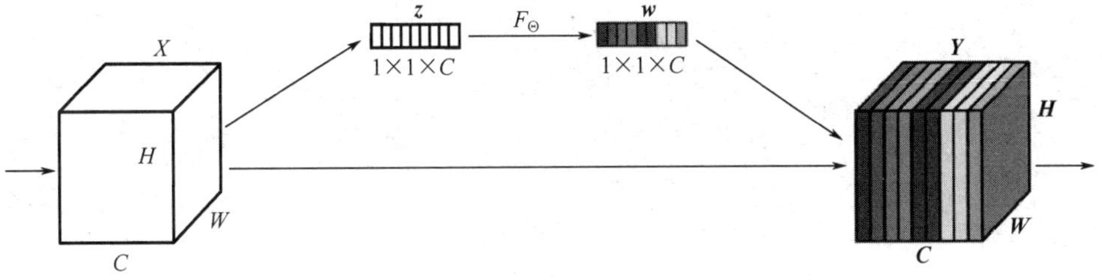

图 9.8　SENet 网络架构

在压缩阶段，通过如下平均池化生成一个 $1 \times C$ 维的向量 $\boldsymbol{z}$：

$$\boldsymbol{z} = \frac{1}{N} \boldsymbol{1}^{\top} \boldsymbol{X} \tag{9.38}$$

在激励阶段中，利用 Θ 参数化的神经网络 $\boldsymbol{F}_{\Theta}$ 根据 $\boldsymbol{z}$ 生成 $1 \times C$ 的权重向量 $\boldsymbol{w}$：

$$\boldsymbol{w} = \boldsymbol{F}_{\Theta}(\boldsymbol{z}) \tag{9.39}$$

那么，最终的注意力增强映射（attended map）可通过下式得到：

$$Y = XW \tag{9.40}$$

其中，$W := [\mathbf{diag}(w)]$，$\mathbf{diag}(w)$是一个对角矩阵，其对角分量由向量 w 获得。容易看出，相关的计算复杂度较低。尽管如此，SENet 提供了有效的通道注意力机制，显著提高了神经网络的性能[68]。

9.4 应　　用

本节主要介绍归一化和注意力技术在现代深度学习中的重要应用。

9.4.1 StyleGAN

在 2019 年召开的 IEEE 国际计算机视觉与模式识别会议（IEEE Conference on Computer Vision and Pattern Recognition，CVPR）上，一项最激动人心的发明是 Nvidia 提出的一种名为 StyleGAN[89]的生成对抗网络，它能生成逼真到足以震撼世界的高分辨率图像，如图 9.9 所示。

图 9.9　利用 StyleGAN 生成的虚假人脸示例

生成模型尤其是 GAN 将在第 13 章中详细讨论，这里简要介绍 StyleGAN，因为 StyleGAN 的主要突破来自自适应实例归一化。图 9.10 右侧的神经网络生成的隐编码（latent code）作为风格图像的特征向量，而左侧的神经网络则根据随机噪声生成内容特征向量。AdaIN 层将风格特征和内容特征结合起来，以便生成各种分辨率下更加逼真的特征。事实上，这种架构与标准 GAN 有着本质的区别，也就是虚假图像（fake image）仅由一个内容生成器（content generator）生成。通过与另一个风格生成器（style generator）的协同组合，StyleGAN 成功地生成了非常逼真的图像。

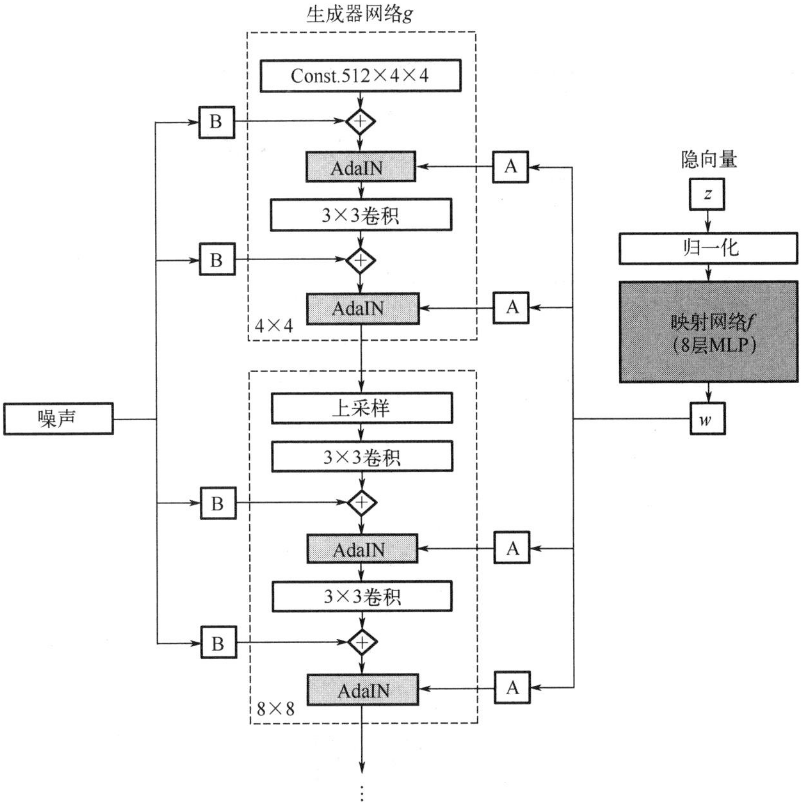

图 9.10 StyleGAN 架构

9.4.2 自注意力 GAN

注意力机制的一个重要优势是对查询向量和键向量的单独控制。在自注意力（self-attention）的情况下，查询和键都来自同一个数据集。此时，注意力试图从相同的输入信号中提取全局信息，以便找出信号中需要关注的部分。

在自注意力 GAN（Self-attention GAN，SAGAN）[71]中，自注意力层（self-attention layer）被添加到 GAN 中，使得生成器（generator）和判别器（discriminator）都可以更好地捕获空间区域之间的模型关系，如图 9.11 所示。需要注意的是，在卷积神经网络中，感受野的大小受滤波器尺寸的限制。基于这一考虑，自注意力是学习像素与所有其他位置之间关系的一种好方法，即使是相距很远的区域，通过自注意力也可以容易获得全局依赖关系（global dependency）。因此，一个具有自注意力的 GAN 有望更好地处理细节。

更具体地说，设 $\boldsymbol{X} \in \mathbb{R}^{N\times C}$ 是具有 N 个像素和 C 个通道的特征映射，$\boldsymbol{x}^m \in \mathbb{R}^C$ 表示 $\boldsymbol{X}$ 的第 m 个行向量，代表了第 m 个像素位置的特征向量。那么对所有的像素索引 $m=1,\cdots,N$，生成的查询图像、键图像和值图像分别为

$$\boldsymbol{q}^m = \boldsymbol{x}^m \boldsymbol{W}_Q\,, \quad \boldsymbol{k}^m = \boldsymbol{x}^m \boldsymbol{W}_K\,, \quad \boldsymbol{v}^m = \boldsymbol{x}^m \boldsymbol{W}_V \tag{9.41}$$

注意到矩阵 $\boldsymbol{W}_Q$，$\boldsymbol{W}_K$，$\boldsymbol{W}_V \in \mathbb{R}^{C\times C}$ 可以使用1×1卷积来实现（如图 9.11 所示），因此与式（9.37）类似，注意力增强图像（attended image）可以表示为

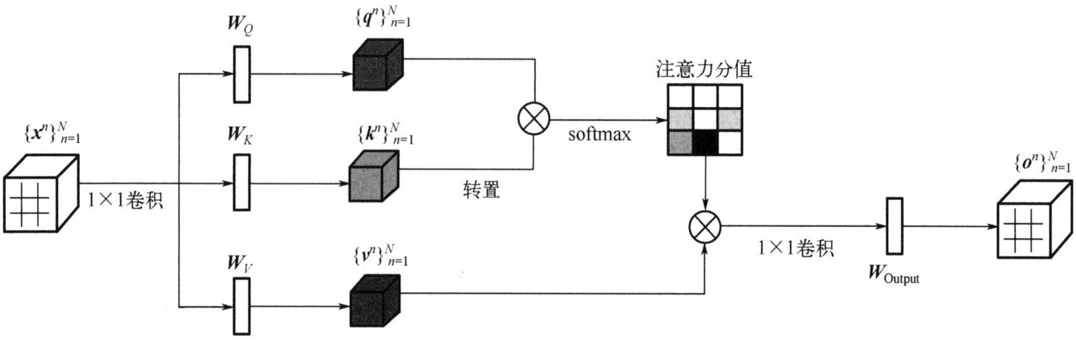

图 9.11　自注意力 GAN 架构

$$\boldsymbol{Y}=\boldsymbol{A}\boldsymbol{V}=\boldsymbol{A}\boldsymbol{X}\boldsymbol{W}_V \tag{9.42}$$

其中，

$$\boldsymbol{V}=\begin{bmatrix}\boldsymbol{v}^1\\ \vdots\\ \boldsymbol{v}^N\end{bmatrix} \tag{9.43}$$

并且矩阵 $\boldsymbol{A}$ 的第(m,n)元素由下式给出：

$$a_{mn}:=\frac{\exp\left(\left\langle \boldsymbol{q}^m,\boldsymbol{k}^n\right\rangle\right)}{\sum_{n'=1}^{N}\exp\left(\left\langle \boldsymbol{q}^m,\boldsymbol{k}^{n'}\right\rangle\right)} \tag{9.44}$$

最终的自注意力增强特征映射（self attended feature map）可以通过下式计算：

$$\boldsymbol{O}=\boldsymbol{Y}\boldsymbol{W}_O \tag{9.45}$$

上式也可以采用1×1卷积实现。如式（9.42）和式（9.45）所示，首先对注意力映射 $\boldsymbol{A}$ 中的元素进行加权，然后对整幅图像的值向量 $\{\boldsymbol{v}^n\}_{n=1}^N$ 进行线性组合，最后在第 m 个像素位置便可生成新的特征向量 $\boldsymbol{o}^m$。因此，自注意力映射（self-attention map）的感受野是整幅图像，这就使得图像生成更加有效。然而，不足之处是我们需要进行一个 $N\times N$ 大小的注意力映射 $\boldsymbol{A}$ 的矩阵乘法，因此在计算代价上可能会比较昂贵。

9.4.3　注意力 GAN

在注意力 GAN（Attentional GAN，AttnGAN）[72]中，提出了一种用于从文本到图像生成（text-to-image generation）的注意力驱动（attention-driven）架构，如图 9.12 所示。除细粒度翻译（fine-grained translation）的详细结构外，AttnGAN 的关键思想是使用了跨域注意力（cross-domain attention）。具体来说，查询向量是从图像区域生成的，而键向量则是根据单词特征（word feature）生成的。通过组合查询和键，AttnGAN 可以自动选取单词级别的条件来生成图像的不同部分[72]。

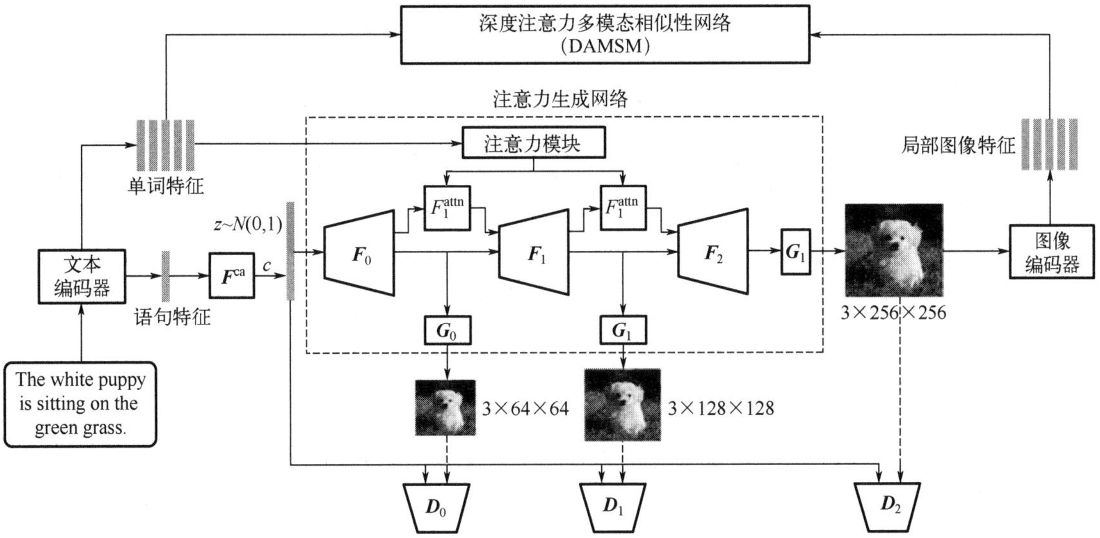

图 9.12　注意力 GAN 的网络架构

9.4.4　图注意力网络

在图注意力网络（Graph Attention Network，GAT）[69]中，主要关注的是神经网络应更多地访问哪种节点，以便在中间节点上实现更好的嵌入，如图 9.13 所示。为了融入图的连通性，建议对查询向量、键向量和值向量施加如下特定的约束：

$$\boldsymbol{q}^v = \boldsymbol{x}^v\boldsymbol{W}\ ,\quad \boldsymbol{k}^u = \boldsymbol{v}^u = \boldsymbol{x}^u\boldsymbol{W},\ u \in N(v) \tag{9.46}$$

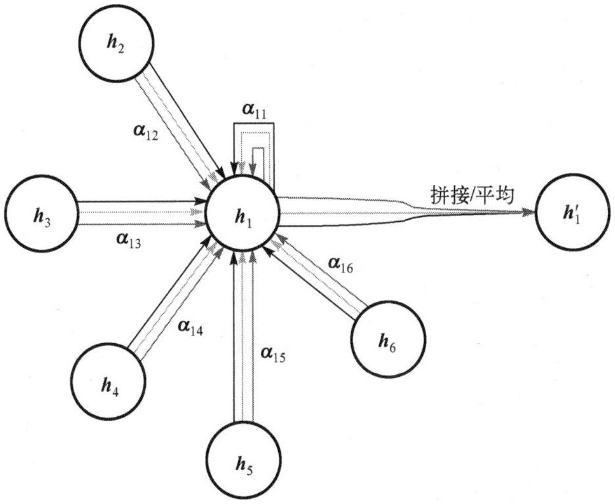

图 9.13　图注意力网络

在此基础上，节点之间的注意力系数（attentional coefficient）通过下式计算：

$$e_{vu} = \mathrm{score}(\boldsymbol{q}^v, \boldsymbol{k}^u)$$

为了比较容易地实现跨节点访问系数，将系数归一化为

$$\alpha_{vu} = \frac{\exp(e_{vu})}{\sum_{u' \in N(v)} \exp(e_{vu'})} \tag{9.47}$$

图神经网络采用归一化的连接系数（connective coefficient）表示为

$$\boldsymbol{x}^v = \sigma\left(\sum_{u \in N(v)} \alpha_{vu} \boldsymbol{x}^u \boldsymbol{W}\right) \tag{9.48}$$

9.4.5　Transformer

Transformer 是 Google 公司于 2017 年推出的一种深度机器学习模型，最初用于自然语言处理[73]。在自然语言处理中，传统采用的是递归神经网络，如长短期记忆网络[92]。在递归神经网络中，使用内部存储单元按顺序处理数据。尽管 Transformer 旨在处理处理语音之类的有序数据序列，但与递归神经网络不同，Transformer 还能并行处理整个数据序列以减少路径长度，从而更容易学习到序列中的长距离依赖关系（long-range dependency）。Transformer 自问世以来，已经成为自然语言处理中大多数最先进架构的构件，如 BERT 模型[74]、GPT-3 模型[76]等。

如图 9.14 所示，基于 Transformer 的语言翻译由编码器和解码器组成。Transformer 的主要思想是基于前面讨论的注意力机制，尤其是充分利用了注意力机制中关于查询向量、键向量及值向量的本质，使得编码器可以学习语言嵌入（language embedding），而解码器能进行语言翻译。

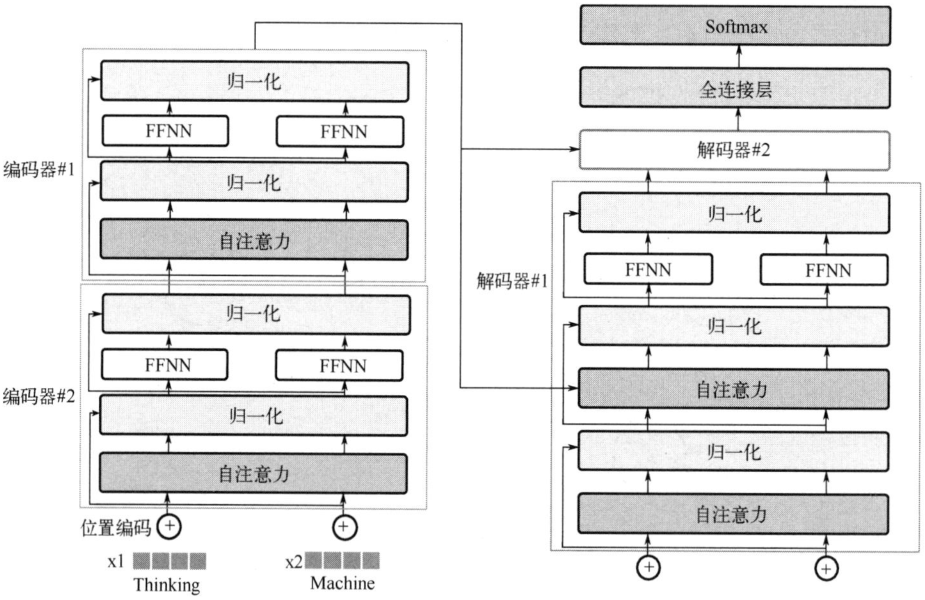

图 9.14　用于语言翻译的编码器-解码器架构

特别是，来自某种语言（如英语）的句子在编码器上用于学习如何将每个单词嵌入一个句子中。为了学习句子中单词之间的长距离依赖关系，在编码器上采用了自注意力机制。当然，自注意力还不足以执行复杂的语音嵌入（speech embedding）任务。为此，在网络中还包含额外的残差连接、逐层归一化及前馈神经网络单元 FFNN，接着是额外的编码器块（encoder block）单元，如图 9.15 所示。一旦训练完毕后，Transformer 的编码器就会生成词嵌入，其中包含每个单词在句子中的结构作用（structural role）。

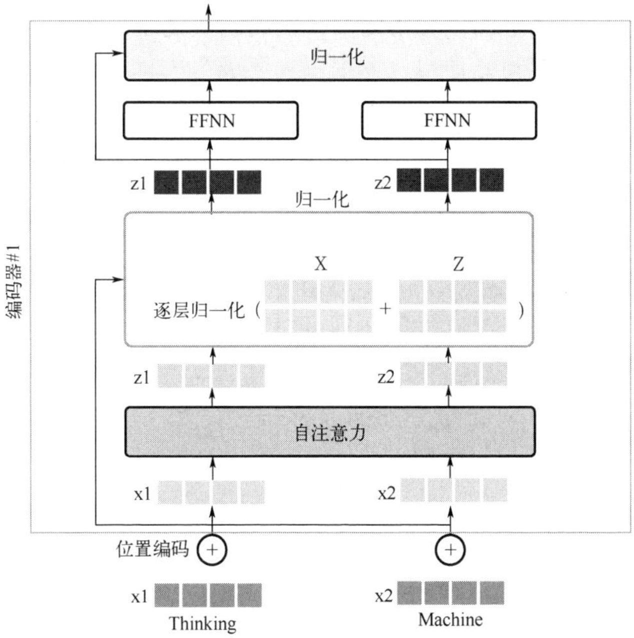

图 9.15　Transformer 编码器的网络架构

在解码器中，来自编码器的这些嵌入向量（embedding vector）用于生成键向量，如图 9.14 和图 9.16 所示。将其与从目标语言（如法语）中生成的查询向量相结合后，利用这种混合式组合来创建注意力映射，并考虑单词的结构作用，以此作为两种语言之间单词的转换矩阵。

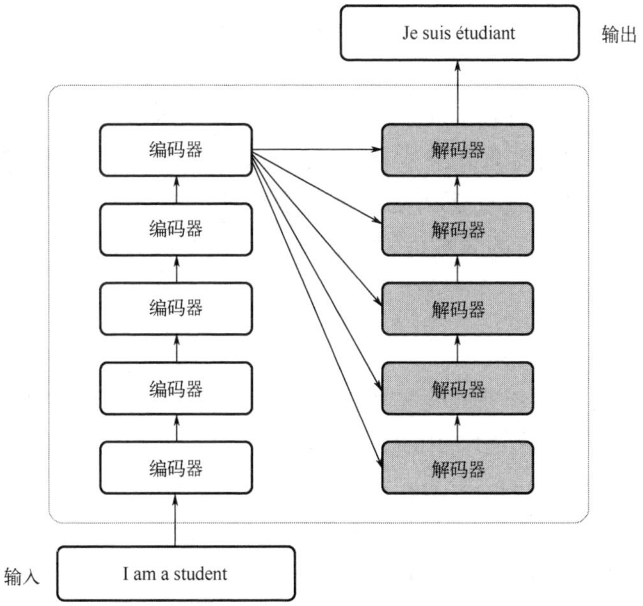

图 9.16　Transformer 每个解码器层生成的键向量

Transformer 的另一个重要组成部分是位置编码（positional encoding），具体参见图 9.14 和图 9.15 中的位置编码块。与递归神经网络和长短期记忆网络相比，Transformer 会同时处理句子中的每个单词，从而获得句子中更长的依赖关系，所以模型本身没有任何单词位置的概念。然而，单词在句子中的位置很重要，因为它决定了句子的语法和语义。因此，需要考虑单词的顺序，并且要为此使用位置编码。要成为一种有效的位置编码方法，就必须输出句子中每个单词位置的唯一编码，并且容易推广到较长的句子。

在各种可能的方法中，Transformer 的原始作者使用了不同频率的正弦函数和余弦函数[73]。具体来说，设 n 是输入句子中所需的位置，$\boldsymbol{p}_n \in \mathbb{R}^d$ 是相应的位置编码，其中 d 是选择偶数的编码维度。那么，位置编码向量由下式给出：

$$\boldsymbol{p}_n = \begin{bmatrix} \sin(\omega_1 n) \\ \cos(\omega_1 n) \\ \sin(\omega_2 n) \\ \cos(\omega_2 n) \\ \vdots \\ \sin(\omega_{\frac{d}{2}} n) \\ \cos(\omega_{\frac{d}{2}} n) \end{bmatrix} \in \mathbb{R}^d \tag{9.49}$$

其中，$\omega_k = \dfrac{1}{10000^{\frac{2k}{d}}}$。然后将该位置编码向量添加到词嵌入向量 $\boldsymbol{x}_n \in \mathbb{R}^d$，以便获得位置编码后的（position encoded）词嵌入向量：

$$\boldsymbol{x}_n \leftarrow \boldsymbol{x}_n + \boldsymbol{p}_n \tag{9.50}$$

最后将上述结果输入 Transformer 的自注意力模块（self-attention module）中。

读者或许会感到好奇，为什么位置编码向量采用的是词嵌入求和而不是拼接（concatenation）求和方式。虽然在论文 *Attention is all you need*[73]中经验性地使用这种策略，但最近的理论分析表明，具有附加位置编码的 Transformer 结构是图灵完备的（Turing complete）[93]，并且可以通过重新参数化（reparametrized）表示任何卷积层[94]。

Transformer 巧妙地组合了注意力的全部数学原理，并且使用单独的查询向量和键向量实现语言翻译的特定目的。正因为如此，Transformer 已经成为现代自然语言处理的主力军。

9.4.6 BERT

自然语言处理中最新的一项具有里程碑意义的工作是 BERT 模型[74]的提出，它甚至被视为自然语言处理新时代的开始。BERT 模型一个独特的特征是生成的结构与现场可编程门阵列（Field Programmable Gate Array，FPGA）芯片一样富有规律。因此，只需简单地更改训练方案，BERT 单元就可以用于不同的应用目的和语言。

BERT 的主要架构是双向 Transformer 编码器单元的级联连接，如图 9.17 所示。由于使用了 Transformer 架构中的编码器部分，因此输入特征和输出特征的数量保持不变，而每个特征向量的维数可能不同。例如，输入特征可以是一个独热编码的单词，其特征维数由语料库词汇的规模决定。输出特征可能是一个低维嵌入，它总结了单词在上下文中的作用。使用双向 Transformer 编码器的原因是基于这样一个观察，也就是即使句子中单词的顺序发生了颠倒，人们也能理解这个句子的意思。因此通过考虑相反的顺序，使得每个单词在上下文中的作用都可以更好地概括到一个注意力映射中，从而产生更有效的词嵌入。

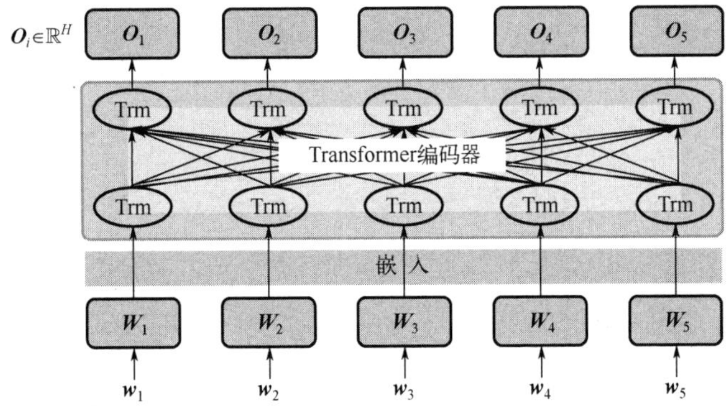

图 9.17　BERT 主要架构

BERT 的另一个优点在于训练。具体来说，BERT 的训练由预训练（pre-training）和精调（fine-tuning）两个阶段组成，如图 9.18 所示。在预训练阶段，任务的目标是猜测输入句子中的掩蔽单词（masked word）。图 9.19 显示了这个掩蔽单词估计的更加详细的解释。来自维基百科（Wikipedia）的输入句子中大约 15%的单词被特定的标记（token）所掩盖（在本例中为掩码），训练目标是从同一位置嵌入的输出（embedded output）中估计被掩盖的单词。由于 BERT 输出的只是一个嵌入的特征（embedded feature），因此我们还需要一个额外的全连接神经网络（Fully Connected Neural Network，FCNN）和 softmax 层来估计特定的单词。有了这个额外的网络，我们就可以正确地预训练 BERT 单元。

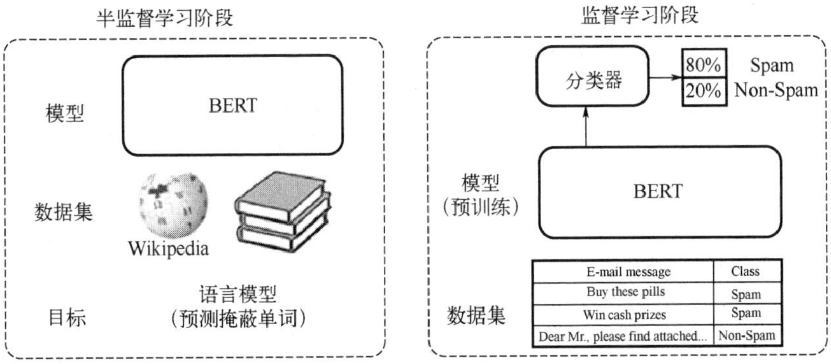

图 9.18　BERT 训练时的预训练和精调阶段

一旦完成了 BERT 预训练，就可以使用监督学习（supervised learning）任务对 BERT 单元进行精调。例如，图 9.20 显示了一个监督学习任务。其中，BERT 的输入由两个句子组成，通过另一个标记<SEP>分隔开。监督学习的目标是评估第二个语句是否是第一个语句的正确延续。它的输出现在被嵌入 BERT 的输出 1 中，然后作为全连接神经网络的输入，接下来通过一个 softmax 层来估计第二个语句是否是第一个语句的延续。由于在 BERT 中输入和输出的数字相同，所以输入记录的第一个词应该是一个表示空词（vacant word）的标记<CLS>。

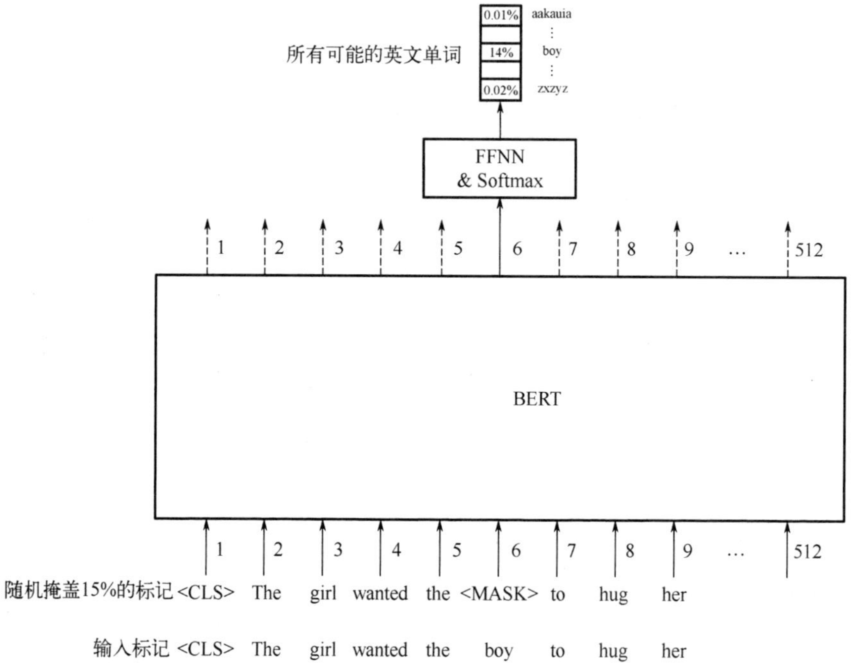

图 9.19　用于 BERT 训练的掩蔽单词估计

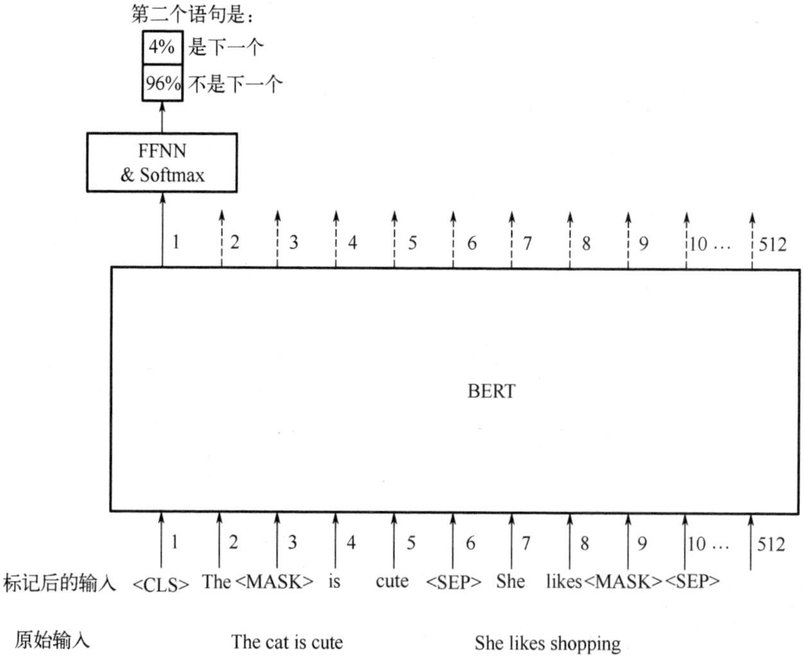

图 9.20　基于监督学习任务对 BERT 模型进行精调用于延续句子估计

监督精调的另一个例子是句子是否为垃圾邮件的分类，如图 9.21 所示。此时，只使用一个句子作为 BERT 的输入，BERT 的输出 1 用于分类确定输入句子是否为垃圾邮件。事实上，有多种方法可以利用 BERT 单元进行监督精调，这也是 BERT 模型的另一个重要优势[74]。

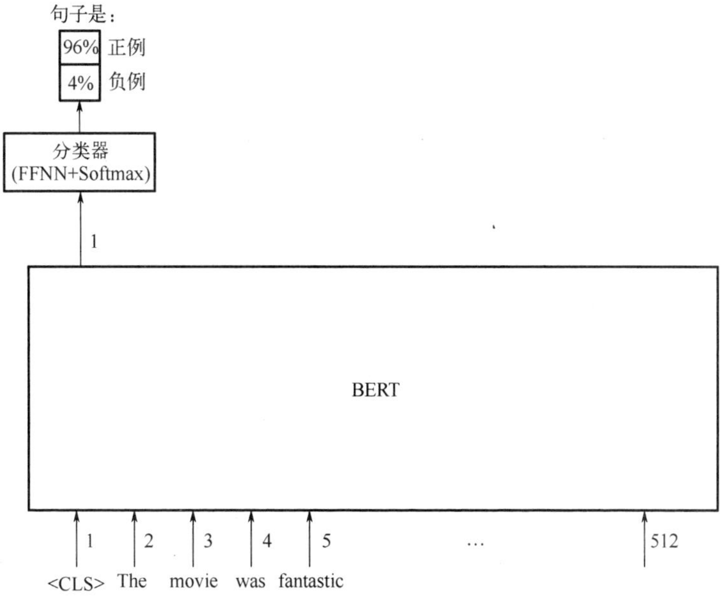

图 9.21　使用监督学习进行 BERT 模型精调实现垃圾邮件分类

9.4.7　GPT

GPT 模型是由 OpenAI 开发的语言模型，可以生成类似人类（human-like）写作风格的文本。特别地，第三代生成模型 GPT-3 可以说是自然语言处理中最强大、最具争议的人工智能模型，因为它具有令人难以置信的文本生成能力，生成的文本几乎能够达到以假乱真的地步[76]。

回想一下，BERT 需要先对大量文本进行预训练，再针对特定任务进行精调。然而，对由成千甚至上万个示例组成的特定任务的、经过精挑细选生成的训练数据集来说，要求往往过于苛刻。这与人类差别很大，人类通常能够通过几个例子完成一项新的语言任务。

GPT-2[75]和 GPT-3[76]的提出基于这样一个观察结果，即通过扩展语言模型（language model）能够极大改善与任务不可知的（task-agnostic）、小样本（few-shot）的性能，有时甚至可以与现有技术的精调方法相媲美。GPT 训练的目标类似 BERT 预训练，即根据句子中的前一个单词估计句子中的下一个单词。因此，GPT 代表生成预训练 Transformer。例如，使用前面的单词“The latest language model GPT-3 is”作为输入，训练 GPT 来生成单词“awesome”。

虽然这种纯粹的预训练方案并不能提高 BERT 模型的性能，但是 GPT-2 特别是 GPT-3 成功的主要原因之一就是其庞大的架构，使得生成预训练（generative pre-training）比精调功能更加强大。与拥有 3.4 亿个参数的最大 BERT 架构相比，GPT-3 拥有大约 1750 亿个参数。

回想一下，在语言翻译中，后续单词的生成估计可以由 Transformer 的解码器完成。因此，GPT-3 由 96 个 Transformer 解码器层组成，这不同于 BERT 中仅采用了编码器架构（如图 9.22 所示）。每个解码器层由多个解码器块（decoder block）组成，这些解码器块由宽度为 2048 个标记的掩蔽自注意力块（masked self-attention block）和一个前馈神经网络组成，如图 9.23 所示。如图 9.24 所示，掩蔽自注意力（masked self-attention）使用句子中前面的单词计算注意力矩阵（attention matrix），可以用来估计下一个单词。

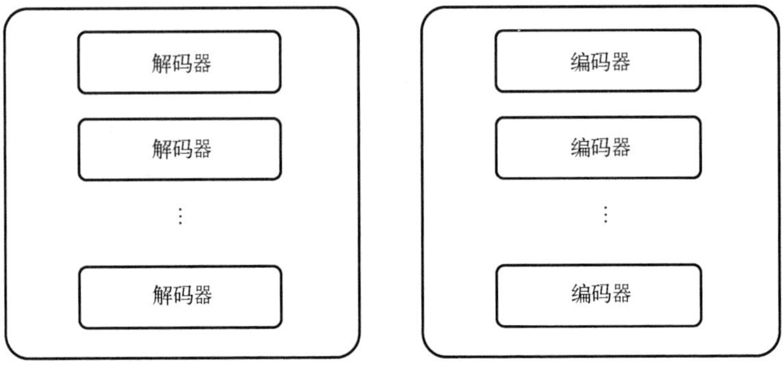

(a) GPT-3　　(b) BERT

图 9.22　BERT 和 GPT 架构的差异

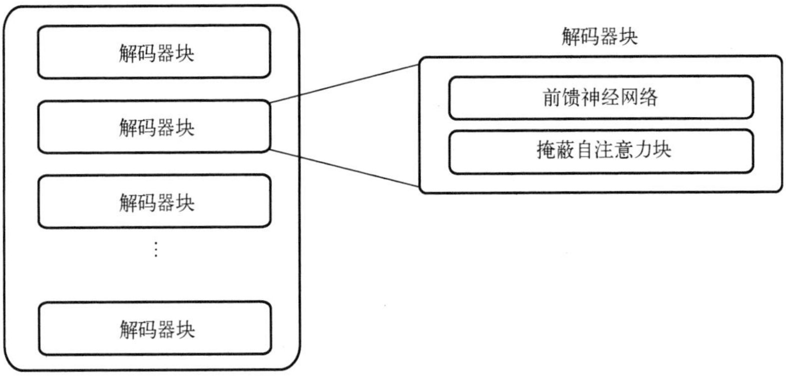

图 9.23　GPT 解码器块的架构

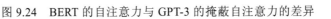

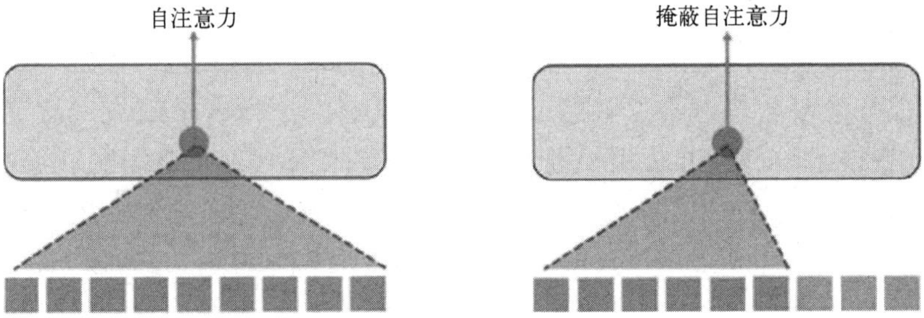

图 9.24　BERT 的自注意力与 GPT-3 的掩蔽自注意力的差异

为了训练 1750 亿个权重参数，GPT-3 训练了 4990 亿个标记或单词。60%的训练数据集来自 Common Crawl 网站经过筛选后的版本，包含 4100 亿个标记。其他来源包括来自

WebText2 的 190 亿个标记、来自 Books1 的 120 亿个标记、来自 Books2 的 550 亿个标记，以及来自维基百科[76]的 30 亿个标记。尽管如此，GPT-3 的性能可能会受到训练数据质量的影响。

9.4.8　视觉 Transformer

受 Transformer 架构已经成为自然语言处理中最先进技术这一事实的启发，研究人员探索了其在计算机视觉领域的应用。如前所述，在计算机视觉中，注意力通常与卷积神经网络一起使用，此时卷积神经网络的某些部件在保持其整体结构的同时被注意力所取代。Dosovitskiy 等人的工作表明[96]，其实完全没有必要依赖于卷积神经网络，直接应用于图像块（image patch）序列的纯 Transformer 也可以很好地用于图像分类任务。

由此提出的模型称为视觉 Transformer（Vision Transformer，ViT）模型，如图 9.25 所示。为了处理二维图像，首先将输入图像 $\boldsymbol{x}$ 整形（reshape）为一系列扁平的二维图像块，之后使用可训练的线性投影（linear projection）将每个图像块嵌入 D 维向量中。然后，Transformer 在其所有网络层均使用大小恒定为 D 维的隐向量。为了保留位置信息，位置嵌入（position embedding）将被添加到图像块嵌入（patch embeddings）中。生成的嵌入向量序列作为编码器的输入。对前面的“Class”标记，在 Transformer 编码器输出的嵌入图像块序列中，一个可学习的（learnable）嵌入作为整幅图像的表示。在预训练和精调过程中，都会连接一个分类头（classification head）来训练网络，使其具有嵌入的图像表示，从而获得最佳的分类结果。

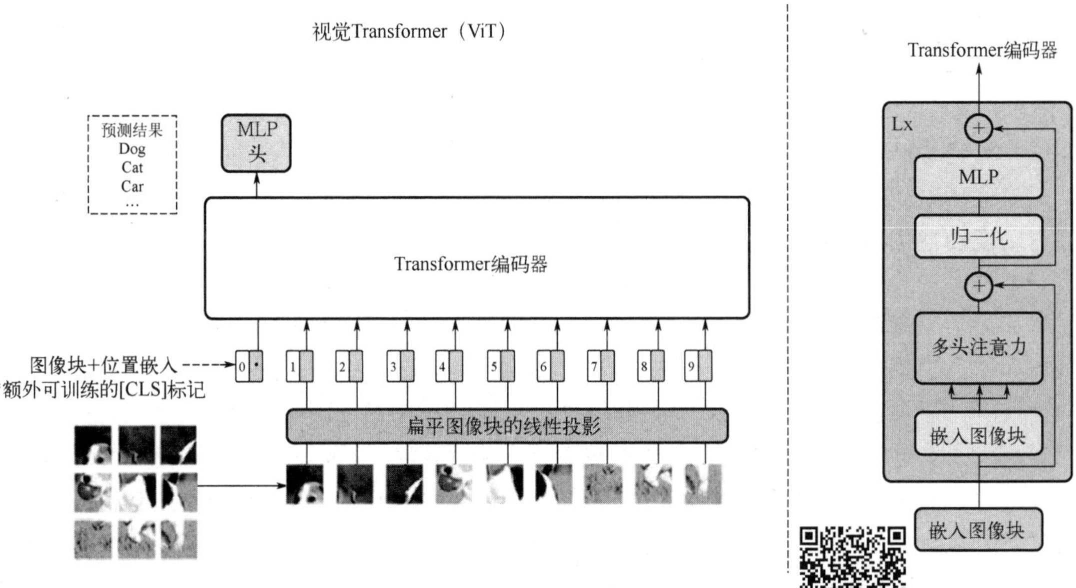

图 9.25　ViT 模型概览

ViT 模型中的 Transformer 编码器由多头自注意力（multi-head self-attention）和 MLP 块的交替层组成。在每个块之前和之后分别采用归一化层和残差连接。MLP 包含两个高斯误差线性单元（Gaussian Error Linear Unit，GELU）。通常 ViT 模型在大数据集上进行训练，并针对（较小的）下游任务进行精调。为此，需要移除预先训练好的预测头（prediction head），并附加一个初始化为零的 $D \times K$ 前馈网络层，其中 K 是下游任务中类别的数量。

9.5 归一化与注意力的数学分析

到目前为止，我们已经讨论了归一化和注意力。归一化最初是为加速随机梯度法而提出的，现已扩展到风格迁移、图像生成等领域。由于注意力具有能够学习长距离关系（long-range relationship）的能力并且可以灵活地操纵查询和键，因此已经被成功拓展到各种应用领域，从而导致 BERT、GPT-3 等自然语言处理方法取得突破。

相信读者在阅读时已经注意到，归一化和注意力可能具有非常相似的数学描述。例如，对给定的特征映射 $\boldsymbol{X} \in \mathbb{R}^{HW \times C}$，实例归一化、AdaIN 和 WCT 可以表示为

$$\boldsymbol{Y} = \boldsymbol{X}\boldsymbol{T} + \boldsymbol{B} \tag{9.51}$$

其中，通道方向变换（channel-directional transform）矩阵 $\boldsymbol{T}$ 和偏置 $\boldsymbol{B}$ 是从特征映射的统计信息中学到的。实例归一化、AdaIN 和 WCT 之间的唯一区别在于它们估计 $\boldsymbol{T}$ 和 $\boldsymbol{B}$ 的具体方法不同。例如，对实例归一化的情况，$\boldsymbol{T}$ 的所有元素都是从输入特征中估计的，而 AdaIN 和 WCT 则是从内容图像和风格图像的统计数据中估计的。WCT、实例归一化和 AdaIN 之间的主要区别在于，对 WCT 而言，$\boldsymbol{T}$ 是一个稠密填充矩阵（densely populated matrix），而实例归一化和 AdaIN 使用的则是对角矩阵。

空间注意力可以表示为

$$\boldsymbol{Y} = \boldsymbol{A}\boldsymbol{X} \tag{9.52}$$

其中，对自注意力的情况，$\boldsymbol{A}$ 是根据其自身特征计算的；对跨域注意力的情况，$\boldsymbol{A}$ 需要借助其他域特征计算。类似地，SENet 等通道注意力可以计算为

$$\boldsymbol{Y} = \boldsymbol{X}\boldsymbol{T} \tag{9.53}$$

其中，对角矩阵 $\boldsymbol{T}$ 依然是根据 $\boldsymbol{X}$ 计算得出的。

这意味着，除在 $\boldsymbol{A}$、$\boldsymbol{T}$、$\boldsymbol{W}$ 和 $\boldsymbol{B}$ 的具体生成方式上有所差异外，归一化和注意力可以视为以下转换的特例：

$$\boldsymbol{Y} = \boldsymbol{A}\boldsymbol{X}\boldsymbol{T} + \boldsymbol{B} \tag{9.54}$$

从数学上看，$\boldsymbol{A}$ 改变了 $\boldsymbol{X}$ 的列空间（column space），而 $\boldsymbol{T}$ 控制 $\boldsymbol{X}$ 的行空间（row space）。因此，注意力映射 $\boldsymbol{A}$ 不同于 $\boldsymbol{T}$，它控制不同的因素和特征 $\boldsymbol{X}$ 的变化。

基于上述观察，Kwon 等人[97]提出了对角生成对抗网络（Diagonal GAN）。这基于如下直觉：虽然 $\boldsymbol{A}$ 是基于原始自注意力从 $\boldsymbol{X}$ 中获得的稠密矩阵（dense matrix），但是基于 AdaIN 的洞察力，能够从一种新颖的注意力编码生成器（attention code generator）中获得有效的对角注意力映射（diagonal attention map）$\boldsymbol{A}$，以便用于内容控制。具体来说，他们引入了一个新的对角注意力（Diagonal Attention，DAT）模块来调控内容特征映射（content feature map），如图 9.26（b）所示。该方法的一个重要优点是，由于式（9.54）中的对称性，AdaIN 和 DAT 都可以应用于每一个网络层，因此可以对图像内容和样式分别进行调控，从而导致生成图像中的内容和风格组件得以有效分离。此外，通过改变层次注意力映射（hierarchical attention map），该方法还具有可在任意分辨率下选择性地控制生成图像的空间属性的灵活性。

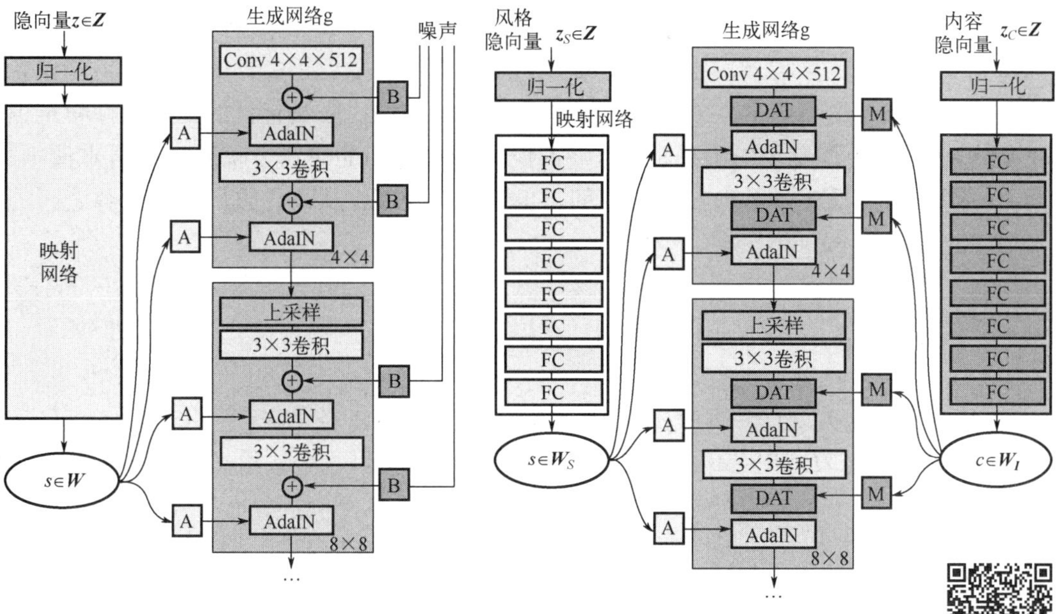

(a) StyleGAN　　(b) Diagonal GAN

图 9.26　StyleGAN 和 Diagonal GAN

如图 9.27 所示，AdaIN 和 DAT 的组合效果令人印象深刻，其中图 9.27（a）是基于 CelebA-HQ 数据集进行训练后生成的分辨率为 1024 × 1024 像素的图像，图 9.27（b）是基于 AFHQ 数据集进行训练后生成的分辨率为 512 × 512 像素的图像。图中，①给出的是由任意风格和内容编码生成的源图像；②显示的是具有不同风格编码和固定内容编码的样本。需要注意的是，人物的发型和身份各异，而面部方向和表情则是相似的。另外，如果我们生成具有不同内容编码和固定风格的样本，同一个人或动物的面部方向和表情就会发生变化，如③所示；如果内容和风格编码都发生变化，如④所示，面部方向、表情、发型和个人身份就会相应改变。这清楚地表明了风格和内容之间的解耦（disentanglement）。

(a) 基于 CelebA-HQ 数据集生成的图像　　(b) 基于 AFHQ 数据集生成的图像

图 9.27　利用提出的方法生成的图像

读者或许想知道，图 9.26（b）中 StyleGAN 中每一层的加性噪声是否能够在内容变化方面起到类似作用。事实上，原始 StyleGAN 添加噪声也是出于类似的动机，正如作者所说，右侧网络从随机噪声中生成内容特征向量。也就是说，应当记住的是，加性噪声项基本上是式（9.54）中偏置项的附加项，这与调控 $\boldsymbol{X}$ 的列空间的注意力映射 $\boldsymbol{A}$ 有着本质不同。事实上，附加的偏置项既影响 $\boldsymbol{X}$ 的行空间，也影响列空间，从而导致风格和内容之间的耦合调制（entangled modulation）。

9.6 习　　题

1．请找出式（9.22）中的 WCT 变换被简化为 AdaIN 的条件。

2．设像素数为 $H \times W = 4$ 且通道 $C = 3$ 的特征映射由以下公式给出：

$$\boldsymbol{X} = \begin{bmatrix} 1 & 2 & 3 \\ -1 & -3 & 0 \\ 5 & -2 & 1 \\ 0 & 0 & -5 \end{bmatrix} \tag{9.55}$$

（1）请实现 $\boldsymbol{X}$ 的逐层归一化。

（2）请实现 $\boldsymbol{X}$ 的实例归一化。

3．假设风格图像的特征映射由下式给出：

$$\boldsymbol{S} = \begin{bmatrix} 0 & 1 & 1 \\ -1 & -1 & 1 \\ 1 & 0 & 0 \\ -1 & 1 & 1 \end{bmatrix} \tag{9.56}$$

（1）对式（9.55）中给定的特征映射，请实现从 $\boldsymbol{X}$ 到风格 $\boldsymbol{S}$ 的自适应实例归一化。

（2）对式（9.55）中给定的特征映射，请实现从 $\boldsymbol{X}$ 到风格 $\boldsymbol{S}$ 的 WCT 风格迁移。

4．利用式（9.55）中的特征映射，假设 $\boldsymbol{W}_Q$ 和 $\boldsymbol{W}_K$ 分别为查询和键的嵌入矩阵：

$$\boldsymbol{W}_Q = \begin{bmatrix} 2 & 1 \\ 0 & \frac{1}{2} \\ 0 & 0 \end{bmatrix}, \quad \boldsymbol{W}_K = \begin{bmatrix} \frac{1}{3} & 0 \\ 1 & -1 \\ 10 & 5 \end{bmatrix} \tag{9.57}$$

（1）请采用点积形式的打分函数，计算注意力矩阵 $\boldsymbol{A}$；

（2）注意力增强特征映射，也就是 $\boldsymbol{Y} = \boldsymbol{AX}$ 是什么？

（3）对 GPT-3 中所采用的掩蔽自注意力情形，请计算注意力掩码 $\boldsymbol{A}$ 和注意力增强特征映射 $\boldsymbol{Y} = \boldsymbol{AX}$。

5．对由式（9.49）给定的 Transformer 的位置编码，如果编码维数 $d = 10$，请计算 $n = 1,\cdots,10$ 的位置编码向量 $\boldsymbol{p}_n$。

6．详细解释句子：“BERT 只有编码器结构，而 GPT-3 只有解码器结构。”

7．对给定的特征映射 $\boldsymbol{X} \in \mathbb{R}^{N \times C}$，应用 AdaIN 和噪声之后 StyleGAN 的特征映射表示为

$$\boldsymbol{Y} = \boldsymbol{X}\boldsymbol{T} + \boldsymbol{B} \tag{9.58}$$

请明确矩阵 $\boldsymbol{T}$ 和 $\boldsymbol{B}$ 的结构。

8．对给定的特征映射 $\boldsymbol{X} \in \mathbb{R}^{N \times C}$，应用 AdaIN、DAT 和加入噪声后的对角 GAN 的特征映射表示为

$$\boldsymbol{Y} = \boldsymbol{A}\boldsymbol{X}\boldsymbol{T} + \boldsymbol{B} \tag{9.59}$$

请明确矩阵 $\boldsymbol{A}$ 、$\boldsymbol{T}$ 和 $\boldsymbol{B}$ 的结构及各自的数学作用。

第三部分　深度学习的高级主题

“我真的很困惑。我每天都在不断地改变自己的看法，我似乎无法对这个谜题有一个明确的观点。不，我不是在谈论世界政治或现任美国总统，而是对人类更重要的事情，更具体地说，对我们作为工程师和研究人员的存在和工作而言。我说的是……深度学习。”

——Michael Elad

第 10 章 深度神经网络几何学

10.1 引　　言

在本章中，我们将尝试回答机器学习中最重要的问题，即深度神经网络究竟在学习什么？深度神经网络特别是卷积神经网络，是如何实现学习目标的？这些基本问题的完整答案还有很长的路要走。以下是我们在研究过程中得到的一些见解，特别是，我们解释了为什么经典的机器学习方法，如单隐层感知器或者核机器，不足以实现这一目标，以及为什么现代卷积神经网络被证明是一个很有前途的工具。

回想一下，在深度学习革命的早期阶段，大多数卷积神经网络架构（如 AlexNet、VGGNet、ResNet 等）主要是为分类任务如 ImageNet 大规模视觉识别挑战赛而开发的。从那以后，卷积神经网络开始广泛应用于底层计算机视觉问题（low-level computer vision problem），如图像去噪[90,98]、超分辨率（super-resolution）[99,100]、分割[38]等，这些问题都可以视为回归任务。事实上，分类和回归是机器学习中最基本的两项任务，它们可以在函数逼近（function approximation）框架下统一起来。如前所述，表示定理[15]指出，针对给定的测试数据集 $\{(\boldsymbol{x}_i, y_i)\}_{i=1}^n$ 进行的分类器设计或回归问题，可以通过求解如下优化问题来描述：

$$\min_{f\in H_k}\frac{1}{2}\|f\|_H^2+C\sum_{i=1}^n l\left(y_i, f(\boldsymbol{x}_i)\right) \tag{10.1}$$

其中，H_k 表示核函数为 $k(\boldsymbol{x}, \boldsymbol{x}')$的再生核希尔伯特空间，$\|\cdot\|_H$ 是希尔伯特空间范数，$l(\cdot,\cdot)$为损失函数。表示定理最重要的结果之一是最小解 f 具有如下闭式表达式：

$$f(\boldsymbol{x})=\sum_{i=1}^n \alpha_i k\left(\boldsymbol{x}_i, \boldsymbol{x}\right) \tag{10.2}$$

其中，$\{\alpha_i\}_{i=1}^n$ 是从训练数据集中学到的参数。例如，如果采用合页损失函数，则问题的解变成了核 SVM；如果采用 l_2 损失函数，则变成了核回归问题。

一般来说，形如式（10.2）的解 $f(\boldsymbol{x})$是输入 $\boldsymbol{x}$ 基于核函数 $k(\boldsymbol{x}_i, \cdot)$的非线性函数，它非线性依赖于 $\boldsymbol{x}$。核函数的这种非线性使得式（10.2）具有更强的表达能力，从而在再生核希尔伯特空间 H_k 产生了广泛的函数变种。

也就是说，式（10.2）仍然存在根本的局限性。第一，再生核希尔伯特空间 H_k 是通过自上而下的方式选择核函数来人为指定的，据我们所知，并没有办法从数据中自动学习得到。第二，一旦核机器训练完毕，参数 $\{\alpha_i\}_{i=1}^n$ 就是固定的，因而在测试阶段无法做出调整。

这些缺点导致神经网络在表达能力（expressivity），也就是逼近任意函数的能力方面存在根本性限制。当然，可以通过增加学习机器（learning machine）的复杂性，如通过组合多个核机器来增强表达能力。然而，我们的目标是在给定的复杂性约束下实现更好的表达能力，从这个意义上说核机器确实存在问题。

鉴于核机器的局限性，我们可以陈述下列目标，即终极学习机器应满足的要求。

- 数据驱动（data-driven）模型：学习机器能够表示的函数空间应从数据中进行学习，而不是通过自上而下方式指定的数学模型。
- 自适应模型：即使机器学习完毕，习得的模型也要适应测试阶段给定的输入数据。
- 表达模型：模型表达能力的增加应比模型复杂性的增加更快。
- 归纳模型：从训练数据中学到的信息应在测试阶段得到应用。

下面介绍两种经典方法——单隐层感知器和框架表示（frame representation），并解释为什么这些经典模型无法满足机器学习需求。稍后，我们将展示现代深度学习方法是如何利用这些经典方法的固有优势来弥补其自身不足从而发展起来的。

10.2 实例探究

10.2.1 单隐层感知器

单隐层感知器是多层感知器的一个特例，即它由单个隐藏层上完全连接的神经元组成。具体来说，令 $\varphi:\mathbb{R}\mapsto\mathbb{R}$ 是一个非常数、有界且连续的激活函数，$X\in\mathbb{R}^m$ 为输入空间（input space），则一个单隐层感知器 $f_{\boldsymbol{\Theta}}:X\mapsto\mathbb{R}$ 可以表示为

$$f_{\boldsymbol{\Theta}}(\boldsymbol{x})=\sum_{i=1}^{d}v_i\varphi(\boldsymbol{w}_i^{\top}\boldsymbol{x}+b_i),\quad \boldsymbol{x}\in X \tag{10.3}$$

其中，$\boldsymbol{w}_i\in\mathbb{R}^m$ 是权重向量，$v_i,b_i\in\mathbb{R}$ 是实常数，$\boldsymbol{\Theta}=\{(\boldsymbol{w}_i,v_i,b_i)\}_{i=1}^{d}$ 代表神经网络的参数。那么，可以利用训练数据 $\{(\boldsymbol{x}_i,y_i)\}_{i=1}^{n}$ 求解如下优化问题来估计网络参数 $\boldsymbol{\Theta}$：

$$\min_{\boldsymbol{\Theta}}\sum_{i=1}^{n}l\left(y_i,f_{\boldsymbol{\Theta}}(\boldsymbol{x}_i)\right)+\lambda R(\boldsymbol{\Theta}) \tag{10.4}$$

其中，λ是正则化参数，$R(\boldsymbol{\Theta})$是与参数集$\boldsymbol{\Theta}$有关的正则化函数。

关于单隐层感知器表示能力的一个经典结果可以追溯到 1989 年[48]。它表明，一个包含有限个神经元的单隐层前馈神经网络在激活函数的适当假设条件下可以逼近紧致子集（compact subsets）上的连续函数。

定理 10.1　万能逼近定理[48]　令紧致集 X 上的实值连续函数空间记为 $C(X)$，则给定任意$\varepsilon>0$ 和函数 $g\in C(X)$，存在一个整数 d，使得式（10.3）中的单隐层感知器是函数 g 的近似实现，也就是对 $\forall\boldsymbol{x}\in X$，有

$$\left|f_{\boldsymbol{\Theta}}(\boldsymbol{x})-g(\boldsymbol{x})\right|<\varepsilon$$

万能逼近定理表明，给定适当的参数，简单的神经网络可以表示各种有趣的函数。事

实上，万能逼近定理是经典机器学习的“福音”，它增加了人们把神经网络当成一种强大的函数逼近器的研究兴趣，但同时也阻碍了对深度神经网络作用的理解，成为妨碍机器学习发展的一个“祸根”。

具体地说，万通逼近定理只保证了神经元数量 d 的存在性，却没有明确在给定逼近误差的情况下到底需要多少个神经元。直到近年来，人们才逐渐意识到神经网络的深度很重要，也就是说，存在一个深度神经网络能够逼近的函数，但具有同等参数规模的浅层神经网络（shallow neural network）却无法做到[101–105]。实际上，这些现代理论研究为现代深度学习研究的复兴提供了理论基础。

与式（10.2）给出的核机器相比，式（10.3）的单隐层感知器的优缺点很容易理解。具体来说，式（10.3）中的 $\varphi(\boldsymbol{w}_i^\top \boldsymbol{x}+b_i)$ 与核函数 $k(\boldsymbol{x}_i, \boldsymbol{x})$ 工作方式类似，而式（10.3）中的 v_i 又与式（10.2）中的权重参数 α_i 类似。然而，感知器中的非线性映射，也就是 $\varphi(\boldsymbol{w}_i^\top \boldsymbol{x}+b_i)$ 并不一定必须满足核函数的半正定条件（positive semidefiniteness），从而将再生核希尔伯特空间之外的可逼近的函数增加到希尔伯特空间中更大的函数类，因此存在改善表达能力的潜能。另外，一旦神经网络训练完毕后，权重参数 v_i 仍然是固定的，就会导致类似于核机器的局限性。

10.2.2 框架表示

下面介绍另一类函数表示——框架[1]。为了便于理解框架的数学概念，我们先从它的简化形式——基开始介绍。

在数学中，向量空间 V 中的一组元素（向量）的集合 $B=\{\boldsymbol{b}_i\}_{i=1}^m$ 称为基，如果 V 的每个元素都可以用唯一的方式写成集合 B 中的元素的线性组合。也就是说，对每个 $\boldsymbol{f}\in V$，存在唯一的系数 $\{a_i\}$，使得

$$\boldsymbol{f}=\sum_{i=1}^m a_i \boldsymbol{b}_i \tag{10.5}$$

与导致唯一展开的基不同，框架是由冗余基向量组成的，允许多重表示。框架也可以拓展用来处理函数空间，此时框架元素的数量是无限的。从形式上讲，如果希尔伯特空间 H 中的一族函数 $\boldsymbol{\Phi}=[\boldsymbol{\phi}_k]_{k\in\Gamma}=[\cdots \quad \boldsymbol{\phi}_{k-1} \quad \boldsymbol{\phi}_k \quad \cdots]$ 满足以下不等式[1]，则称之为一个框架：

$$\alpha\|\boldsymbol{f}\|^2 \leqslant \sum_{k\in\Gamma}\left|\left\langle \boldsymbol{f},\boldsymbol{\phi}_k\right\rangle\right|^2 \leqslant \beta\|\boldsymbol{f}\|^2,\ \forall \boldsymbol{f}\in H \tag{10.6}$$

其中，$\alpha,\beta>0$ 称为框架界。如果 $\alpha=\beta$，则称之为紧框架。事实上，基是一类特殊的紧框架。

如果将关于第 k 个框架向量 $\boldsymbol{\phi}_k$ 的展开系数记为 $c_k:=\left\langle \boldsymbol{f},\boldsymbol{\phi}_k\right\rangle$，并且定义框架系数向量（frame coefficient vector）为

$$\boldsymbol{c}=[c_k]_{k\in\Gamma}=\boldsymbol{\Phi}^\top \boldsymbol{f}$$

那么式（10.6）可以等效表示为

$$\alpha\|\boldsymbol{f}\|^2 \leqslant \|\boldsymbol{c}\|^2 \leqslant \beta\|\boldsymbol{f}\|^2,\ \forall \boldsymbol{f}\in H \tag{10.7}$$

这就意味着框架展开系数的能量应以原始信号能量为界，并且对紧框架的情况，展开系数的能量与尺度因子（scaling factor）倍的原始信号能量相同。

当框架下界（frame lower bound）α不为零时，可以用下式给出的对偶框架算子（dual frame operator）$\tilde{\boldsymbol{\Phi}}$从框架系数向量$\boldsymbol{c}=\boldsymbol{\Phi}^{\top}\boldsymbol{f}$中恢复出原始信号：

$$\tilde{\boldsymbol{\Phi}}=[\cdots \quad \tilde{\boldsymbol{\phi}}_{k-1} \quad \tilde{\boldsymbol{\phi}}_{k} \quad \cdots] \tag{10.8}$$

并且满足框架条件（frame condition）：

$$\tilde{\boldsymbol{\Phi}}\boldsymbol{\Phi}^{\top}=\boldsymbol{I} \tag{10.9}$$

这是因为

$$\hat{\boldsymbol{f}}:=\tilde{\boldsymbol{\Phi}}\boldsymbol{c}=\tilde{\boldsymbol{\Phi}}\boldsymbol{\Phi}^{\top}\boldsymbol{f}=\boldsymbol{f}$$

或者等价地

$$\boldsymbol{f}=\sum_{k\in\Gamma}c_k\tilde{\boldsymbol{\phi}}_k=\sum_{k\in\Gamma}\langle\boldsymbol{f},\boldsymbol{\phi}_k\rangle\tilde{\boldsymbol{\phi}}_k \tag{10.10}$$

注意到式（10.10）是一种线性信号展开，因此它对机器学习任务并无裨益。然而，当它与非线性正则化结合时，就会发生一些有趣的事情。例如，考虑一个回归问题，即从噪声测量$\boldsymbol{y}$中估计出一个无噪声的信号：

$$\boldsymbol{y}=\boldsymbol{f}+\boldsymbol{w} \tag{10.11}$$

其中，$\boldsymbol{w}$是加性噪声，$\boldsymbol{f}$是待估计的未知信号。如果采用如下损失函数：

$$\min_{\boldsymbol{f}}\frac{1}{2}\|\boldsymbol{y}-\boldsymbol{f}\|^2+\lambda\|\boldsymbol{\Phi}^{\top}\boldsymbol{f}\|_1 \tag{10.12}$$

其中，$\|\cdot\|_1$是l_1范数，那么问题的解满足[106]：

$$\hat{\boldsymbol{f}}=\sum_{k\in\Gamma}\rho_\lambda(\langle\boldsymbol{y},\boldsymbol{\phi}_k\rangle)\tilde{\boldsymbol{\phi}}_k \tag{10.13}$$

其中，$\rho_\lambda(\cdot)$是一个依赖于正则化参数λ的非线性阈值函数（nonlinear thresholding function）。这意味着，信号表示会根据输入$\boldsymbol{y}$发生改变，因为经过非线性阈值处理后，只有一小部分系数$\langle\boldsymbol{y},\boldsymbol{\phi}_k\rangle$是非零的，并且信号仅由与非零展开系数的位置相对应的一小部分对偶基$\tilde{\boldsymbol{\phi}}_k$来表示。

在过去的几十年里，信号处理中最广泛使用的框架表示之一是小波框架（wavelet frame），或者记为framelet[106]，其中的基函数（basis function）能够捕获与多分辨率尺度和平移有关的特征。例如，图10.1给出了不同尺度参数j对应的Haar小波基。可以看出，随着尺度j的增加，基ϕ_k的支撑域逐渐变窄，以便应用内积运算后可以捕获信号更多的局部行为。

具体地说，图10.2展示了无噪声的原始信号$\boldsymbol{f}$及其噪声版本$\boldsymbol{y}$，以及它们的小波展开系数。其中，$d_s(n)$表示尺度s下的小波展开系数。如图10.2所示，对光滑的无噪声信号，除少数较小尺度的展开系数外，大部分小波展开系数都为零；对含有噪声的信号，在所有尺度上都发现了小幅度的非零小波展开系数。因此，用于信号去噪的小波收缩（wavelet shrinkage）方法的主要思想[107]是采用阈值操作$\rho_\lambda(\cdot)$将较小幅度的小波系数置零，并保留超出阈值的含有重要信号特征的较大的小波系数。因此，基于式（10.13）进行重建，便可以恢复出潜在的无噪声信号。

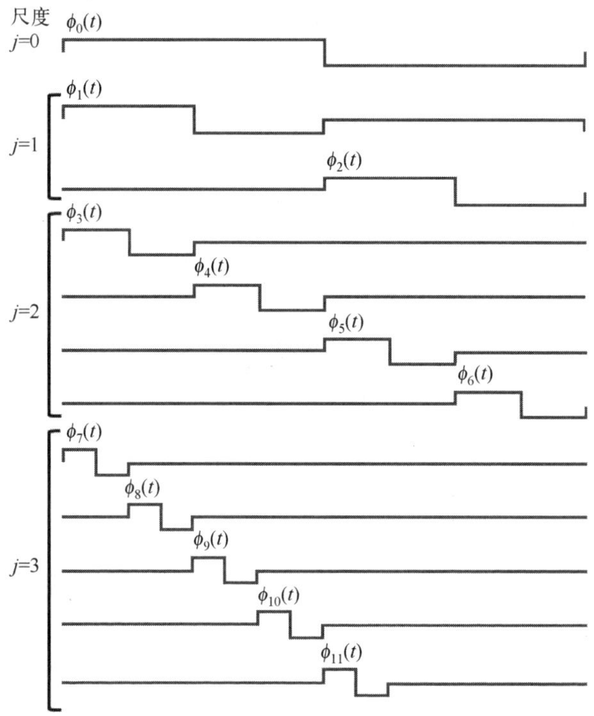

图 10.1　不同尺度参数 j 对应的 Haar 小波基

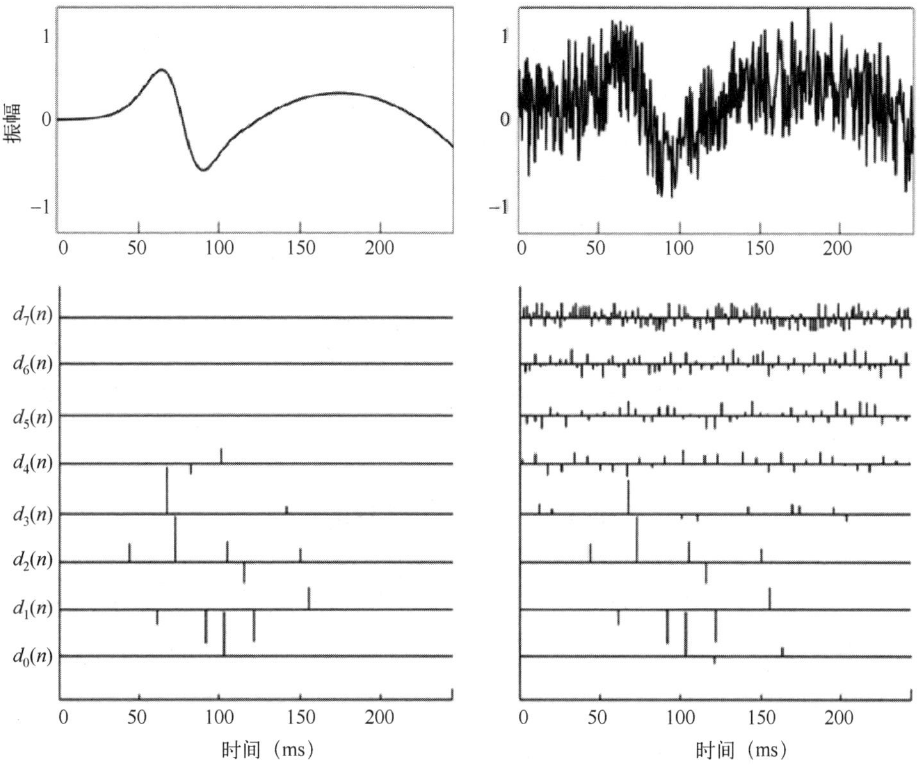

图 10.2　两个信号的跨尺度小波展开系数

将上述想法扩展到信号去噪之外，信号处理领域的成功工具还包括压缩感知或稀疏恢复（sparse recovery）技术[46]。特别是，压缩感知理论基于以下观察：当图像通过框架基来表示时，很多情况下可以表示为基或框架的稀疏组合。正是由于这种稀疏表示（sparse representation），测量值即便在经典极限（例如奈奎斯特极限）之下屈指可数，我们也可以通过寻找稀疏表示来生成与测量数据一致的输出，从而获得反问题的一个稳定解，如图 10.3 所示。因此，图像重建问题的目标就是找到适合给定测量数据的最优稀疏基函数集。这就是为什么经典方法通常称为基追踪（basis pursuit）[46]的原因。

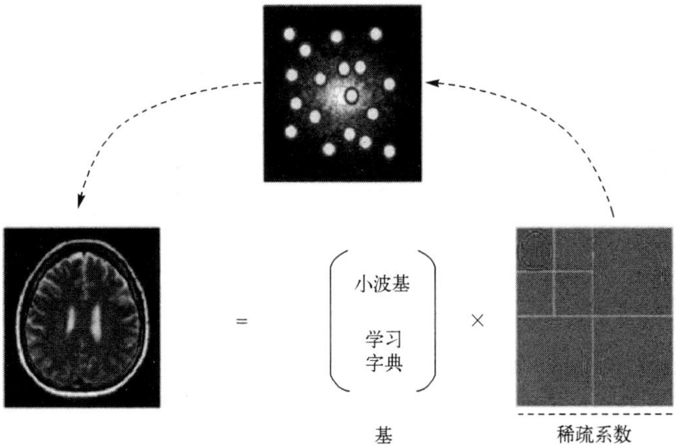

图 10.3　压缩感知的重建原理

与式（10.2）对应的核机器相比，采用框架表示的基追踪具有几个独特的优势。首先，基追踪可以生成的函数空间通常要大于式（10.2）的再生核希尔伯特空间。实际上，这个空间通常称为子空间的并（union of subspaces）[108]，它是希尔伯特空间中一个很大的子集。其次，在给定的框架中，活动（active）对偶框架基 $\tilde{\boldsymbol{\phi}}_k$ 的选择完全依赖数据。因此，基追踪表示是一种自适应模型。最后，基追踪的展开系数 $\rho_\lambda\left(\langle \boldsymbol{y}, \boldsymbol{\phi}_k \rangle\right)$ 也完全依赖于输入 $\boldsymbol{y}$，从而产生比具有固定展开系数的核机器更多样化的表示。

尽管如此，式（10.13）的基追踪方法的一个最根本的限制在于它是直推的，不允许从训练数据中进行归纳学习。一般来说，应针对每个数据集求解式（10.12）的基追踪回归，因为必须通过优化方法为每个数据集找到一个非线性阈值函数。因此，很难将学习从一个数据集迁移到另一个数据集。

10.3　卷积小波框架

在深入了解卷积神经网络前，先介绍深度卷积小波框架（deep convolutional framelets）理论[42]。深度卷积小波框架是一种线性框架展开，但事实证明它是理解卷积神经网络几何学的重要基础。为简单起见，我们考虑该理论的一维版本。

10.3.1　卷积与 Hankel 矩阵

如果一个 n 维信号 $\boldsymbol{x} \in \mathbb{R}^n$ 表示为

$$\boldsymbol{x} = [x[0] \quad \cdots \quad x[n-1]]^\top \in \mathbb{R}^n$$

那么在信号处理中经常会用到以下结果：

- 给定两个向量 $\boldsymbol{x}, \boldsymbol{h} \in \mathbb{R}^n$，循环卷积定义为

$$(\boldsymbol{x} \circledast \boldsymbol{h})[i] = \sum_{k=0}^{n-1} x[i-k]h[k] \tag{10.14}$$

这里需要对 $\boldsymbol{x}$ 施加适当的周期性边界条件。

- 对任意 $\boldsymbol{v} \in \mathbb{R}^{n_1}$ 和 $\boldsymbol{w} \in \mathbb{R}^{n_2}$ $(n_1, n_2 \leqslant n)$，$\mathbb{R}^n$ 中的卷积定义为

$$\boldsymbol{v} \circledast \boldsymbol{w} = \boldsymbol{v}^0 \circledast \boldsymbol{w}^0$$

其中，

$$\boldsymbol{v}^0 = [\boldsymbol{v}^\top \quad \boldsymbol{0}_{n-n_1}^\top]^\top, \quad \boldsymbol{w}^0 = [\boldsymbol{w}^\top \quad \boldsymbol{0}_{n-n_2}^\top]^\top$$

- 对任意向量 $\boldsymbol{v} \in \mathbb{R}^{n_1}$（$n_1 \leqslant n$），$\boldsymbol{v}$ 的翻转向量（flipped vector）$\overline{\boldsymbol{v}}$ 定义为 $\overline{v}[n] = v^0[-n]$，这里用到了周期性边界条件。

基于上述符号表示，输入 $\boldsymbol{f}$ 和滤波器 $\overline{\boldsymbol{\psi}} \in \mathbb{R}^r$（$r \leqslant n$）的单输入-单输出（single-input single-output，SISO）循环卷积可以表示为

$$y[i] = (\boldsymbol{x} \circledast \overline{\boldsymbol{\psi}})[i] = \sum_{k=0}^{n-1} x[i-k]\psi^0[-k] \tag{10.15}$$

若 Hankel 矩阵 $\boldsymbol{H}_r^n(\boldsymbol{x}) \in \mathbb{R}^{n \times r}$ 定义为

$$\boldsymbol{H}_r^n(\boldsymbol{x}) = \begin{bmatrix} x[0] & x[1] & \cdots & x[r-1] \\ x[1] & x[2] & \cdots & x[r] \\ \vdots & \vdots & \ddots & \vdots \\ x[n-1] & x[n] & \cdots & x[r-2] \end{bmatrix} \tag{10.16}$$

则式（10.15）中的卷积可以紧凑地表示为

$$\boldsymbol{y} = \boldsymbol{x} \circledast \overline{\boldsymbol{\psi}} = \boldsymbol{H}_r^n(\boldsymbol{x})\boldsymbol{\psi} \tag{10.17}$$

那么可以获得以下关键等式[109]。为了方便读者理解，下面还给出证明过程。

引理 10.1　给定 $\boldsymbol{f} \in \mathbb{R}^n$，令 $\boldsymbol{H}_r^n(\boldsymbol{f}) \in \mathbb{R}^{n \times r}$ 表示关联的 Hankel 矩阵，那么对任意向量 $\boldsymbol{u} \in \mathbb{R}^n$ 和 $\boldsymbol{v} \in \mathbb{R}^r$（$r \leqslant n$）及 Hankel 矩阵 $\boldsymbol{F} := \boldsymbol{H}_r^n(\boldsymbol{f})$，有

$$\boldsymbol{u}^\top \boldsymbol{F} \boldsymbol{v} = \boldsymbol{u}^\top (\boldsymbol{f} \circledast \overline{\boldsymbol{v}}) = \boldsymbol{f}^\top (\boldsymbol{u} \circledast \boldsymbol{v}) = \langle \boldsymbol{f}, \boldsymbol{u} \circledast \boldsymbol{v} \rangle \tag{10.18}$$

其中，$\overline{v}[n] := v[-n]$ 表示向量 $\boldsymbol{v}$ 的翻转版本。

证明：我们只需要证明第二个等式。它可以表示为

$$\begin{aligned}
\boldsymbol{f}^\top (\boldsymbol{u} \circledast \boldsymbol{v}) = \boldsymbol{f}^\top (\boldsymbol{u} \circledast \boldsymbol{v}^0) &= \sum_{i=0}^{n-1} f[i] \left(\sum_{k=0}^{n-1} u[k] v^0[i-k] \right) \\
&= \sum_{k=0}^{n-1} u[k] \left(\sum_{i=0}^{n-1} v^0[i-k] f[i] \right) = \sum_{k=0}^{n-1} u[k] \left(\sum_{i=0}^{n-1} v^0[-(k-i)] f[i] \right) \\
&= \sum_{k=0}^{n-1} u[k] (f \circledast \overline{v})[k] = \boldsymbol{u}^\top (\boldsymbol{f} \circledast \overline{\boldsymbol{v}})
\end{aligned}$$

证毕。　□

10.3.2 卷积小波框架展开

引理 10.1 为卷积小波框架展开提供了重要线索。具体来说，对给定的信号 $\boldsymbol{f} \in \mathbb{R}^n$，考虑满足如下框架条件[42]的两组矩阵 $\tilde{\boldsymbol{\Phi}}$、$\boldsymbol{\Phi} \in \mathbb{R}^{n\times n}$ 和 $\tilde{\boldsymbol{\Psi}}$、$\boldsymbol{\Psi} \in \mathbb{R}^{r\times r}$：

$$\tilde{\boldsymbol{\Phi}}\boldsymbol{\Phi}^\top = \boldsymbol{I}_n,\quad \boldsymbol{\Psi}\tilde{\boldsymbol{\Psi}}^\top = \boldsymbol{I}_r \tag{10.19}$$

那么，我们可以得到如下等式：

$$\boldsymbol{H}_r^n(\boldsymbol{f}) = \tilde{\boldsymbol{\Phi}}\boldsymbol{\Phi}^\top \boldsymbol{H}_r^n(\boldsymbol{f})\boldsymbol{\Psi}\tilde{\boldsymbol{\Psi}}^\top = \tilde{\boldsymbol{\Phi}}\boldsymbol{C}\tilde{\boldsymbol{\Psi}}^\top \tag{10.20}$$

其中，

$$\boldsymbol{C} = \boldsymbol{\Phi}^\top \boldsymbol{H}_r^n(\boldsymbol{f})\boldsymbol{\Psi} \in \mathbb{R}^{n\times r} \tag{10.21}$$

其第(i, j)个元素由下式给出：

$$c_{ij} = \boldsymbol{\phi}_i^\top \boldsymbol{H}_r^n(\boldsymbol{f})\boldsymbol{\psi}_j = \left\langle \boldsymbol{f}, \boldsymbol{\phi}_i \circledast \boldsymbol{\psi}_j \right\rangle \tag{10.22}$$

其中，$\boldsymbol{\phi}_i$ 和 $\boldsymbol{\psi}_j$ 分别为 $\boldsymbol{\Phi}$ 和 $\boldsymbol{\Psi}$ 的第 i 个和第 j 个列向量，式（10.22）中的最后一个等式来自引理 10.1。

现在定义一个逆 Hankel 算子（inverse Hankel operator）$\boldsymbol{H}_r^{n(-)}: \mathbb{R}^{n\times r} \mapsto \mathbb{R}^n$，使得对任意 $\boldsymbol{f} \in \mathbb{R}^n$，均满足如下等式

$$\boldsymbol{f} = \boldsymbol{H}_r^{n(-)}(\boldsymbol{H}_r^n(\boldsymbol{f})) \tag{10.23}$$

则可以得到如下关键等式[42]：

$$\boldsymbol{H}_r^{n(-)}(\tilde{\boldsymbol{\Phi}}\boldsymbol{C}\tilde{\boldsymbol{\Psi}}^\top) = \frac{1}{r}\sum_{j=1}^{r}(\tilde{\boldsymbol{\Phi}}\boldsymbol{c}_j) \circledast \tilde{\boldsymbol{\psi}}_j \tag{10.24}$$

$$= \frac{1}{r}\sum_{i,j} c_{ij}(\tilde{\boldsymbol{\phi}}_i \circledast \tilde{\boldsymbol{\psi}}_j) \tag{10.25}$$

将式（10.25）与式（10.20）、式（10.22）合并后可得

$$\boldsymbol{f} = \frac{1}{r}\sum_{i,j}\left\langle \boldsymbol{f}, \boldsymbol{\phi}_i \circledast \boldsymbol{\psi}_j \right\rangle (\tilde{\boldsymbol{\phi}}_i \circledast \tilde{\boldsymbol{\psi}}_j) \tag{10.26}$$

这意味着，$\{\boldsymbol{\phi}_i \circledast \boldsymbol{\psi}_j\}_{i,j}$ 构成 $\mathbb{R}^n$ 的一个框架，$\{\tilde{\boldsymbol{\phi}}_i \circledast \tilde{\boldsymbol{\psi}}_j\}_{i,j}$ 对应于它的对偶框架。而且，对许多实际应用中的有趣信号 $\boldsymbol{f}$，Hankel 矩阵 $\boldsymbol{H}_r^n(\boldsymbol{f})$ 具有低秩结构（low-rank structure）[110–112]，使得展开系数 c_{ij} 仅在很小的索引集上不为零。因此，卷积小波框架展开是一种类似于小波框架[42, 109]的简洁信号表示。

在卷积小波框架中，函数 $\boldsymbol{\phi}_i$、$\tilde{\boldsymbol{\phi}}_i$ 对应于全局基（global basis），而 $\boldsymbol{\psi}_i$、$\tilde{\boldsymbol{\psi}}_i$ 则是局部基（local basis）函数。因此，通过在全局基和局部基之间进行卷积以便生成新的框架基，使卷积小波框架可以同时利用信号的局部和全局结构[42, 109]，这是信号表示理论方面的重要进步。

10.3.3 与卷积神经网络的联系

尽管卷积小波框架是一种线性表示，但我们如此关心它的原因在于它揭示了池化和卷

积滤波器在卷积神经网络中的作用。具体地说，利用式（10.17）我们可以证明式（10.21）中的卷积小波框架系数矩阵 $\boldsymbol{C}$ 能够表示为

$$\begin{aligned}\boldsymbol{C} &= [\boldsymbol{c}_1 \quad \cdots \quad \boldsymbol{c}_r] \\ &= \boldsymbol{\Phi}^\top \boldsymbol{H}_r^n(\boldsymbol{f})\boldsymbol{\Psi} = \boldsymbol{\Phi}^\top\left(\boldsymbol{f} \circledast \bar{\boldsymbol{\Psi}}\right)\end{aligned} \tag{10.27}$$

其中，

$$\boldsymbol{f} \circledast \bar{\boldsymbol{\Psi}} := \left[\boldsymbol{f} \circledast \bar{\boldsymbol{\psi}}_1 \quad \cdots \quad \boldsymbol{f} \circledast \bar{\boldsymbol{\psi}}_r\right] \tag{10.28}$$

对应于单输入-多输出（single-input multi-output，SIMO）卷积。需要注意的是，卷积运算是局部的，因为滤波器权重只与感受野内的像素进行相乘。卷积运算后，$\boldsymbol{\Phi}^\top$ 与滤波输出结果中的所有元素进行相乘，这一过程对应于全局运算。

结合式（10.24）和式（10.20），有

$$\boldsymbol{f} = \frac{1}{r}\sum_{j=1}^{r}(\tilde{\boldsymbol{\Phi}}\boldsymbol{c}_j) \circledast \tilde{\boldsymbol{\psi}}_j \tag{10.29}$$

式（10.29）给出了小波框架系数 $\boldsymbol{C}$ 在解码器处的处理步骤。具体来说，首先对 $\boldsymbol{c}_j$ 执行全局运算 $\tilde{\boldsymbol{\Phi}}$，然后执行多输入-单输出卷积运算以获得最终的重建结果。

实际上，这些信号处理运算的顺序与两层编码器-解码器架构非常相似，如图 10.4 和图 10.5 所示。在编码器端，先进行 SIMO 卷积运算以便生成多通道特征映射，再进行全局池化操作。在解码器端，先对特征映射进行反池化操作，再执行多输入-单输出卷积操作。因此，我们可以很容易地看到一个重要的类比：卷积小波框架系数类似于卷积神经网络中的特征映射，并且 $\boldsymbol{\Phi}$、$\tilde{\boldsymbol{\Phi}}$ 分别当成池化层和反池化层，而 $\boldsymbol{\Psi}$、$\tilde{\boldsymbol{\Psi}}$ 分别对应于编码滤波器和解码滤波器。这就意味着池化操作定义了全局基，而卷积滤波器决定了局部基，因此卷积神经网络试图同时利用信号的全局和局部结构。

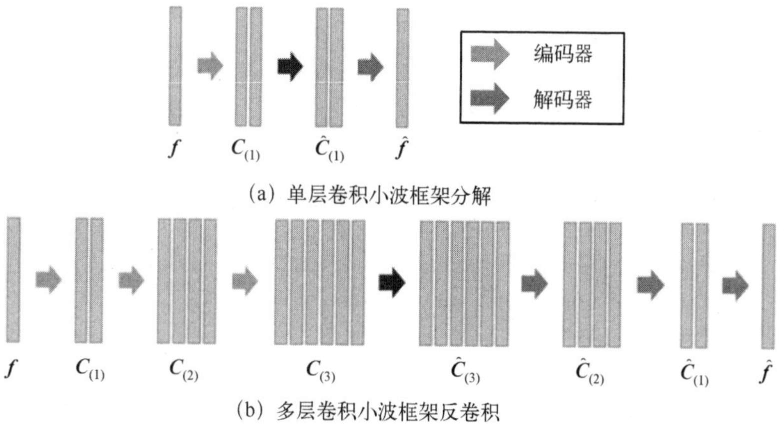

图 10.4 单分辨率编码器-解码器网络

此外，只需简单地改变全局基，即可获得不同的网络架构。例如，在图 10.4 中令 $\boldsymbol{\Phi} = \tilde{\boldsymbol{\Phi}} = \boldsymbol{I}_n$；而对图 10.5 中的情况，可采用 Haar 小波变换作为全局池化。

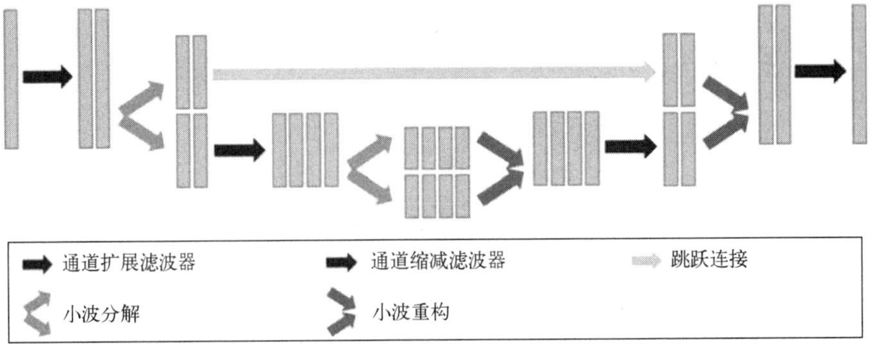

图 10.5　多分辨率编码器-解码器网络

10.3.4　深度卷积小波框架

下面介绍多层卷积小波框架（multilayer convolution framelets），这里称之为深度卷积小波框架[42]。为简单起见，我们仅考虑无跳跃连接的编码器-解码器网络，如图 10.6 所示，尽管有跳跃连接时分析过程同样适用。此外，我们假设网络的结构对称配置，以便编码器和解码器具有相同的层数（如 k），对编码器层 E^l 和解码器层 D^l 来说其输入维数和输出维数是对称的：

$$E^l:\mathbb{R}^{d_{l-1}}\mapsto\mathbb{R}^{d_l},\quad D^l:\mathbb{R}^{d_l}\mapsto\mathbb{R}^{d_{l-1}},\quad l\in[k] \tag{10.30}$$

其中，$[n]$表示集合$\{1,\cdots,n\}$。在第 l 层，m_l 和 q_l 分别表示信号的维数和滤波器通道的数量。这里假设滤波器的长度为 r。

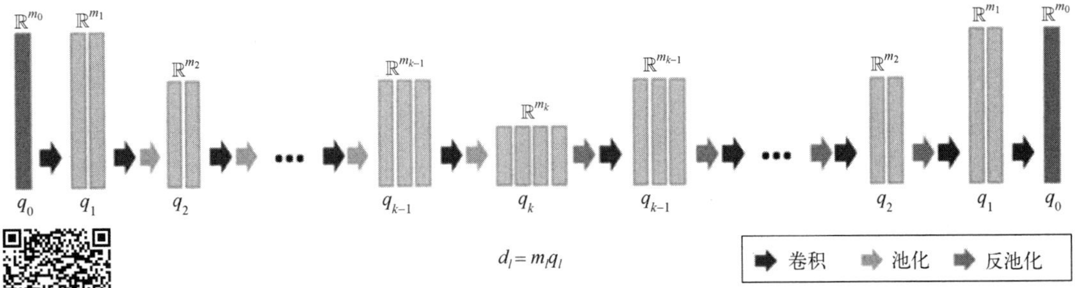

图 10.6　无跳跃连接的编码器-解码器网络

对有 q_{l-1} 个输入通道的编码器层，其第 l 层的输入信号定义为

$$\boldsymbol{z}^{l-1}:=[\boldsymbol{z}_1^{l-1\top}\quad\cdots\quad\boldsymbol{z}_{q_{l-1}}^{l-1\top}]^\top\in\mathbb{R}^{d_{l-1}} \tag{10.31}$$

其中，符号 $\top$ 表示转置，$\boldsymbol{z}_j^{l-1}\in\mathbb{R}^{m_{l-1}}$ 表示第 j 个输入通道，其维数为 m_{l-1}。第 l 层的输出信号 $\boldsymbol{z}^l$ 也有类似的定义。注意，滤波后的输出现在堆叠为式（10.31）中单个列向量的形式，这与前面介绍的卷积小波框架的处理方式有所不同，对后者来说，每个通道的滤波器输出都堆叠为附加列。事实证明，式（10.31）中用到的表示方法使得多层卷积神经网络的数学推导变得更加容易处理，尽管前面所采用的符号记法中全局基和局部基的作用非常清晰。

那么对如图 10.6 所示的无跳跃连接的线性编码器-解码器 CNN（encoder–decoder

CNN），在第 l 个编码器层[35]具有以下线性表示：

$$\boldsymbol{z}^l = \boldsymbol{E}^{l\top}\boldsymbol{z}^{l-1} \tag{10.32}$$

其中，

$$\boldsymbol{E}^l = \begin{bmatrix} \boldsymbol{\Phi}^l \circledast \boldsymbol{\psi}_{1,1}^l & \cdots & \boldsymbol{\Phi}^l \circledast \boldsymbol{\psi}_{q_l,1}^l \\ \vdots & \ddots & \vdots \\ \boldsymbol{\Phi}^l \circledast \boldsymbol{\psi}_{1,q_{l-1}}^l & \cdots & \boldsymbol{\Phi}^l \circledast \boldsymbol{\psi}_{q_l,q_{l-1}}^l \end{bmatrix} \tag{10.33}$$

其中，$\boldsymbol{\Phi}^l$ 代表对第 l 层进行池化操作的 $m_l \times m_l$ 阶矩阵；$\boldsymbol{\psi}_{i,j}^l \in \mathbb{R}^r$ 表示第 l 层的编码滤波器，用于根据第 j 个通道输入的贡献度生成第 i 个通道输出；$\boldsymbol{\Phi}^l \circledast \boldsymbol{\psi}_{i,j}^l$ 表示单输入-多输出（Single-Input Multi-Output，SIMO）卷积[35]，即

$$\boldsymbol{\Phi}^l \circledast \boldsymbol{\psi}_{i,j}^l = [\boldsymbol{\phi}_1^l \circledast \boldsymbol{\psi}_{i,j}^l \quad \cdots \quad \boldsymbol{\phi}_n^l \circledast \boldsymbol{\psi}_{i,j}^l] \tag{10.34}$$

只需在 $\boldsymbol{E}^l$ 中包含附加行作为偏置项，并且将 $\boldsymbol{z}^{l-1}$ 的最后一个元素增加 1，就可以将偏置考虑进来。

类似地，第 l 个解码器层可以表示为

$$\tilde{\boldsymbol{z}}^{l-1} = \boldsymbol{D}^l\tilde{\boldsymbol{z}}^l \tag{10.35}$$

其中，

$$\boldsymbol{D}^l = \begin{bmatrix} \tilde{\boldsymbol{\Phi}}^l \circledast \tilde{\boldsymbol{\psi}}_{1,1}^l & \cdots & \tilde{\boldsymbol{\Phi}}^l \circledast \tilde{\boldsymbol{\psi}}_{1,q_l}^l \\ \vdots & \ddots & \vdots \\ \tilde{\boldsymbol{\Phi}}^l \circledast \tilde{\boldsymbol{\psi}}_{q_{l-1},1}^l & \cdots & \tilde{\boldsymbol{\Phi}}^l \circledast \tilde{\boldsymbol{\psi}}_{q_{l-1},q_l}^l \end{bmatrix} \tag{10.36}$$

其中，$\tilde{\boldsymbol{\Phi}}^l$ 表示对第 l 层进行反池化操作的 $m_l \times m_l$ 阶矩阵；$\tilde{\boldsymbol{\psi}}_{i,j}^l \in \mathbb{R}^r$ 表示第 l 层的解码滤波器，用于根据第 j 个通道输入的贡献度生成第 i 个通道输出。

那么对输入信号 $\boldsymbol{z}$，编码器-解码器 CNN 的输出 $\boldsymbol{v}$ 可以表示为[35]

$$\boldsymbol{v} = T_{\boldsymbol{\Theta}}(\boldsymbol{z}) = \sum_i \langle \boldsymbol{b}_i, \boldsymbol{z} \rangle \tilde{\boldsymbol{b}}_i \tag{10.37}$$

其中，$\boldsymbol{\Theta}$ 代表所有编码器和解码器的卷积滤波器，$\boldsymbol{b}_i$ 和 $\tilde{\boldsymbol{b}}_i$ 分别表示以下矩阵的第 i 列：

$$\boldsymbol{B} = \boldsymbol{E}^1\boldsymbol{E}^2\cdots\boldsymbol{E}^k, \quad \tilde{\boldsymbol{B}} = \boldsymbol{D}^1\boldsymbol{D}^2\cdots\boldsymbol{D}^k \tag{10.38}$$

上述表示方式是完全线性的，因为一旦网络参数 $\boldsymbol{\Theta}$ 训练完毕后，表达式就不会发生改变。此外，考虑池化层和滤波器层的如下多层框架条件（multilayer frame conditions）：

$$\tilde{\boldsymbol{\Phi}}^l\boldsymbol{\Phi}^{l\top} = \alpha\boldsymbol{I}_{m_{l-1}}, \quad \boldsymbol{\Psi}^l\tilde{\boldsymbol{\Psi}}^{l\top} = \frac{1}{r\alpha}\boldsymbol{I}_{rq_{l-1}}, \quad \forall l \tag{10.39}$$

其中，$\boldsymbol{I}_n$ 表示 $n \times n$ 阶单位矩阵，$\alpha > 0$ 是常数，并且

$$\boldsymbol{\Psi}^l = \begin{bmatrix} \boldsymbol{\psi}_{1,1}^l & \cdots & \boldsymbol{\psi}_{q_l,1}^l \\ \vdots & \ddots & \vdots \\ \boldsymbol{\psi}_{1,q_{l-1}}^l & \cdots & \boldsymbol{\psi}_{q_l,q_{l-1}}^l \end{bmatrix} \tag{10.40}$$

$$\tilde{\boldsymbol{\Psi}}^l=\begin{bmatrix}\tilde{\boldsymbol{\psi}}_{1,1}^l & \cdots & \tilde{\boldsymbol{\psi}}_{1,q_l}^l\\ \vdots & \ddots & \vdots\\ \tilde{\boldsymbol{\psi}}_{q_{l-1},1}^l & \cdots & \tilde{\boldsymbol{\psi}}_{q_{l-1},q_l}^l\end{bmatrix} \tag{10.41}$$

在上述框架条件下，可以证明[35]式（10.37）满足完美重建条件（perfect reconstruction condition），即

$$z=L_{\Theta}(z):=\sum_i\langle \boldsymbol{b}_i,z\rangle\tilde{\boldsymbol{b}}_i \tag{10.42}$$

由此可见，相应的深度卷积小波框架与小波框架类似，它的确是一种框架表示[113]。

在深度卷积小波框架中，所有的编码器和解码器的滤波器都可以从训练数据集中进行估计，因而它是一种数据驱动的模型。具体地说，对给定的训练数据 $\{\boldsymbol{x}_i,y_i\}_{i=1}^n$，可以通过求解如下最优化问题来估计 CNN 的参数 $\boldsymbol{\Theta}$：

$$\min_{\boldsymbol{\Theta}}\sum_{i=1}^n l(y_i,L_{\boldsymbol{\Theta}}(\boldsymbol{x}_i))+\lambda R(\boldsymbol{\Theta}) \tag{10.43}$$

一旦学到参数 $\boldsymbol{\Theta}$，编码器和解码器矩阵 $\boldsymbol{E}^l$ 和 $\boldsymbol{D}^l$ 就确定了。因此，这些表示完全是数据驱动的，并且依赖于从训练数据集中学到的滤波器集，这与经典的核机器或基追踪方法不同，后者强调核函数或框架是以自上而下的方式指定的。

也就是说，深度卷积小波框架还不能满足机器学习需求，因为一旦训练完毕后，框架表示就不会发生改变，从而无法实现基于数据驱动的自适应性。下面阐述的是如 ReLU 这样的非线性模块，它在机器学习中起着关键性作用。

10.4　卷积神经网络的几何学

10.4.1　非线性的作用

实际上，对具有 ReLU 非线性的深度卷积小波框架的分析只是上述过程的一个简单修改，但它提供了关于深度神经网络几何学的基本见解。

具体来说，我们证明了即使存在 ReLU 非线性，式（10.37）也仍然有效[35]，唯一的变化是在编码器、解码器和跳跃模块之间的基矩阵（basis matrices）包含额外的 ReLU 模式块。例如，式（10.38）中的表达式可以做如下更改：

$$\boldsymbol{B}(z)=\boldsymbol{E}^1\boldsymbol{\Lambda}^1(z)\boldsymbol{E}^2\boldsymbol{\Lambda}^2(z)\cdots\boldsymbol{\Lambda}^{k-1}(z)\boldsymbol{E}^k \tag{10.44}$$

$$\tilde{\boldsymbol{B}}(z)=\boldsymbol{D}^1\tilde{\boldsymbol{\Lambda}}^1(z)\boldsymbol{D}^2\tilde{\boldsymbol{\Lambda}}^2(z)\cdots\tilde{\boldsymbol{\Lambda}}^{k-1}(z)\boldsymbol{D}^k \tag{10.45}$$

其中，$\boldsymbol{\Lambda}^l(z)$ 和 $\tilde{\boldsymbol{\Lambda}}^l(z)$ 是元素为 0 或 1 的对角矩阵，代表 ReLU 的激活模式。

因此，式（10.37）中的线性表示应修改为如下非线性表示：

$$\boldsymbol{v}=T_{\boldsymbol{\Theta}}(z)=\sum_i\langle \boldsymbol{b}_i(z),z\rangle\tilde{\boldsymbol{b}}_i(z) \tag{10.46}$$

由于存在与输入相关的 ReLU 激活模式，导致 $\boldsymbol{b}_i(z)$ 和 $\tilde{\boldsymbol{b}}_i(z)$ 显性依赖于信号 z，这就使得表

达式具有了非线性。

滤波器参数 $\boldsymbol{\Theta}$ 也是通过在式（10.46）中用 $T_{\Theta}(z)$ 来代替 $L_{\Theta}(z)$，进而求解式（10.43）中的优化问题来进行估计的，所以这些表示完全是数据驱动的。

10.4.2　非线性是归纳学习的关键

在式（10.44）和式（10.45）中，编码器和解码器的基矩阵显性依赖于输入上的 ReLU 激活模式。下面介绍依赖于 ReLU 激活的对角矩阵在实现归纳学习方面发挥的关键作用。

具体来说，非线性是在卷积运算之后应用的，因此在由卷积决定的超平面上每个 ReLU 的开-关激活模式确定了每层特征空间的一个二元划分。因此，在深度神经网络中，输入空间被划分为多个互不重叠的区域，以便每个区域的输入图像共享相同的线性表示，但跨区则不行。这意味着两幅不同的输入图像会被自动切换到截然不同的两种线性表示，如图 10.7 所示。

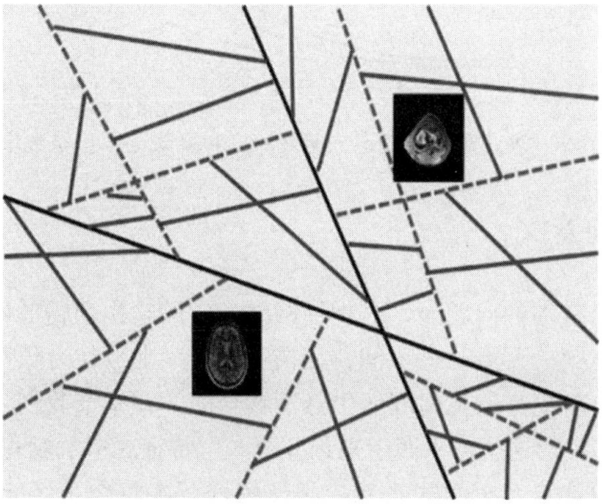

图 10.7　深度学习的重建原理

由此得到了一条重要见解：尽管 CNN 方法和如图 10.3 所示的基追踪似乎是迥然不同的两种方法，但两者之间存在非常密切的联系。具体来说，CNN 的确与经典的基追踪方法相似，都是为每一个输入寻找不同的线性表示，但与基追踪不同的是，CNN 是归纳的，因为它对一个新输入并不求解优化问题，而仅仅通过改变 ReLU 的激活模式来切换到不同的框架表示。这种来自学习滤波器系数的诱导性（inductivity）是经典信号处理方法的一项重要进展。

10.4.3　表达能力

鉴于 CNN 的分区依赖于小波框架几何学，我们期待随着输入空间划分数量的增加，采用分片线性框架表示的非线性函数逼近将会变得更加准确。因此，分片线性区域（piecewise linear region）的数量与神经网络的表达能力或表征能力直接相关。如果每个 ReLU 激活模式相互独立，则不同的 ReLU 激活模式的数量为 $2^{\#}$（#是神经元的个数），这里神经元的数量由整个特征的数量决定。因此，不同线性表示的数量随着网络的通道、宽度和跳跃连接呈指数增长，如图 10.8 所示[35]。这再次证实了 CNN 的表达能力是 ReLU 非线性带来的。

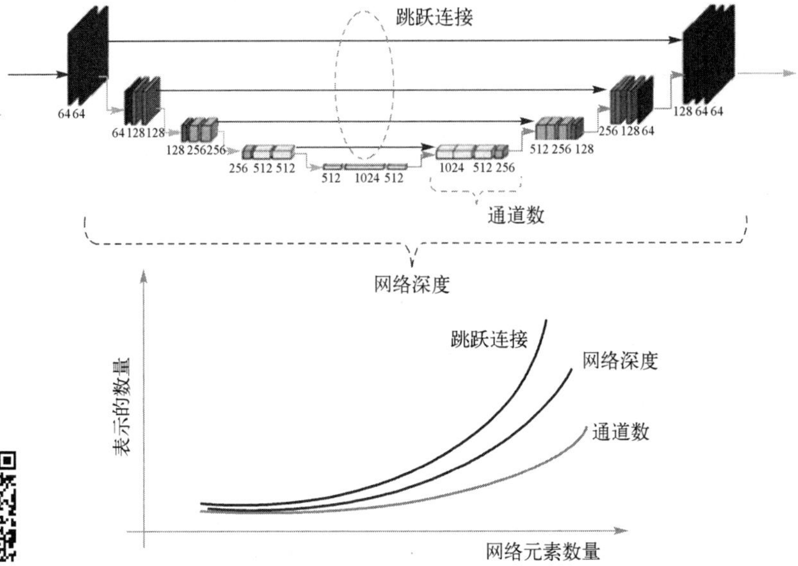

图 10.8　表达数量随通道、网络深度和跳跃连接呈指数增长

10.4.4　特征的几何意义

在神经网络中一个有趣的问题是，对神经网络各层的输出获得的中间特征（intermediate feature），如何理解其含义。尽管这些中间特征在很大程度上被视为隐变量（latent variables），但据我们所知，对每个隐变量的几何理解仍然不够全面。在本节我们将证明，中间特征与超平面的相对坐标直接相关，这些超平面用来划分前一层特征对应的乘积空间（product space）。

为了理解这种说法，让我们首先重新审视编码器层中每个神经元的 ReLU 操作。令 $\boldsymbol{E}_i^l$ 表示编码器矩阵 $\boldsymbol{E}^l$ 的第 i 列，z_i^l 表示 $\boldsymbol{z}^l$ 中的第 i 个元素，则激活的神经元（activated neuron）的输出可以表示为

$$z_i^l = \underbrace{\frac{\left|\left\langle \boldsymbol{E}_i^l, \boldsymbol{z}^{l-1} \right\rangle\right|}{\left\|\boldsymbol{E}_i^l\right\|}}_{\text{到超平面的距离}} \times \left\|\boldsymbol{E}_i^l\right\| \tag{10.47}$$

其中，超平面的法向量可以写成

$$\boldsymbol{n}^l = \boldsymbol{E}_i^l \tag{10.48}$$

这就意味着处于激活状态的神经元的输出是到某个超平面的距离的缩放版，该超平面将特征向量 $\boldsymbol{z}^{l-1}$ 的空间划分为激活区域和非激活区域。因此，神经网络的作用可理解为根据到多个超平面的相对距离采用坐标向量来表示输入数据。

上述对特征的解释可能并不新颖，因为可以采用类似的解释来阐述线性框架系数的几何意义。然而，最重要的区别之一来自多层表示。为便于理解，考虑如下两层神经网络：

$$z_i^l = \sigma(\boldsymbol{E}_i^{l\top} \boldsymbol{z}^{l-1}) \tag{10.49}$$

其中，

$$z^{l-1} = \sigma(\boldsymbol{E}^{(l-1)\top} \boldsymbol{z}^{l-2}) = \boldsymbol{\Lambda}(\boldsymbol{z}^{l-1}) \boldsymbol{E}^{(l-1)\top} \boldsymbol{z}^{l-2} \tag{10.50}$$

其中，$\boldsymbol{\Lambda}(\boldsymbol{z}^{l-1})$ 也是用来编码 ReLU 的激活模式。

根据内积和伴随算子（adjoint operator）的性质，可得

$$\begin{aligned} z_i^l &= \sigma(\boldsymbol{E}_i^{l\top} \boldsymbol{z}^{l-1}) \\ &= \sigma\left(\left\langle \boldsymbol{E}_i^l, \boldsymbol{\Lambda}(\boldsymbol{z}^{l-1}) \boldsymbol{E}^{(l-1)\top} \boldsymbol{z}^{l-2} \right\rangle\right) \\ &= \sigma\left(\left\langle \boldsymbol{\Lambda}(\boldsymbol{z}^{l-1}) \boldsymbol{E}_i^l, \boldsymbol{E}^{(l-1)\top} \boldsymbol{z}^{l-2} \right\rangle\right) \end{aligned} \tag{10.51}$$

这就表明，在来自前一层的无约束特征向量（即假设并没有采用 ReLU）的空间上，超平面的法向量现在变为

$$\boldsymbol{n}^l = \boldsymbol{\Lambda}(\boldsymbol{z}^{l-1}) \boldsymbol{E}_i^l \tag{10.52}$$

这意味着当前层的超平面跟随输入数据自适应地发生改变，因为前一层的 ReLU 激活模式，即 $\boldsymbol{\Lambda}(\boldsymbol{z}^{l-1})$，可以根据输入变化。这是与线性多层框架表示的一个重要区别，即无论输入如何不同，后者的超平面结构都是相同的。

图 10.9 给出了一个采用两层神经网络、每层含有两个神经元得到的 $\mathbb{R}^2$ 划分几何（partition geometry）的示例。其中，箭头表示超平面的法线方向，实线对应第一层的超平面，虚线对应第二层的超平面。可以看出，第二层超平面的法向量方向由 ReLU 激活模式决定，使得处于非激活状态（inactive）的神经元位置的坐标值发生退化。具体地说，第一层（A）象限中的两个神经元处于激活状态（active），我们可以在由滤波器系数决定的任意法线方向上得到两个超平面。然而在（B）象限，由于第二个神经元处于非激活状态，此时情况就不同了。具体来说，根据式（10.52），对应于非激活的神经元的法向量的第二个坐标发生退化，这就导致两个平行的超平面仅仅偏置项不同。类似的现象发生在第一个神经元非激活的（C）象限。对两个神经元都处于非激活状态的（D）象限，法向量变为零且不存在分区。由此可以得出，超平面的几何结构由前一层的特征向量自适应决定。

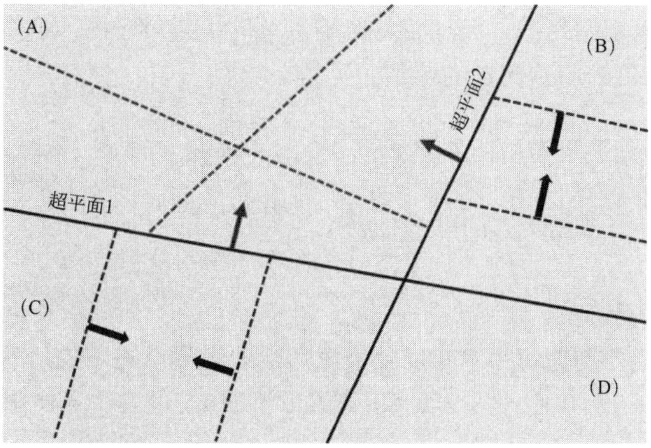

图 10.9　每层含有两个神经元的两层神经网络

下面介绍几个可以轻松计算划分几何的示例。

问题 10.1 在 $\mathbb{R}^2$ 空间中两层神经网络的划分几何。

考虑一个具有 ReLU 非线性的两层全连接网络 $f_{\Theta}:\mathbb{R}^2 \to \mathbb{R}^2$，如图 10.10 所示。

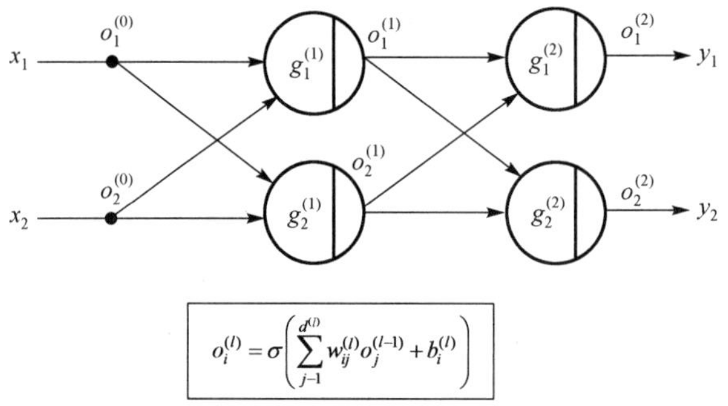

图 10.10　一个包含两层神经网络的示例

（1）假设权重矩阵和偏置项如下所示：

$$\boldsymbol{W}^{(0)} = \begin{bmatrix} 2 & -1 \\ 1 & 1 \end{bmatrix}, \quad \boldsymbol{b}^{(0)} = \begin{bmatrix} 1 \\ -1 \end{bmatrix}$$

$$\boldsymbol{W}^{(1)} = \begin{bmatrix} 1 & 2 \\ -1 & 1 \end{bmatrix}, \quad \boldsymbol{b}^{(1)} = \begin{bmatrix} -9 \\ -2 \end{bmatrix}$$

绘制相应的输入空间划分，并计算每个输入分区中相对于输入向量(x, y)的输出映射。请明确推导所有步骤。

（2）假设问题（1）中的偏置项为零，计算输入空间划分和输出映射，并且观察与含有偏置项的模型相比二者有何不同。

（3）假设在问题（1）中第二层的权重和偏置项变化如下：

$$\boldsymbol{W}^{(1)} = \begin{bmatrix} 1 & 2 \\ 0 & 1 \end{bmatrix}, \quad \boldsymbol{b}^{(1)} = \begin{bmatrix} 0 \\ 1 \end{bmatrix}$$

绘制相应的输入空间划分，并计算每个输入分区中相对于输入向量(x, y)的输出映射，并且观察与（1）给出的原始问题的区别。

解答 10.1：

（1）令 $\boldsymbol{x} = [x, y]^{\top} \in \mathbb{R}^2$，第一层的输出信号由下式给出：

$$\boldsymbol{o}^{(1)} = \sigma(\boldsymbol{W}^{(0)}\boldsymbol{x} + \boldsymbol{b}^{(0)}) = \begin{bmatrix} \sigma(2x - y + 1) \\ \sigma(x + y - 1) \end{bmatrix}$$

其中，σ是 ReLU 激活函数。

在第二层我们需要考虑每个 ReLU 处于激活或非激活状态下的所有情况。

① 如果 $2x - y + 1 < 0$ 且 $x + y - 1 < 0$，那么 $\boldsymbol{o}^{(1)} = [0, 0]^{\top}$，$\boldsymbol{o}^{(2)} = \sigma(\boldsymbol{W}^{(1)}\boldsymbol{o}^{(1)} + \boldsymbol{b}^{(1)}) = \sigma[-9, -2]^{\top} = [0, 0]^{\top}$。

② 如果 $2x - y + 1 \geqslant 0$ 且 $x + y - 1 < 0$，那么 $\boldsymbol{o}^{(1)} = [2x - y + 1,\ 0]^{\top}$。因此，$\boldsymbol{o}^{(2)} = \sigma(\boldsymbol{W}^{(1)}\boldsymbol{o}^{(1)} + \boldsymbol{b}^{(1)}) = \sigma([2x - y - 8, -2x + y - 3])^{\top}$。故有

$$\boldsymbol{o}^{(2)}=\begin{cases}[0,\ 0]^\top, & 2x-y-8<0\\ [2x-y-8,\ 0]^\top, & \text{其他}\end{cases}$$

③ 如果 $2x-y+1<0$ 且 $x+y-1\geqslant 0$，那么 $\boldsymbol{o}^{(1)}=[0,\ x+y-1]^\top$ 且 $\boldsymbol{o}^{(2)}=\sigma(\boldsymbol{W}^{(1)}\boldsymbol{o}^{(1)}+\boldsymbol{b}^{(1)})=\sigma([2x+2y-11, x+y-3])^\top$，故有

$$\boldsymbol{o}^{(2)}=\begin{cases}[0,\ 0]^\top, & x+y-3<0\\ [0,\ x+y-3]^\top, & 2x+2y-11<0, x+y-3\geqslant 0\\ [2x+2y-11,\ x+y-3]^\top, & \text{其他}\end{cases}$$

④ 如果 $2x-y+1\geqslant 0$ 且 $x+y-1\geqslant 0$，那么 $\boldsymbol{o}^{(1)}=[2x-y+1,\ x+y-1]^\top$ 且 $\boldsymbol{o}^{(2)}=\sigma(\boldsymbol{W}^{(1)}\boldsymbol{o}^{(1)}+\boldsymbol{b}^{(1)})=\sigma([4x+y-10, -x+2y-4])^\top$。因此

$$\boldsymbol{o}^{(2)}=\begin{cases}[0,\ 0]^\top, & 4x+y-10<0, -x+2y-4<0\\ [0,\ -x+2y-4]^\top, & 4x+y-10<0, -x+2y-4\geqslant 0\\ [4x+y-10,\ 0]^\top, & 4x+y-10\geqslant 0, -x+2y-4<0\\ [4x+y-10,\ -x+2y-4]^\top, & \text{其他}\end{cases}$$

得到的输入空间划分如图 10.11 所示，这里给出了相应的线性映射及其秩。注意，在两个满秩分区周围存在秩为 1 的映射分区，它们与秩为 0 的映射分区连接。

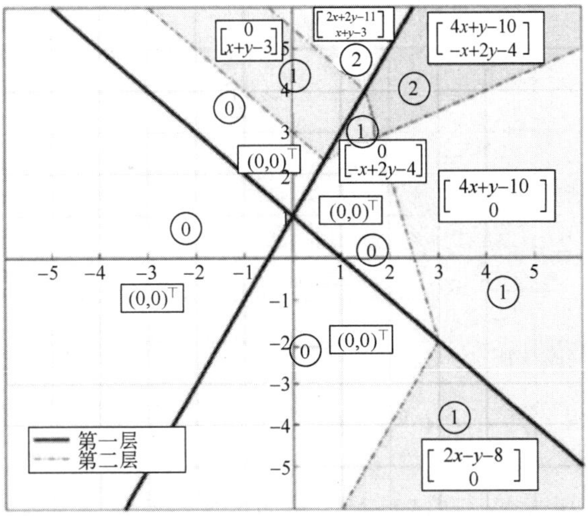

图 10.11　问题（1）情况下的输入空间划分

（2）第一层的输出信号由下式给出：

$$\boldsymbol{o}^{(1)}=\sigma(\boldsymbol{W}^{(0)}\boldsymbol{x}+\boldsymbol{b}^{(0)})=\begin{bmatrix}\sigma(2x-y)\\ \sigma(x+y)\end{bmatrix}$$

在第二层我们再次考虑每个 ReLU 处于激活或非激活状态时的所有情况。

① 如果 $2x-y<0$ 且 $x+y<0$，那么 $\boldsymbol{o}^{(1)}=[0,\quad 0]^\top$，$\boldsymbol{o}^{(2)}=\sigma(\boldsymbol{W}^{(1)}\boldsymbol{o}^{(1)})=[0,\quad 0]^\top$。

② 如果 $2x-y\geqslant 0$ 且 $x+y<0$，那么 $\boldsymbol{o}^{(1)}=[2x-y,\quad 0]^\top$。因此

$$\boldsymbol{o}^{(2)}=\sigma(\boldsymbol{W}^{(1)}\boldsymbol{o}^{(1)}+\boldsymbol{b}^{(1)})=\sigma([2x-y,\ -2x+y])^\top=[2x-y\ ,0]^\top$$

③ 如果 $2x-y<0$ 且 $x+y\geqslant 0$，那么 $\boldsymbol{o}^{(1)}=[0,x+y]^{\top}$ 且

$$\boldsymbol{o}^{(2)}=\sigma\left(\boldsymbol{W}^{(1)}\boldsymbol{o}^{(1)}\right)=\sigma([2x+2y,x+y])^{\top}=[2x+2y,x+y]^{\top}$$

④ 如果 $2x-y\geqslant 0$ 且 $x+y\geqslant 0$，那么 $\boldsymbol{o}^{(1)}=[2x-y,\ x+y]^{\top}$ 且 $\boldsymbol{o}^{(2)}=\sigma(\boldsymbol{W}^{(1)}\boldsymbol{o}^{(1)}+\boldsymbol{b}^{(1)})=\sigma([4x+y,-x+2y])^{\top}$。因此

$$\boldsymbol{o}^{(2)}=\begin{cases}[4x+y,\ 0]^{\top}, & -x+2y<0\\ [4x+y,\ -x+2y]^{\top}, & \text{其他}\end{cases}$$

生成的输入空间划分如图 10.12 所示，这里同样给出了相应的线性映射及其秩。与问题（1）类似，在两个满秩分区周围存在秩为 1 的映射分区，它们与秩为 0 的映射分区连接。由于没有偏置项，所有超平面都应包含原点。此外，不存在具有相同法向量的超平面，因为没有偏置项就无法形成平行的超平面。从而与问题（1）相比，输入空间划分变得更加简单。

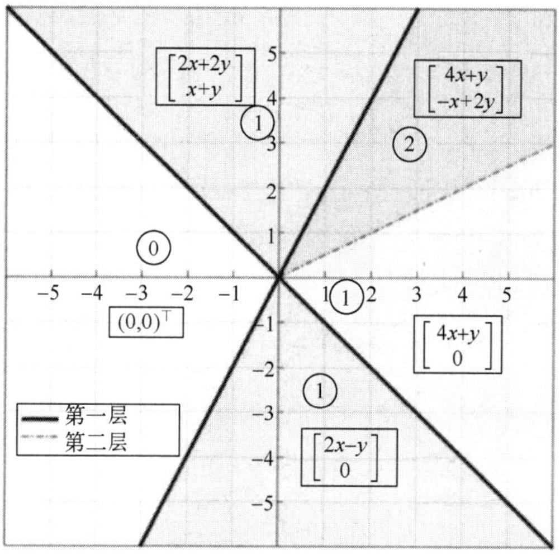

图 10.12　问题（2）情况下的输入空间划分

（3）第一层的输出信号由下式给出：

$$\boldsymbol{o}^{(1)}=\sigma(\boldsymbol{W}^{(0)}\boldsymbol{x}+\boldsymbol{b}^{(0)})=\begin{bmatrix}\sigma(2x-y+1)\\ \sigma(x+y-1)\end{bmatrix}$$

在第二层同样需要考虑每个 ReLU 处于激活或非激活状态时的所有情况。

① 如果 $2x-y+1<0$ 且 $x+y-1<0$，那么 $\boldsymbol{o}^{(1)}=[0,0]^{\top}$，$\boldsymbol{o}^{(2)}=\sigma(\boldsymbol{W}^{(1)}\boldsymbol{o}^{(1)}+\boldsymbol{b}^{(1)})=\sigma([0,1])^{\top}=[0,1])^{\top}$。

② 如果 $2x-y+1\geqslant 0$ 且 $x+y-1<0$，那么 $\boldsymbol{o}^{(1)}=[2x-y+1,0]^{\top}$。因此

$$\boldsymbol{o}^{(2)}=\sigma\left(\boldsymbol{W}^{(1)}\boldsymbol{o}^{(1)}+\boldsymbol{b}^{(1)}\right)=\sigma([2x-y+1,1])^{\top}=[2x-y+1,1]^{\top}$$

③ 如果 $2x-y+1<0$ 且 $x+y-1\geqslant 0$，那么 $\boldsymbol{o}^{(1)}=[0,x+y-1]^{\top}$ 且

$$\boldsymbol{o}^{(2)}=\sigma(\boldsymbol{W}^{(1)}\boldsymbol{o}^{(1)}+\boldsymbol{b}^{(1)})=\sigma([2x+2y-2,\ x+y])^{\top}=[2x+2y-2,\ x+y]^{\top}$$

④ 如果 $2x-y+1\geqslant 0$ 且 $x+y-1\geqslant 0$，那么 $\boldsymbol{o}^{(1)}=[2x-y+1,x+y-1]^{\top}$ 且 $\boldsymbol{o}^{(2)}=\sigma(\boldsymbol{W}^{(1)}\boldsymbol{o}^{(1)}+\boldsymbol{b}^{(1)})=\sigma([4x+y-1,x+y])^{\top}=[4x+y-1,x+y]^{\top}$。生成的输入空间划分如图 10.13 所示，这

里同样给出了相应的线性映射及其秩。可以看出，在第二层并没有形成超平面。这个示例显示了权重和偏置项是如何改变输入分区的复杂性的。

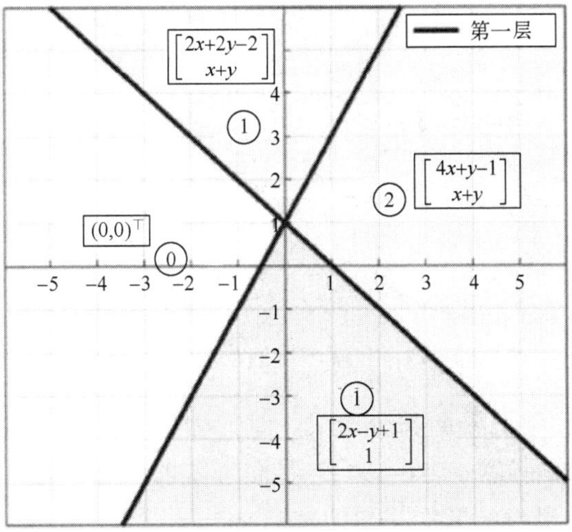

图 10.13　问题（3）情况下的输入空间划分

10.4.5　自编码器的几何理解

下面对用于回归问题的深度神经网络特别是自编码器（autoencoder）的几何学进行更详细深入的讨论。自编码器具有相同的输入域和输出域，通常用于底层计算机视觉问题，如图像去噪[90, 98]、超分辨率[99, 100]等。虽然这里给出的是关于自编码器的讨论，但类似的几何理解还可以应用于其他输入域和输出域不相同的回归问题。稍后我们还将展示有关自编码器的几何理解，也可以用来清楚地洞察分类器的几何学。

讨论到目前为止，我们已经了解到具有 ReLU 非线性的深度神经网络将输入数据空间划分为分片线性区域。实际上，这种观点与数据的流形结构（manifold structure）直接相关，并且我们认为深度学习之所以能够取得成功，根本原因在于它有效利用了数据中的流形结构。

下面给出一些微分几何方面的定义。

定义 10.1　一个 n 维流形是一个拓扑空间，被一族开集 $\Sigma \subset \bigcup U_\alpha$ 所覆盖。对每个开集 U_α，存在一个同胚（homeomorphism）映射 $\varphi_\alpha : U_\alpha \mapsto \mathbb{R}^n$，并且$(U_\alpha, \varphi_\alpha)$构成一个坐标卡（chart）。所有坐标卡的并构成一个图册（atlas）$A = \{(U_\alpha, \varphi_\alpha)\}$。

如图 10.14 所示，假设 X 是背景空间，μ是定义在 X 上的概率分布，那么μ的支撑集

$$\Sigma(\mu) := \{\boldsymbol{x} \in X : \mu(\boldsymbol{x}) > 0\} \tag{10.53}$$

是 X 中的一个低维流形。

对给定的局部坐标卡$(U_\alpha, \varphi_\alpha)$，$\varphi_\alpha : U_\alpha \mapsto F$ 称为一个编码器，其中，F 称为隐空间或者特征空间。点 $\boldsymbol{x} \in \Sigma$ 称为一个样本，其图像$\varphi_\alpha(\boldsymbol{x})$是 $\boldsymbol{x}$ 对应的特征。逆映射 $\psi_\alpha := \varphi_\alpha^{-1} : F \mapsto \Sigma$ 称为解码器[114]。

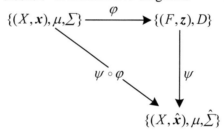

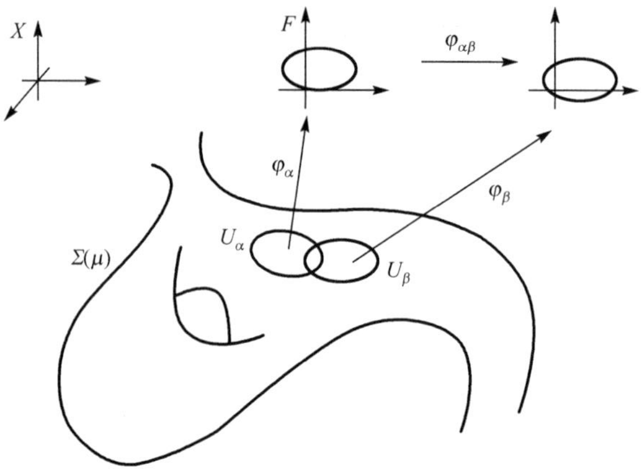

图 10.14 自编码器的流形几何学[114]

自编码器由编码器和解码器两部分组成。编码器取出一个样本 $\boldsymbol{x}\in X$ 并将其映射到特征映射 $\boldsymbol{z}\in F$，$\boldsymbol{z}=\varphi(\boldsymbol{x})$。编码器 $\varphi: X\mapsto F$ 将 Σ 同态映射到它的隐表示 $D=\varphi(\Sigma)$。之后，解码器 $\psi: F\mapsto X$ 将 $\boldsymbol{z}$ 映射到与 $\boldsymbol{x}$ 形状相同的重建 $\boldsymbol{x}$:

$$\hat{\boldsymbol{x}}=\psi(\boldsymbol{z})=\psi\circ\varphi(\boldsymbol{x})$$

这种关系可以在以下交换图（commutative diagram）[114]中看到：

$$\begin{array}{ccc}\{(X,\boldsymbol{x}),\mu,\Sigma\} & \xrightarrow{\varphi} & \{(F,\boldsymbol{z}),D\}\\ & \searrow^{\psi\circ\varphi} & \downarrow\psi\\ & & \{(X,\hat{\boldsymbol{x}}),\mu,\hat{\Sigma}\}\end{array}$$

在实践中，编码器和解码器都采用参数 $\boldsymbol{\Theta}$ 进行参数化，因此自编码器可以描述为

$$\hat{\boldsymbol{x}}=T_{\boldsymbol{\Theta}}(\boldsymbol{x})=\psi_{\boldsymbol{\Theta}}\circ\varphi_{\boldsymbol{\Theta}}(\boldsymbol{x})$$

并且参数估计问题可以通过求解如下方程得到：

$$\min_{\boldsymbol{\Theta}}\sum_{i=1}^{n} l(y_i,T_{\boldsymbol{\Theta}}(\boldsymbol{x}_i))+\lambda R(\boldsymbol{\Theta}) \tag{10.54}$$

这与卷积神经网络训练方式相同。

图 10.14 给出了具有 ReLU 非线性的自编码器每一步的几何示例。其中，背景空间 X 是 $\mathbb{R}^3$，特征空间是二维的即 $F\subset\mathbb{R}^2$。样本 $\boldsymbol{x}$ 是一个三维点，因此输入的流形 $M:=\Sigma(\mu)\subset X$ 是 $\mathbb{R}^3$ 内的一个二维表面，它是低维的。采用参数化的编码器 $\varphi_{\boldsymbol{\Theta}}$ 将输入样本映射到图 10.14 中的特征空间流形。之后，利用参数化的解码器 $\psi_{\boldsymbol{\Theta}}$ 将该特征流形映射回原始背景空间，如图 10.14 所示。由于 ReLU 的非线性，输入的流形 M 被划分成分片线性区域 $D(\varphi_{\boldsymbol{\Theta}})$。

在训练阶段定义每个分片线性区域的特定操作。例如，在图 10.15 中，输入的流形是一个含有噪声的点云（point cloud），而输出的标签数据是无噪声的三维表面。在训练过程中，神经网络的具体操作被引导为重建的流形上的低秩映射（low-rank mapping），正如问题 10.1 所讨论的。因此，来自输入的流形的噪声异常值（outliers）通过一个训练好

的神经网络投影到重建的流形中，该神经网络在每个单元处是分片线性的，但在全局上是非线性的[114]。

(a) 输入的流形　　(b) 重建的流形

图 10.15　将去噪视为重建的流形上的分片线性投影[114]

10.4.6　分类器的几何理解

对自编码器的几何理解可以帮助我们清晰地勾勒出深度神经网络分类器中发生的情况。此时，只有一个编码器映射到隐空间，得到了一个简化的交换图：

$$\{(X,\boldsymbol{x}),\mu,\Sigma\}\xrightarrow{\varphi}\{(F,\boldsymbol{z}),D\}$$

由于编码器也被 $\boldsymbol{\Theta}$ 参数化且具有 ReLU，输入的流形也被划分成分片线性区域，如图 10.14 所示。之后，紧随线性层后面的 softmax 层为每个分片线性单元分配一定的类别概率。

10.5　尚待解决的问题

截至目前，我们展开的讨论揭示了深度神经网络确实被训练用来划分输入的数据流形（data manifold），使得每个分片线性区域的线性映射可以有效执行如分类、回归等机器学习任务。因此，我们坚信，揭开深度神经网络之谜的线索就在于对高维流形结构与其分片线性分区（piecewise linear partition）及如何控制这些分区的理解上。

实际上，许多机器学习理论家一直在关注这一方面，并且带来了许多有趣的理论和经验观察[115–118]。例如，尽管前面提到线性区域的数量可能会随着网络复杂度的增加呈指数增长，但观察发现，对特定的任务来说，分片线性表示的实际数量要小得多。如图 10.16 所示，随着回合（epoch）数的增加，线性区域的个数的确收敛到一个比初始值更小的数值[115, 116]。

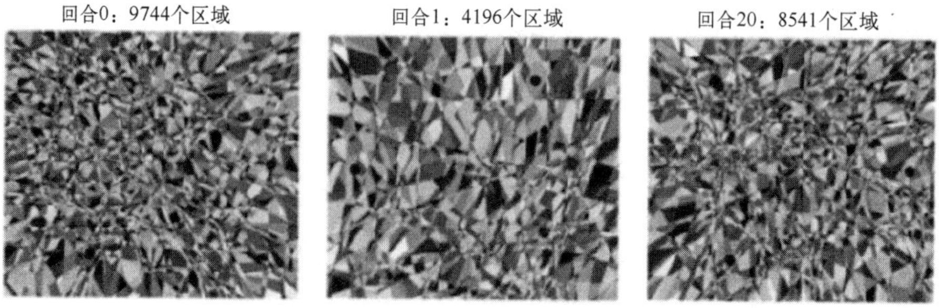

图 10.16　在 MNIST 上训练的深度为 3、宽度为 64 的网络的输入空间与平面相交的线性区域[115, 116]

注意，分片线性区域的数量不但由回合数决定，而且取决于优化算法的选取。如图 10.17 所示，线性区域的数量随着优化算法的不同而改变，从而导致产生不同的分类边界。其中，最下面一行的灰色曲线是分隔不同线性区域的过渡边界，颜色代表对应线性区域的激活率（activation rate）。在第一行，不同颜色代表不同分类区域，由决策边界分隔。这些模型是在矢量化的 MNIST 数据集上训练得到的，该图展示了输入空间的一个二维切片。

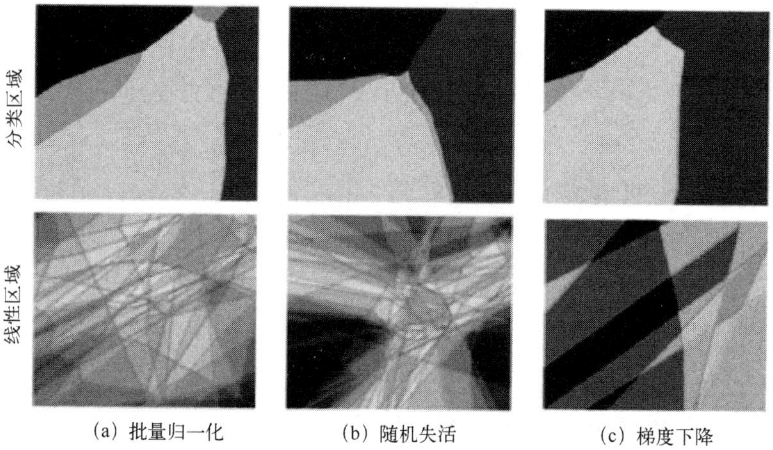

图 10.17　采用不同优化技术训练的模型的线性区域和分类区域[117]

事实上，这种现象可以理解为一种基于数据驱动的自适应性，它消除了机器学习任务中不必要的分区。注意，分区边界可能会发生坍塌，从而导致分区数量减少，正如问题 10.1(3)所讨论的那样。一般认为，根据分片线性区域的数量，在神经网络的逼近误差和鲁棒性之间存在某种折衷。还有很多问题仍未得到解答，为了清晰地理解神经网络的划分几何，还需要研究人员付出努力。

尽管在我们的讨论中基本上忽略了这一点，但是对卷积神经网络来说，由于卷积的关系，使得超平面的选择进一步受到限制。例如，若使用滤波器系数为[1, 2]、$r=2$ 的卷积滤波器对 $\mathbb{R}^3$ 中的数据流形进行编码，则以下 3 个向量决定了 3 个超平面的法线方向：

$$\boldsymbol{n}_1^l=[1\quad 2\quad 0],\quad \boldsymbol{n}_2^l=[0\quad 1\quad 2],\quad \boldsymbol{n}_3^l=[2\quad 0\quad 1] \tag{10.55}$$

这里假设采用循环卷积且没有池化操作（即 $\boldsymbol{\Phi}^l=\boldsymbol{I}_3$）。这意味着卷积滤波器的每个通道都确定了潜在特征空间（underlying feature space）的一个象限（orthant），并且特征向量与对应象限上的坐标直接相关。因此，为了理解卷积神经网络中的分片线性区域，我们需要更深入地理解高维几何学，这可能是另一个令人兴奋的研究课题。

10.6 习　题

1．证明式（10.24）。

2．证明式（10.25）。

3．补充完整式（10.26）中缺少的步骤。

4．证明式（10.29）。

5．我们的目标是在编码器端推导式（10.32）中的输入-输出关系：

（1）证明

$$(\boldsymbol{\Phi}^l \circledast \boldsymbol{\psi}_{j,k}^l)^\top \boldsymbol{z}_k^{l-1} = \boldsymbol{\Phi}^{l\top}(\boldsymbol{z}_k^{l-1} \circledast \overline{\boldsymbol{\psi}}_{j,k}^l) \tag{10.56}$$

（2）利用式（10.56）证明式（10.32）。

6．我们的目标是在解码器端推导式（10.35）中的输入-输出关系：

（1）证明

$$(\tilde{\boldsymbol{\Phi}}^l \circledast \tilde{\boldsymbol{\psi}}_{j,k}^l)\tilde{\boldsymbol{z}}_k^l = \tilde{\boldsymbol{\Phi}}^l \tilde{\boldsymbol{z}}_k^l \circledast \overline{\boldsymbol{\psi}}_{j,k}^l \tag{10.57}$$

（2）利用式（10.57）证明式（10.35）。

7．在框架条件式（10.39）下，推导式（10.42）中的完美重建条件。

8．考虑一个具有 ReLU 非线性的 3 层全连接网络 $f:\mathbb{R}^2 \to \mathbb{R}^2$。

（1）假设权重矩阵和偏置项由下式给出：

$$\boldsymbol{W}^{(0)} = \begin{bmatrix} 1 & -1 \\ 1 & 1 \end{bmatrix},\quad \boldsymbol{b}^{(0)} = \begin{bmatrix} 1 \\ -1 \end{bmatrix},\quad \boldsymbol{W}^{(1)} = \begin{bmatrix} 2 & 2 \\ 1 & 1 \end{bmatrix},\quad \boldsymbol{b}^{(1)} = \begin{bmatrix} 0 \\ 1 \end{bmatrix},\quad \boldsymbol{W}^{(2)} = \begin{bmatrix} 1 & 2 \\ -1 & 1 \end{bmatrix},\quad \boldsymbol{b}^{(2)} = \begin{bmatrix} -1 \\ -1 \end{bmatrix}$$

绘制相应的输入空间划分，并计算每个输入分区中输入向量(x, y)的输出映射。请明确推导出所有步骤。

（2）假设问题（1）中的偏置项为零，计算输入空间划分和输出映射，并且观察与含有偏置项的模型相比，二者有何不同。

（3）假设在问题（1）中，由于精调使得最后一层的权重 $\boldsymbol{W}^{(2)}$和偏置 $\boldsymbol{b}^{(2)}$发生了改变，请给出一个 $\boldsymbol{W}^{(2)}$和 $\boldsymbol{b}^{(2)}$的实例，由此可以获得最少数量的分区。

第 11 章 深度学习优化

11.1 引 言

第 6 章讨论了深度神经网络训练的各种优化方法。虽然这些方法形式多样，但基本上都是基于梯度的局部更新方案。然而，目前大家公认的最大障碍是，深度神经网络的损失曲面（loss surfaces）非常不凸甚至不光滑。这种非凸非光滑特性使得我们很难对深度神经网络进行优化分析，人们普遍关注的是流行的基于梯度的方法是否会陷入局部最小解。

令人惊讶的是，尽管待优化的问题具有高度非凸特性，但现代深度学习成功的背后可能正是由于基于梯度的优化方法具有显著的效果。为了从理论上解释这种现象，近年来已经展开了广泛的研究。特别是，最近的几项工作[119–121]已经注意到过参数化（over-parameterization）的重要性。实际上有研究表明，当与训练样本的数量相比，深度神经网络的隐藏层含有大量神经元时，梯度下降或随机梯度就能以零训练误差（zero training errors）收敛到全局最小点。虽然这些结果很有趣，并且为理解深度学习优化的几何学提供了重要线索，但是仍然不清楚为什么简单的局部搜索算法能够成功用于深度神经网络训练。

深度学习优化领域的确是一个快速发展的热门研究领域。本章并不是简单罗列涉及的相关技术，而是着重阐释了两种不同的研究路线，以供读者参考，一种是基于损失函数的几何结构，另一种是基于 Lyapunov 稳定性的结果。虽然这两种方法密切相关，但各有其优缺点。通过解释这两种方法，我们可以涵盖一些研究探索的关键主题，如优化地形[122–124]、过参数化[119, 125–129]及神经正切核（Neural Tangent Kernel，NTK）[130–132]，这些已经广泛用于分析深度学习局部搜索方法的收敛性质。

11.2 问题描述

第 6 章指出，在神经网络训练过程中基本的优化问题可以表述为

$$\min_{\boldsymbol{\theta}\in\mathbb{R}^n} l(\boldsymbol{\theta}) \tag{11.1}$$

其中，$\boldsymbol{\theta}$ 是网络参数，$l:\mathbb{R}^n\to\mathbb{R}$ 是损失函数。在监督学习情况下，当采用均方误差损失时，损失函数定义为

$$l(\boldsymbol{\theta}) := \frac{1}{2}\left\|\boldsymbol{y} - \boldsymbol{f}_{\boldsymbol{\theta}}(\boldsymbol{x})\right\|^2 \tag{11.2}$$

其中，$\boldsymbol{x}$，$\boldsymbol{y}$ 分别表示网络的输入及其对应的标签，$\boldsymbol{f}_{\theta}(\cdot)$是一个由可训练的参数 $\boldsymbol{\theta}$ 参数化的神经网络。对 L 层前馈神经网络的情况，回归函数 $\boldsymbol{f}_{\theta}(\boldsymbol{x})$可以表示为

$$\boldsymbol{f}_{\boldsymbol{\theta}}(\boldsymbol{x}) := (\boldsymbol{\sigma} \circ \boldsymbol{g}^{(L)} \circ \boldsymbol{\sigma} \circ \boldsymbol{g}^{(L-1)} \circ \cdots \circ \boldsymbol{g}^{(1)})(\boldsymbol{x}) \tag{11.3}$$

其中，$\sigma(\cdot)$代表逐元素非线性化，并且对 $l = 1,\cdots, L$，有

$$\boldsymbol{g}^{(l)} = \boldsymbol{W}^{(l)}\boldsymbol{o}^{(l-1)} + \boldsymbol{b}^{(l-1)} \tag{11.4}$$

$$\boldsymbol{o}^{(l)} = \boldsymbol{\sigma}(\boldsymbol{g}^{(l)}) \tag{11.5}$$

$$\boldsymbol{o}^{(0)} = \boldsymbol{x} \tag{11.6}$$

其中，第 l 层隐藏神经元的数量（通常称为宽度）记为 $d^{(l)}$，因而 $\boldsymbol{g}^{(l)},\boldsymbol{o}^{(l)} \in \mathbb{R}^{d^{(l)}}$，$\boldsymbol{W}^{(l)} \in \mathbb{R}^{d^{(l)}\times d^{(l-1)}}$。

基于梯度下降的流行局部搜索方法采用如下更新规则：

$$\boldsymbol{\theta}[k+1] = \boldsymbol{\theta}[k] - \eta_k \left.\frac{\partial l(\boldsymbol{\theta})}{\partial \boldsymbol{\theta}}\right|_{\boldsymbol{\theta}=\boldsymbol{\theta}[k]} \tag{11.7}$$

其中，η_k 表示第 k 次迭代的步长。当采用微分方程形式时，更新规则可以表示为

$$\dot{\boldsymbol{\theta}}[t] = -\frac{\partial l(\boldsymbol{\theta}[k])}{\partial \boldsymbol{\theta}} \tag{11.8}$$

其中，$\dot{\boldsymbol{\theta}}[t] = \dfrac{\partial \boldsymbol{\theta}[t]}{\partial t}$。

如前所述，式（11.1）对应的优化问题是强非凸的（strongly non-convex），并且已知采用形如式（11.7）和式（11.8）的基于梯度的局部搜索方案可能会陷入局部最小值。有趣的是，许多深度学习优化算法似乎能够避开局部最小值，甚至可能导致零训练误差，这表明算法正在达到全局最小值（global minima）。下面给出两种不同的方法，以便解释梯度下降法这种极富吸引力的行为。

11.3 Polyak–Łojasiewicz 型收敛性分析

损失函数 l 称为是强凸的（Strongly Convex，SC），如果满足

$$l(\boldsymbol{\theta}') \geqslant l(\boldsymbol{\theta}) + \langle \nabla l(\boldsymbol{\theta}), \boldsymbol{\theta}' - \boldsymbol{\theta} \rangle + \frac{\mu}{2}\|\boldsymbol{\theta}' - \boldsymbol{\theta}\|^2, \quad \forall \boldsymbol{\theta}, \boldsymbol{\theta}' \tag{11.9}$$

众所周知，如果 l 是强凸的，那么梯度下降可以达到该问题的全局线性收敛速率（global linear convergence rate）[133]。注意，式（11.9）中的强凸是比命题 1.1 中的凸性（convexity）更强的条件，后者描述为

$$l(\boldsymbol{\theta}') \geqslant l(\boldsymbol{\theta}) + \langle \nabla l(\boldsymbol{\theta}), \boldsymbol{\theta}' - \boldsymbol{\theta} \rangle, \quad \forall \boldsymbol{\theta}, \boldsymbol{\theta}' \tag{11.10}$$

需要注意的是，上面提到的凸分析并不是分析深度神经网络的正确方法，我们必须考虑深度神经网络的非凸特性，这种情形启发了各种各样的替代凸性的方法来证明其收敛性。其中，最古老的条件之一是 Luo 和 Tseng[134]提出的误差界（Error Bounds，EB），但最近被

考虑的其他条件包括本质强凸性（Essential Strong Convexity，ESC）[135]、弱强凸性（Weak Strong Convexity，WSC）[136]及受限割线不等式（Restricted Secant Inequality，RSI）[137]，具体如表 11.1 所示。这里的 $\boldsymbol{\theta}_p$ 表示 $\boldsymbol{\theta}$ 在解集 X^* 上的投影，l^* 代表最小代价，并且所有这些定义都涉及某个常数$\mu > 0$（在不同条件下可能不相同）。

表 11.1 梯度下降的收敛性条件示例

名　称	条　件	
强凸性（SC）	$l(\boldsymbol{\theta}') \geqslant l(\boldsymbol{\theta})+\langle \nabla l(\boldsymbol{\theta}),\boldsymbol{\theta}'-\boldsymbol{\theta}\rangle+\frac{\mu}{2}\|\boldsymbol{\theta}'-\boldsymbol{\theta}\|^2$	$\forall \boldsymbol{\theta},\boldsymbol{\theta}'$
本质强凸性（ESC）	$l(\boldsymbol{\theta}') \geqslant l(\boldsymbol{\theta})+\langle \nabla l(\boldsymbol{\theta}),\boldsymbol{\theta}'-\boldsymbol{\theta}\rangle+\frac{\mu}{2}\|\boldsymbol{\theta}'-\boldsymbol{\theta}\|^2$	$\forall \boldsymbol{\theta},\boldsymbol{\theta}'$, s.t. $\boldsymbol{\theta}_p=\boldsymbol{\theta}'_p$
弱强凸性（WSC）	$l^* \geqslant l(\boldsymbol{\theta})+\langle \nabla l(\boldsymbol{\theta}),\boldsymbol{\theta}_p-\boldsymbol{\theta}\rangle+\frac{\mu}{2}\|\boldsymbol{\theta}_p-\boldsymbol{\theta}\|^2$	$\forall \boldsymbol{\theta}$
受限割线不等式（RSI）	$\langle \nabla l(\boldsymbol{\theta}),\boldsymbol{\theta}-\boldsymbol{\theta}_p\rangle \geqslant \mu\|\boldsymbol{\theta}_p-\boldsymbol{\theta}\|^2$	$\forall \boldsymbol{\theta}$
误差界（EB）	$\|\nabla l(\boldsymbol{\theta})\| \geqslant \mu\|\boldsymbol{\theta}_p-\boldsymbol{\theta}\|$	$\forall \boldsymbol{\theta}$
Polyak–Łojasiewicz（PL）	$\frac{1}{2}\|\nabla l(\boldsymbol{\theta})\|^2 \geqslant \mu(l(\boldsymbol{\theta})-l^*)$	$\forall \boldsymbol{\theta}$

另外，还有一个更古老的条件，称之为 Polyak–Łojasiewicz（PL）条件，最初是由 Polyak[138]提出的，后来人们发现它其实是 Łojasiewicz[139]不等式的一个特例。具体来说，如果存在某个$\mu > 0$ 使得下式成立，就说该函数满足 PL 不等式：

$$\frac{1}{2}\|\nabla l(\boldsymbol{\theta})\|^2 \geqslant \mu(l(\boldsymbol{\theta})-l^*),\quad \forall \boldsymbol{\theta} \tag{11.11}$$

注意，这个不等式意味着每个驻点（stationary point）都是全局最小点。但与 SC 不同的是，它并不意味着存在唯一的解。稍后还会讨论这个问题。

与表 11.1 中的其他条件类似，PL 条件是梯度下降达到线性收敛速率的一个充分条件[122]。实际上，PL 条件是其中最温和的一种。具体来说，如果 l 具有 Lipschitz 连续梯度（Lipschitz continuous gradient），即存在某个常数 $L > 0$，使得下式成立：

$$\|\nabla l(\boldsymbol{\theta})-\nabla l(\boldsymbol{\theta}')\| \leqslant L\|\boldsymbol{\theta}-\boldsymbol{\theta}'\|,\quad \forall \boldsymbol{\theta},\boldsymbol{\theta}' \tag{11.12}$$

那么，各种收敛性条件之间的下列关系成立[122]：

$$(\mathrm{SC}) \to (\mathrm{ESC}) \to (\mathrm{WSC}) \to (\mathrm{RSI}) \to (\mathrm{EB}) \equiv (\mathrm{PL})$$

下面利用 PL 条件证明梯度下降法的收敛性，结果证实它是解决非凸深度学习优化问题的一个重要工具。

定理 11.1（**Karimi 等**[122]） 对问题（11.1），其中损失函数 l 具有 L-Lipschitz 连续梯度和非空解集，并且满足式（11.11）所示的 PL 不等式，则步长为 $\frac{1}{L}$ 的梯度方法

$$\boldsymbol{\theta}[k+1]=\boldsymbol{\theta}[k]-\frac{1}{L}\nabla l(\boldsymbol{\theta}[k]) \tag{11.13}$$

具有全局收敛速率

$$l(\boldsymbol{\theta}[k])-l^* \leqslant \left(1-\frac{\mu}{L}\right)^k (l(\boldsymbol{\theta}[0])-l^*)$$

证明：根据引理 11.1（具体见下一节），损失函数 l 的 L-Lipschitz 连续梯度意味着函数

$$g(\boldsymbol{\theta})=\frac{L}{2}\|\boldsymbol{\theta}\|^2-l(\boldsymbol{\theta})$$

是凸的。因此，根据命题 1.1 中凸性的一阶等价性可得

$$\frac{L}{2}\|\boldsymbol{\theta}'\|^2-l(\boldsymbol{\theta}')\geqslant\frac{L}{2}\|\boldsymbol{\theta}\|^2-l(\boldsymbol{\theta})+\left\langle\boldsymbol{\theta}'-\boldsymbol{\theta},L\boldsymbol{\theta}-\nabla l(\boldsymbol{\theta})\right\rangle=-\frac{L}{2}\|\boldsymbol{\theta}\|^2-l(\boldsymbol{\theta})+L\left\langle\boldsymbol{\theta}',\boldsymbol{\theta}\right\rangle-\left\langle\boldsymbol{\theta}'-\boldsymbol{\theta},\nabla l(\boldsymbol{\theta})\right\rangle$$

整理后可得

$$l(\boldsymbol{\theta}')\leqslant l(\boldsymbol{\theta})+\left\langle\nabla l(\boldsymbol{\theta}),\boldsymbol{\theta}'-\boldsymbol{\theta}\right\rangle+\frac{L}{2}\|\boldsymbol{\theta}'-\boldsymbol{\theta}\|^2,\quad\forall\boldsymbol{\theta},\boldsymbol{\theta}'$$

通过令 $\boldsymbol{\theta}'=\boldsymbol{\theta}[k+1]$和 $\boldsymbol{\theta}=\boldsymbol{\theta}[k]$并采用更新规则式（11.13），有

$$l(\boldsymbol{\theta}[k+1])-l(\boldsymbol{\theta}[k])\leqslant-\frac{1}{2L}\|\nabla l(\boldsymbol{\theta}[k])\|^2\tag{11.14}$$

根据 PL 不等式（11.11），可得

$$l(\boldsymbol{\theta}[k+1])-l(\boldsymbol{\theta}[k])\leqslant-\frac{\mu}{L}(l(\boldsymbol{\theta}[k]-l^*)$$

两边重新整理并同时减去 l^*后可得

$$l(\boldsymbol{\theta}[k+1])-l^*\leqslant\left(1-\frac{\mu}{L}\right)(l(\boldsymbol{\theta}[k]-l^*)$$

递归地运用这个不等式便可以得到结果。证毕！　□

上述证明的巧妙之处在于，与根据其他条件得到的冗长复杂的证明相比，基于 PL 不等式的证明过程更加简洁[122]。

损失地形和过参数化

在定理 11.1 中，我们对损失函数使用了两个限定性条件：（1）函数 l 满足 PL 条件；（2）l 的梯度是 Lipschitz 连续的。尽管这些条件比损失函数的凸性要弱得多，但它们仍然对损失函数施加了几何约束，值得进一步讨论。

引理 11.1　若 $l(\boldsymbol{\theta})$的梯度满足式（11.12）所示的 L-Lipschitz 条件，则如下变换函数 $g:\mathbb{R}^n\rightarrow\mathbb{R}$ 是凸的：

$$g(\boldsymbol{\theta}):=\frac{L}{2}\boldsymbol{\theta}^{\top}\boldsymbol{\theta}-l(\boldsymbol{\theta})\tag{11.15}$$

证明：根据柯西-施瓦茨不等式，式（11.12）意味着

$$\left\langle\nabla l(\boldsymbol{\theta})-\nabla l(\boldsymbol{\theta}'),\boldsymbol{\theta}-\boldsymbol{\theta}'\right\rangle\leqslant L\|\boldsymbol{\theta}-\boldsymbol{\theta}'\|^2,\quad\forall\boldsymbol{\theta},\boldsymbol{\theta}'$$

这等价于下列条件：

$$\left\langle\boldsymbol{\theta}'-\boldsymbol{\theta},\nabla g(\boldsymbol{\theta}')-\nabla g(\boldsymbol{\theta})\right\rangle\geqslant 0,\quad\forall\boldsymbol{\theta},\boldsymbol{\theta}'\tag{11.16}$$

其中，

$$g(\boldsymbol{\theta})=\frac{L}{2}\|\boldsymbol{\theta}\|^2-l(\boldsymbol{\theta})$$

因此，根据命题 1.1 中梯度的单调性等价关系，可以证明 $g(\boldsymbol{\theta})$是凸的。证毕！ □

引理 11.1 表明，尽管函数 l 不是凸的，但通过式（11.15）变换后得到的函数却是凸的。图 11.1（a）给出了这种情况下的一个示例。损失地形（loss landscape）的另一个重要几何考虑来自 PL 条件。具体来说，式（11.11）的 PL 条件意味着每个驻点都是全局最小解，虽然全局最小解可能并不是唯一的，如图 11.1 中（b）和（c）所示。尽管 PL 不等式并不意味着 l 的凸性，但它的确隐含了较弱的不变凸条件（condition of invexity）[122]。

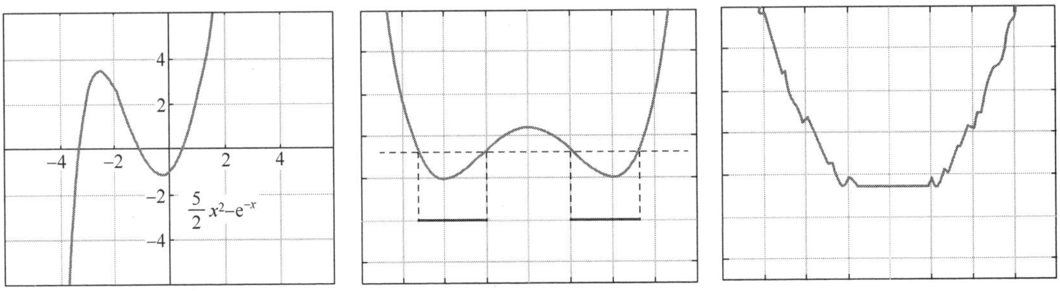

（a）凸函数　　（b）满足PL 条件的函数1　　（c）满足PL 条件的函数2

图 11.1　函数 $l(x)$的损失地形

如果一个函数是可微的，并且存在一个向量值函数 η，使得对 $\mathbb{R}^n$ 中的任意 $\boldsymbol{\theta}$ 和 $\boldsymbol{\theta}'$，以下不等式成立，则称该函数是不变凸的（invex）：

$$l(\boldsymbol{\theta}')\geqslant l(\boldsymbol{\theta})+\left\langle\nabla l(\boldsymbol{\theta}),\eta\left(\boldsymbol{\theta},\boldsymbol{\theta}'\right)\right\rangle \tag{11.17}$$

凸函数是不变凸函数的一种特殊情况，因为当$\eta\left(\boldsymbol{\theta},\boldsymbol{\theta}'\right)=\boldsymbol{\theta}'-\boldsymbol{\theta}$时式（11.17）仍然成立。研究表明，当且仅当 l 的每个驻点都是全局最小点时，光滑函数 l 是不变凸的[140]。由于 PL 条件意味着每个驻点都是全局最小解，因此满足 PL 条件的函数是一个不变凸函数。不变凸函数、凸函数及 PL-类函数之间的包含关系如图 11.2 所示。

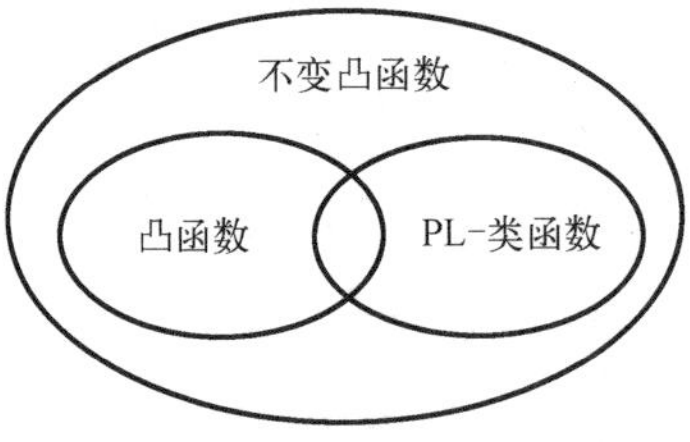

图 11.2　不变凸函数、凸函数和 PL-类函数之间的包含关系

关于损失地形，由于每个驻点都是全局最小解，说明它不存在伪局部最小解（spurious local minimizer），通常称之为良性优化地形（benign optimization landscape）。寻找神经网络的良性优化地形的条件是机器学习理论家的重要兴趣。最初由 Kawaguch[141]观察到，后来 Lu 和 Kawaguchi[142]及 Zhou 和 Liang[143]已经证明，对激活函数全部都是线性函数的线性神经网络，其损失曲面在某些条件下并不存在任何伪局部最小值（spurious local minima），并且所有的局部最小值都一样好。

不幸的是，当采用非线性激活函数时，这种良好的数学性质便不再满足。Zhou 和 Liang[143]证明了含有单个隐藏层的 ReLU 神经网络存在伪局部最小值。Yun 等人[144]证明当输出结果是一维的时，含有单个隐藏层的 ReLU 神经网络存在无数多个伪局部最小值。

这些稍显负面的结论令人感到吃惊，它似乎与神经网络优化的成功经验自相矛盾。后续研究的确表明，如果激活函数是连续的，并且损失函数是凸的和可微的，过参数化的全连接深度神经网络就不存在任何伪局部最小值[145]。

为了分析过参数化神经网络的良性优化地形背后的原因，下面检查全局最小点的几何结构。Nguyen[123]发现，如果神经网络被充分过参数化，则全局极小值是相互连接的，并且集中在一个特殊的山谷中。Liu 等人也得到了类似的结果[124]。实际上，他们发现过参数化系统的解集通常是一个具有正维数的流形，其中损失函数的 Hessian 矩阵是半正定而不是正定的。除非解集是一个线性流形（linear manifold），否则这样的损失地形不可能是凸的。然而，由于潜在优化问题的本质非凸性（essential non-convexity），在全局最小值曲线中不太可能出现曲率为零的线性流形，因此，梯度类型的算法能够收敛到任意全局最小点，尽管确切的收敛点取决于特定的优化算法。优化算法的这种隐含偏置是深度学习领域另一个重要的理论课题，将在后面进行介绍。相比之下，一个欠参数化（under-parameterized）的地形通常具有若干孤立的局部最小值，损失为正定 Hessian 矩阵，并且函数是局部凸的，如图 11.3 所示。

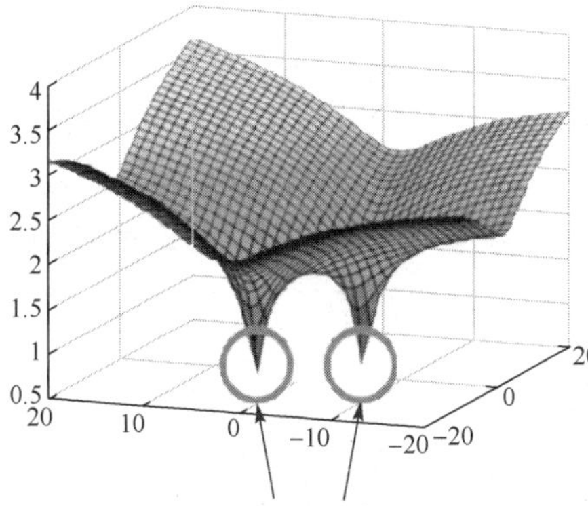

(a) 欠参数化模型

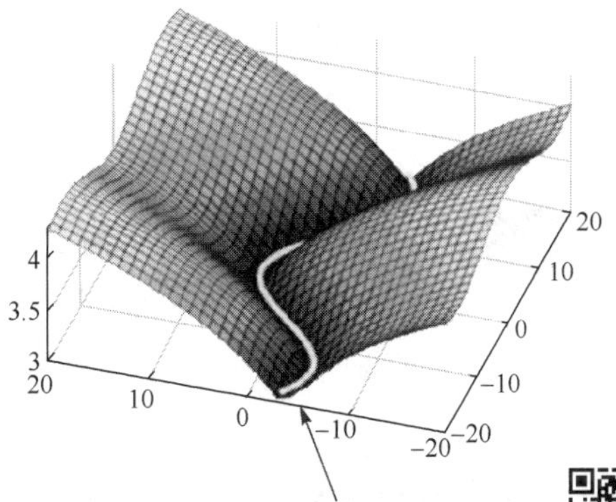

(b) 过参数化模型

图 11.3　损失地形

11.4　Lyapunov 型收敛性分析

现在介绍另一种具有不同数学风格的收敛性分析方法。与上面讨论的方法相比，它无须分析全局损失地形，相反，其关键在于沿着解的轨迹方向分析局部损失的几何结构。

实际上，这类收敛性分析是基于 Lyapunov 稳定性分析（Lyapunov stability analysis）[146]的，后者用于分析式（11.8）所描述的解的动力学。具体来说，对一个给定的非线性系统

$$\dot{\boldsymbol{\theta}}[t]=g(\boldsymbol{\theta}[t]) \tag{11.18}$$

Lyapunov 稳定性分析涉及检查解的轨迹 $\boldsymbol{\theta}[t]$当 $t\to\infty$时是否收敛到零。为了提供一个通用的解决方案，先定义 Lyapunov 函数 $V(\boldsymbol{z})$，它满足下列性质：

定义 11.1 函数 $V:\mathbb{R}^n\to\mathbb{R}$ 是正定的，如果

- 对所有 $\boldsymbol{z}$，$V(\boldsymbol{z})\geqslant 0$；
- 当且仅当 $\boldsymbol{z}=\boldsymbol{0}$ 时，$V(\boldsymbol{z})=0$；
- V 的所有下水平集（sublevel sets）都是有界的。

Lyapunov 函数 V 类似于经典动力学的势函数（potential function），且 $-\dot{V}$ 可以视为与之关联的广义耗散函数（generalized dissipation function）。此外，如果令 $\boldsymbol{z}:=\boldsymbol{\theta}[t]$ 来分析式（11.18）中的非线性动力系统，则 $\dot{V}:\boldsymbol{z}\in\mathbb{R}^n\mapsto\mathbb{R}$ 由下式计算：

$$\dot{V}(\boldsymbol{z})=\left(\frac{\partial V}{\partial \boldsymbol{z}}\right)^{\top},\quad \dot{\boldsymbol{z}}=\left(\frac{\partial V}{\partial \boldsymbol{z}}\right)^{\top}\boldsymbol{g}(\boldsymbol{z}) \tag{11.19}$$

下面的 Lyapunov 全局渐近稳定性定理（Lyapunov global asymptotic stability theorem）是动力系统稳定性分析的关键之一。

定理 11.2（Lyapunov 全局渐进稳定性[146]） 假设存在一个函数 V 使得：①V 是正定的；②对所有 $\boldsymbol{z}\neq\boldsymbol{0}$，有 $\dot{V}(\boldsymbol{z})<0$，$\dot{V}(\boldsymbol{0})=\boldsymbol{0}$。那么，当 $t\to\infty$时，$\dot{\boldsymbol{\theta}}=g(\boldsymbol{\theta})$ 的每条轨迹 $\boldsymbol{\theta}[t]$都收敛到零（即系统是全局渐近稳定的）。

例 11.1 一维微分方程

考虑如下常微分方程：

$$\dot{\theta}=-\theta$$

容易证明该系统是全局渐近稳定的，因为方程的解 $\theta[t]=C\exp(-t)$，其中 C 是常数，并且当 $t\to\infty$时，$\theta[t]\to 0$。现在希望利用定理 11.2 证明上述结论，而不去求解该微分方程。首先，选择一个 Lyapunov 函数

$$V(z)=\frac{z^2}{2}$$

其中，$z=\theta[t]$。容易证明 $V(z)$是正定的。此外，有

$$\dot{V}=z\dot{z}=-(\theta[t])^2<0,\quad \forall\theta[t]\neq 0$$

因此，根据定理 11.2，可以证明当 $t\to\infty$时，$\theta[t]$收敛到零。

Lyapunov 稳定性分析的优点之一是在证明其收敛性时无须确切了解损失地形。相反，我们只需知道沿着解的路径的局部动力学即可。为了便于理解，下面将 Lyapunov 稳定性分析用于梯度下降动力学的收敛性分析：

$$\dot{\boldsymbol{\theta}}[t]=-\frac{\partial l}{\partial \boldsymbol{\theta}}(\boldsymbol{\theta}[t])$$

如果采用均方误差损失，则有

$$\dot{\boldsymbol{\theta}}[t]=-\frac{\partial \boldsymbol{f}_{\boldsymbol{\theta}[t]}(\boldsymbol{x})}{\partial \boldsymbol{\theta}}(\boldsymbol{y}-\boldsymbol{f}_{\boldsymbol{\theta}[t]}(\boldsymbol{x})) \tag{11.20}$$

现在令

$$\boldsymbol{e}[t] := \boldsymbol{f}_{\theta[t]}(\boldsymbol{x}) - \boldsymbol{y}$$

并考虑如下正定 Lyapunov 函数

$$V(\boldsymbol{z}) = \frac{1}{2}\boldsymbol{z}^{\top}\boldsymbol{z}$$

其中，$\boldsymbol{z} = \boldsymbol{e}[t]$，那么有

$$\dot{V}(\boldsymbol{z}) = \left(\frac{\partial V}{\partial \boldsymbol{z}}\right)^{\top} \dot{\boldsymbol{z}} = \boldsymbol{z}^{\top}\dot{\boldsymbol{z}} \tag{11.21}$$

利用链式法则可得

$$\dot{\boldsymbol{z}}(\boldsymbol{z}) = \dot{\boldsymbol{e}}[t] = \left(\frac{\partial \boldsymbol{f}}{\partial \boldsymbol{\theta}}\right)^{\top} \dot{\boldsymbol{\theta}}[t] = -\boldsymbol{K}_t \boldsymbol{e}[t]$$

其中，

$$\boldsymbol{K}_t = \boldsymbol{K}_{\theta[t]} := \left(\frac{\partial \boldsymbol{f}_{\theta}}{\partial \boldsymbol{\theta}}\right)^{\top} \frac{\partial \boldsymbol{f}_{\theta}}{\partial \boldsymbol{\theta}}\bigg|_{\theta=\theta[t]} \tag{11.22}$$

通常称为神经正切核[130–132]。将其代入式（11.21），有

$$\dot{V} = -\eta \boldsymbol{e}[t]^{\top} \boldsymbol{K}_t \boldsymbol{e}[t] \tag{11.23}$$

相应地，如果神经正切核对所有 t 都是正定的，则 $\dot{V}(\boldsymbol{z}) < 0$。因此，$\boldsymbol{e}[t] \to \boldsymbol{0}$ 使得当 $t \to \infty$ 时 $\boldsymbol{f}(\boldsymbol{\theta}[t]) \to \boldsymbol{y}$。这就证明了梯度下降法的收敛性。

11.4.1　神经正切核

通过前面的讨论可知，Lyapunov 分析只需沿着解的轨迹方向判断神经正切核是否满足正定性即可。尽管这与需要了解全局损失地形的 PL 类型分析相比是一个很大的进步，但神经正切核是时间的函数，所以获得神经正切核沿解轨迹方向的正定性条件很重要。

为了方便理解，下面推导神经正切核的显性形式，以便了解梯度下降法的收敛行为。采用第 6 章介绍的反向传播算法，可以得到权重更新如下：

$$\begin{aligned}\frac{\partial \boldsymbol{f}_{\theta}}{\partial \mathrm{VEC}(\boldsymbol{W}^{(l)})} &= \frac{\partial \boldsymbol{g}_n^{(l)}}{\partial \mathrm{VEC}(\boldsymbol{W}^{(l)})} \frac{\partial \boldsymbol{o}_n^{(l)}}{\partial \boldsymbol{g}_n^{(l)}} \frac{\partial \boldsymbol{g}_n^{(l+1)}}{\partial \boldsymbol{o}_n^{(l)}} \cdots \frac{\partial \boldsymbol{o}_n^{(L)}}{\partial \boldsymbol{g}_n^{(L)}} \\ &= (\boldsymbol{o}^{(l)} \otimes \boldsymbol{I}_{d^{(l)}}) \boldsymbol{\Lambda}_n^{(l)} \boldsymbol{W}^{(l+1)\top} \boldsymbol{\Lambda}_n^{(l+1)} \boldsymbol{W}^{(l+2)\top} \cdots \boldsymbol{W}^{(L)\top} \boldsymbol{\Lambda}_n^{(L)}\end{aligned}$$

类似地，有

$$\begin{aligned}\frac{\partial \boldsymbol{f}_{\theta}}{\partial \boldsymbol{b}^{(l)}} &= \frac{\partial \boldsymbol{g}_n^{(l)}}{\partial \boldsymbol{b}^{(l)}} \frac{\partial \boldsymbol{o}_n^{(l)}}{\partial \boldsymbol{g}_n^{(l)}} \frac{\partial \boldsymbol{g}_n^{(l+1)}}{\partial \boldsymbol{o}_n^{(l)}} \cdots \frac{\partial \boldsymbol{o}_n^{(L)}}{\partial \boldsymbol{g}_n^{(L)}} \\ &= \boldsymbol{\Lambda}_n^{(l)} \boldsymbol{W}^{(l+1)\top} \boldsymbol{\Lambda}_n^{(l+1)} \boldsymbol{W}^{(l+2)\top} \cdots \boldsymbol{W}^{(L)\top} \boldsymbol{\Lambda}_n^{(L)}\end{aligned}$$

因此，神经正切核可以计算为

$$
\begin{aligned}
\boldsymbol{K}_t^{(L)} &:= \left(\frac{\partial \boldsymbol{f}_{\boldsymbol{\theta}}}{\partial \boldsymbol{\theta}}\right)^{\top} \frac{\partial \boldsymbol{f}_{\boldsymbol{\theta}}}{\partial \boldsymbol{\theta}}\bigg|_{\boldsymbol{\theta}=\boldsymbol{\theta}[t]} \\
&= \sum_{l=1}^{L}\left(\frac{\partial \boldsymbol{f}_{\boldsymbol{\theta}}}{\partial \mathrm{VEC}(\boldsymbol{W}^{(l)})}\right)^{\top} \frac{\partial \boldsymbol{f}_{\boldsymbol{\theta}}}{\partial \mathrm{VEC}(\boldsymbol{W}^{(l)})} + \left(\frac{\partial \boldsymbol{f}_{\boldsymbol{\theta}}}{\partial \boldsymbol{b}^{(l)}}\right)^{\top} \frac{\partial \boldsymbol{f}_{\boldsymbol{\theta}}}{\partial \boldsymbol{b}^{(l)}} \\
&= \sum_{l=1}^{L}\left(\left\|\boldsymbol{o}^{(l)}[t]\right\|^2 + 1\right)\boldsymbol{M}^{(l)}[t]
\end{aligned}
$$

其中，

$$
\boldsymbol{M}^{(l)}[t] = \boldsymbol{\Lambda}^{(L)}\boldsymbol{W}^{(L)}[t]\cdots\boldsymbol{W}^{(l+1)}[t]\boldsymbol{\Lambda}^{(l)}\boldsymbol{\Lambda}^{(l)}\boldsymbol{W}^{(l+1)\top}[t]\cdots\boldsymbol{W}^{(L)\top}[t]\boldsymbol{\Lambda}^{(L)} \tag{11.24}
$$

因此，神经正切核的正定性来源于 $\boldsymbol{M}^{(l)}[t]$ 的性质。特别是，如果对任意 l 来说 $\boldsymbol{M}^{(l)}[t]$ 都是正定的，则得到的神经正切核就是正定的。此外，如果以下灵敏度矩阵（sensitivity matrix）是行满秩的，则容易证明 $\boldsymbol{M}^{(l)}[t]$ 的正定性：

$$
\boldsymbol{S}^{(l)} := \boldsymbol{\Lambda}^{(L)}\boldsymbol{W}^{(L)}[t]\cdots\boldsymbol{W}^{(l+1)}[t]\boldsymbol{\Lambda}^{(l)}
$$

11.4.2 无限宽极限的神经正切核

尽管我们基于反向传播推导了神经正切核的显性形式，但由于权重和 ReLU 激活模式的随机性，式（11.24）中的分支矩阵（component matrix）仍然难以分析。

为了解决这个问题，Jacot 等人计算了无限宽极限（infinite width limit）下的神经正切核，并且证明了它满足正定性条件[130]。具体来说，他们考虑了神经网络更新的如下归一化形式：

$$
\boldsymbol{o}_n^{(0)} = \boldsymbol{x} \tag{11.25}
$$

$$
\boldsymbol{g}^{(l)} = \frac{1}{\sqrt{d^{(l)}}}\boldsymbol{W}^{(l)}\boldsymbol{o}_n^{(l-1)} + \beta\boldsymbol{b}^{(l-1)} \tag{11.26}
$$

$$
\boldsymbol{o}^{(l)} = \boldsymbol{\sigma}(\boldsymbol{g}^{(l)}) \tag{11.27}
$$

其中，$l = 1, \cdots, L$，$d^{(l)}$表示第 l 层的宽度。他们还考虑了称为 LeCun 初始化的方法，即令 $W_{ij}^{(l)} \sim N\left(0, \frac{1}{d^{(l)}}\right)$，$b_j^{(l)} \sim N(0,1)$，则可以得到 NTK 的渐近形式如下。

定理 11.3（Jacot 等[130]） 对一个初始化时深度为 L 的网络，具有 Lipschitz 非线性σ，并且当各层宽度 $d^{(1)}, \cdots, d^{(L-1)} \to \infty$时极限仍然存在，那么神经正切核 $\boldsymbol{K}^{(L)}$依概率收敛到一个确定的极限核（deterministic limiting kernel）：

$$
\boldsymbol{K}^{(L)} \to k_\infty^{(L)} \otimes \boldsymbol{I}_{d_L} \tag{11.28}
$$

其中，标量核 $k_\infty^{(L)}: \mathbb{R}^{d^{(0)} \times d^{(0)}} \mapsto \mathbb{R}$ 递归定义为

$$
k_\infty^{(1)}(\boldsymbol{x}, \boldsymbol{x}') = \frac{1}{d^{(0)}}\boldsymbol{x}^{\top}\boldsymbol{x}' + \beta^2 \tag{11.29}
$$

$$
k_\infty^{(l+1)}(\boldsymbol{x}, \boldsymbol{x}') = k_\infty^{(l)}(\boldsymbol{x}, \boldsymbol{x}')\dot{v}^{(l+1)}(\boldsymbol{x}, \boldsymbol{x}') + v^{(l+1)}(\boldsymbol{x}, \boldsymbol{x}') \tag{11.30}
$$

其中，

$$v^{(l+1)}(\boldsymbol{x},\boldsymbol{x}') = E_g[\sigma(g(\boldsymbol{x}))\sigma(g(\boldsymbol{x}'))] + \beta^2 \tag{11.31}$$

$$\dot{v}^{(l+1)}(\boldsymbol{x},\boldsymbol{x}') = E_g[\dot{\sigma}(g(\boldsymbol{x}))\dot{\sigma}(g(\boldsymbol{x}'))] \tag{11.32}$$

其中，数学期望与协方差 $v^{(l)}$的中心化高斯过程（centered Gaussian process）g 有关，$\dot{\sigma}$ 表示σ的导数。

注意，神经正切核的渐近形式是正定的，因为 $k_\infty^{(L)} > 0$。因此，使用无限宽神经正切核的梯度下降法将收敛到全局最小解。我们再次清楚地看到过参数化在大网络宽度方面的好处。

11.4.3　一般损失函数的神经正切核

下面将前面介绍的例子推广到具有多个训练数据集的一般损失函数情况。对给定的训练数据集 $\{\boldsymbol{x}_n\}_{n=1}^N$，式（11.7）中的梯度动力学可以扩展为

$$\dot{\boldsymbol{\theta}} = -\sum_{n=1}^N \frac{\partial l(\boldsymbol{f}_{\boldsymbol{\theta}}(\boldsymbol{x}_n))}{\partial \boldsymbol{\theta}} = -\sum_{n=1}^N \frac{\partial \boldsymbol{f}_{\boldsymbol{\theta}}(\boldsymbol{x}_n)}{\partial \boldsymbol{\theta}} \frac{\partial l(\boldsymbol{x}_n)}{\partial \boldsymbol{f}_{\boldsymbol{\theta}}(\boldsymbol{x}_n)}$$

其中，$l(\boldsymbol{x}_n) := l(\boldsymbol{f}_{\boldsymbol{\theta}}(\boldsymbol{x}_n))$。从而有

$$\begin{aligned}\dot{\boldsymbol{f}}_{\boldsymbol{\theta}}(\boldsymbol{x}_m) &= \left(\frac{\partial \boldsymbol{f}_{\boldsymbol{\theta}}(\boldsymbol{x}_m)}{\partial \boldsymbol{\theta}}\right)^\top \dot{\boldsymbol{\theta}} \\ &= -\sum_{n=1}^N \left(\frac{\partial \boldsymbol{f}_{\boldsymbol{\theta}}(\boldsymbol{x}_m)}{\partial \boldsymbol{\theta}}\right)^\top \frac{\partial \boldsymbol{f}_{\boldsymbol{\theta}}(\boldsymbol{x}_n)}{\partial \boldsymbol{\theta}} \frac{\partial l(\boldsymbol{x}_n)}{\partial \boldsymbol{f}_{\boldsymbol{\theta}}(\boldsymbol{x}_n)} \\ &= -\sum_{n=1}^N \boldsymbol{K}_t(\boldsymbol{x}_m,\boldsymbol{x}_n) \frac{\partial l(\boldsymbol{x}_n)}{\partial \boldsymbol{f}_{\boldsymbol{\theta}}(\boldsymbol{x}_n)}\end{aligned}$$

其中，$\boldsymbol{K}_t(\boldsymbol{x}_m, \boldsymbol{x}_n)$代表第$(m, n)$个块神经正切核，定义为

$$\boldsymbol{K}_t(\boldsymbol{x}_m,\boldsymbol{x}_n) := \left(\frac{\partial \boldsymbol{f}_{\boldsymbol{\theta}}(\boldsymbol{x}_m)}{\partial \boldsymbol{\theta}}\right)^\top \frac{\partial \boldsymbol{f}_{\boldsymbol{\theta}}(\boldsymbol{x}_n)}{\partial \boldsymbol{\theta}}\bigg|_{\boldsymbol{\theta}=\boldsymbol{\theta}[t]}$$

现在考虑如下 Lyapunov 候选函数：

$$V(z) = \sum_{m=1}^N l(\boldsymbol{f}_{\boldsymbol{\theta}}(\boldsymbol{x}_m)) = \sum_{m=1}^N l(z_m + \boldsymbol{f}_m^*)$$

其中，

$$\boldsymbol{z} = \begin{bmatrix} z_1 \\ z_2 \\ \vdots \\ z_N \end{bmatrix} = \begin{bmatrix} \boldsymbol{f}_{\boldsymbol{\theta}}(\boldsymbol{x}_1) - \boldsymbol{f}^*(\boldsymbol{x}_1) \\ \boldsymbol{f}_{\boldsymbol{\theta}}(\boldsymbol{x}_2) - \boldsymbol{f}^*(\boldsymbol{x}_2) \\ \vdots \\ \boldsymbol{f}_{\boldsymbol{\theta}}(\boldsymbol{x}_N) - \boldsymbol{f}^*(\boldsymbol{x}_N) \end{bmatrix}$$

且 $\boldsymbol{f}^*(\boldsymbol{x}_m)$ 代表 $\boldsymbol{f}_{\boldsymbol{\theta}*}(\boldsymbol{x}_m)$，其中，$\boldsymbol{\theta}^*$ 是全局最小解。我们进一步假设损失函数满足以下性质：

$$\forall n,\quad l(\boldsymbol{f}_{\boldsymbol{\theta}}(\boldsymbol{x}_n)) > 0,\quad 若\boldsymbol{f}_{\boldsymbol{\theta}}(\boldsymbol{x}_n) \neq \boldsymbol{f}_n^*,\quad l(\boldsymbol{f}_n^*) = 0$$

从而使得 $V(z)$是一个正定函数。在上述假设下，有

$$\dot{V}(z)=\sum_{m=1}^{N}\left(\frac{\partial l(\boldsymbol{f}_{\boldsymbol{\theta}}(\boldsymbol{x}_m))}{\partial z_m}\right)^{\top}\dot{z}_m=\sum_{m=1}^{N}\left(\frac{\partial l(\boldsymbol{x}_m)}{\partial \boldsymbol{f}_{\boldsymbol{\theta}}(\boldsymbol{x}_m)}\right)^{\top}\dot{\boldsymbol{f}}_{\boldsymbol{\theta}}(\boldsymbol{x}_m)\Bigg|_{\boldsymbol{\theta}=\boldsymbol{\theta}[t]}$$

$$=-\sum_{m=1}^{N}\sum_{n=1}^{N}\left(\frac{\partial l(\boldsymbol{f}_{\boldsymbol{\theta}}(\boldsymbol{x}_m))}{\partial \boldsymbol{f}_{\boldsymbol{\theta}}(\boldsymbol{x}_m)}\right)^{\top}\boldsymbol{K}_t(\boldsymbol{x}_m,\boldsymbol{x}_n)\frac{\partial l(\boldsymbol{f}_{\boldsymbol{\theta}}(\boldsymbol{x}_n))}{\partial \boldsymbol{f}_{\boldsymbol{\theta}}(\boldsymbol{x}_n)}\Bigg|_{\boldsymbol{\theta}=\boldsymbol{\theta}[t]}$$

$$=-\boldsymbol{e}[t]^{\top}\boldsymbol{\Omega}[t]\boldsymbol{e}[t]$$

其中，

$$\boldsymbol{e}[t]=\begin{bmatrix}\dfrac{\partial l\left(\boldsymbol{f}_{\boldsymbol{\theta}}(\boldsymbol{x}_1)\right)}{\partial \boldsymbol{f}_{\boldsymbol{\theta}}(\boldsymbol{x}_1)}\\ \vdots \\ \dfrac{\partial l\left(\boldsymbol{f}_{\boldsymbol{\theta}}(\boldsymbol{x}_N)\right)}{\partial \boldsymbol{f}_{\boldsymbol{\theta}}(\boldsymbol{x}_N)}\end{bmatrix}_{\boldsymbol{\theta}=\boldsymbol{\theta}[t]},\quad \boldsymbol{\Omega}[t]=\begin{bmatrix}\boldsymbol{K}_t(\boldsymbol{x}_1,\boldsymbol{x}_1) & \cdots & \boldsymbol{K}_t(\boldsymbol{x}_1,\boldsymbol{x}_N)\\ \vdots & \ddots & \vdots \\ \boldsymbol{K}_t(\boldsymbol{x}_N,\boldsymbol{x}_1) & \cdots & \boldsymbol{K}_t(\boldsymbol{x}_N,\boldsymbol{x}_N)\end{bmatrix}$$

因此，如果神经正切核$\boldsymbol{\Omega}[t]$对所有 t 都是正定的，那么 Lyapunov 稳定性理论就保证了梯度动力学将会收敛到全局最小值。

11.5 习　　题

1．证明光滑函数 $l(\boldsymbol{\theta})$是不变凸的，当且仅当 $l(\boldsymbol{\theta})$的每个驻点都是全局最小点。

2．证明凸函数是不变凸的。

3．令 $a>0$，证明 $V(x, y)=x^2+2y^2$ 是如下系统的 Lyapunov 函数：

$$\dot{x}=ay^2-x,\quad \dot{y}=-y-ax^2$$

4．证明 $V(x, y)=\ln(1+x^2)+y^2$ 是如下系统的 Lyapunov 函数：

$$\dot{x}=x(y-1),\quad \dot{y}=-\frac{x^2}{1+x^2}$$

5．考虑一个具有 ReLU 非线性的两层全连接网络 $f_{\boldsymbol{\Theta}}:\mathbb{R}^2\to\mathbb{R}^2$，如图 10.10 所示。

（1）假设权重矩阵和偏置项由下式给出：

$$\boldsymbol{W}^{(0)}=\begin{bmatrix}2 & -1\\ 1 & 1\end{bmatrix},\quad \boldsymbol{b}^{(0)}=\begin{bmatrix}1\\ -1\end{bmatrix}$$

$$\boldsymbol{W}^{(1)}=\begin{bmatrix}1 & 2\\ -1 & 1\end{bmatrix},\quad \boldsymbol{b}^{(1)}=\begin{bmatrix}-9\\ -2\end{bmatrix}$$

给定图 10.11 中相应的输入空间划分，计算每个分区的神经正切核。它们是正定的吗？

（2）假设在问题（1）中，第二层的权重和偏置项变为

$$\boldsymbol{W}^{(1)}=\begin{bmatrix}1 & 2\\ 0 & 1\end{bmatrix},\quad \boldsymbol{b}^{(1)}=\begin{bmatrix}0\\ 1\end{bmatrix}$$

给定相应的输入空间划分，计算每个分区的神经正切核。它们是正定的吗？

第 12 章 深度学习的泛化能力

12.1 引 言

深度神经网络之所以能够取得巨大成功，主要原因之一在于其惊人的泛化能力，从经典机器学习的角度来看这似乎非常神秘。特别是，在深度神经网络中可训练的参数的数量往往要大于训练数据集，此时就会出现经典统计学习理论中的过拟合问题。然而，经验结果表明，深度神经网络在测试阶段具有良好的泛化能力，即便对未知数据也仍然能够保持较好的性能。

这种明显的矛盾引发了对机器学习的数学基础及从业者的意义的质疑。已经发表的许多理论性论文[147–153]解释了深度学习模型中有趣的泛化现象。研究深度学习泛化能力的一种最简单的方法就是证明其泛化界（generalization bound），通常是测试误差（test error）的上限（upper limit）。在这些泛化界中一个关键的部分就是复杂度测度（complexity measure）的概念，这是一个与泛化的某个方面单调相关的量。但是，很难找到一个紧界（tight bound）来解释深度神经网络这种令人着迷的泛化能力。

最近取得的突破性工作，能够在统一的框架下调和经典机器学习理论与现代深度学习实践[154, 155]之间的矛盾。“双下降”（double descent）曲线拓展了经典的 U 型偏差-方差权衡曲线，表明当增加的模型容量（model capacity）超出插值点（interpolation point）时，就会带来测试阶段性能方面的改善。特别是，如随机梯度下降等优化算法的归纳偏置提供了更加简单的解决方案，提高了在过参数化机制（over-parameterized regime）下的泛化能力。在机器学习模型的算法和结构之间的这种联系反映了经典分析的局限性，并且对机器学习的理论与实践产生了影响。

本章还给出了新的结果，展示了基于算法鲁棒性的泛化界是一种能够用来理解 ReLU 网络泛化能力的富有前景的工具。尤其是，我们认为它可能会提供紧泛化界（tight generalization bound），这取决于深度神经网络的分片线性性质（piecewise linear nature）及优化算法的归纳偏置。

12.2 数 学 基 础

令 Q 为 $\boldsymbol{z} := (\boldsymbol{x}, \boldsymbol{y})$上的任意分布，其中 $\boldsymbol{x} \in X$，$\boldsymbol{y} \in Y$ 分别代表学习算法的输入和输出，$\boldsymbol{Z} := X \times Y$ 表示样本空间。令 F 为假设类（hypothesis class），$l(\boldsymbol{f}, \boldsymbol{z})$为损失函数。对采用均方误差损失的回归情况，损失函数定义为

$$l(\boldsymbol{f},\boldsymbol{z})=\frac{1}{2}\|\boldsymbol{y}-f(\boldsymbol{x})\|^2$$

选择一个独立同分布的训练集 $\boldsymbol{S}:=\{z_n\}_{n=1}^N$，根据 $\boldsymbol{Q}$ 进行采样，算法 $\boldsymbol{A}$ 返回估计的假设

$$\boldsymbol{f}_{\boldsymbol{S}}=\boldsymbol{A}(\boldsymbol{S}) \tag{12.1}$$

例如，根据流行的经验风险最小化（Empirical Risk Minimization，ERM）原则[10]估计的假设由下式给出：

$$\boldsymbol{f}_{\text{ERM}}=\arg\min_{\boldsymbol{f}\in F}\hat{R}_N(\boldsymbol{f}) \tag{12.2}$$

其中，经验风险 $\hat{R}_N(\boldsymbol{f})$ 定义为

$$\hat{R}_N(\boldsymbol{f}):=\frac{1}{N}\sum_{n=1}^N l(\boldsymbol{f},\boldsymbol{z}_n) \tag{12.3}$$

假设经验风险一致收敛（uniformly converge）到如下定义的总体风险（population risk）或期望风险（expected risk）：

$$R(\boldsymbol{f})=E_{\boldsymbol{z}\sim Q}l(\boldsymbol{f},\boldsymbol{z}) \tag{12.4}$$

如果一致收敛性（uniform convergence）成立，那么经验风险最小解（empirical risk minimizer）是一致的（consistent），也就是说，ERM 的总体风险收敛到最优总体风险（optimal population risk），并且称该问题基于 ERM [10]是可学习的。

实际上，满足这种性能保证的学习算法称为概率近似正确（Probably Approximately Correct，PAC）学习[156]。PAC 可学习性（learnability）的正式定义如下所述。

定义 12.1（PAC 可学习性[156]） 称一个概念类（concept class）C 是 PAC 可学习的，如果存在一个算法 $\boldsymbol{A}$ 和多项式函数 $\text{poly}(\cdot)$，使得下列描述成立：选取任意的目标概念（target concept）$\boldsymbol{c}\in C$，以及 X 上的任意输入分布 P 和任意 $\varepsilon,\delta\in[0,1]$；定义训练数据 $\boldsymbol{S}:=\{\boldsymbol{x}_n,\boldsymbol{c}(\boldsymbol{x}_n)\}_{n=1}^N$，其中 $\boldsymbol{x}_n\sim P$ 是独立同分布的样本；当给定 $N\geqslant\text{poly}\left(\frac{1}{\varepsilon},\frac{1}{\delta},\dim(X),\text{size}(\boldsymbol{c})\right)$ 时，泛化误差的界为

$$P_{\boldsymbol{x}\sim Q}\left\{\boldsymbol{A}_{\boldsymbol{S}}(\boldsymbol{x})\neq\boldsymbol{c}(\boldsymbol{x})\right\}\leqslant\varepsilon \tag{12.5}$$

其中，$\dim(X)$, $\text{size}(\boldsymbol{c})$ 分别表示输入 $\boldsymbol{x}\in X$ 和目标概念 $\boldsymbol{c}$ 的计算代价，$\boldsymbol{A}_{\boldsymbol{S}}$ 表示算法 $\boldsymbol{A}$ 使用训练数据集 $\boldsymbol{S}$ 学到的假设。

PAC 可学习性与泛化界密切相关。具体地说，如果训练误差和泛化误差之间的差异，又称为泛化鸿沟（generalization gap）足够小，那么 ERM 只能被视为机器学习问题或者 PAC 可学习的一个解。这就意味着以下概率应足够小：

$$P\left\{\sup_{\boldsymbol{f}\in F}\left|R(\boldsymbol{f})-\hat{R}_N(\boldsymbol{f})\right|>\varepsilon\right\} \tag{12.6}$$

注意，这是最坏情况下的概率，因此即便是在最坏的情况下，我们也应尽量减少经验风险和期望风险之间的差异。

对式（12.6）的概率进行限定的一个标准技巧是采用集中不等式（concentration inequalities）。例如，Hoeffding 不等式（Hoeffding's inequality）就很有用。

定理 12.1（**Hoeffding 不等式**[157]）　如果 $x_1,\cdots,x_n,\cdots,x_N$ 是一族由服从 P 分布的随机变量 X 所决定的 N 个独立同分布的样本，并且 $a \leqslant x_n \leqslant b$，那么对一个很小的正数$\varepsilon$，有

$$P\left\{\left|E[X]-\frac{1}{N}\sum_{n=1}^{N}x_n\right|>\varepsilon\right\}\leqslant 2\exp\left(\frac{-2N\varepsilon^2}{(b-a)^2}\right) \tag{12.7}$$

假设采用 0/1 损失函数或其他方式将损失函数的取值范围挤压到 0 与 1 之间，那么利用 Hoeffding 不等式可以将式（12.6）限定如下：

$$\begin{aligned}P\left\{\sup_{f\in F}\left|R(\boldsymbol{f})-\hat{R}_N(\boldsymbol{f})\right|>\varepsilon\right\}&=P\left\{\bigcup_{f\in F}\left|R(\boldsymbol{f})-\hat{R}_N(\boldsymbol{f})\right|>\varepsilon\right\}\\&\overset{(a)}{\leqslant}\sum_{f\in F}P\left\{\left|R(\boldsymbol{f})-\hat{R}_N(\boldsymbol{f})\right|>\varepsilon\right\}\quad\text{(a)}\\&=2|F|\exp(-2N\varepsilon^2)\end{aligned} \tag{12.8}$$

其中，$|F|$是假设空间（hypothesis space）的大小，在步骤（a）中我们采用联合界（union bound，又称布尔不等式）来得到不等式。如果用δ表示上述不等式的右边，则可以说至少有 $1-\delta$ 的概率使得

$$R(\boldsymbol{f})\leqslant\hat{R}_N(\boldsymbol{f})+\sqrt{\frac{\ln|F|+\ln\dfrac{2}{\delta}}{2N}} \tag{12.9}$$

事实上，式（12.9）是泛化界最简单的形式之一，但仍然揭示了经典统计学习理论中基本的偏差-方差权衡。例如，给定函数类 F 的经验风险最小化将产生如下最小经验损失（minimum empirical loss）：

$$\hat{R}_N(\boldsymbol{f}_{\text{ERM}})=\min_{f\in F}\hat{R}_N(\boldsymbol{f}) \tag{12.10}$$

随着假设类 F 的不断变大，最小经验损失将会变成零。另外，式（12.9）中的第二项随着$|F|$的增大而增大。泛化界与假设类的大小$|F|$之间的这种权衡如图 12.1 所示。

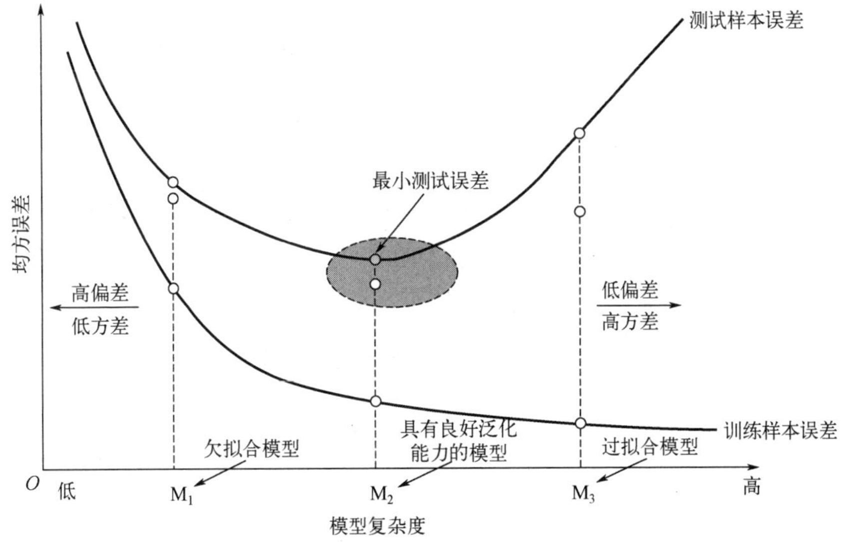

图 12.1　假设类的大小$|F|$与泛化界的变化关系

尽管式（12.9）看起来相当不错，但事实证明它给出的界非常宽松，这是由于项$|F|$源于假设类 F 中所有元素的联合界。下面将要讨论一些具有代表性的经典方法，以便获得更紧的泛化界。

12.2.1 Vapnik–Chervonenkis 界

Vapnik 和 Chervonenkis[10]工作的关键思想之一是将式（12.8）中针对所有假设类的联合界替换为针对更加简单的经验分布（empirical distributions）的联合界。这个想法具有划时代的意义，下面详细介绍。

具体地说，考虑 N 个独立的样本 $\boldsymbol{z}_n' := (\boldsymbol{x}_n', \boldsymbol{y}_n')$（$n = 1, \cdots, N$），通常称之为幽灵样本（ghost samples），关联的经验风险由下式给出：

$$\hat{R}_N'(\boldsymbol{f}) = \frac{1}{N}\sum_{n=1}^{N} l(\boldsymbol{f}, \boldsymbol{z}_n') \tag{12.11}$$

那么，有如下对称化引理（symmetrization lemma）。

引理 12.1（对称化[10]） 对根据分布 Q 给定的样本集 $\boldsymbol{S} := \{\boldsymbol{x}_n, \boldsymbol{y}_n\}_{n=1}^N$ 及它的幽灵样本集 $\boldsymbol{S}' := \{\boldsymbol{x}_n', \boldsymbol{y}_n'\}_{n=1}^N$，对任意的$\varepsilon > 0$，当 $\varepsilon \geqslant \sqrt{\dfrac{2}{N}}$ 时，有

$$P\left\{\sup_{f\in F}\left|R(\boldsymbol{f}) - \hat{R}_N(\boldsymbol{f})\right| > \varepsilon\right\} \leqslant 2P\left\{\sup_{f\in F}\left|\hat{R}_N'(\boldsymbol{f}) - \hat{R}_N(\boldsymbol{f})\right| > \frac{\varepsilon}{2}\right\} \tag{12.12}$$

Vapnik 和 Chervonenkis [10]利用对称化引理获得更紧的泛化界：

$$\begin{aligned}
P\left\{\sup_{f\in F}\left|R(\boldsymbol{f}) - \hat{R}_N(\boldsymbol{f})\right| > \varepsilon\right\} &\leqslant 2P\left\{\sup_{f\in F_{S,S'}}\left|\hat{R}_N'(\boldsymbol{f}) - \hat{R}_N(\boldsymbol{f})\right| > \frac{\varepsilon}{2}\right\} \\
&= 2P\left\{\bigcup_{f\in F_{S,S'}}\left|\hat{R}_N'(\boldsymbol{f}) - \hat{R}_N(\boldsymbol{f})\right| > \varepsilon\right\} \\
&\leqslant 2G_F(2N)\cdot P\left\{\left|\hat{R}_N'(\boldsymbol{f}) - \hat{R}_N(\boldsymbol{f})\right| > \varepsilon\right\} \\
&\leqslant 2G_F(2N)\exp\left(\frac{-N\varepsilon^2}{8}\right)
\end{aligned}$$

其中，最后一个不等式是根据 Hoeffding 不等式得到的，$F_{\boldsymbol{S},\boldsymbol{S}'}$ 表示假设类对 $\boldsymbol{S}$、$\boldsymbol{S}'$的经验分布的限制（restriction）。这里，$G_F(\cdot)$称为增长函数（growth function），定义为

$$G_F(2N) := \left|F_{\boldsymbol{S},\boldsymbol{S}'}\right| \tag{12.13}$$

它代表从 $\boldsymbol{S}$ 到 $\boldsymbol{S}'$的任何 $2N$ 个点上使用假设类 F 得到的最大可能的对分集（sets of dichotomies）的数量。

增长函数的发现是 Vapnik 和 Chervonenkis[10]的重要贡献之一，它与打散（shattering）的概念密切相关，其正式定义如下。

定义 12.2（打散） 如果$|F| = 2^{|\boldsymbol{S}|}$，就说 F 打散 $\boldsymbol{S}$。

事实上，增长函数 $G_F(N)$通常称为打散数（shattering number）：在任意 N 个点上使用

假设类 F 得到的最大可能的对分集的数量。下面给出有关增长函数的几个事实：

- 根据定义，打散数满足 $G_F(N) \leqslant 2^N$。
- 当 F 有限时，总是有 $G_F(N) = |F|$。
- 如果 $G_F(N) = 2^N$，则存在 N 个点构成的集合，使得函数类 F 可以在这些点上生成任何可能的分类结果。如图 12.2 所示，在任意三点上采用线性分类器得到的最大可能的对分集，产生的打散数为 $G_F(3) = 8$，其中，F 是线性分类器类。

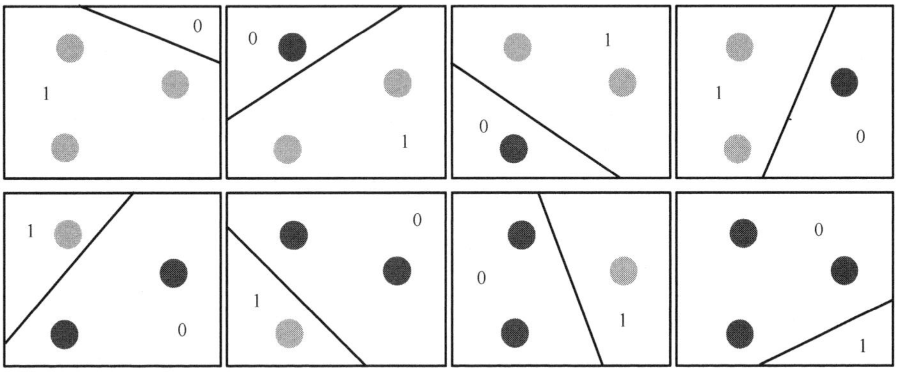

图 12.2　对分集与打散数

因此，我们得出如下经典的 VC 界（VC bound）[10]定理。

定理 12.2（VC 界）　对任何 $\delta > 0$，以至少 $1-\delta$的概率满足

$$R(\boldsymbol{f}) \leqslant \hat{R}_N(\boldsymbol{f}) + \sqrt{\frac{8\ln G_F(2N) + 8\ln\dfrac{2}{\delta}}{N}} \tag{12.14}$$

Vapnik 和 Chervonenkis[10]的另一项重要贡献是发现增长函数可以由 VC 维（VC dimension）进行限定，并且将我们无法得到的所有可能的对分集的数据点的数量（= VC 维 + 1）称为断点（break point）。

定义 12.3（VC 维）　假设类 F 的 VC 维是最大的 $N = d_{\mathrm{VC}}(F)$，使得

$$G_F(N) = 2^N$$

换句话说，函数类 F 的 VC 维就是能够被 F 打散的最大集合的基数（cardinality）。

这就意味着 VC 维是可以从一个统计二分类（statistical binary classification）算法中学习到的一组函数的容量（复杂度、表达力、丰富度或灵活度）的测度。它被定义为算法可以在零训练误差下分类的最大点数的基数。下面介绍几个可以显性计算 VC 维的示例。

例 12.1　半边间隔（Half-Sided Interval）

考虑任意形如 $F = \{f(x) = \chi(x \leqslant \theta), \theta \in \mathbb{R}\}$的函数，它可以打散两点，但无法打散任意三点，因此 $d_{\mathrm{VC}}(F) = 2$。

例 12.2　半平面（Half Plane）

考虑一个由 $\mathbb{R}^d$ 中的半平面组成的假设类 F，它可以打散 $d+1$ 个点，但是无法打散任意 $d+2$ 个点，因而 $d_{\mathrm{VC}}(F) = d+1$。

例 12.3 正弦曲线

F 是一个单参数正弦分类器，即对某个参数 θ，如果输入数 x 大于 $\sin(\theta x)$，则分类器 f_θ 返回 1，否则返回 0。f 的 VC 维是无限的，因为它可以打散集合$\{2^{-m} \mid m\in \mathbb{N}\}$的任意有限子集。

最后，我们可以使用 VC 维推导出泛化界。为此，Sauer 提出的如下引理至关重要。

引理 12.2（Sauer 引理[158]） 假设 F 具有有限的 VC 维 d_{VC}，那么

$$G_F(n) \leqslant \sum_{i=1}^{d_{\mathrm{VC}}} \binom{n}{i} \tag{12.15}$$

且对所有的 $n \geqslant d_{\mathrm{VC}}$，有

$$G_F(n) \leqslant \left(\frac{e \cdot n}{d_{\mathrm{VC}}}\right)^{d_{\mathrm{VC}}} \tag{12.16}$$

推论 12.1（利用 VC 维的 VC 界） 令 $d_{\mathrm{VC}} \geqslant N$，那么对任意$\delta > 0$，以至少 $1-\delta$的概率满足

$$R(\boldsymbol{f}) \leqslant \hat{R}_N(\boldsymbol{f}) + \sqrt{\frac{8d_{\mathrm{VC}}\ln\dfrac{2eN}{d_{\mathrm{VC}}} + 8\ln\dfrac{2}{\delta}}{N}} \tag{12.17}$$

证明： 这是定理 12.2 和引理 12.2 的直接结果。证毕！ □

为了理解深度神经网络的泛化行为，已经展开了 VC 维方面的研究[159]。Bartlett 等人[160]证明了具有潜在权重共享（weight sharing）的分片线性网络（piece-wise linear networks）的 VC 维的界。尽管仅当网络架构发生改变时这种复杂度测度才是可预测的（predictive），该情况通常只发生在网络深度和宽度超参数类型上，但研究人员也发现了 VC 维及参数数量与泛化鸿沟之间呈负相关（negatively correlated）[159]，这证实了广为人知的经验观察，即过参数化能够提高深度学习的泛化能力[159]。

12.2.2 Rademacher 复杂度界

泛化误差界（generalization error bound）的另一个重要的经典方法是 Rademacher 复杂度（Rademacher complexity）[161]。为了帮助读者理解这个概念，考虑下面的简单例子。令 $\boldsymbol{S} := \{\boldsymbol{x}_n, y_n\}_{n=1}^N$ 表示训练样本集，其中，$y_n \in \{-1, 1\}$，那么训练误差可以计算为

$$\mathrm{err}_N(f) = \frac{1}{N}\sum_{n=1}^{N} \mathbf{1}\left[f(\boldsymbol{x}_n) \neq y_n\right] \tag{12.18}$$

其中，$\mathbf{1}[\cdot]$是根据下式计算的示性函数：

$$\mathbf{1}[f(\boldsymbol{x}_n) \neq y_n] = \begin{cases} 1, & \{f(\boldsymbol{x}_n), y_n\} = \{1,-1\},\{-1,1\} \\ 0, & \{f(\boldsymbol{x}_n), y_n\} = \{1,1\},\{-1,-1\} \end{cases} \tag{12.19}$$

那么，式（12.18）可以等价地表示为

$$\mathrm{err}_N(f)=\frac{1}{N}\sum_{n=1}^{N}\frac{1-y_n f(\boldsymbol{x}_n)}{2}=\frac{1}{2}-\underbrace{\frac{1}{N}\sum_{n=1}^{N}y_n f(\boldsymbol{x}_n)}_{\text{相关性}} \tag{12.20}$$

因此，最小化训练误差等价于最大化相关性。Rademacher 复杂度的核心思想是考虑这样一种博弈，其中一个玩家生成随机目标 $\{y_n\}_{n=1}^N$，另一个玩家则给出使得相关性最大化的假设：

$$\sup_{f\in F}\frac{1}{N}\sum_{n=1}^{N}y_n f(\boldsymbol{x}_n) \tag{12.21}$$

上述想法与 VC 分析中的打散密切相关。具体来说，若假设类 F 打散 $\boldsymbol{S}=\{\boldsymbol{x}_n,y_n\}_{n=1}^N$，相关性则变成最大值。然而，与考虑最坏情况下的 VC 分析相比，Rademacher 复杂度分析处理的是平均情况下的分析。形式上，我们可以定义 Rademacher 复杂度[161]如下。

定义 12.4（Rademacher 复杂度[161]） 设$\sigma_1,\cdots,\sigma_N$为独立随机变量 $P\{\sigma_n=1\}=P\{\sigma_n=-1\}=0.5$，则 F 的经验 Rademacher 复杂度（empirical Rademacher complexity）定义为

$$\mathrm{Rad}_N(F,\boldsymbol{S})=E_{\boldsymbol{\sigma}}\left[\sup_{f\in F}\frac{1}{N}\sum_{n=1}^{N}\sigma_n f(\boldsymbol{x}_n)\right] \tag{12.22}$$

其中，$\sigma=[\sigma_1,\cdots,\sigma_N]^\top$。另外，Rademacher 复杂度的一般概念由下式计算：

$$\mathrm{Rad}_N(F):=E_{\boldsymbol{S}}\left[\mathrm{Rad}_N(F,\boldsymbol{S})\right] \tag{12.23}$$

Rademacher 复杂度的另一个重要优点是它可以很容易推广到向量目标的回归问题。例如，式（12.23）可以概括如下：

$$\mathrm{Rad}_N(F)=E\left[\sup_{f\in F}\frac{1}{N}\sum_{n=1}^{N}\langle\boldsymbol{\sigma}_n,\boldsymbol{f}(\boldsymbol{x}_n)\rangle\right] \tag{12.24}$$

其中，$\{\boldsymbol{\sigma}_n\}_{n=1}^N$ 是指独立的随机向量。下面介绍几个能够显性计算 Rademacher 复杂度的例子。

例 12.4　最小 Rademacher 复杂度

当假设类只有一个元素时，即$|F|=1$，此时有

$$\mathrm{Rad}(F)=E\left[\sup_{f\in F}\frac{1}{N}\sum_{n=1}^{N}\sigma_n f(\boldsymbol{x}_n)\right]=f(\boldsymbol{x}_1)\cdot E\left[\frac{1}{N}\sum_{n=1}^{N}\sigma_n\right]=0$$

其中，第二个等式是根据当$|F|=1$时，对所有 n 均满足 $f(\boldsymbol{x}_n)=f(\boldsymbol{x}_1)$而得到的。最后一个等式来自随机变量$\sigma_n$的定义。

例 12.5　最大 Rademacher 复杂度

当$|F|=2^N$时，有

$$\mathrm{Rad}(F)=E\left[\sup_{f\in F}\frac{1}{N}\sum_{n=1}^{N}\sigma_n f(\boldsymbol{x}_n)\right]=E\left[\frac{1}{N}\sum_{n=1}^{N}\sigma_n^2\right]=1$$

其中，第二个等式来自这样一个事实：我们可以找到一个假设，使得对所有 n 均满足 $f(\boldsymbol{x}_n)=\sigma_n$。最后一个等式同样来自随机变量$\sigma_n$的定义。

虽然 Rademacher 复杂度最初是根据二分类器推导得到的，但它也可以用来评估回归算法的复杂度。下面的例子表明，岭回归可以获得一个闭式的 Rademacher 复杂度。

例 12.6　岭回归

令 F 是由 $y=\boldsymbol{w}^{\top}\boldsymbol{x}$ 给出的线性预测器类，约束条件为 $\|\boldsymbol{w}\|\leqslant W$ 和 $\|\boldsymbol{x}\|\leqslant X$，则有

$$\begin{aligned}\operatorname{Rad}(F,\boldsymbol{S})&=E_{\boldsymbol{\sigma}}\left[\sup_{\boldsymbol{w}:\|\boldsymbol{w}\|\leqslant W}\frac{1}{N}\sum_{n=1}^{N}\sigma_n\boldsymbol{w}^{\top}\boldsymbol{x}_n\right]\\&=\frac{1}{N}E_{\boldsymbol{\sigma}}\left[\sup_{\boldsymbol{w}:\|\boldsymbol{w}\|\leqslant W}\boldsymbol{w}^{\top}\left(\sum_{n=1}^{N}\sigma_n\boldsymbol{x}_n\right)\right]\\&\overset{(a)}{=}\frac{W}{N}E_{\boldsymbol{\sigma}}\left\|\sum_{n=1}^{N}\sigma_n\boldsymbol{x}_n\right\|\overset{(b)}{\leqslant}\frac{W}{N}\sqrt{\sum_{n=1}^{N}E_{\sigma}\|\sigma_n\boldsymbol{x}_n\|^2}\\&=\frac{W}{N}\sqrt{\sum_{n=1}^{N}\|\boldsymbol{x}_n\|^2}\leqslant\frac{WX}{\sqrt{N}}\end{aligned}$$

其中，步骤（a）来自 l_1 范数的定义，步骤（b）来自 Jensen 不等式。

利用 Rademacher 复杂度，现在能够推导出一种新的泛化界，需要用到如下集中不等式。

引理 12.3（McDiarmid 不等式[161]） 设 $x_1,\cdots,x_N\in X$ 是一系列相互独立的随机变量，$c_1,\cdots,c_n$ 为正的实常数，如果对 $1\leqslant n\leqslant N$，映射 $\varphi:X^N\mapsto\mathbb{R}$ 满足

$$\sup_{x_1,\cdots,x_N,x_n'\in A}\left|\varphi(x_1,\cdots,x_n,\cdots,x_N)-\varphi(x_1,\cdots,x_n',\cdots,x_N)\right|\leqslant c_n$$

则对 $\forall\varepsilon>0$，有

$$P\left\{\left|\varphi(x_1,\cdots,x_N)-E\varphi(x_1,\cdots,x_N)\right|\geqslant\varepsilon\right\}\leqslant 2\exp\left(-\frac{2\varepsilon^2}{\sum_{n=1}^{N}c_n^2}\right)\tag{12.25}$$

特别是，如果 $\varphi(x_1,\cdots,x_N)=\dfrac{1}{N}\sum_{n=1}^{N}x_n$，则不等式（12.25）就简化为 Hoeffding 不等式。

根据 McDiarmid 不等式和幽灵样本的对称化，可以获得如下泛化界。

定理 12.3（Rademacher 界） 令 $\boldsymbol{S}:=\{\boldsymbol{x}_n,y_n\}_{n=1}^{N}$ 表示训练集，且 $f(\boldsymbol{x})\in[a,b]$，则对任意 $\delta>0$，以至少 $1-\delta$ 的概率满足

$$R(f)\leqslant\hat{R}_N(f)+2\operatorname{Rad}_N(F)+(b-a)\sqrt{\frac{\ln\frac{1}{\delta}}{2N}}\tag{12.26}$$

且

$$R(f)\leqslant\hat{R}_N(f)+2\operatorname{Rad}_N(F,\boldsymbol{S})+3(b-a)\sqrt{\frac{\ln\frac{2}{\delta}}{2N}}\tag{12.27}$$

不幸的是，许多使用 Rademacher 复杂度来解释深度神经网络的理论尝试并未取得成功[159]，

常常导致类似于使用 VC 界进行尝试时所产生的空洞的界（vacuous bound）。因此，越来越需要获得更紧的界。

12.2.3 PAC 贝叶斯界

到目前为止，我们已经讨论了只要训练和测试数据在相同分布下独立采样时就可成立的性能保证。事实上，满足这种性能保证的学习算法称为 PAC 学习[156]。研究表明，当且仅当概念类 C 的 VC 维是有限的时，C 是 PAC 可学习的[162]。

除了 PAC 学习，现代学习理论还有一个重要的领域——贝叶斯推理（Bayesian inference）。当训练和测试数据是根据特定的先验（prior）生成的时候，就适用于贝叶斯推理。然而，并不能保证实验环境中的训练数据和测试数据是根据不同的概率分布生成的。事实上，许多现代学习理论可以划分为贝叶斯推理和 PAC 学习。这两个领域都研究如何采用训练数据作为输入，并且生成概念或者模型作为输出的学习算法，之后能够在测试数据上进行测试。

这两种方法之间的差异可以看成通用性（generality）和性能（performance）之间的权衡。如果将“实验设置”定义为训练数据和测试数据上的概率分布，那么 PAC 性能保证适用于各种实验设置，而贝叶斯正确性定理（Bayesian correctness theorem）则仅适用于与算法中先前使用的设置相匹配的实验设置。然而，在这种受限的设置类别下，贝叶斯学习算法可能是最优的，并且通常优于 PAC 学习算法。

PAC 贝叶斯理论综合了贝叶斯和频率论方法（frequentist approaches）[163]，它基于与自然发生的状况（situation）有关的先验概率分布（prior probability distribution），而规则（rule）表达了学习者对某些规则的偏好。学习者对规则的偏爱与自然分布（nature distribution）之间并没有特定的关系。这与贝叶斯推理不同，贝叶斯推理的出发点是规则和状况的共同分布（common distribution），在特定状况下会诱导规则的条件分布（conditional distribution）。

在这种设置下，可以获得如下 PAC 贝叶斯泛化界。

定理 12.4（PAC 贝叶斯泛化界[163]） 令 Q 是 $\boldsymbol{z}:=(\boldsymbol{x},\boldsymbol{y})\in Z:=X\times Y$ 上的任意分布，F 为假设类，P 为 F 上的先验分布，$\delta\in(0,1)$，l 为损失函数，并且对所有的 $\boldsymbol{f}$ 和 $\boldsymbol{z}$ 均满足 $l(\boldsymbol{f},\boldsymbol{z})\in[0,1]$，那么根据 Q 进行采样选取的独立同分布的训练集 $\boldsymbol{S}:=\{\boldsymbol{z}_n\}_{n=1}^{N}$，对 F 上的所有分布 Q（甚至依赖于 $\boldsymbol{S}$），以至少 $1-\delta$ 的概率满足

$$E_{f\sim Q}[R(\boldsymbol{f})]\leqslant E_{f\sim Q}[\hat{R}_N(\boldsymbol{f})]+\sqrt{\frac{\mathrm{KL}(Q\,\|\,P)+\ln\frac{N}{\delta}}{2(N-1)}} \tag{12.28}$$

其中，Kullback-Leibler 散度定义为

$$\mathrm{KL}(Q\,\|\,P):=E_{f\sim Q}\left[\ln\frac{Q(\boldsymbol{f})}{P(\boldsymbol{f})}\right] \tag{12.29}$$

近年来，PAC 贝叶斯方法受到了广泛研究，以便用来解释神经网络的泛化能力[149, 153, 164]。根据最近一项旨在测试不同测度与深度神经网络模型泛化能力之间的相关性的大规模实

验[159]，作者验证了 PAC 贝叶斯界（PAC–Bayes bounds）的有效性，并且证实了它们是破解泛化难题的一个很有希望的方向。PAC 贝叶斯界的另一个很好的应用在于它提供了一种通过最小化上界（upper bounds）来寻找最优分布 Q^* 的方法，该技术已成功用于解决线性分类器设计[164]等问题。

12.3 利用双下降模型协调泛化鸿沟

对式（12.2）中的经验风险最小化估计，可以获得如下误差界：

$$R(\boldsymbol{f}^*_{\mathrm{ERM}}) \leqslant \underbrace{\hat{R}_N(\boldsymbol{f}^*_{\mathrm{ERM}})}_{\text{经验风险（训练误差）}} + \underbrace{O\left(\sqrt{\frac{c}{N}}\right)}_{\text{复杂度惩罚项}} \tag{12.30}$$

其中，$O(\cdot)$代表“大 O”表示法；c 表示模型复杂度，如 VC 维、Rademacher 复杂度等。

在式（12.30）中，随着假设类大小$|F|$的增加，经验风险或训练误差会随之下降，而复杂度惩罚项则会增大。因此，可以通过选择 F（如选取合适的神经网络架构）显性地调控函数类容量（functional class capacity）。这可以总结为如图 12.3（a）所示的经典 U 型风险曲线，它是根据偏差-方差权衡产生的，通常作为模型选择的指南。从这条曲线得出的一个被人们广泛接受的观点是，具有零训练误差的模型被过拟合到训练数据上，并且通常泛化能力很差[10]。因此，传统的做法是考虑如何在欠拟合（underfitting）和过拟合之间寻找最佳点（sweet spot）。

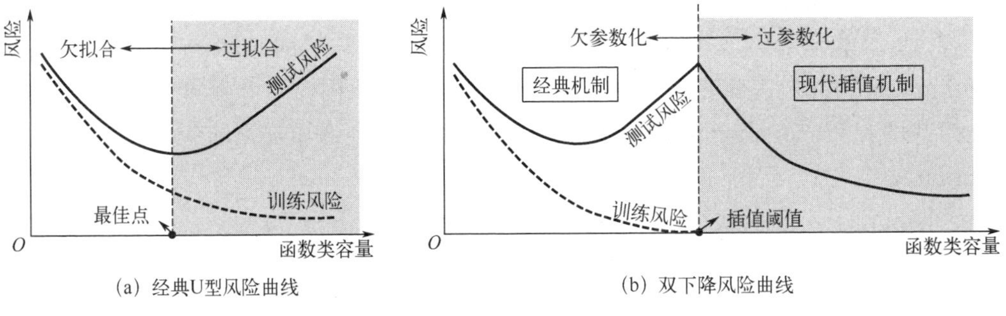

图 12.3 训练风险曲线（虚线）和测试风险曲线（实线）

最近，这种观点受到了看似神秘的实证结果的挑战。例如，Zhang 等人[165]在数据副本上训练了几种标准的神经网络架构，其中的真实标签被随机标签所替换，他们的核心发现可以简单概括为：深度神经网络很容易拟合随机标签。更准确地说，如果神经网络在真实数据完全随机的标签上进行训练，可以实现零训练误差。虽然这个观察很容易表述，但是从统计学习的角度来看，它具有深远的意义：神经网络的有效容量（effective capacity）足以存储整个数据集。尽管函数类的容量很大，并且几乎完美地拟合了训练数据，但在测试阶段这些预测器通常对新数据能给出非常准确的预测。

这些观察从描述泛化行为的角度排除了 VC 维、Rademacher 复杂度等测度。特别是，假设最大值为 1 时，插值机制（interpolation regime）下的 Rademacher 复杂度会导致训练误差为 0，正如先前在示例中所解释的那样。因此，经典的泛化界是空洞的，无法解释神经网络惊人的泛化能力。

最近的突破性进展来自 Belkin 等人提出的双下降风险曲线[154, 155]，它能够将经典的偏差-方差权衡与大量的机器学习模型在过参数化机制下观察到的行为相协调。特别是，当函数类容量低于插值阈值（interpolation threshold）时，学到的预测器显示出如图 12.3（a）所示的经典 U 型风险曲线，这里函数类容量是由指定类内函数所需的参数数量决定的。U 型风险在平衡训练数据的拟合和过拟合的敏感性的最佳点达到底部。当我们增加神经网络架构的尺寸使得函数类容量达到足够高时，学到的预测器便会（几乎）完美地拟合训练数据。尽管在插值阈值处学到的预测器通常具有很高的风险，但是将函数类容量增加到超过该点时就会导致风险下降，这通常要低于经典机制（classic regime）下的最佳点所能达到的风险，如图 12.3（b）所示。其中，双下降风险曲线是将 U 型风险曲线（即经典机制）与使用高容量函数类（即现代插值机制）观察到的行为相结合，通过插值阈值分隔开，使其右侧的预测器的训练风险降为零。

在下面的例子中，我们以简单的线性回归模型为例，给出双下降行为具体而明确的证据，分析展示了从欠参数化（under-parameterized）机制到过参数化机制的转变，同时还允许比较曲线上任何一点的风险，并且解释过参数化机制下的风险如何低于欠参数化机制下的任何风险。

例 12.7　回归中的双下降[155]

考虑以下线性回归问题：

$$y = \boldsymbol{x}^{\top}\boldsymbol{\beta} + \varepsilon \tag{12.31}$$

其中，$\boldsymbol{\beta} \in \mathbb{R}^{D}$ 和 $\boldsymbol{x} \sim N(\boldsymbol{0}, \boldsymbol{I}_D)$ 及 $\varepsilon \sim N(0, \sigma^2)$ 分别为正态分布的随机向量和随机变量。给定训练数据 $\{\boldsymbol{x}_n, y_n\}_{n=1}^{N}$，我们仅利用基数为 p 的子集 $T \subset [D]$ 来拟合数据的线性模型，其中，$[D]:=\{0,\cdots,D\}$。令 $\boldsymbol{X}=[\boldsymbol{x}_1,\cdots,\boldsymbol{x}_N] \in \mathbb{R}^{D\times N}$ 为设计矩阵，$\boldsymbol{y}=[y_1,\cdots,y_N]^{\top}$ 为响应向量。对子集 T，$\boldsymbol{\beta}_T$ 表示来自 T 的 $|T|$ 维子向量（subvector），$\boldsymbol{X}_T$ 表示由 T 中的列构成的 $\boldsymbol{X}$ 的 $N\times p$ 维子矩阵（sub-matrix），那么 $\hat{\boldsymbol{\beta}}$ 的风险，由下式给出：

$$E[(y-\boldsymbol{x}^{\top}\hat{\boldsymbol{\beta}})^2] = \begin{cases} \left(\|\boldsymbol{\beta}_{T^c}\|^2+\sigma^2\right)\left(1+\dfrac{p}{N-p-1}\right), & p \leqslant N-2 \\ +\infty, & N-1 \leqslant p \leqslant N+1 \\ \|\boldsymbol{\beta}_T\|^2\left(1-\dfrac{N}{p}\right)+\left(\|\boldsymbol{\beta}_{T^c}\|^2+\sigma^2\right)\left(1+\dfrac{N}{p-N-1}\right), & p \geqslant N+2 \end{cases} \tag{12.32}$$

其中，$\hat{\boldsymbol{\beta}}_T = \boldsymbol{X}_T^{\dagger}\boldsymbol{y}$，$\hat{\boldsymbol{\beta}}_{T^c}=0$，$T^c := [D]\backslash T$ 是 T 的补，符号 † 中表示 Moore-Penrose 伪逆。

证明：由于 $\boldsymbol{x}$ 是具有零均值和单位协方差（identity covariance）的高斯分布，因此均方预测误差（mean squared prediction error）可以写为

$$E[(y-\boldsymbol{x}^{\top}\hat{\boldsymbol{\beta}})^2] = E[(\boldsymbol{x}^{\top}\boldsymbol{\beta}+\sigma\varepsilon-\boldsymbol{x}^{\top}\hat{\boldsymbol{\beta}})^2] = \sigma^2 + E\|\boldsymbol{\beta}-\hat{\boldsymbol{\beta}}\|^2 = \sigma^2 + \|\boldsymbol{\beta}_{T^c}\|^2 + E\|\boldsymbol{\beta}_T-\hat{\boldsymbol{\beta}}_T\|^2$$

其中，$\boldsymbol{\beta}$ 表示真实的回归参数，并且我们利用了测试阶段回归器 $\boldsymbol{x}$ 和训练阶段设计矩阵 $\boldsymbol{X}$ 的独立性。我们现在的目标是推导出第二项的闭式表达式。

（**经典机制**）对给定的训练数据集，有

$$\hat{\boldsymbol{\beta}}_T = (\boldsymbol{X}_T\boldsymbol{X}_T^\top)^{-1}\boldsymbol{X}_T\boldsymbol{y} = (\boldsymbol{X}_T\boldsymbol{X}_T^\top)^{-1}\boldsymbol{X}_T\boldsymbol{X}_T^\top\boldsymbol{\beta}_T + (\boldsymbol{X}_T\boldsymbol{X}_T^\top)^{-1}\boldsymbol{X}_T\boldsymbol{\eta} = \boldsymbol{\beta}_T + (\boldsymbol{X}_T\boldsymbol{X}_T^\top)^{-1}\boldsymbol{X}_T\boldsymbol{\eta}$$

其中，

$$\boldsymbol{\eta} \coloneqq \boldsymbol{y} - \boldsymbol{X}_T^\top\boldsymbol{\beta}_T = \boldsymbol{\varepsilon} + \boldsymbol{X}_{T^c}^\top\boldsymbol{\beta}_{T^c}$$

通过将它代入第二项，有

$$E\left\|\boldsymbol{\beta}_T - \hat{\boldsymbol{\beta}}_T\right\|^2 = E[\boldsymbol{\eta}^\top\boldsymbol{P}_{R(\boldsymbol{X}_T)}\boldsymbol{\eta}] = \mathrm{Tr}(E[\boldsymbol{P}_{R(\boldsymbol{X}_T)}]E[\boldsymbol{\eta}\boldsymbol{\eta}^\top])$$

此外，有

$$E[\boldsymbol{\eta}\boldsymbol{\eta}^\top] = E[\boldsymbol{\varepsilon}\boldsymbol{\varepsilon}^\top] + E[\boldsymbol{X}_{T^c}^\top\boldsymbol{\beta}_{T^c}(\boldsymbol{X}_{T^c}^\top\boldsymbol{\beta}_{T^c})^\top] = \left(\sigma^2 + \left\|\boldsymbol{\beta}_{T^c}\right\|^2\right)\boldsymbol{I}_N$$

其中，$R(\boldsymbol{X}_T)$ 是 $\boldsymbol{X}_T$ 的列空间，$\boldsymbol{P}_{R(\boldsymbol{X}_T)}$ 表示到 $\boldsymbol{X}_T$ 的列空间的投影。此外，$\boldsymbol{P}_{R(\boldsymbol{X}_T)}$ 是带有参数 p 和 $N-p+1$ 的霍特林 T 平方分布（Hotelling's T-squared distribution），使得

$$\mathrm{Tr}E[\boldsymbol{P}_{R(\boldsymbol{X}_T)}] = \begin{cases} \dfrac{p}{N-p-1}, & p \leqslant N-2 \\ +\infty, & p = N-1 \end{cases} \tag{12.33}$$

因此，将它们放在一起可获得经典机制的证明。

（**现代插值机制**）考虑 $p \geqslant N$，那么有

$$\begin{aligned}\hat{\boldsymbol{\beta}}_T &= \boldsymbol{X}_T^\top(\boldsymbol{X}_T\boldsymbol{X}_T^\top)^{-1}\boldsymbol{y} = \boldsymbol{X}_T^\top(\boldsymbol{X}_T\boldsymbol{X}_T^\top)^{-1}\boldsymbol{X}_T^\top\boldsymbol{\beta}_T + \boldsymbol{X}_T^\top(\boldsymbol{X}_T\boldsymbol{X}_T^\top)^{-1}\boldsymbol{\eta} \\ &= \boldsymbol{X}_T^\top(\boldsymbol{X}_T\boldsymbol{X}_T^\top)^{-1}\boldsymbol{X}_T^\top\boldsymbol{\beta}_T + \boldsymbol{X}_T^\top(\boldsymbol{X}_T\boldsymbol{X}_T^\top)^{-1}\boldsymbol{\eta} \\ &= \boldsymbol{P}_{R(\boldsymbol{X}_T^\top)}\boldsymbol{\beta}_T + \boldsymbol{X}_T^\top(\boldsymbol{X}_T\boldsymbol{X}_T^\top)^{-1}\boldsymbol{\eta}\end{aligned}$$

其中，

$$\boldsymbol{\eta} \coloneqq \boldsymbol{y} - \boldsymbol{X}_T^\top\boldsymbol{\beta}_T = \boldsymbol{\varepsilon} + \boldsymbol{X}_{T^c}^\top\boldsymbol{\beta}_{T^c}$$

因此

$$E\left[\left\|\boldsymbol{\beta}_T - \hat{\boldsymbol{\beta}}_T\right\|^2\right] = E\left[\left\|\boldsymbol{P}_{R(\boldsymbol{X}_T^\top)}^\perp\boldsymbol{\beta}_T\right\|^2\right] + E[\boldsymbol{\eta}^\top(\boldsymbol{X}_T\boldsymbol{X}_T^\top)^{-1}\boldsymbol{\eta}]$$

进而有

$$E\left[\left\|\boldsymbol{P}_{R(\boldsymbol{X}_T^\top)}^\perp\boldsymbol{\beta}_T\right\|^2\right] = \left(1 - \frac{n}{p}\right)\left\|\boldsymbol{\beta}_T\right\|^2$$

$$E[\boldsymbol{\eta}^\top(\boldsymbol{X}_T\boldsymbol{X}_T^\top)^{-1}\boldsymbol{\eta}] = \mathrm{Tr}(E(\boldsymbol{X}_T\boldsymbol{X}_T^\top)^{-1}E[\boldsymbol{\eta}\boldsymbol{\eta}^\top])$$

在第二个等式中，利用了 $\boldsymbol{X}_T$、$\boldsymbol{X}_{T^c}$ 及 $\boldsymbol{\varepsilon}$ 之间的独立性。此外，有

$$E[\boldsymbol{\eta}\boldsymbol{\eta}^\top] = E[\boldsymbol{\varepsilon}\boldsymbol{\varepsilon}^\top] + E[\boldsymbol{X}_{T^c}^\top\boldsymbol{\beta}_{T^c}(\boldsymbol{X}_{T^c}^\top\boldsymbol{\beta}_{T^c})^\top] = \left(\sigma^2 + \left\|\boldsymbol{\beta}_{T^c}\right\|^2\right)\boldsymbol{I}_N$$

由于 $(\boldsymbol{X}_T\boldsymbol{X}_T^\top)^{-1}$ 是自由度为 p、单位尺度矩阵（identity scale matrix）为 $\boldsymbol{I}_N$ 的逆 Wishart 分布，因此有

$$\mathrm{Tr}(E(\boldsymbol{X}_T\boldsymbol{X}_T^{\top})^{-1}) = \begin{cases} \dfrac{N}{p-N-1}, & p \geqslant N+2 \\ +\infty, & p = N, N+1 \end{cases}$$

将它们放在一起，当 $p \geqslant N+2$ 时，有

$$E[(y-\boldsymbol{x}^{\top}\hat{\boldsymbol{\beta}})^2] = \left(1-\frac{N}{p}\right)\|\boldsymbol{\beta}_T\|^2 + \left(\|\boldsymbol{\beta}_{T^c}\|^2+\sigma^2\right)\left(1+\frac{N}{p-N-1}\right)$$

当 $p = N$ 或 $N+1$ 时，有

$$E[(y-\boldsymbol{x}^{\top}\hat{\boldsymbol{\beta}})^2] = +\infty$$

证毕！ □

图 12.4 给出了上述针对特定的参数集进行分析的线性回归问题的示例图形，其中，$\|\boldsymbol{\beta}\|^2 = 1$，$\sigma^2 = 1/25$，$N = 40$。

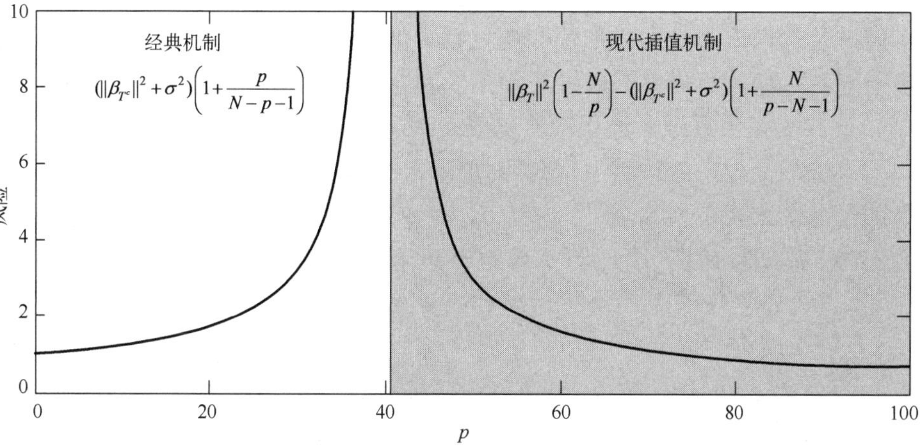

图 12.4　以式（12.32）中的风险作为 p 的函数在随机选取 T 时对应的图形

12.4　归纳偏置优化

在插值阈值右侧所有学到的预测器都与训练数据完美吻合，并且没有经验风险。那么，为什么有些函数类，尤其是那些规模更大的函数类，具有更低的测试风险从而获得更好的泛化效果呢？答案就在于函数类容量，如 VC 维或者 Rademacher 复杂度，并不一定能够真实反映出适合待处理问题的预测器的归纳偏置。实际上，在前面讨论的线性回归问题中出现双下降模型的根本原因之一在于，我们施加了一个归纳偏置，以便为过参数化机制选择最小的范数解 $\hat{\boldsymbol{\beta}}_T = \boldsymbol{X}_T(\boldsymbol{X}_T^{\top}\boldsymbol{X}_T)^{-1}\boldsymbol{y}$，这就导致产生了光滑解。

在各种不同的插值解中，选择那些能够与观测数据完美拟合的光滑函数或简单函数是奥卡姆剃刀（Occam's razor）原理的一种形式：应首选与观测兼容的最简单解释。通过考虑能够包含更多与数据兼容的候选预测器的更大函数类，我们可以找到更加简单的插值函数。因此，增加函数类容量就能改善分类器的性能。选择更简单的解的一个重要优点在于，

它可以通过避免数据中不必要的小瑕疵来实现泛化。因此，将函数类容量增加到过参数化区域可以改善所得到的分类器的性能。

那么，遗留的一个问题是，使得训练后的网络变得光滑或者简单的潜在机理是什么？这与优化算法的归纳偏置（或隐含偏置）密切相关，如梯度下降法、随机梯度下降法等[166–171]。事实上，这是一个活跃的研究领域。例如，有研究表明，针对特定损失函数的线性分类器的梯度下降会收敛到最大间隔 SVM 分类器[168]。其他研究人员已经证实，在深度神经网络训练过程中梯度下降会导致一个简单的解[169–171]。

12.5 基于算法鲁棒性的泛化界

还有一个重要问题是我们如何根据泛化误差界来量化算法的归纳偏置。本节引入一个用于量化泛化误差的概念——算法鲁棒性（algorithmic robustness）。这个概念最初是 Xu 等人提出的[172]，但在深度学习研究中很大程度上被忽视了。事实证明，基于算法鲁棒性的泛化界具有能够量化深度神经网络的惊人泛化行为的所有特质，可以成为研究泛化的利器。

回想一下，对经典泛化界的潜在假设是经验量（empirical quantities）一致收敛到它们的均值[10]，这就提供了通过假设集（hypothesis set）的复杂度来限定期望风险与经验风险之间差距的办法。另外，鲁棒性要求预测规则在对接近训练样本的样本上进行测试时，应具有相当的性能。正式定义如下。

定义 12.5（**算法鲁棒性**[172]） 对 $K\in\mathbb{N}$ 和 $\varepsilon(\cdot): Z\to\mathbb{R}$，算法 A 被称为 $(K, \varepsilon(\cdot))$-鲁棒的，如果 $Z:=X\times Y$ 可以划分成 K 个不相交集合，记为 $\{C_i\}_{i=1}^K$，使得对 $i=1, \cdots, K$ 和所有的训练集 $S\subset Z$，以下结论均成立：

$$\forall s\in S,\ \forall z\in Z；如果 s,z\in C_i，则 \left|l(A_S,s)-l(A_S,z)\right|\leqslant\varepsilon(S) \tag{12.34}$$

其中，A_S 表示利用数据集 S 进行训练的算法。

由此，我们能够获得基于算法鲁棒性的泛化界，需要用到以下集中不等式。

引理 12.4（**Breteganolle–Huber–Carol 不等式**[173]） 若随机向量 $(N_1, \cdots, N_k)$ 是具有参数 N 和 $(p_1,\cdots, p_k)$ 的多项式分布，那么

$$P\left\{\sum_{i=1}^{k}\left|N_i-N_{P_i}\right|\geqslant 2\sqrt{N}\lambda\right\}\leqslant 2^k\exp(-2\lambda^2),\quad \lambda>0 \tag{12.35}$$

定理 12.5 如果学习算法 A 是 $(K, \varepsilon(\cdot))$-鲁棒的，并且训练样本集 S 是由来自概率测度 μ 的 N 个独立同分布的样本生成的，那么对任意 $\delta>0$，以至少 $1-\delta$ 的概率满足

$$\left|R(A_S)-\hat{R}_N(A_S)\right|\leqslant\varepsilon(S)+M\sqrt{\frac{2K\ln 2+2\ln\left(\dfrac{1}{\delta}\right)}{N}} \tag{12.36}$$

其中，

$$M:=\max_{z\in Z}\left|l(A_S,z)\right|$$

证明：令 N_i 为 S 中落入 C_i 的点的索引集，由于 $(|N_1|, \cdots, |N_K|)$ 是一个参数为 N 和 $(\mu(C_i), \cdots,$

$\mu(C_K)$)的独立同分布的多项式随机变量，那么根据引理 12.4，下式成立：

$$P\left\{\sum_{i=1}^{K}\left|\frac{|N_i|}{N}-\mu(C_i)\right|\geqslant\lambda\right\}\leqslant 2^K\exp\left(-\frac{N\lambda^2}{2}\right) \tag{12.37}$$

因此，下式以至少 1−δ的概率成立：

$$\sum_{i=1}^{K}\left|\frac{|N_i|}{N}-\mu(C_i)\right|\leqslant\sqrt{\frac{2K\ln 2+2\ln\left(\frac{1}{\delta}\right)}{N}} \tag{12.38}$$

从而泛化误差可以由下式给出：

$$\begin{aligned}
\left|R(A_S)-\hat{R}_N(A_S)\right| &\leqslant \left|\sum_{i=1}^{K}E_{z\sim\mu}l(A_S,z|z\in C_i)\mu(C_i)-\frac{1}{N}\sum_{n=1}^{N}l(A_S,s_i)\right| \\
&\overset{(a)}{\leqslant}\left|\sum_{i=1}^{K}E_{z\sim\mu}l(A_S,z|z\in C_i)\frac{|N_i|}{N}-\frac{1}{N}\sum_{n=1}^{N}l(A_S,s_i)\right| \\
&\quad+\left|\sum_{i=1}^{K}E_{z\sim\mu}l(A_S,z|z\in C_i)\mu(C_i)-\sum_{n=1}^{N}E_{z\sim\mu}l(A_S,z|z\in C_i)\frac{|N_i|}{N}\right| \\
&\overset{(b)}{\leqslant}\frac{1}{N}\left|\sum_{i=1}^{K}\sum_{j\in N_i}\max_{z_2\in C_j}\left|l(A_S,s_j)-l(A_S,z_2)\right|\right|+\max_{z\in Z}\left|l(A_S,z)\right|\sum_{i=1}^{K}\left|\frac{|N_i|}{N}-\mu(C_i)\right| \\
&\overset{(c)}{\leqslant}\varepsilon(S)+M\sum_{i=1}^{K}\left|\frac{|N_i|}{N}-\mu(C_i)\right| \\
&\overset{(d)}{\leqslant}\varepsilon(S)+M\sqrt{\frac{2K\ln 2+2\ln\left(\frac{1}{\delta}\right)}{N}}
\end{aligned}$$

其中，步骤（a）、（b）和（c）分别是根据三角不等式、N_i的定义及$\varepsilon(S)$和 M 的定义得到的。证毕。 □

需要注意的是，鲁棒性的定义要求式（12.34）对每个训练样本都成立。参数 K 和$\varepsilon(\cdot)$量化了一个算法的鲁棒性。由于$\varepsilon(\cdot)$是训练样本的函数，因此对不同的训练模式，一个算法可以具有不同的鲁棒性。例如，一个分类算法对具有较大间隔的训练集更加鲁棒。由于式（12.34）同时包含训练后的解 A_S 及训练集 S，因此鲁棒性是学习算法本身而不是有效假设空间（effective hypothesis space）的属性，这就是为什么基于鲁棒性的泛化界能够用来解释算法的归纳偏置。

例如，对一个单层 ReLU 神经网络 $f_\Theta:\mathbb{R}^2\to\mathbb{R}^2$，它的权重矩阵和偏置项如下：

$$\boldsymbol{W}^{(0)}=\begin{bmatrix}2 & -1\\ 1 & 1\end{bmatrix},\quad \boldsymbol{b}^{(0)}=\begin{bmatrix}1\\ -1\end{bmatrix}$$

相应的神经网络输出由下式给出：

$$\boldsymbol{o}^{(1)}=\begin{cases}[0,\ 0]^\top, & 2x-y+1<0,\ x+y-1<0\\ [2x-y+1,\ 0]^\top, & 2x-y+1\geqslant 0,\ x+y-1<0\\ [0,\ x+y-1]^\top, & 2x-y+1<0,\ x+y-1\geqslant 0\\ [2x-y+1,\ x+y-1]^\top, & 2x-y+1\geqslant 0,\ x+y-1\geqslant 0\end{cases}$$

这里，划分的数量 $K=4$。

另外，考虑一个两层 ReLU 网络，其权重矩阵和偏置项由下式给出：

$$\boldsymbol{W}^{(0)}=\begin{bmatrix}2 & -1\\ 1 & 1\end{bmatrix},\quad \boldsymbol{b}^{(0)}=\begin{bmatrix}1\\ -1\end{bmatrix},\quad \boldsymbol{W}^{(1)}=\begin{bmatrix}1 & 2\\ 0 & 1\end{bmatrix},\quad \boldsymbol{b}^{(1)}=\begin{bmatrix}0\\ 1\end{bmatrix}$$

相应的神经网络输出由下式给出：

$$\boldsymbol{o}^{(2)}=\begin{cases}[0,\ 1]^{\top}, & 2x-y+1<0,\ x+y-1<0\\ [2x-y+1,\ 1]^{\top}, & 2x-y+1\geqslant 0,\ x+y-1<0\\ [2x+2y-2,\ x+y]^{\top}, & 2x-y+1<0,\ x+y-1\geqslant 0\\ [4x+y-1,\ x+y]^{\top}, & 2x-y+1\geqslant 0,\ x+y-1\geqslant 0\end{cases}$$

因此，尽管参数数量增加了一倍，但划分的数量仍然是 $K=4$，与单层神经网络相同。根据泛化界，这两个算法对参数 $\varepsilon(S)$ 具有相同的上界。这个例子清楚地证实了泛化是学习算法本身的属性，并不是有效假设空间或者参数数量的属性。

12.6 习　　题

1．计算下列函数类的 VC 维：

（1）区间 $[a, b]$；

（2）$\mathbb{R}^2$ 中的圆盘；

（3）$\mathbb{R}^d$ 中的半空间；

（4）轴平行矩形。

2．若分类器 f_θ 满足：当输入的数 x 大于 $\sin(\theta x)$ 时，返回 1；否则，返回 0。请证明 f_θ 可以打散集合 $\{2^{-m}|m\in\mathbb{N}\}$ 的任意有限子集。

3．证明 Rademacher 复杂度具有下列性质：

（1）（单调性）如果 $F\subset G$，则 $\mathrm{Rad}_N(F)\leqslant\mathrm{Rad}_N(G)$；

（2）（凸包）令 $\mathrm{conv}(F)$ 为 F 的凸包，则 $\mathrm{Rad}_N(F)=\mathrm{Rad}_N(\mathrm{conv}(F))$；

（3）（尺度与平移）对任何函数类 F 和 $c,d\in\mathbb{R}$，$\mathrm{Rad}_N(cF+d)=|c|\mathrm{Rad}_N(F)$；

（4）（Lipschitz 组合）如果 φ 是 L-Lipschitz 函数，则 $\mathrm{Rad}_N(\varphi\cdot F)\leqslant L\cdot\mathrm{Rad}_N(F)$。

4．令 F 是由 $y=\boldsymbol{w}^{\top}\boldsymbol{x}$ 给定的线性预测器类，且满足约束条件：对 $\boldsymbol{x}\in\mathbb{R}^d$，有 $\|\boldsymbol{w}\|_1\leqslant W_1$ 和 $\|\boldsymbol{x}_\infty\|\leqslant X_\infty$。证明

$$\mathrm{Rad}_N(F)\leqslant\frac{W_1X_\infty\sqrt{2\ln(d)}}{\sqrt{N}}$$

5．设 $\boldsymbol{A}$ 为 $\mathbb{R}^m$ 中 N 个向量的集合，令 $\bar{\boldsymbol{a}}$ 为 $\boldsymbol{A}$ 中向量的均值，证明

$$\mathrm{Rad}_N(\boldsymbol{A})\leqslant\max_{\boldsymbol{a}\in\boldsymbol{A}}\|\boldsymbol{a}-\bar{\boldsymbol{a}}\|_2\cdot\frac{\sqrt{2\log N}}{m}$$

特别地，如果 $\boldsymbol{A}$ 是一组二元向量（binary vectors），则

$$\mathrm{Rad}_N(\boldsymbol{A}) \leqslant \frac{\sqrt{2\log N}}{m}$$

6．对度量空间(S, ρ)及 $T \subset S$，称 $\hat{T} \subset S$ 是 T 的一个ε-覆盖，如果$\forall t \in T$，存在 $t' \in T$ 使得 $\rho(t, t') \leqslant \varepsilon$。$T$ 的ε-覆盖数定义为

$$N(\varepsilon, T, \rho) = \min\left\{|T'| : T'\text{是}T\text{的一个}\varepsilon\text{-覆盖}\right\}$$

如果 Z 关于度量 ρ 是紧致的（compact），$l(A_S, \cdot)$是 Lipschitz 常数为 $c(S)$的 Lipschitz 连续函数，即

$$|l(A_S, z_1) - l(A_S, z_2)| \leqslant c(S)\rho(z_1, z_2), \quad \forall z_1, z_2 \in Z$$

那么当 $\gamma > 0$ 时，证明算法 A 是$(K, \varepsilon(S))$-鲁棒的，其中，$K = N\left(\frac{\gamma}{2}, Z, \rho\right)$，$\varepsilon(S) = c(S)\gamma$。

第 13 章 生成模型与无监督学习

13.1 引　　言

深度学习几何理解之旅的最后一部分可能是深度学习中最令人兴奋的方面——生成模型。生成模型涵盖广泛的研究活动，包括变分自编码器（Variational Autoencoder，VAE）[174, 175]、生成对抗网络（GAN）[88, 176, 177]、归一化流（normalizing flow）[178–181]、最优传输（Optimal Transport，OT）[182–184]等。这个领域发展非常迅速，在一些机器学习会议上，如 NeurIPS、CVPR、ICML、ICLR 等，读者可能已经看到了令人兴奋的新进展，它们远远超越了现有的方法。事实上，这可能是本章写作被推迟到最后一刻的借口之一，因为在写作过程中随时可能又有新的更新。

例如，图 13.1 给出了采用不同生成模型得到的虚假人脸的示例，涵盖了 2014 年的 GAN[88]和 2018 年的 StyleGAN[89]。读者可能会惊讶地发现，短短几年时间，生成的图像就变得如此逼真而富有细节。实际上，这可能就是为什么在当今深度学习时代，基于生成模型的深度伪造（DeepFake）已经演变成为一个社会问题。

图 13.1　五年来采用生成模型生成的人脸

除了用来创建虚假人脸，生成模型如此重要的另一个原因在于它是一种用来设计无监督学习（unsupervised learning）算法的系统方法。例如，Yann LeCun 在 NeurIPS 2016 上提出的著名的蛋糕类比中，着重强调了无监督学习的重要性，并且说：“如果人工智能是一块蛋糕，那么蛋糕的主体部分是无监督学习，蛋糕上的糖衣是监督学习，蛋糕上的樱桃是强化学习（Reinforcement Learning，RL）。”在谈到 GAN 时，Yann LeCun 评价它是“过去 10 年机器学习最有趣的想法”，并且预测它可能成为现代无监督学习最重要的引擎之一。

尽管生成模型很受欢迎，但它们难以理解的原因之一是存在众多的变化，如 VAE[174]、

β-VAE[175]、GAN[88]、f-GAN[176]、W-GAN[177]、归一化流[178-180]、GLOW[181]、最优传输[182-184]、CycleGAN[185]、StarGAN[87]、CollaGAN[186]等。另外，现代深度生成模型尤其是 GAN，已经被大众媒体描述为可以从无到有生成任何东西的“魔法黑匣子”。因此，本章的主要目标之一是通过给出生成模型清晰易懂的几何图形，澄清公众对生成模型的误解。

具体来说，我们统一的几何观点（geometric view）从图 13.2 开始着手。图 13.2 中，背景图像空间是 X，可以从中根据真实数据分布μ采样。如果隐空间是 Z，则生成器 G 可以视为从隐空间到背景空间的映射 $G:Z\mapsto X$，通常采用参数为 θ 的深度网络来实现，即 $G:=G_\theta$。令 ζ 为隐空间上的固定分布，如均匀分布或者高斯分布。生成器 G_θ 将 ζ 前推（push-forward，后面还会进行解释）到背景空间 X 中的分布$\mu_\theta=G_{\theta\#}\zeta$。之后，生成模型训练的目标是使得$\mu_\theta$ 尽可能接近真实的数据分布μ。此外，对自编码生成模型，此时生成器作为解码器，还存在一个额外的编码器。确切地说，编码器 F 从样本空间映射到隐空间 $F:X\mapsto Z$，由ϕ参数化，即 $F=F_\phi$，使得编码器将μ前推到隐空间的分布 $\zeta_\phi=F_{\phi\#}\mu$。相应地，附加约束还是最小化 ζ_ϕ和 ζ 之间的距离。

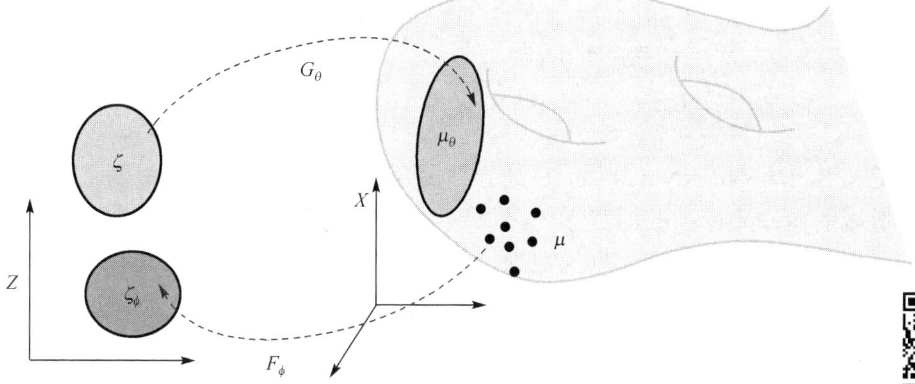

图 13.2 生成模型的几何学

利用这个统一的几何模型，我们可以证明不同类型的生成模型，如 VAE、β-VAE、GAN、OT、归一化流等，仅仅在μ_θ和μ之间或者 ζ_ϕ和 ζ 之间的距离选取上有所不同，以及在如何训练生成器和编码器以最小化距离方面有所变化。

本章的结构与描述生成模型的传统方法有些不同，我们并不是直接深入每个生成模型的特定细节，而是尝试先给出一个统一的理论观点，再把每个生成模型当成其中一个特例进行推导。具体来说，我们先简要介绍概率论、统计距离及最优传输理论（optimal transport theory）[182, 184]；基于这些工具，再详细讨论如何通过简单改变统计距离的选取来推导每个特定的算法。

13.2 数学基础

在本节中，我们假定读者熟悉基本的概率论和测度论[2]。有关概率空间的正式定义和测度论中相关术语更多的背景信息，可参见第 1 章。

定义 13.1（**前推测度**） 令(X, F, μ)为概率空间，Y为集合，$f: X \mapsto Y$为函数，那么μ通过f的前推是如下定义的概率测度$v: f(F) \mapsto [0,1]$：

$$v(S) = \mu(f^{-1}(S)) \tag{13.1}$$

通常用$v = f_{\#}\mu$表示。

作为一个重要的例子，一个随机变量$X: \Omega \mapsto M$从一组可能的结果Ω到一个可测空间M可以看成一个测度的前推。具体地说，在概率空间(Ω, F, μ)上，随机变量X在集合$S \subset M$上的概率测度v写成

$$v(S) := v(\{X \in S\}) = \mu(\{\omega \in \Omega | X(\omega) \in S\}) = \mu(X^{-1}(S)) \tag{13.2}$$

因此，我们可以将随机变量X视为将Ω上的测度μ前推到$\mathbb{R}$上的测度v。

例 13.1　前推测度（push-forward measure）

考虑例 1.1，现在引入一个实值随机变量（real-valued random variable）：

$$X(\omega) = \begin{cases} 1, & \omega = \mathrm{H} \\ 0, & \omega = \mathrm{T} \end{cases}$$

那么，前推测度$Q = X_{\#}P$由下式给出：

$$Q(\varnothing) = 0,\quad Q(\{1\}) = 0.5,\quad Q(\{0\}) = 0.5,\quad Q(\{0,1\}) = 1$$

下面定义 Radon–Nikodym 导数，它是一种用来推导连续域的概率密度函数或者严格设置下的离散域的概率质量函数的数学工具。这对推导统计距离，特别是散度很有帮助。为此，我们需要先了解绝对连续测度的概念。

定义 13.2（**绝对连续测度**） 设μ和v是Ω的任意事件集F上的两个测度，如果对任意可测集A，若$\mu(A) = 0$必有$v(A) = 0$，我们就说v关于μ是绝对连续的，记为$v \ll \mu$。

图 13.3（a）显示了v关于μ不是绝对连续的情况，而图 13.3（b）对应于$v \ll \mu$的情况。除作为 Radon–Nikodym 导数存在的先决条件外，绝对连续性（absolute continuity）也很重要，因为在设计一个特定的生成模型时可以用它来验证所采用的散度是否合适。

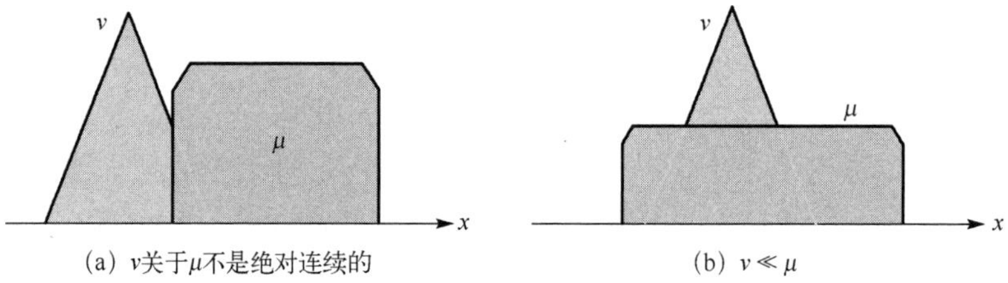

图 13.3　绝对连续测度示意

定理 13.1（**Radon–Nikodym 定理**） 设λ和v是Ω的任意事件集F上的两个测度，若$\lambda \ll v$，那么在Ω上存在一个非负可测函数g，使得

$$\lambda(A) = \int_A \mathrm{d}\lambda = \int_A g \mathrm{d}v, \quad A \in F \tag{13.3}$$

函数g称为 Radon–Nikodym 导数或λ关于v的密度，并且用$\dfrac{\mathrm{d}\lambda}{\mathrm{d}v}$表示。概率论中流行的

Radon–Nikodym 导数之一是下面讨论的概率密度函数或概率质量函数。Radon–Nikodym 导数也是将 f 散度定义为统计距离测度（statistical distance measure）的关键。

例 13.2 离散概率测度的 Radon–Nikodym 导数

令 $a_1 < a_2 < \cdots$ 为实数序列，p_n（$n = 1, 2, \cdots$）为正数序列，使得 $\sum_{n=1}^{\infty} p_n = 1$，那么

$$F(x) = \begin{cases} \sum_{i=1}^{n} p_i, & a_n \leqslant x < a_{n+1} \\ 0, & -\infty < x < a_1 \end{cases} \tag{13.4}$$

这通常称为离散累积分布函数（cumulative distribution function，cdf），并且在离散情况下它是逐渐增加的。相应的概率测度为

$$P(A) = \sum_{i:a_i \in A} p_i \tag{13.5}$$

设 v 为计数测度，则有

$$P(A) = \int_A f \mathrm{d}v = \sum_{a_i \in A} f(a_i) \tag{13.6}$$

通过检查式（13.5）和式（13.6），可以发现 Radon–Nikodym 导数由下式得到：

$$f(a_i) = p_i, \quad i = 1, 2, \cdots \tag{13.7}$$

这通常称为概率质量函数。

例 13.3 连续概率测度的 Radon–Nikodym 导数

回想一下，在连续域累积分布函数 F 定义为

$$F(x) = \int_{-\infty}^{x} f(y)\mathrm{d}y, \quad x \in \mathbb{R} \tag{13.8}$$

其中，$f(y)$是概率密度函数。那么对任意给定的区间 A，属于区间 A 的相应概率可以计算为

$$P(A) = \int_A f(y)\mathrm{d}y \tag{13.9}$$

因此，容易看出概率密度函数 f 是关于 Lebesgue 测度的 Radon–Nikodym 导数。

虽然 Radon–Nikodym 导数能够用来推导概率密度函数和概率质量函数，但它其实是一个更一般的概念，通常作为某个测度的积分运算。下面给出的变量替换公式（Change–of–Variable Formula）对评估关于前推测度的积分非常有帮助。

命题 13.1（变量替换公式） 令(X, F, μ)是一个概率空间，$f: X \mapsto Y$ 是一个函数，使得前推测度 v 定义为 $v = f_{\#}\mu$，那么有

$$\int_Y g \mathrm{d}v = \int_X g \circ f \mathrm{d}\mu \tag{13.10}$$

其中，$\circ$表示函数组合（function composition）。

13.3 统计距离

如前所述，概率空间中的距离是理解生成模型的关键概念之一。在统计学中，统计距离量化了两个统计对象之间的距离，统计对象可以是两个随机变量，也可以是两个概率分布或者样本。距离可以是单个样本点与总体的距离，也可以是更广泛的样本点之间的距离。

13.3.1 *f* 散度

在概率空间中，要定义一个度量不是不可能的，但通常会非常麻烦，因此一般采用松弛的度量形式。例如，满足定义 1.1 中的条件（1）和（2）的距离称为散度，并且常常用于统计学和机器学习。在机器学习中使用最广泛的散度形式之一是 f 散度（f–divergence）。

定义 13.3（f 散度） 令 μ 和 v 是空间 Ω 上的两个概率分布，使得 $\mu \ll v$，那么对满足 $f(1)=0$ 的凸函数 f，μ 与 v 之间的 f 散度定义为

$$D_f(\mu \| v) := \int_{\Omega} f\left(\frac{\mathrm{d}\mu}{\mathrm{d}v}\right)\mathrm{d}v \tag{13.11}$$

其中，$\dfrac{\mathrm{d}\mu}{\mathrm{d}v}$ 是关于 v 的 Radon–Nikodym 导数。

如果对 Ω 上的一个公测度（common measure）ξ，使得 $\mu \ll \xi$ 及 $v \ll \xi$，那么它们的概率密度 p 和 q 分别满足 $\mathrm{d}\mu = p\mathrm{d}\xi$ 和 $\mathrm{d}v = q\mathrm{d}\xi$。此时，$f$ 散度可以写成

$$D_f(P \| Q) := \int_{\Omega} f\left(\frac{p(x)}{q(x)}\right) q(x)\mathrm{d}\xi(x) \tag{13.12}$$

特别值得关注并且需小心处理的是条件 $\mu \ll v$。例如，如果 μ 是原始数据的测度，而 v 是生成数据的分布，那么首先应检查彼此之间的绝对连续性，以便选择正确的散度形式。

对离散的情况，当 $Q(x)$ 和 $P(x)$ 分别是各自的概率质量函数时，f 散度可以写为

$$D_f(P \| Q) := \sum_x Q(x) f\left(\frac{P(x)}{Q(x)}\right) \tag{13.13}$$

根据所选取的不同凸函数 f，我们可以获得关于 f 散度的各种各样的特例。下面给出一些具有代表性的特例。

1. Kullback–Leibler（KL）散度

KL 散度有时也称 KL 距离（KL distance），相应的生成器 f 由下式给出：

$$f(t) = t\log t$$

在离散情况下，KL 散度可以表示为

$$\begin{aligned} D_{\mathrm{KL}}(P \| Q) &= \sum_x Q(x)\frac{P(x)}{Q(x)}\log\frac{P(x)}{Q(x)} = \sum_x P(x)\log\frac{P(x)}{Q(x)} \\ &= -\sum_x (P(x)\log Q(x) - P(x)\log P(x)) = H(P,Q) - H(P) \end{aligned} \tag{13.14}$$

其中，$H(P)$是 P 的熵，$H(P, Q)$是 P 和 Q 的交叉熵，即

$$H(P) = -\sum_{x} P(x)\log P(x) \tag{13.15}$$

$$H(P,Q) = -\sum_{x} P(x)\log Q(x) \tag{13.16}$$

因此，KL 散度通常又称为相对熵（relative entropy）。

2. Jensen–Shannon（JS）散度

JS 散度对应于 f 散度具有如下生成器的特例：

$$f(t) = (t+1)\log\left(\frac{2}{t+1}\right) + t\log t$$

基于此，我们可以证明 JS 散度与 KL 散度密切相关：

$$D_{\text{JS}}(P\|Q) = \frac{1}{2}D_{\text{KL}}(P\|M) + \frac{1}{2}D_{\text{KL}}(Q\|M) \tag{13.17}$$

其中，$M = \frac{P+Q}{2}$。

需要注意的是，JS 散度与 KL 散度相比具有重要的优势。一方面，由于 $M = \frac{P+Q}{2}$，我们总能保证 $P \ll M$ 及 $Q \ll M$，因此 Radon–Nikodym 导数 $\frac{\mathrm{d}P}{\mathrm{d}M}$ 和 $\frac{\mathrm{d}Q}{\mathrm{d}M}$ 总是良定义的（well–defined），并且可以得到式（13.11）中的 f 散度。另一方面，要使用 KL 散度 $D_{\text{KL}}(P\|Q)$ 或 $D_{\text{KL}}(Q\|P)$，就应分别满足 $P \ll Q$ 或 $Q \ll P$，这在实践中很难事先获悉。

其他形式的 f 散度的生成器及定义如表 13.1 所示。稍后，我们将展示各种类型的 GAN 架构，这具体取决于生成器的选择。

表 13.1 f 散度的生成器及定义

散度名称	生成器 $f(u)$	凸共轭 $f^*(t)$	f^*定义域	$g_f(v)$	$f^*(g_f(v))$
KL	$u\log u$	$\exp(t-1)$	$\mathbb{R}$	v	$\exp(v-1)$
逆 KL	$-\log u$	$-1-\exp(-t)$	$\mathbb{R}_-$	$-\exp(-v)$	$-1+v$
Pearson χ^2	$(u-1)^2$	$\frac{1}{4}t^2+t$	$\mathbb{R}$	v	$\frac{1}{4}v^2+v$
平方 Hellinger	$(\sqrt{u}-1)^2$	$\frac{t}{1-t}$	$t<1$	$1-\exp(-v)$	$\exp(v)-1$
JS	$(u+1)\log\frac{2}{u+1}+u\log u$	$-\log(2-\exp(t))$	$t<\log(2)$	$\log(2)-\log(1+\exp(-v))$	$-\log(2)-\log\left(1-\frac{1}{1+\exp(-v)}\right)$
GAN	$(u+1)\log\frac{1}{u+1}+u\log u$	$-\log(1-\exp(t))$	$\mathbb{R}_-$	$-\log(1+\exp(-v))$	$-\log\left(1-\frac{1}{1+\exp(-v)}\right)$

13.3.2 Wasserstein 度量

与 f 散度不同的是，Wasserstein 度量（Wasserstein metric）满足定义 1.1 中关于一个度

量的全部 4 个条件，因此成为一种在概率空间中测量距离的有效方式。例如，为定义一个 f 散度，我们需要始终检查两个概率分布之间的绝对连续性，这在实践中很难做到，而在 Wasserstein 度量下就不需要如此麻烦。

令(M, d)为具有度量 d 的度量空间，对 $p \geqslant 1$，$P_p(M)$表示 M 上具有有限 p 阶矩的所有概率测度μ的集合，那么 $P_p(M)$中的两个概率测度μ和 v 之间的 p-Wasserstein 距离（p–th Wasserstein distance）定义为

$$W_p(\mu,v):=\left(\inf_{\pi\in\Pi(\mu,v)}\int_{M\times M}d(x,y)^p\,\mathrm{d}\pi(x,y)\right)^{\frac{1}{p}} \tag{13.18}$$

$$=\left(\inf_{\pi\in\Pi(\mu,v)}E_\pi[d(X,Y)^p]\right)^{\frac{1}{p}} \tag{13.19}$$

其中，$\Pi(\mu,v)$表示 $M\times M$ 上所有测度的集合，边际分布μ和 v 分别在第一因子和第二因子上，X,Y 是具有联合分布（joint distribution）π 的随机向量，$E_\pi[\cdot,\cdot]$是关于联合测度（joint measure）π 的数学期望，定义为

$$E_\pi[f(X,Y)]=\int_{M\times M}f(x,y)\mathrm{d}\pi(x,y) \tag{13.20}$$

当 $p=1$ 时，p-Wasserstein 距离通常又称为“推土机距离”（earth–mover distance）或 1–Wasserstein 度量（Wasserstein-1 metric）。下面介绍几个例子，可以获得式（13.18）中的 Wasserstein 距离的闭式解。

例 13.4　一维情形

令μ和 v 分别表示具有累积分布函数 F 和 G 的一维概率测度，那么有

$$W_p(\mu,v)=\left(\int_0^1\left|F^{-1}(z)-G^{-1}(z)\right|^p\mathrm{d}z\right)^{\frac{1}{p}} \tag{13.21}$$

例 13.5　正态分布

如果$\boldsymbol{\mu}\sim N(\boldsymbol{m}_1,\boldsymbol{\Sigma}_1)$和 $v\sim N(\boldsymbol{m}_2,\boldsymbol{\Sigma}_2)$是两个正态分布，那么有

$$W_2(\boldsymbol{\mu},v)=\|\boldsymbol{m}_1-\boldsymbol{m}_2\|^2+B^2(\boldsymbol{\Sigma}_1,\boldsymbol{\Sigma}_2) \tag{13.22}$$

其中，

$$B^2(\boldsymbol{\Sigma}_1,\boldsymbol{\Sigma}_2)=\mathrm{Tr}(\boldsymbol{\Sigma}_1)+\mathrm{Tr}(\boldsymbol{\Sigma}_2)-2\mathrm{Tr}\left[\left(\boldsymbol{\Sigma}_1^{\frac{1}{2}}\boldsymbol{\Sigma}_2\boldsymbol{\Sigma}_1^{\frac{1}{2}}\right)^{\frac{1}{2}}\right] \tag{13.23}$$

其中，$\mathrm{Tr}(\cdot)$表示矩阵的迹。

一般来说，直接计算式（13.18）中的距离通常很困难。接下来将要介绍的内容表明，存在一种更容易处理的方式，即通过对偶公式计算 Wasserstein 度量。实际上，这就引出了最优传输理论[182, 184]。

13.4 最优传输

13.4.1 Monge 原始公式

最优传输提供了一种在两个概率测度之间进行操作的数学方法[182, 184]。形式上，称映射 $T: X \mapsto Y$ 将概率测度 $\mu \in P(X)$ 传输到另一个测度 $v \in P(Y)$，若对所有的 v–可测集 B，满足

$$v(B) = \mu(T^{-1}(B)) \tag{13.24}$$

这只是测度的前推，即 $v = T_{\#}\mu$。图 13.4 给出了从一个分布（测度）μ 到另一个测度 v 的最优传输的示例。

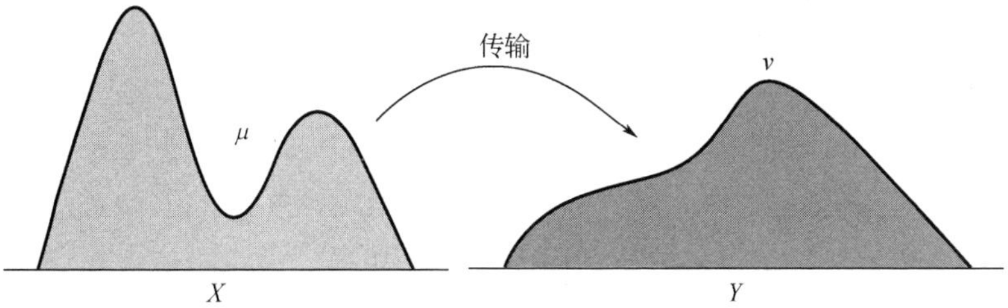

图 13.4 从一个分布（测度）μ 到另一个测度 v 的最优传输的示例

设有一个代价函数 $c: X \times Y \to \mathbb{R} \cup \{\infty\}$，使得 $c(x, y)$ 表示将一个单位质量从 $x \in X$ 移动到 $y \in Y$ 的代价。Monge 的原始最优传输问题[182, 184]就是要寻找一个传输映射（transport map）T，使得能够以最小的总传输代价（total transportation cost）将概率测度 μ 前推为 v：

$$\begin{aligned} &\min_T M(T) := \int_X c(x, T(x)) \mathrm{d}\mu(x) \\ &\text{s.t.} \quad v = T_{\#}\mu \end{aligned} \tag{13.25}$$

非线性的前推约束 $v = T_{\#}\mu$ 很难处理，有时还会因为分配了不可拆分的质量（indivisible mass）而导致无效的 T[182, 184]。

下面介绍几个例子，可以获得最优传输映射的闭式解。

例 13.6 一维情形

利用变量 $x = F^{-1}(z)$ 的变化，式（13.21）中的 p –Wasserstein 度量可以表示为

$$\begin{aligned} W_p(\mu, v) &= \left(\int_0^1 \left| F^{-1}(z) - G^{-1}(z) \right|^p \mathrm{d}z \right)^{\frac{1}{p}} \\ &= \left(\int_{\mathbb{R}} \left| x - G^{-1}(F(x)) \right|^p \mathrm{d}F(x) \right)^{\frac{1}{p}} \end{aligned} \tag{13.26}$$

因此，对给定的传输代价 $c(x, y) = |x - y|^p$，Monge 最优传输映射由下式给出：

$$T(x) = G^{-1}(F(x))$$

例 13.7　正态分布

如果$\boldsymbol{\mu} \sim N(\boldsymbol{m}_1, \boldsymbol{\Sigma}_1)$和$\boldsymbol{v} \sim N(\boldsymbol{m}_2, \boldsymbol{\Sigma}_2)$是两个正态分布，那么最优传输映射$T_{\#}\boldsymbol{\mu} = \boldsymbol{v}$满足

$$T: \boldsymbol{x} \mapsto \boldsymbol{m}_2 + \boldsymbol{A}(\boldsymbol{x} - \boldsymbol{m}_1) \tag{13.27}$$

其中，

$$\boldsymbol{A} = \boldsymbol{\Sigma}_1^{-\frac{1}{2}} \left(\boldsymbol{\Sigma}_1^{\frac{1}{2}} \boldsymbol{\Sigma}_2 \boldsymbol{\Sigma}_1^{\frac{1}{2}} \right)^{\frac{1}{2}} \boldsymbol{\Sigma}_1^{-\frac{1}{2}} \tag{13.28}$$

特别地，如果$\boldsymbol{\Sigma}_1 = \sigma_1 \boldsymbol{I}$和$\boldsymbol{\Sigma}_2 = \sigma_2 \boldsymbol{I}$，那么最优传输映射为

$$T: \boldsymbol{x} \mapsto \boldsymbol{m}_2 + \frac{\sigma_2}{\sigma_1}(\boldsymbol{x} - \boldsymbol{m}_1) \tag{13.29}$$

13.4.2　Kantorovich 公式

Kantorovich 将原始的最优传输问题松弛为概率传输问题，即允许从一个源向多个目标进行质量拆分（mass splitting）[182, 184]。具体来说，Kantorovich 引入了联合测度$\pi \in P(X \times Y)$，使对所有的可测集$A \in X$和$B \in Y$，原问题可以松弛为

$$\begin{aligned} \min_{\pi} \quad & \int_{X \times Y} c(x, y) \mathrm{d}\pi(x, y) \\ \text{s.t.} \quad & \pi(A \times Y) = \mu(A),\ \pi(X \times B) = v(B) \end{aligned} \tag{13.30}$$

其中，最后两个约束来自这样一个观察，即从任意可测集中移除的总质量必须等于边际分布（marginal distributions）[182, 184]。

Kantorovich 公式的另一个重要优势是对偶公式，如以下定理所述。

定理 13.2（Kantorovich 对偶定理[182]）　令(X, μ)和(Y, v)是两个概率空间，$c: X \times Y \to \mathbb{R}$是一个连续的代价函数，使得对$c_X \in L^1(\mu)$和$c_Y \in L^1(v)$有$|c(x, y)| \leqslant c_X(x) + c_Y(y)$，其中$L^1(\mu)$表示一个 Lebesgue 空间，其积分函数具有测度μ。那么，存在如下对偶：

$$\min_{\pi \in \Pi(\mu, v)} \int_{X \times Y} c(x, y) \mathrm{d}\pi(x, y) = \sup_{\varphi \in L^1(\mu)} \left\{ \int_X \varphi(x) \mathrm{d}\mu(x) + \int_Y \varphi^c(y) \mathrm{d}v(y) \right\} \tag{13.31}$$

$$= \sup_{\psi \in L^1(\mu)} \left\{ \int_X \psi^c(x) \mathrm{d}\mu(x) + \int_Y \psi(y) \mathrm{d}v(y) \right\} \tag{13.32}$$

其中，

$$\Pi(\mu, v) := \{ \pi \mid \pi(A \times Y) = \mu(A),\ \pi(X \times B) = v(B) \} \tag{13.33}$$

并且上述极大值取自于 Kantorovich 势（Kantorovich potential）φ和ψ，其对应的c变换（c–transform）分别定义为

$$\varphi^c(y) := \inf_x \{ c(x, y) - \varphi(x) \} \tag{13.34}$$

$$\psi^c(x) := \inf_y \{ c(x, y) - \psi(y) \} \tag{13.35}$$

在 Kantorovich 对偶公式中，c 变换 φ^c 的计算很关键。下面给出几个重要的例子。

例 13.8　$c(x,y)=\|x-y\|$ **的情形**

对任意的 1–Lipschitz 函数 φ，如果 $c(x,y)=\|x-y\|$，则有 $\varphi^c=-\varphi$。

证明：根据 c 变换的定义有

$$\varphi^c(y)=\inf_x\{\|x-y\|-\varphi(x)\}\leqslant-\varphi(y)$$

其中，最后一个不等式通过令 $x=y$ 得到。而且有

$$\varphi^c(y)=\inf_x\{\|x-y\|-\varphi(x)\}\geqslant\inf_x\{\|x-y\|-\|x-y\|-\varphi(y)\}=-\varphi(y)$$

通过利用 φ 的 1–Lipschitz 行为（1–Lipschitz behavior），有 $\varphi^c=-\varphi$。证毕！　□

例 13.9　$c(x,y)=\frac{1}{2}\|x-y\|^2$ **的情形**

对给定的传输代价 $c(x,y)=\frac{1}{2}\|x-y\|^2$，有

$$\varphi^c(x)=\frac{x^2}{2}-\left(\frac{x^2}{2}-\varphi(x)\right)^*$$

其中，$(\cdot)^*$ 表示凸共轭。

证明：根据 c 变换的定义有

$$\varphi^c(y)=\inf_x\frac{1}{2}\|x-y\|^2-\varphi(x)=\inf_x\frac{x^2}{2}+\frac{y^2}{2}-\langle x,y\rangle-\varphi(x)$$

从而有

$$\frac{y^2}{2}-\varphi^c(y)=\sup_x\langle x,y\rangle-\left(\frac{x^2}{2}-\varphi(x)\right)=\left(\frac{y^2}{2}-\varphi(y)\right)^*$$

由此可得

$$\varphi^c(x)=\frac{x^2}{2}-\left(\frac{x^2}{2}-4(x)\right)^*$$

证毕！　□

特别地，当 $c(x,y)=\|x-y\|$ 时，可以将 φ 可能的候选者简化为 1–Lipschitz 函数，从而能够将 φ^c 简化为 $-\varphi$ [182]。在此基础上，1–Wasserstein 范数可以表示为

$$W_1(\mu,\nu):=\min_{\pi\in\Pi(\mu,\nu)}\int_{X\times X}\|x-y\|\mathrm{d}\pi(x,y) \tag{13.36}$$

$$=\sup_{\varphi\in\mathrm{Lip}_1(X)}\left\{\int_X\varphi(x)\mathrm{d}\mu(x)-\int_X\varphi(y)\mathrm{d}\nu(y)\right\} \tag{13.37}$$

其中，$\mathrm{Lip}_1(X)=\left\{\varphi\in L^1(\mu):|\varphi(x)-\varphi(y)|\leqslant\|x-y\|\right\}$。

与需要计算关于联合测度的积分的原始形式（13.36）相比，式（13.37）中的对偶

公式只需处理边际分布μ和 v，也就是可以使计算更加容易处理，这就是为什么对偶形式被广泛应用于生成模型。

13.4.3 熵正则化

求解最优传输问题的另一种计算可行的方式是采用 Sinkhorn 距离[183]，其主要思想不是求解对偶问题，而是采用关于联合分布 π 的熵正则化（entropy regularization），以便通过求解正则化的原问题来找到最优传输映射。正如在论文 *Sinkhorn distances: Lightspeed Computation of Optimal Transport*[183]标题指出的，熵正则化的引入使优化问题计算更加有效。

尽管原始公式是针对离散测度的，这里采用与之前相似的概念给出 Sinkhorn 距离的一个连续公式。具体地说，连续域熵正则化最优传输可以描述为[187]

$$\inf_{\pi\in\Pi(\mu,v),\pi>0}\int_{X\times Y}c(x,y)\mathrm{d}\pi(x,y)+\gamma\int_{X\times Y}\pi(x,y)\big(\log\pi(x,y)-1\big)\mathrm{d}(x,y) \tag{13.38}$$

其中，$\Pi(\mu,v)$代表边际分布分别为$\mu(x)$和 $v(y)$的联合分布的集合。下面的命题表明关联的对偶问题有一个非常有趣的公式。

命题 13.2 式（13.38）中原问题的对偶问题由下式给出：

$$\sup_{\phi,\varphi}\int_X\phi(x)\mathrm{d}\mu(x)+\int_Y\varphi(y)\mathrm{d}v(y)-\gamma\int_{X\times Y}\exp\left(\frac{-c(x,y)+\phi(x)+\varphi(y)}{\gamma}\right)\mathrm{d}(x,y) \tag{13.39}$$

证明：根据第 1 章的凸共轭公式可知，当 $x>0$ 时 e^x 是 $x\log x-x$ 的凸共轭，因此有

$$\begin{aligned}&\sup_{\phi,\varphi}\int_X\phi\mathrm{d}\mu+\int_Y\varphi\mathrm{d}v-\gamma\int_{X\times Y}\exp\left(\frac{-c+\phi+\varphi}{\gamma}\right)\mathrm{d}(x,y)\\&=\sup_{\phi,\varphi}\int_X\phi\mathrm{d}\mu+\int_Y\varphi\mathrm{d}v+\int_{X\times Y}\inf_{\pi>0}\mathrm{d}\pi(c-\phi-\varphi)+\gamma(\pi\log\pi-\pi)\mathrm{d}(x,y)\\&=\inf_{\pi>0}\int_{X\times Y}c\pi+\gamma\pi(\log\pi-1)\mathrm{d}(x,y)+\inf_{\pi>0}\sup_{\phi,\varphi}\int_X\phi\mathrm{d}\mu-\int_{X\times Y}\phi\mathrm{d}\pi+\int_Y\varphi\mathrm{d}\mu-\int_{X\times Y}\varphi\mathrm{d}\pi\end{aligned}$$

在 $\pi\in\Pi(\mu,v)$ 约束下最后四项可以消掉，因此有

$$\begin{aligned}&\sup_{\phi,\varphi}\int_X\phi(x)\mathrm{d}\mu(x)+\int_Y\varphi(y)\mathrm{d}v(y)-\gamma\int_{X\times Y}\exp\left(\frac{-c(x,y)+\phi(x)+\varphi(y)}{\gamma}\right)\mathrm{d}(x,y)\\&=\inf_{\pi\in\Pi(\mu,v),\pi>0}\int_{X\times Y}c(x,y)\mathrm{d}\pi(x,y)+\gamma\int_{X\times Y}\pi(x,y)(\log\pi(x,y)-1)\mathrm{d}(x,y)\end{aligned}$$

证毕！ □

通过式（13.39）所示的对偶问题的变量替换（change of variables）可以得到 Sinkhorn 距离公式。具体来说，对 $\phi,\varphi>0$，考虑以下变量替换：

$$\alpha(x)=\exp\left(\frac{1}{\gamma}\phi(x)\right),\quad \beta(y)=\exp\left(\frac{1}{\gamma}\varphi(y)\right) \tag{13.40}$$

从而有

$$\sup_{\alpha,\beta}\gamma\int_X\log\alpha(x)\mathrm{d}\mu(x)+\gamma\int_Y\log\beta(y)\mathrm{d}v(y)-\gamma\int_{X\times Y}\alpha(x)\exp\left(-\frac{c(x,y)}{\gamma}\right)\beta(y)\mathrm{d}(x,y) \tag{13.41}$$

采用变分法（variational calculus），对给定的扰动$\alpha \to \alpha + \varepsilon\,\delta\alpha$，一阶变分由下式给出：

$$\int_X \frac{\delta\alpha(x)}{\alpha(x)}\frac{\mathrm{d}\mu(x)}{\mathrm{d}x}\mathrm{d}x - \int_X \delta\alpha(x)\int_Y \exp\left(-\frac{c(x,y)}{\gamma}\right)\beta(y)\mathrm{d}y\mathrm{d}x \tag{13.42}$$

$$= \int_X \delta\alpha(x)\left(\frac{1}{\alpha(x)}\frac{\mathrm{d}\mu}{\mathrm{d}x}(x) - \int_Y \exp\left(-\frac{c(x,y)}{\gamma}\right)\beta(y)\mathrm{d}y\right)\mathrm{d}x = 0 \tag{13.43}$$

从而有

$$\alpha(x) = \frac{\frac{\mathrm{d}\mu}{\mathrm{d}x}(x)}{\int_Y \exp\left(-\frac{c(x,y)}{\gamma}\right)\beta(y)\mathrm{d}y} \tag{13.44}$$

同理可得

$$\beta(y) = \frac{\frac{\mathrm{d}\nu}{\mathrm{d}y}(y)}{\int_X \exp\left(-\frac{c(x,y)}{\gamma}\right)\alpha(x)\mathrm{d}x} \tag{13.45}$$

实际上，更新规则式（13.44）和式（13.45）正是 Sinkhorn 不动点迭代（fixed point iteration）的主要迭代式[183]。

13.5　生成对抗网络

介绍了相关的数学背景知识后，现在可以开始讨论生成模型的具体形式，并解释如何在统一的理论框架下推导出它们。本节主要描述解码器型（decoder-type）的生成模型，简称生成模型。稍后，我们将解释如何将这种分析扩展到自编码器型（autoencoder-type）的生成模型。

13.5.1　GAN 的最初形式

GAN[88]的原始形式受到成功应用于分类问题的判别模型（discriminative model）的启发。特别地，Goodfellow 等人[88]将生成模型训练描述为生成网络（生成器）之间的极小极大博弈（minimax game），生成网络（生成器）将一个随机隐向量（random latent vector）映射到背景空间中的数据，而判别网络则试图将生成的样本（generated samples）与真实样本（real samples）区分开。令人惊讶的是，深度生成模型的这种极小极大形式可以将深度判别模型的成功转移到生成模型上，从而显著提高了生成模型的性能[88]。事实上，GAN 的成功引发了人们对一般生成模型的极大兴趣，随之而来的是众多突破性的想法。

在从统一的框架解释 GAN 的几何结构及其变体之前，我们简要给出 GAN 的原始解释，因为它对公众来说更直观。令 X,Z 分别表示具有测度μ和 ζ 的背景空间及隐空间（如图 13.2 中的几何图形），那么 GAN 的原始形式是求解如下极小极大博弈问题：

$$\min_G \max_D l_{\text{GAN}}(D,G) \tag{13.46}$$

其中，

$$l_{\text{GAN}}(D,G) := E_\mu[\log D(\boldsymbol{x})] + E_\xi[\log(1 - D(G(\boldsymbol{z})))]$$

其中，$D(x)$是将样本作为输入并输出[0, 1]之间的标量的判别器，$G(\boldsymbol{z})$是将隐向量 $\boldsymbol{z}$ 映射到背景空间中的向量的生成器，并且

$$E_\mu[\log D(x)] = \int_X \log D(x)\mathrm{d}\mu(x)$$

$$E_\xi[\log(1 - D(G(\boldsymbol{z})))] = \int_Z \log(1 - D(G(z)))\mathrm{d}\xi(z)$$

式（13.46）的含义是，生成器试图去欺骗判别器，与此同时，判别器则要最大化区分真实样本与生成的样本的能力。在 GAN 中，判别器和生成器通常分别采用网络参数 ϕ 和 θ 参数化的深度网络实现，也就是 $D(x) := D_\phi(x)$，$D(z) := D_\theta(z)$。因此，式（13.46）可以表述为关于 ϕ 和 θ 的极小极大问题（minmax problem）。

图 13.5 展示了在原始论文[88]中给出的一些由 GAN 的这种极小极大优化生成的样本示例。其中，右边的列显示了相邻样本的最近训练示例，以便证明模型并没有记住训练集。这些图像显示了模型分布的真实样本，而不是隐藏单元给定的样本的条件均值（conditional means）。按照现在的评判标准，生成的结果看起来视觉效果很差，但是这些结果在 2014 年发布时震惊了全世界，被认为是当时最先进的技术，从中我们再次感受到了生成模型技术的飞速进步。

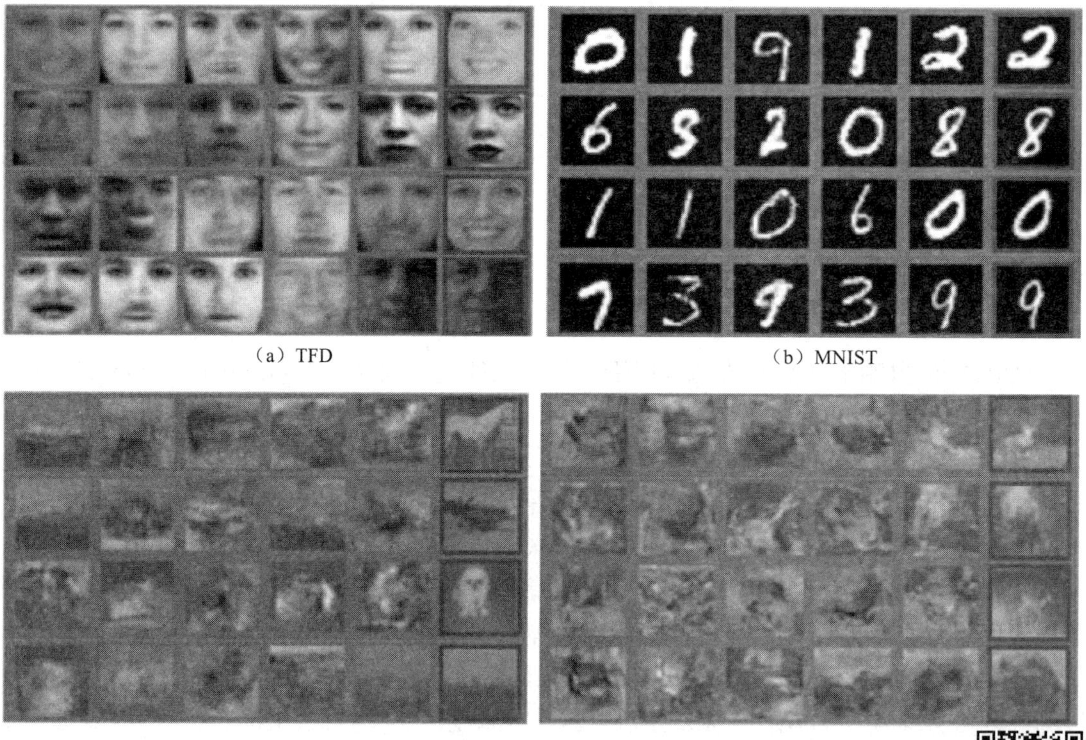

（a）TFD　　（b）MNIST

（c）CIFAR-10（全连接模型）　　（d）CIFAR-10

图 13.5　GAN 生成的样本示例[88]

自从 GAN 首次发表以来，关于 GAN 的一个令人费解的问题是极小极大问题的数学起源，以及为什么它如此重要。事实上，致力于如何理解这类问题是非常有益的，并且导致了许多关键结果的发现，这些结果对理解 GAN 的几何结构至关重要。

其中，两个最值得关注的结果是 *f*–GAN[176]和 Wasserstein GAN（W–GAN）[177]，将在下一节介绍。这些工作表明，GAN 确实起源于利用对偶公式最小化统计距离。这两种方法的区别仅仅在于它们选取的统计距离和关联的对偶公式不同。

13.5.2　*f*–GAN

f–GAN[176]可能是 GAN 早期历史上最重要的理论成果之一，它清楚地展示了统计距离和对偶公式的重要性。顾名思义，*f*–GAN 是以 f 散度开始的。

回忆一下，如果$\mu \ll v$，则 f 散度定义为

$$D_f(\mu \| v) = \int_{\Omega} f\left(\frac{\mathrm{d}\mu}{\mathrm{d}v}\right)\mathrm{d}v \tag{13.47}$$

f–GAN（包括原始 GAN）的主要思想是，利用 f 散度作为测度为μ的真实数据分布 X 与测度为 $v := \mu_\theta$ 的背景空间 X 中的合成数据分布之间的统计距离，以便使得概率测度 v 尽可能地接近μ（如图 13.2 所示，为了符号的简单性，现在将μ_θ 视为 v）。关键的观察结果是，如果我们采用它的对偶问题而不是直接最小化 f 散度，就会出现一些非常有趣的现象。具体地说，作者利用了 f 散度[176]的如下对偶公式，为便于读者理解下面将重复他们的证明。先回想凸共轭的如下定义（更多细节参见第 1 章）。

定义 13.4[6]　对给定的函数 $f: I \mapsto \mathbb{R}$，它的凸共轭定义为

$$f^*(u) = \sup_{\tau \in I}\{u\tau - f(\tau)\} \tag{13.48}$$

如果 f 是一个凸函数并且 $f^*: I^* \mapsto \mathbb{R}$，则其凸共轭的凸共轭就是函数本身，即

$$f(u) = f^{**}(u) = \sup_{\tau \in I^*}\{u\tau - f^*(\tau)\} \tag{13.49}$$

这就是在如下引理中需要用到的一个性质。

引理 13.1[176]　令$\mu \ll v$，那么对从 X 到 $\mathbb{R}$ 映射的任意一类函数 τ，它的下界（lower bound）满足

$$D_f(\mu \| v) \geqslant \sup_{\tau \in I^*} \int_X \tau(x)\mathrm{d}\mu(x) - \int_X f^*(\tau(x))\mathrm{d}v(x) \tag{13.50}$$

其中，$f^*: I^* \mapsto \mathbb{R}$ 是 f 的凸共轭。

证明：证明过程其实就是凸共轭的简单推论。具体地说，有

$$\begin{aligned}
D_f(\mu \| v) &= \int_X f\left(\frac{\mathrm{d}\mu}{\mathrm{d}v}\right)\mathrm{d}v = \int_X \sup_{\tau \in I^*}\left\{\tau\frac{\mathrm{d}\mu}{\mathrm{d}v} - f^*(\tau)\right\}\mathrm{d}v \\
&\geqslant \sup_{\tau \in I^*}\int_X \left\{\tau\frac{\mathrm{d}\mu}{\mathrm{d}v} - f^*(\tau)\right\}\mathrm{d}v \\
&= \sup_{\tau \in I^*}\int_X \tau\mathrm{d}\mu - f^*(\tau)\mathrm{d}v \\
&= \sup_{\tau \in I^*}\int_X \tau(x)\mathrm{d}\mu(x) - \int_X f^*(\tau(x))\mathrm{d}v(x)
\end{aligned}$$

证毕！ □

式（13.50）中的下界是紧的，并且在满足下列条件时达到

$$\tau = f'\left(\frac{d\mu}{d\nu}\right) = f'\left(\frac{p(x)}{q(x)}\right) \tag{13.51}$$

对公测度 ξ，当 $d\mu = pd\xi$ 及 $d\nu = qd\xi$ 时，最后一个等式成立[176]。

尽管式（13.50）给出的下界直观易懂，但是在推导 f-GAN 的过程中的一个麻烦是函数 τ 应该在 f^*的定义域内，即 $\tau \in I^*$。为了解决这个问题，作者采用了如下技巧[176]：

$$\tau(x) = g_f(V(x)) \tag{13.52}$$

其中，$V: X \mapsto \mathbb{R}$ 对输出范围没有任何限制，$g_f: \mathbb{R} \mapsto I^*$ 是一个输出激活函数（output activation function），它将输出映射到 f^* 的定义域。因此，f-GAN 可以表述如下：

$$\min_G \max_{g_f} l_{\text{fGAN}}(G, g_f) \tag{13.53}$$

其中，

$$l_{\text{fGAN}}(G, g_f) := E_\mu[g_f(V(x))] - E_\xi[f^*(g_f(V(G(z))))]$$

例如，如果采用

$$f(t) = -(t+1)\log(t+1) + t\log t$$

那么它的凸共轭由下式给出：

$$f^*(u) = \sup_{t \in \mathbb{R}_+}\{ut + (t+1)\log(t+1) - t\log t\} = -\log(1 - e^u)$$

为了使得 $1 - e^u > 0$，共轭函数 f^*的定义域应该是 $\mathbb{R}_-$。满足该条件的函数之一 g_f 由下式给出：

$$g_f(V) = \log\left(\frac{1}{1+e^{-V}}\right) = \log \mathrm{Sig}(V)$$

其中，$\mathrm{Sig}(\cdot)$是 sigmoid 函数。因此，有

$$f^*(g_f(V)) = -\log(1 - \exp(\log \mathrm{Sig}(V))) = -\log(1 - \mathrm{Sig}(V))$$

如果利用 sigmoid 函数作为神经网络最后一层的判别器，则 $D(x) = \mathrm{Sig}(V(x))$，这就导致如下 f-GAN 代价函数：

$$\begin{aligned}
&\sup_{\tau \in I^*} \int_X \tau(x)d\mu(x) - \int_X f^*(\tau(x))d\nu(x) \\
&= \sup_{g_f, V} \int_X g_f(V(x))d\mu(x) - \int_X f^*(g_f(V(x)))d\nu(x) \\
&= \sup_D \int_X \log D(x)d\mu(x) + \int_X \log(1 - D(x))d\nu(x)
\end{aligned}$$

测度 ν 是来自测度为 ζ 的隐空间 Z、由生成器 $G(z)$（$z \in Z$）生成的样本，因此 ν 是前推测度 $G_\#\zeta$（见图 13.2）。利用命题 13.1 中的变量替换公式，最终的损失函数由下式给出：

$$l(D, G) := \sup_D \int_X \log D(x)d\mu(x) + \int_Z \log(1 - D(G(z)))d\xi(x)$$

这就等价于原始的 GAN 代价函数。

通过改变生成器 f，我们现在可以获得各种不同类型的 GAN 变体。表 13.1 总结了不同形式的 f–GAN。

13.5.3 Wasserstein GAN

需要注意的是，f–GAN 将 GAN 训练解释为在对偶公式形式下的统计距离最小化。然而，它的主要局限性在于 f 散度并不是一个度量，因此限制了基本性能。

W–GAN 采用了类似的最小化思想，但它在概率空间中具有实度量（real metric）。具体地说，W–GAN 最小化如下 1–Wasserstein 范数：

$$W_1(P,Q) := \min_{\pi\in\Pi(\mu,\nu)} \int_{X\times X} \|x-x'\| \mathrm{d}\pi(x,x') \tag{13.54}$$

其中，X 是背景空间，μ和 ν 分别是真实数据和生成数据的测度，$\pi(x, x')$是分别具有边际分布μ和 ν 的联合分布（回忆式（13.33）中 $\Pi(\mu,\nu)$ 的定义）。

与 f–GAN 类似，W–GAN 并不是直接求解复杂的原问题，而是求解它的对偶问题。回想一下，Kantorivich 对偶公式导致 1–Wasserstein 范数具有如下对偶公式：

$$W_1(\mu,\nu) = \sup_{\varphi\in \mathrm{Lip}_1(X)} \left\{ \int_X \varphi(x)\mathrm{d}\mu(x) - \int_X \varphi(x')\mathrm{d}\nu(x') \right\} \tag{13.55}$$

其中，$\mathrm{Lip}_1(X)$表示具有定义域 X 的 1–Lipschitz 函数空间。同样，测度 ν 针对的是来自测度为 ζ 的隐空间 Z、由生成器 $G(z)$（$z\in Z$）生成的样本，因此 ν 可以视为前推测度 $\nu = G_{\#}\mu$。利用命题 13.1 中的变量替换公式，最终的损失函数由下式给出：

$$W_1(\mu,\nu) = \sup_{\varphi\in \mathrm{Lip}_1(X)} \left\{ \int_X \varphi(x)\mathrm{d}\mu(x) - \int_Z \varphi(G(z))\mathrm{d}\xi(z) \right\} \tag{13.56}$$

因此，可以将 1–Wasserstein 范数最小化问题等价地表示为如下极小极大形式：

$$\min_{\nu} W_1(\mu,\nu) = \min_{G} \max_{\varphi\in \mathrm{Lip}_1(X)} \left\{ \int_X \varphi(x)\mathrm{d}\mu(x) - \int_Z \varphi(G(z))\mathrm{d}\xi(z) \right\}$$

其中，$G(z)$称为生成器，而 Kantorovich 势φ称为判别器。

因此，在 W–GAN[177]中有必要对判别器施加 1–Lipschitz 条件。有很多方法可以解决这个问题，例如，在最初的 W–GAN 论文[177]中采用了权重剪枝（weight clipping）来施加 1–Lipschitz 条件；还可以使用谱归一化（spectral normalization）[188]，它利用幂迭代法（power iteration method）对各层中的权重矩阵的最大奇异值施加约束。还有一种流行的方法是带梯度惩罚的 W–GAN（W–GAN with the gradient penalty，WGAN–GP）[189]，其中 Kantorovich 势的梯度被限制为 1。具体来说，对极小极大问题采用如下修改后的损失函数：

$$l_{\text{W-GAN}}(G;\varphi) = \left(\int_X \varphi(x)\mathrm{d}\mu(x) - \int_Z \varphi(G(z))\mathrm{d}\xi(z) \right) - \eta \int_X \left(\|\nabla_{\tilde{x}}\varphi(x)\|_2 - 1 \right)^2 \mathrm{d}\mu(x) \tag{13.57}$$

其中，$\eta > 0$ 是对判别器施加了一个 1–Lipschitz 性质的正则化参数，并且 $\tilde{x} = \alpha x + (1-\alpha)G(z)$，$\alpha$是一个取值范围为[0, 1]的均匀分布（uniform distribution）的随机变量[189]。

13.5.4 StyleGAN

如前所述，在 2019 年召开的 IEEE 国际计算机视觉与模式识别会议上，最引人注目的工作之一是 Nvidia[89]提出的称为 StyleGAN 的新型 GAN，它能够生成非常逼真的高分辨率图像。

除采用各种复杂的技巧外，StyleGAN 还从理论角度进行了重要创新。例如，StyleGAN 的主要突破之一在于提出了 AdaIN。如图 13.6 所示，神经网络首先生成作为风格图像特征向量的隐编码，然后 AdaIN 层将风格特征和内容特征结合在一起，以便生成各种分辨率下更加逼真的特征。

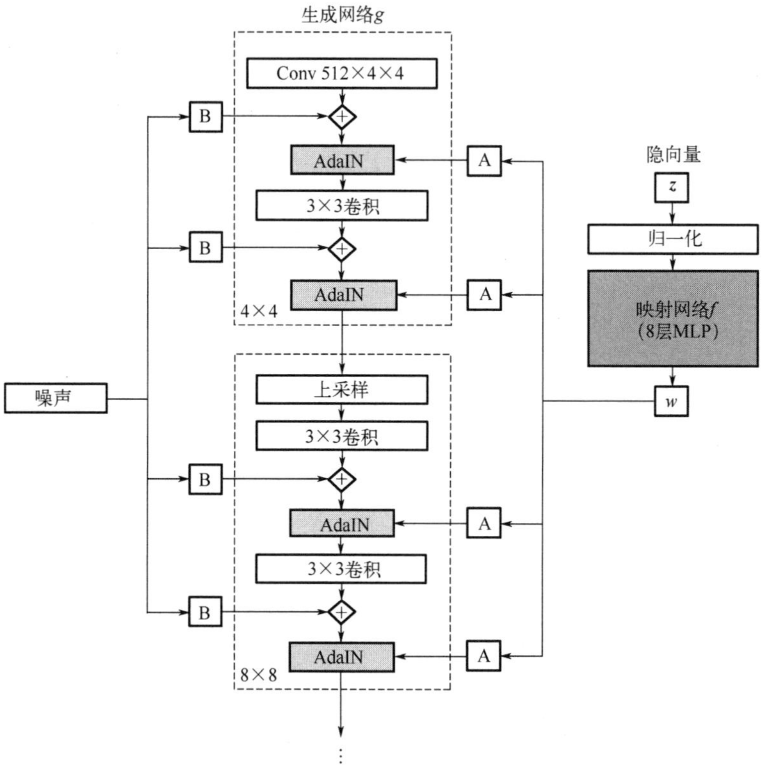

图 13.6　StyleGAN 网络架构

另一个突破性的想法是 StyleGAN 将噪声引入每一层以便产生随机变化，如图 13.6 所示。回想一下，绝大多数的 GAN 都是始于把隐空间中的简单隐向量 z 作为生成器的输入。另外，StyleGAN 每一层的噪声可以视为一个更复杂的隐空间，因此从更复杂的输入隐空间到数据域的映射就会产生更加逼真的图像。实际上，通过引入更复杂的隐空间，StyleGAN 支持像素级的局部变化，并且在生成特征的局部变体时是以随机变化为目标的。

13.6　自编码器型生成模型

尽管我们已经讨论了 GAN 类型的生成模型，但是从历史上看，自编码器型生成模型要比 GAN 类型（GAN-type）模型先出现。实际上，自编码器型生成模型可以追溯到去噪自编码器（denoising autoencoder）[190]，这是编码器-解码器网络的一种确定性形式。

真正的生成自编码器模型实际上源自变分自编码器（Variational Autoencoder，VAE）[174]，它利用随机样本（random samples）来改变隐变量，以此来生成目标样本（target samples）。VAE 的另一个突破来自归一化流[178–181]，它通过允许可逆映射（invertible mapping）显著提高了生成样本的质量。在本节中，我们将在统一的几何框架下回顾这两个想法。为此，先解释变分推断（variational inference）中涉及的重要概念——证据下限（Evidence Lower Bound，ELBO）或者变分下界（variational lower bound）[191]。

13.6.1 ELBO

在 VAE 等变分推断中，模型分布 $p_\theta(x)$ 是通过将简单分布 $p(z)$ 与一系列条件分布 $p_\theta(x\mid z)$ 进行组合得到的，因此我们的目标可以写成

$$\log p_\theta(x) = \log\left(\int p_\theta(x,z)\mathrm{d}z\right) = \log\left(\int p_\theta(x\mid z)p(z)\mathrm{d}z\right) \tag{13.58}$$

其中，目标是根据给定的数据集 $x \in X$ 寻找参数 θ，以便最大化对数似然（loglikelihood）。

尽管 $p(z)$ 和 $p_\theta(x\mid z)$ 通常可以简单选取，但由于需要求解对数中的积分，因此可能无法解析地计算 $\log\ p_\theta(x)$。解决该问题的一个技巧是引入由 ϕ 参数化且以 x 为条件的分布 $q_\phi(z\mid x)$，使得

$$\begin{aligned}\log p_\theta(x) &= \log\left(\int p_\theta(x\mid z)\frac{p(z)}{q_\phi(z\mid x)}q_\phi(z\mid x)\mathrm{d}z\right)\\ &\geqslant \int \log\left(p_\theta(x\mid z)\frac{p(z)}{q_\phi(z\mid x)}\right)q_\phi(z\mid x)\mathrm{d}z\end{aligned}$$

这里用到了 Jensen 不等式[192]。因此，有

$$\begin{aligned}\log p_\theta(x) &\geqslant \int \log p_\theta(x\mid z)q_\phi(z\mid x)\mathrm{d}z - \int \log\left(\frac{q_\phi(z\mid x)}{p(z)}\right)q_\phi(z\mid x)\mathrm{d}z\\ &= \int \log p_\theta(x\mid z)q_\phi(z\mid x)\mathrm{d}z - D_{\mathrm{KL}}\left(q_\phi(z\mid x)\,\|\,p(z)\right)\end{aligned}$$

通常称之为 ELBO 或者变分下界[191]。

由于可以任意选取后验分布 $q_\phi(z\mid x)$，因此变分推断的目标是寻找 q_ϕ 以便最大化 ELBO，或者等价地最小化如下损失函数：

$$l_{\mathrm{ELBO}}(x;\theta,\phi) := -\int \log p_\theta(x\mid z)q_\phi(z\mid x)\mathrm{d}z + D_{\mathrm{KL}}\left(q_\phi(z\mid x)\,\|\,p(z)\right) \tag{13.59}$$

其中，第一项是似然项，第二个 KL 项可以解释为惩罚项。那么变分推断试图找到 θ 和 ϕ，以便在给定 x 时的损失或者给定所有 x 时的平均损失最小化。

13.6.2 变分自编码器

根据 ELBO 可以推导变分自编码器。然而，我们的推导与变分自编码器[174]的原始推导有所不同，因为原始推导很难揭示它与归一化流之间的联系[178–181]。以下推导源自 *f*-VAE[193]。

具体来说，在 ELBO 的 $q_\phi(z|x)$ 的各种选择中，我们采用如下形式：

$$q_\phi(z|x) = \int \delta(z - F_\phi^x(u)) r(u) \mathrm{d}u \tag{13.60}$$

其中，$r(u)$是标准高斯函数；$F_\phi^x(u)$ 是给定 x 时的编码器函数，并且含有噪声输入 u。

有关编码器函数 $F_\phi^x(u)$ 的概念如图 13.7 所示。

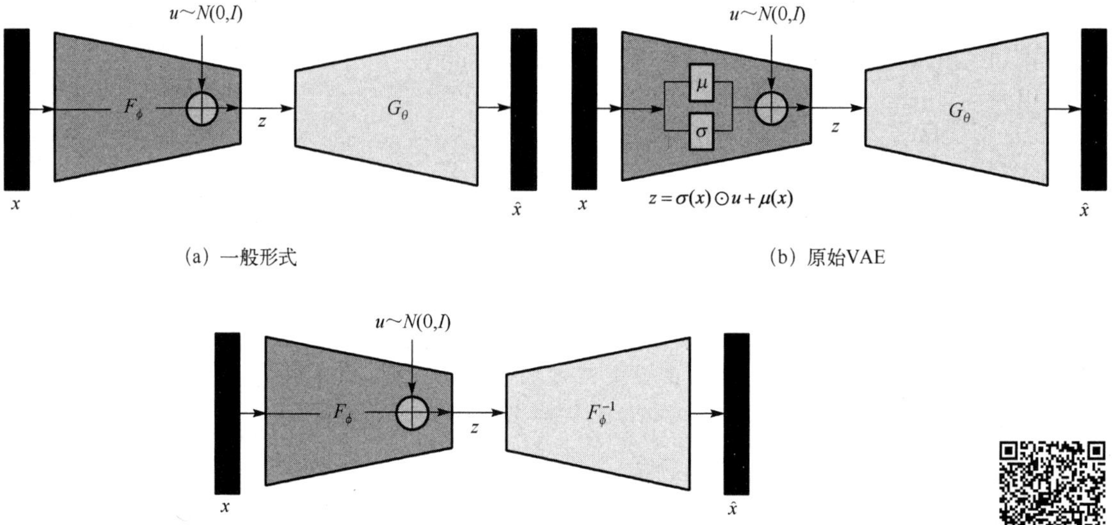

(a) 一般形式　　(b) 原始VAE

(c) 可逆流

图 13.7　变分自编码器的不同网络架构

对给定的编码器函数，有如下 ELBO 损失的关键结果。

命题 13.3　对式（13.60）给出的编码器，式（13.59）中的 ELBO 损失可以表示为

$$\begin{aligned} l_{\mathrm{ELBO}}(x;\theta,\phi) := & -\int \log p_\theta(x|F_\phi^x(u)) r(u)\mathrm{d}u + \int \log\left(\frac{r(u)}{p(F_\phi^x(u))}\right) r(u)\mathrm{d}u \\ & - \int \log\left|\det\left(\frac{\partial F_\phi^x(u)}{\partial u}\right)\right| r(u)\mathrm{d}u \end{aligned} \tag{13.61}$$

证明：从 ELBO 开始入手：

$$l_{\mathrm{ELBO}}(x;\theta,\phi) := \int \log\left(p_\theta(x|z)\frac{p(z)}{q_\phi(z|x)}\right) q_\phi(z|x)\mathrm{d}z$$

它可以表达为

$$l_{\mathrm{ELBO}}(x;\theta,\phi) := \int (\log(p_\theta(x|z)p(z)) - \log q_\phi(z|x)) q_\phi(z|x)\mathrm{d}z \tag{13.62}$$

采用式（13.60）中的编码器表达式，式（13.62）的第一项变为

$$\begin{aligned} & \int\int \log(p_\theta(x|z)p(z)) \delta(z - F_\phi^x(u)) r(u)\mathrm{d}u\mathrm{d}z \\ & = \int \log(p_\theta(x|F_\phi^x(u)) p(F_\phi^x(u))) r(u)\mathrm{d}u \\ & = \int \log p_\theta(x|F_\phi^x(u)) r(u)\mathrm{d}u + \int \log p(F_\phi^x(u)) r(u)\mathrm{d}u \end{aligned}$$

类似地，式（13.62）中的第二项变为

$$\iint \log\left(\int \delta(z - F_{\phi}^{x}(u'))r(u')\mathrm{d}u'\right)\delta(z - F_{\phi}^{x}(u))r(u)\mathrm{d}u\mathrm{d}z$$
$$= \int \log\left(\int \delta(F_{\phi}^{x}(u) - F_{\phi}^{x}(u'))r(u')\mathrm{d}u'\right)r(u)\mathrm{d}u$$

现在使用如下变量替换：

$$v = F_{\phi}^{x}(u'),\quad u' = H_{x}(v)$$

相应的 Jacobian 行列式（Jacobian determinant）由下式给出：

$$\det\left(\frac{\mathrm{d}u'}{\mathrm{d}v}\right) = \frac{1}{\det\left(\frac{\mathrm{d}v}{\mathrm{d}u'}\right)} = \frac{1}{\det\left(\frac{\partial F_{\phi}^{x}(u')}{\partial u'}\right)}$$

那么有

$$\int \log\left(\int \delta(F_{\phi}^{x}(u) - F_{\phi}^{x}(u'))r(u')\mathrm{d}u'\right)r(u)\mathrm{d}u$$
$$= \int \log\left(\int \delta(F_{\phi}^{x}(u) - v)\frac{r(H_{x}(v))}{\left|\det\left(\frac{\partial F_{\phi}^{x}(u')}{\partial u'}\right)\right|}\mathrm{d}v\right)r(u)\mathrm{d}u$$
$$= \int \log\left(\frac{r\left(H_{x}(F_{\phi}^{x}(u))\right)}{\left|\det\left(\frac{\partial F_{\phi}^{x}(u')}{\partial u'}\right)\right|_{v=F_{\phi}^{x}(u)}}\right)r(u)\mathrm{d}u$$
$$= \int \log r(u)r(u)\mathrm{d}u - \int \log\left|\det\left(\frac{\partial F_{\phi}^{x}(u)}{\partial u}\right)\right|r(u)\mathrm{d}u$$

综合以上各项，有

$$l_{\text{ELBO}}(x:\theta,\phi) := -\int \log p_{\theta}(x \mid F_{\phi}^{x}(u))r(u)\mathrm{d}u + \int \log\left(\frac{r(u)}{p(F_{\phi}^{x}(u))}\right)r(u)\mathrm{d}u - \int \log\left|\det\left(\frac{\partial F_{\phi}^{x}(u)}{\partial u}\right)\right|r(u)\mathrm{d}u$$

证毕！　□

命题 13.3 是一个通用的结果，可以应用于变分自编码器、归一化流等模型，它们之间的主要区别在于编码器函数 $F_{\phi}^{x}(u)$ 的选取有所不同。特别地，对变分自编码器[174]，采用如下形式的编码器函数 $F_{\phi}^{x}(u)$：

$$z = F_{\phi}^{x}(u) = \mu_{\phi}(x) + \sigma_{\phi}(x) \odot u,\quad u \sim N(0, \boldsymbol{I}_{d}) \tag{13.63}$$

其中，$\boldsymbol{I}_d$ 是 $d \times d$ 阶的单位矩阵，d 是隐空间的维数。这在原始的变分自编码器论文[174]中称为重新参数化技巧（reparameterization trick）。在此选择下，式（13.61）中的第二项变为

$$\begin{aligned}\int \log\left(\frac{r(u)}{p(F_{\phi}^{x}(u))}\right)r(u)\mathrm{d}u &= -\int \frac{1}{2}\|u\|^{2} r(u)\mathrm{d}u + \int \frac{1}{2}\|\mu(x) + \sigma(x) \odot u\|^{2} r(u)\mathrm{d}u \\ &= \frac{1}{2}\sum_{i=1}^{d}\left(\sigma_{i}^{2}(x) + \mu_{i}^{2}(x) - 1\right)\end{aligned} \tag{13.64}$$

而第三项变为

$$-\int\log\left|\det\left(\frac{\partial F_{\phi}^{x}(u)}{\partial u}\right)\right|r(u)\mathrm{d}u=-\frac{1}{2}\sum_{i=1}^{d}\log\sigma_i^2(x) \tag{13.65}$$

最后，式（13.61）中的第一项是似然项，当假设为高斯分布时可以表示成

$$\begin{aligned}
&-\int\log p_{\theta}(x\mid F_{\phi}^{x}(u))r(u)\mathrm{d}u\\
&=\int\frac{1}{2}\left\|x-G_{\theta}(F_{\phi}^{x}(u))\right\|^2 r(u)\mathrm{d}u\\
&=\frac{1}{2}\int\left\|x-G_{\theta}(\mu_{\phi}(x)+\sigma_{\phi}(x)\odot u)\right\|^2 r(u)\mathrm{d}u
\end{aligned} \tag{13.66}$$

因此，对变分自编码器来说，编码器和解码器的参数优化问题可以描述为

$$\min_{\theta,\phi} l_{\mathrm{VAE}}(\theta,\phi)$$

其中，

$$\begin{aligned}
l_{\mathrm{VAE}}(\theta,\phi)=&\frac{1}{2}\int_X\int\left\|x-G_{\theta}(\mu_{\phi}(x)+\sigma_{\phi}(x)\odot u)\right\|^2 r(u)\mathrm{d}u\mathrm{d}\mu(x)\\
&+\frac{1}{2}\sum_{i=1}^{d}\int_X\left(\sigma_i^2(x)+\mu_i^2(x)-\log\sigma_i^2(x)-1\right)\mathrm{d}\mu(x)
\end{aligned} \tag{13.67}$$

一旦神经网络训练完毕，变分自编码器一个非常重要的优势就在于只需改变随机样本即可控制解码器的输出。具体地说，解码器的输出现在由下式给出：

$$\hat{x}(u)=G_{\theta}(\mu_{\phi}(x)+\sigma_{\phi}(x)\odot u) \tag{13.68}$$

它对随机变量 u 具有显性依赖。因此，对给定的 x，我们可以通过绘制样本 u 来改变输出。

13.6.3 β–VAE

通过检查式（13.67）中的 VAE 损失不难看出，第一项表示生成样本与真实样本之间的距离，而第二项则是真实的隐空间测度与后验分布之间的 KL 距离。因此，VAE 损失是一种既考虑了真实样本与生成样本又考虑了背景空间与隐空间之间距离的度量。

事实上，这个观察结果很好地符合我们在图 13.2 中展示的自编码器的几何观点。其中，背景图像空间是 X，真实数据分布为μ，而自编码器的输出数据分布是μ_θ，隐空间是 Z。在自编码器中，生成器 G_θ 对应于解码器，它是从隐空间到样本空间的映射 $G_\theta:Z\mapsto X$，用深度网络实现。那么，解码器训练的目标就是要让前推测度$\mu_\theta=G_{\theta\#}\zeta$尽可能地接近真实数据分布$\mu$。另外，编码器 F_ϕ将 X 中的真实数据映射到隐空间 $F_\phi:X\mapsto Z$，以便编码器将测度μ前推到隐空间中的分布 $\zeta_\phi=F_\#\mu$。因此，可以通过最小化两个距离之和来解决变分自编码器的设计问题，分别用平均样本距离和 KL 距离来度量。

β-VAE[175]并没有为两个距离提供均匀的权重，而是放宽了变分自编码器的这种约束。遵循与变分自编码器相同的动机，我们希望最大化生成真实数据的概率，同时保持真实数

据分布和估计的后验分布之间的距离很小（也就是小于某个很小的常数），这将导致如下 β–VAE 代价函数：

$$l_{\beta\text{-VAE}}(\theta,\phi)=\frac{1}{2}\int_X\int\left\|x-G_\theta(\mu_\phi(x)+\sigma_\phi(x)\odot u)\right\|^2 r(u)\mathrm{d}u\mathrm{d}\mu(x) \\ +\frac{\beta}{2}\sum_{i=1}^{d}\int_X\left(\sigma_i^2(x)+\mu_i^2(x)-\log\sigma_i^2(x)-1\right)\mathrm{d}\mu(x) \tag{13.69}$$

其中，β控制了隐空间中距离度量的重要性。当$\beta=1$ 时，它与 VAE 相同；当$\beta>1$ 时，它对隐空间施加了一个更强的约束。

β取值越大，施加在隐空间上的约束越强，结果表明隐空间更具可解释性和可控性，这就是解耦。具体地说，如果推断的隐表示（latent representation）z 中的每个变量只对单一的生成因子（generative factor）敏感，而对其他因子相对保持不变，我们就说这种表示是解耦的或者分解的（factorized）。解耦表示（disentangled representation）通常能够带来的一个好处是其良好的可解释性，并且容易推广到不同的任务。对某些条件独立的生成因子，保持它们解耦是最有效的表示，而β–VAE 提供了更多的解耦表示。例如，根据原始 VAE 生成的人脸具有不同的方向，而它们在β–VAE 中朝向特定的方向，这就意味着人脸方向的因子已经成功实现了解耦[175]。

13.6.4　归一化流与可逆流

归一化流[178–181]是一种克服 VAE 局限性的现代方法。如图 13.8 所示，归一化流通过应用一系列可逆变换函数（invertible transformation functions）将一个简单分布转换为复杂分布。经过一连串的转换，并且根据变量替换定理反复将变量替换为新变量，获得最终目标变量（final target variable）的概率分布。这样的一系列可逆变换正是“归一化流”这个名称的由来[179]。

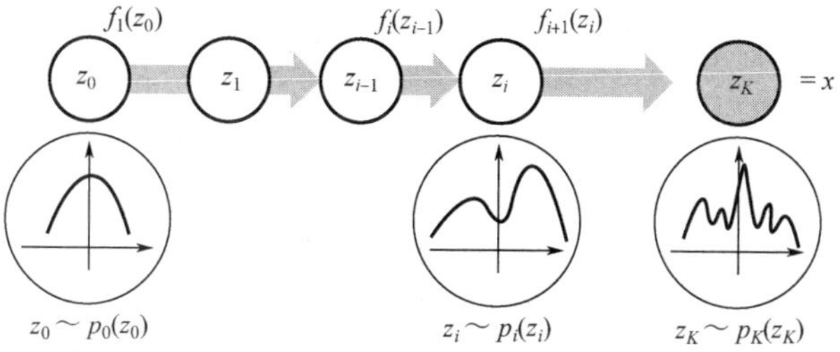

图 13.8　归一化流的概念

归一化流的代价函数推导也是从与式（13.60）相同的 ELBO 和编码器模型开始的，但归一化流采用不同的编码器函数：

$$z=F_\phi^x(u)=F_\phi(\sigma u+x) \tag{13.70}$$

其中，F_ϕ是一个可逆函数。在这里，可逆性（invertibility）是关键组成部分，因此该算法通常又称为可逆流（invertible flow）。具体来说，如果我们选择解码器作为编码器函数的逆函数，即 $G_\theta = F_\phi^{-1}$，就会发生非常有趣的现象。更具体地说，式（13.61）中的第一项可以简化为

$$
\begin{aligned}
&-\int \log p_\theta(x \mid F_\phi^x(u)) r(u)\mathrm{d}u \\
&= \frac{1}{2}\int \left\| x - G_\theta(F_\phi^x(u)) \right\|^2 r(u)\mathrm{d}u \\
&= \frac{1}{2}\int \left\| x - G_\theta(F_\phi(\sigma u + x)) \right\|^2 r(u)\mathrm{d}u \\
&= \frac{1}{2}\int \left\| \sigma u \right\|^2 r(u)\mathrm{d}u = \frac{1}{2}\sigma^2
\end{aligned}
$$

这就变成了一个常数。因此，在参数估计时不再需要考虑解码器部分。

相应地，除常数项外，式（13.61）中的 ELBO 损失可以简化为

$$
l_{\text{flow}}(x,\phi) = -\int \log\left(p(F_\phi^x(u))\right) r(u)\mathrm{d}u - \int \log\left|\det\left(\frac{\partial F_\phi^x(u)}{\partial u}\right)\right| r(u)\mathrm{d}u \tag{13.71}
$$

这里移除了 $\int \log r(u) r(u)\mathrm{d}u$ 项，因为它也是一个常数。

当 $p(z)$ 符合高斯分布假设时，式（13.71）可以进一步简化为

$$
l_{\text{flow}}(x,\phi) = \frac{1}{2}\int \left\| F_\phi(\sigma u + x) \right\|^2 r(u)\mathrm{d}u - \int \log\left|\det\left(\frac{\partial F_\phi(\sigma u + x)}{\partial u}\right)\right| r(u)\mathrm{d}u \tag{13.72}
$$

现在归一化流的主要技术难点来自最后一项，因为它涉及一个庞大矩阵的复杂行列式计算。正如前面所讨论的，归一化流主要关注编码器函数 F_ϕ（同样还有解码器 G），它由一系列变换构成：

$$
F_\phi(u) = (h_K \circ h_{K-1} \circ \cdots \circ h_1)(u) \tag{13.73}
$$

利用变量替换公式

$$
\frac{\partial F_\phi(u)}{\partial u} = \frac{h_K}{\partial h_{K-1}} \cdots \frac{h_2}{\partial h_1} \frac{h_1}{\partial u} \tag{13.74}
$$

有

$$
\log\left|\det\left(\frac{\partial F_\phi(u)}{\partial u}\right)\right| = \sum_{i=1}^{K} \log\left|\det\left(\frac{\partial h_i}{\partial h_{i-1}}\right)\right| \tag{13.75}
$$

其中，$h_0 = u$。因此，目前对归一化流的大部分研究工作都集中在如何设计一个可逆模块（invertible block），从而使行列式计算变得简单。下面回顾一些具有代表性的技术。

非线性独立成分估计（Nonlinear Independent Component Estimation，NICE）[178]是一种用来学习数据空间和隐空间之间的非线性双射变换（bijective transformation）的方法，其网络架构由一系列如下定义的模块组成，其中，x_1 和 x_2 是每层输入的分区，y_1 和 y_2 是输出的分区。那么，非线性独立成分估计采用如下更新方式：

$$
\begin{cases}
y_1 = x_1 \\
y_2 = x_2 + F(x_1)
\end{cases} \tag{13.76}
$$

其中，$F(\cdot)$是一个神经网络。那么模块反转（block inversion）可以很容易通过下式实现：

$$\begin{cases} x_1 = y_1 \\ x_2 = y_2 - F(y_1) \end{cases} \tag{13.77}$$

此外，容易看出它的 Jacobian 行列式含有一个单位行列式（unit determinant），并且式（13.72）中的代价函数及其梯度可以很容易计算出来。

但是，这种架构对网络能够表示的函数施加了一些限制。例如，它只能表示体积保持映射（volume–preserving mappings）。后续工作[180]通过引入一种新的可逆变换来克服这一局限性。具体地说，为了扩展此类模型的空间，他们采用如下形式的实值非体积保持变换（Real–valued Non–volume–preserving Transformations，实值 NVP 变换）[180]：

$$\begin{cases} y_1 = x_1 \\ y_2 = x_2 \odot \exp(s(x_1)) + t(x_1) \end{cases} \tag{13.78}$$

其中，s 代表逐点缩放（point–wise scaling），t 称为平移网络（translation network），$\odot$ 是逐元素乘法。那么，相应的 Jacobian 矩阵由下式给出：

$$\frac{\partial y}{\partial x} = \begin{bmatrix} \boldsymbol{I}_d & 0 \\ \dfrac{\partial y_2}{\partial x_1} & \operatorname{diag}(\exp(s(x_1))) \end{bmatrix} \tag{13.79}$$

注意，这个 Jacobian 矩阵是一个三角矩阵，我们可以采取如下方式有效地计算其行列式：

$$\det\left(\frac{\partial y}{\partial x}\right) = \exp\left(\sum_j s(x_1[j])\right) \tag{13.80}$$

其中，$x_1[j]$表示 x_1 的第 j 个元素。逆变换也可以通过下式轻松实现：

$$\begin{cases} x_1 = y_1 \\ x_2 = (y_2 - t(y_1)) \odot \exp(-s(y_1)) \end{cases} \tag{13.81}$$

对应的模块架构如图 13.9 所示。

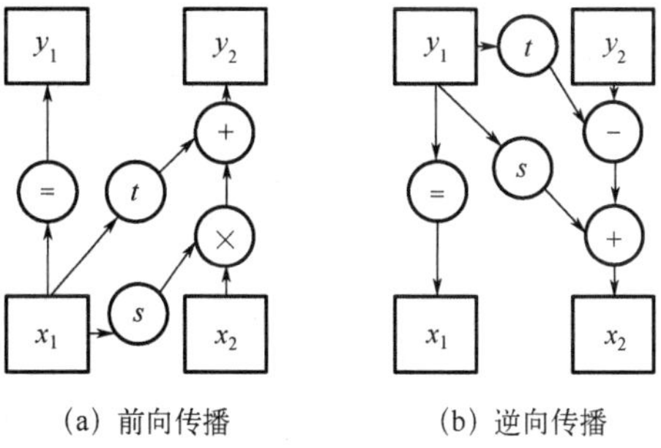

图 13.9　实值 NVP 变换中网络模块的前向和逆向架构[180]

由于变换的相继应用，归一化流的一个重要优点是其分布的渐变性。图 13.10 给出了根据论文 *GLOW: Generative flow with invertible 1 × 1 convolutions*[181]得到的例子。顾名思义，GLOW 含有额外的 1 × 1 可逆卷积块，以便用来改善网络的表达力。

图 13.10　采用 GLOW[181]归一化流的示例

13.7　通过图像翻译进行无监督学习

到目前为止，我们已经讨论了从噪声中生成样本的生成模型。生成模型对将一种分布转换为另一种分布也很有用，这就是为什么生成模型已经成为无监督学习任务的主力军。在各种无监督学习任务中，本节主要关注图像翻译（image translation），这是一个非常活跃的研究领域。

13.7.1　Pix2pix

Pix2pix[194]是伯克利的研究人员于 2016 年在他们的工作 *Image–to–Image Translation with Conditional Adversarial Networks* 中提出的。这本身不是无监督学习，因为它需要匹配的数据集，但它开启了图像翻译的新时代，所以下面简要介绍。

在图像处理和计算机视觉中的大多数问题都可以视为将输入图像“翻译”成相应的输出图像。例如，一个场景可以渲染为 RGB 图像、梯度场、边缘图、语义标签图（semantic label map）等。类似于自动语言翻译，我们将自动图像到图像翻译（image–to–image translation）定义为在给定大量训练数据的情况下，将场景的一种可能表示翻译成另一种可能表示的任务。

Pix2pix 采用 GAN[88]来学习一个从输入图像映射到输出图像的函数。网络由生成器和判别器两个主要部分组成，其中，生成器对输入图像进行变换以获得输出图像，判别器衡量生成的图像与数据集中的目标图像之间的相似度，并尝试猜测这是否是由生成器产生的。

例如，在图 13.11 中，生成器从草图（sketch）中生成具有真实感的鞋子图像，而判别器尝试区分所生成的图像到底是来自草图的真实照片还是虚假照片。

Pix2pix 的好处在于它是通用的，无须用户定义两种图像类型之间的任何关系。它不对这种关系做任何假设，而是在训练阶段通过比较定义的输入与输出来推断并学习该目标，使 Pix2pix 高度适应各种情况，包括那些不容易口头或明确定义我们想要的建模任务的情形。

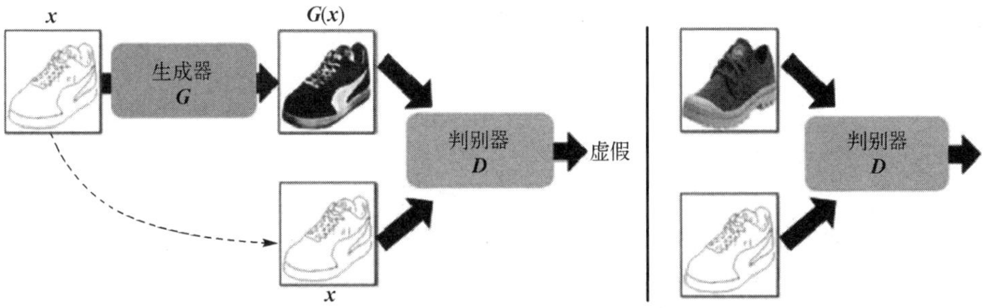

图 13.11　Pix2pix 中的判别器概念

也就是说，Pix2pix 的一个不足是它需要成对的（paired）数据集来学习相互之间的关系，这在实践中往往很难获得。该问题很大程度上被 CycleGAN[185]解决了，这就是下一节的主题。

13.7.2　CycleGAN

图像到图像的翻译是计算机视觉和图形学问题中的一项重要任务。例如：

- 将夏季景观翻译成冬季景观（或者反过来）；
- 将绘画翻译成照片（或者反过来）；
- 将马翻译成斑马（或者反过来）。

如前所述，Pix2pix [194]虽然是为这类任务专门设计的，但它需要成对的样例，明确地说就是一个大型的数据集，在域 X 中含有输入图像的很多样本（如鞋子的草图），并且对相同的图像所做的修改能够作为 Y 中的期望输出图像（如鞋子的照片），具体参见图 13.12 的左栏。需要成对的训练数据集是一个限制，因为这些数据集具有挑战性，有时甚至很难去搜集，如姿势、大小等完全相同的斑马和马的照片。

相反，在图 13.12 中非成对的（unpaired）情况则更加现实，其中 X 中的图像集合（如照片）和 Y 中非成对的图像集合（如 Monet 的画作）是容易获得的。那么，图像翻译的目标就是转换 X 和 Y 中的分布，反之亦然。事实上，Zhu 等人的 CycleGAN[185]充分说明了这种非成对的图像翻译确实是可行的。

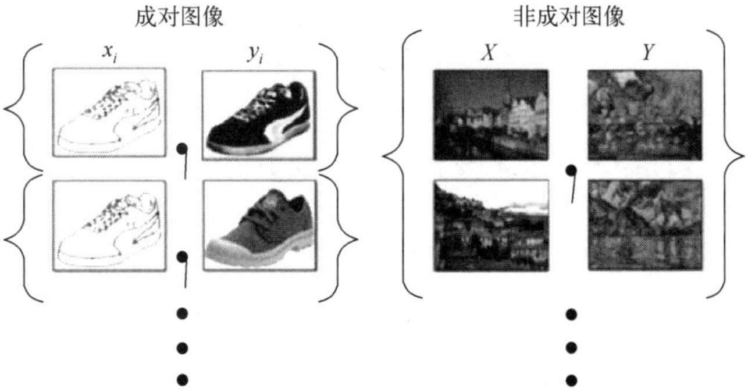

图 13.12　成对与非成对的图像翻译

CycleGAN 问题非常适合我们在图 13.2 中展示的关于自编码器的几何观点，这里利用

域 Y 在图 13.13 中进行了重绘。因此，最优传输[182, 184]提供了一个严格的数学工具，可用来理解 CycleGAN 无监督学习的几何学。

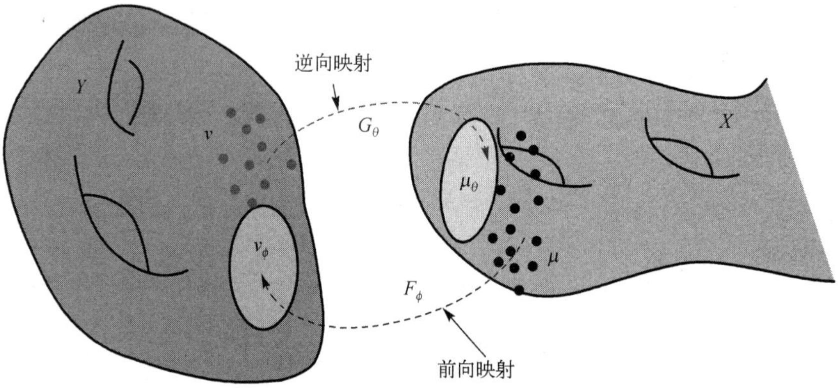

图 13.13　基于 CycleGAN 的无监督学习的几何观点

图 13.13 中，目标图像空间 X 的概率测度为μ，而原始图像空间 Y 的概率测度为 v。由于没有成对的数据，无监督学习的目标是要匹配概率分布而不是各个单独的样本。这可以通过找到将测度μ传输到 v 的传输映射来完成，反之亦然。具体地说，从测度空间(Y, v)到另一个测度空间(X, μ)的传输是由生成器 $G_\theta: Y \mapsto X$ 完成的，通过 θ 参数化的深度神经网络来实现。那么，生成器 G_θ 将 Y 中的测度 v 前推到目标空间 X[182, 184]中的测度μ_θ。类似地，从(X, μ)到(Y, v)的传输由另一个神经网络生成器 F_ϕ 来执行，因此生成器 F_ϕ 将 X 中的测度μ前推到原始空间 Y 中的测度 v_ϕ。那么，无监督学习的最优传输映射可以通过最小化μ和μ_θ之间的统计距离 $\mathrm{dist}(\mu_\theta, \mu)$及 v 和 v_ϕ 之间的统计距离 $\mathrm{dist}(v_\phi, v)$来实现，这里建议采用 1–Wasserstein 度量作为衡量统计距离的一种手段。

更具体地说，对 X 中选择的一个度量 $d(x,x') = \|x - x'\|$，μ和μ_θ之间的 1–Wasserstein 度量可以计算为[182, 184]

$$W_1(\mu,\mu_\theta) = \inf_{\pi\in\Pi(\mu,v)} \int_{X\times Y} \|x - G_\theta(y)\| \mathrm{d}\pi(x,y) \tag{13.82}$$

类似地，v 和 v_ϕ 之间的 1–Wasserstein 距离由下式给出：

$$W_1(v,v_\phi) = \inf_{\pi\in\Pi(\mu,v)} \int_{X\times Y} \|F_\phi(x) - y\| \mathrm{d}\pi(x,y) \tag{13.83}$$

与采用不同的联合分布分别最小化式（13.82）和式（13.83）相比，寻找传输映射一种更好的方式是采用相同的联合分布 π 将它们一并最小化：

$$\inf_{\pi\in\Pi(\mu,v)} \int_{X\times Y} \left(\|x - G_\theta(y)\| + \|F_\phi(x) - y\|\right) \mathrm{d}\pi(x,y) \tag{13.84}$$

研究表明，式（13.84）中的无监督学习的原始公式可以用对偶公式来表示[195]：

$$\min_{\theta,\phi} \max_{\psi,\varphi} l_{\mathrm{cycleGAN}}(\theta,\phi;\psi,\varphi) \tag{13.85}$$

其中，

$$l_{\mathrm{cycleGAN}}(\theta,\phi;\psi,\varphi) := \lambda l_{\mathrm{cycle}}(\theta,\phi) + l_{\mathrm{Disc}}(\theta,\phi;\psi,\varphi) \tag{13.86}$$

其中，$\lambda > 0$ 是超参数，并且循环一致性（cycle–consistency）项由下式给出：

$$l_{\text{cycle}}(\theta,\phi) = \int_X \left\| x - G_\theta(F_\phi(x)) \right\| \mathrm{d}\mu(x) + \int_Y \left\| y - F_\phi(G_\theta(y)) \right\| \mathrm{d}\nu(y)$$

而第二项为

$$\begin{aligned} l_{\text{Disc}}(\theta,\phi;\psi,\varphi) = & \max_{\varphi} \int_X \varphi(x)\mathrm{d}\mu(x) - \int_Y \varphi(G_\theta(y))\mathrm{d}\nu(y) \\ & + \max_{\psi} \int_Y \psi(y)\mathrm{d}\nu(y) - \int_X \psi(F_\phi(x))\mathrm{d}\mu(x) \end{aligned} \tag{13.87}$$

其中，φ和 ψ 通常称为 Kantorovich 势，并且满足 1–Lipschitz 条件，即

$$\begin{cases} |\varphi(x) - \varphi(x')| \leqslant \|x - x'\|, & \forall x, x' \in X \\ |\psi(y) - \psi(y')| \leqslant \|y - y'\|, & \forall y, y' \in Y \end{cases}$$

在机器学习背景中，1–Lipschitz 势φ和 ψ 对应于 Wasserstein–GAN 判别器[177]。具体来说，φ对应于用来区分真实图像中的虚假样本和 X 中生成图像的判别器，而 ψ 是区分域 Y 中的虚假样本和真实样本的判别器。此外，循环一致性项 l_{cycle} 的主要作用是在原始域（original domain）和目标域（target domain）之间施加一一对应关系，从而消除 GAN 的模式坍塌（mode–collapsing）行为。相应的网络架构如图 13.14 所示，其中，φ试图找出真实图像 x 和生成的图像 $G_\theta(y)$之间的差异，而 ψ 则试图找出由综合测量过程（synthetic measurement procedure）$F_\phi(x)$ 生成的虚假测量数据。实际上，除采用 1–Lipschitz 判别器外，这个公式等价于 CycleGAN 公式[185]。

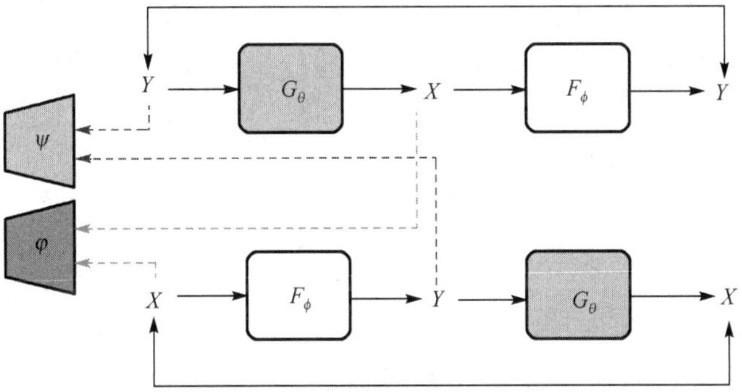

图 13.14　CycleGAN 网络架构

CycleGAN 在很多无监督学习任务上都取得了成功，图 13.15 给出了在两种不同风格的绘画之间进行无监督风格迁移的示例。

13.7.3　StarGAN

在图 13.15 中，CycleGAN 的一个缺点是我们需要为每一对域训练单独的生成器。例如，如果绘画中有 N 种不同的风格，则应该有 $N(N-1)$个不同的生成器来翻译图像，如图 13.16（a）所示。为了克服 CycleGAN 在可扩展性方面存在的不足，提出了 StarGAN[87]。具体来

说，如图 13.16（b）所示，一个生成器经过训练后，可以通过添加表示目标域的掩码向量（mask vector）翻译到多个域，并使用独热向量编码沿通道方向扩展此掩码向量。

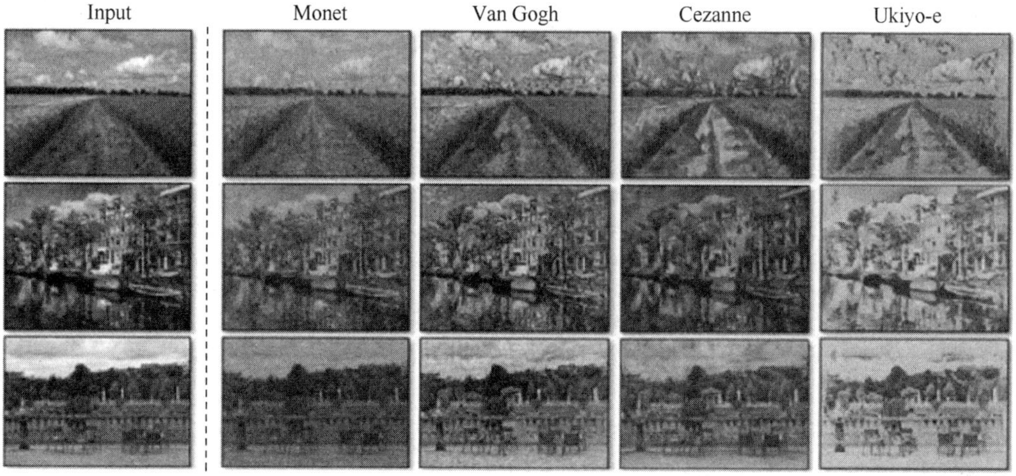

图 13.15　绘画中的无监督风格迁移示例

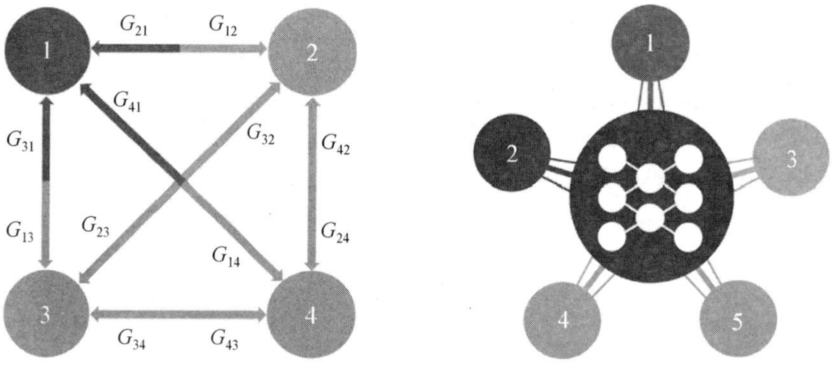

(a) CycleGAN　　(b) StarGAN

图 13.16　多域图像翻译

给定来自两个不同域的训练数据，这些模型学习将图像从一个域翻译到另一个域。例如，将一个人的头发颜色（属性）从黑色（属性值）更改为金黄色（属性值）。我们将一个域表示为一组共享相同属性值的图像。黑色头发的人组成一个域，金黄色头发的人组成另一个域。在这里，判别器有两件事要做：①能够识别一幅图像的真假；②在辅助分类器（auxiliary classifier）的帮助下，可以预测作为判别器输入的图像域（如图 13.17 所示）。

借助辅助分类器，判别器从数据集中学习原始图像及其对应域的映射。当生成器以目标域 c（如金发）为条件生成一幅新图像时，判别器能够预测生成的图像域，从而生成器将生成新图像，直至判别器能够将其预测为目标域 c（金发）。图 13.18 给出了一个使用单个 StarGAN 生成器的多域图像翻译示例。

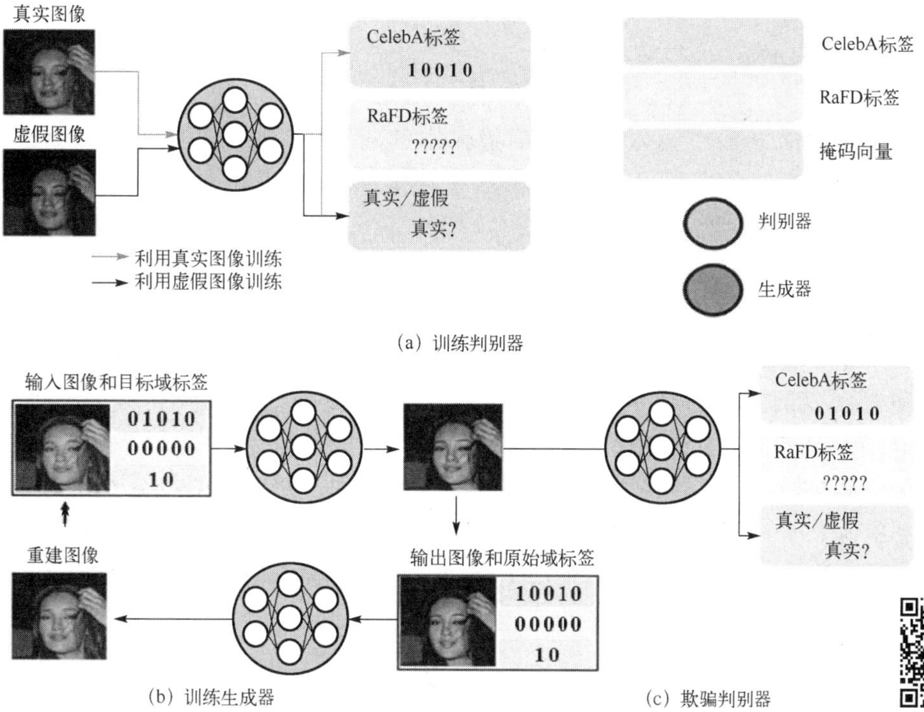

图 13.17　StarGAN[87]的生成器和判别器架构

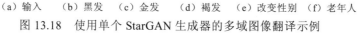

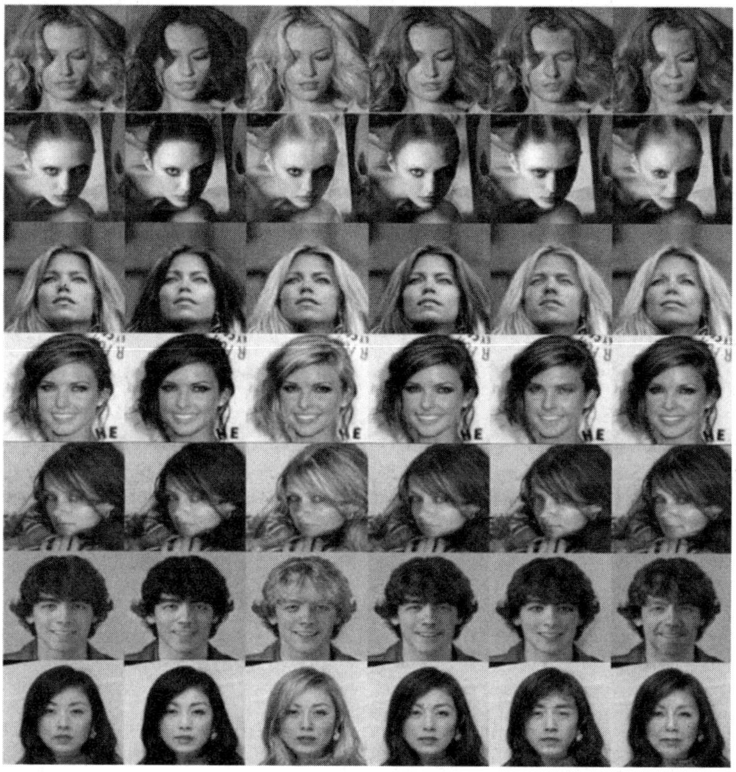

(a) 输入　(b) 黑发　(c) 金发　(d) 褐发　(e) 改变性别　(f) 老年人

图 13.18　使用单个 StarGAN 生成器的多域图像翻译示例

13.7.4 协同 GAN

在许多需要借助多个输入来获得期望输出的应用中，如果任意输入数据发生缺失，通常会引起很大的偏差。尽管已经开发了许多技术可以填补缺失的数据（missing data），但由于自然图像的复杂特性，图像填补（image imputation）仍然很困难。为了解决这个问题，研究人员提出了一种新的框架——协同 GAN（Collaborative GAN，CollaGAN）[186]。

具体来说，CollaGAN 将图像填补问题转换为多域图像到图像的翻译任务，这样单个生成器和判别器网络就可以使用剩余的干净数据集成功估计缺失的数据。进一步说，CycleGAN 和 StarGAN 的主要兴趣是将一幅图像翻译成另一幅图像，如图 13.19（a）、（b）所示，而不考虑剩余域数据集。但是在图像填补问题中，缺失数据并不经常发生，而且目标是利用其他干净的数据集来估计缺失的数据。因此，图像填补问题可以用图 13.19（c）正确地描述，其中一个生成器可以使用剩余的干净数据集来估计缺失的数据。由于缺失的数据域不难先验地估计，因此应设计这样一种填补算法，可以利用其余域的数据来估计任意域缺失的数据。

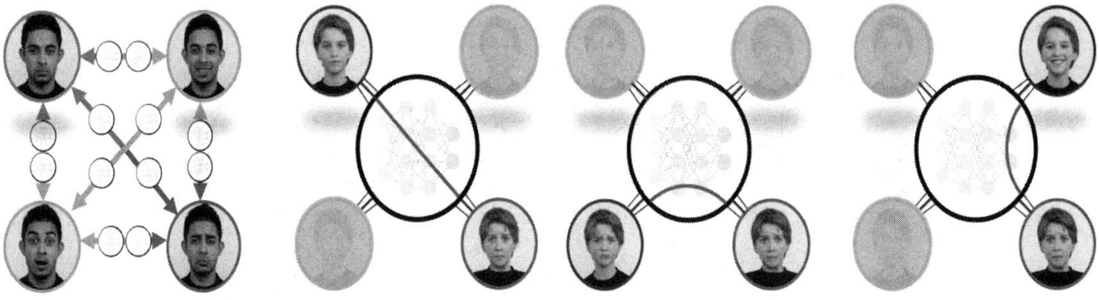

（a）跨域模型　　（b）StarGAN

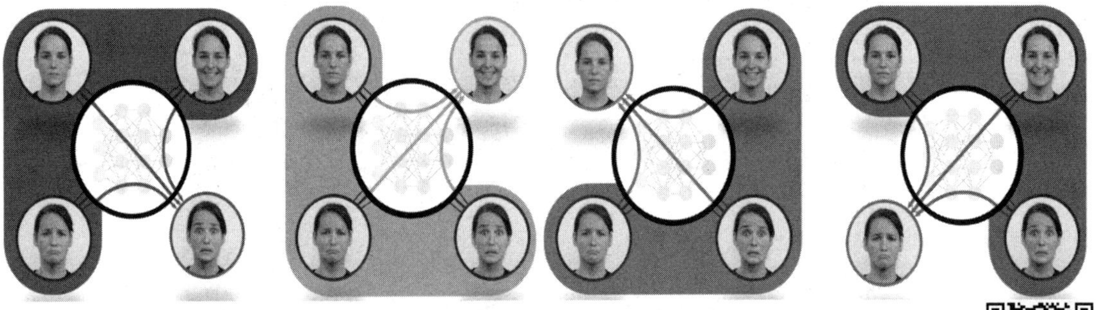

（c）协同 GAN

图 13.19　与各种多域翻译架构的比较

由于其特定的应用，CollaGAN 并不是一种无监督学习方法。然而，CollaGAN 的关键概念之一是多个输入的循环一致性，这对其他应用很有帮助。具体来说，由于输入的是多幅图像，因此应重新定义循环损失（cycle loss）。特别是对 N 个域数据，从生成的输出中应能生成 $N-1$ 种新的组合，以此作为生成器的逆向流（backward flow）的其余输入（如

图 13.20 中间所示）。例如，当 $N=4$ 时，存在多输入-单输出的 3 种组合，这样就可以利用生成器的逆向流重构原始域的 3 幅图像。与此同时，判别器应具有一个分类器头（classifier header）及类似于 StarGAN 的判别器部分。

图 13.21 显示了一个缺失域填补的示例，这里 CollaGAN 生成了非常逼真的图像。

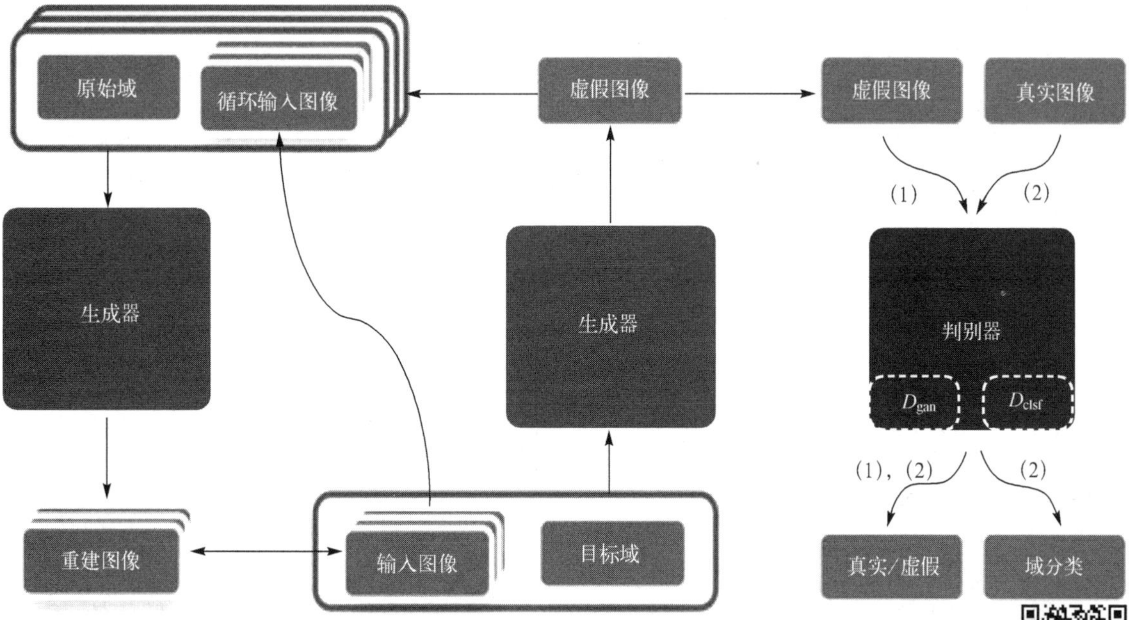

图 13.20　CollaGAN 生成器和判别器架构

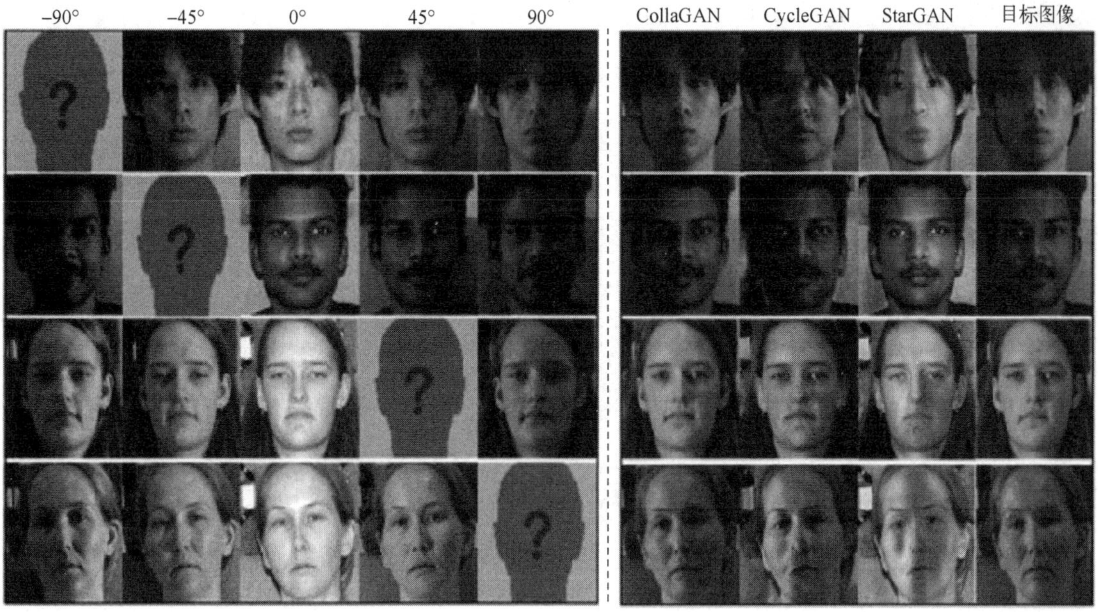

图 13.21　采用 CollaGAN 的缺失图像填补结果

13.8 总结与展望

到目前为止，我们已经讨论了深度学习中令人激动的领域——生成模型。本章中的内容仍然是一个包容性的综述，因为还有许多使人兴奋的其他算法并没有涉及。这里主要侧重的是提供一种统一的数学观点来理解各种算法。正如本章所强调的，这个领域的重要性绝不仅仅在于各种稀奇古怪的应用，还在于其坚实的数学背景。正如 Yann LeCun 所说，无监督学习是深度学习的核心，因此会有很多令人兴奋的新应用和开创新理论的机会，所以诚邀各位年轻的研究人员参与到这个引人入胜的领域来。

13.9 习　　题

1．证明下列等式：

$$D_{\mathrm{JS}}(P\|Q)=\frac{1}{2}D_{\mathrm{KL}}(P\|M)+\frac{1}{2}D_{\mathrm{KL}}(Q\|M) \tag{13.88}$$

其中，$M=\dfrac{P+Q}{2}$。

2．证明对 JS 散度，绝对连续性不是必需的。

3．给定下列生成器函数 $f(u)$，请根据 f 散度的定义利用凸对偶推导出 f 散度的表达式及 f–GAN 公式。

（1）$f(u)=(u+1)\log\dfrac{2}{u+1}+u\log u$；

（2）$f(u)=u\log u$；

（3）$f(u)=(u-1)^2$。

4．令μ和 v 分别表示累积分布函数 F 和 G 的一维概率测度，证明μ和 v 之间的 p–Wasserstein 距离由式（13.21）给出。

5．证明式（13.22）。

6．证明式（13.26）。

7．在两个高斯分布之间推导式（13.27）中的最优传输映射 T。

8．证明 AdaIN 可以解释为两个独立同分布的高斯分布之间的最优传输。

9．令传输代价 $c(x,y): X\times Y\to\mathbb{R}\cup\{\infty\}$由 $c(x,y)=h(x-y)$给定，其中，h 是严格凸的。

（1）证明存在一个 Kantorovich 势φ，使得将 X 中的测度μ传输到 Y 中的测度 v 的最优传输方案（optimal transport plan）T 可以表示为

$$T(x)=x-(\nabla h)^{-1}\nabla\varphi(x) \tag{13.89}$$

其中，$(\nabla h)^{-1}$表示∇h的反函数。

（2）作为一种特殊情形，如果 $h(x-y)=\dfrac{1}{2}\|x-y\|^2$，证明最优传输映射可以表示为

$$y=T(x)=\nabla u(x)$$

其中，$u(x) := 0.5x^2 - \varphi(x)$ 是某个函数 $\varphi(x)$ 的凸函数。

10．证明式（13.64）。

11．证明式（13.66）。

12．对 VAE 中给定的重新参数化技巧：

$$\boldsymbol{z} = F_{\phi}^{\boldsymbol{x}}(\boldsymbol{u}) = \mu_{\phi}(\boldsymbol{x}) + \sigma_{\phi}(\boldsymbol{x}) \odot \boldsymbol{u}, \quad \boldsymbol{u} \sim N(0, \boldsymbol{I}_d) \tag{13.90}$$

其中，$\boldsymbol{x} \in \mathbb{R}^n$，$\boldsymbol{z}$、$\boldsymbol{u} \in \mathbb{R}^d$，$\mu_{\phi}(\cdot), \sigma_{\phi}(\cdot): \mathbb{R}^n \mapsto \mathbb{R}^d$，$\odot$ 表示逐元素相乘，证明如下等式：

$$-\int \log \left| \det\left(\frac{\partial F_{\phi}^{\boldsymbol{x}}(\boldsymbol{u})}{\partial \boldsymbol{u}} \right) \right| r(\boldsymbol{u}) \mathrm{d}\boldsymbol{u} = -\frac{1}{2} \sum_{i=1}^{d} \log \sigma_i^2(\boldsymbol{x})$$

其中，$r(\boldsymbol{u})$是概率密度函数。

13．β-VAE 与 VAE 相比具有哪些优缺点？

14．考虑归一化流的如下 NICE 更新：

$$\begin{cases} y_1 = x_1 \\ y_2 = x_2 + F(y_1) \end{cases} \tag{13.91}$$

（1）为什么 Jacobian 项变成了单位矩阵？请详细推导。

（2）对某个函数 G，假设我们对由下式给出的更具表现力的网络感兴趣：

$$\begin{cases} y_1 = x_1 + G(x_2) \\ y_2 = x_2 + F(y_1) \end{cases} \tag{13.92}$$

那么其逆运算是什么？根据 Jacobian 计算如何使相应的归一化流的代价函数变得简单？提示：可能需要将更新拆分为两个步骤以简化推导。

第 14 章　总结与展望

伴随着近年来深度学习所取得的巨大成功，数据科学领域正在发生着前所未有的变化，甚至可以说是一场革命！尽管深度学习在各个领域都获得了极大的成功，但仍然缺乏严格的数学基础，以便帮助我们理解为什么深度学习方法表现如此优异。实际上，深度学习的最新进展很大程度上是基于经验主义的，解释它为什么能够成功的理论仍然严重滞后于实践。正是这个原因，直到最近还有包括数学家在内的严谨的科学家们（rigorous scientists）仍然把深度学习视为一种伪科学（pseudoscience）。

实际上，深度学习的成功显得非常神秘。尽管近年来许多研究人员先后提出了各种复杂的网络架构，但深度神经网络的基础构件仍然是卷积、池化和非线性激活函数，从数学的角度来看，它们被视为“石器时代”非常原始的工具。然而，深度学习最奇妙的地方之一是当这些“石器时代”的工具级联起来以后，产生了远远超过复杂数学工具的卓越性能。如今，为了开发高性能的数据处理算法，我们再也不必高薪聘请那些受过很高教育的博士生或博士后，而只需将 TensorFlow 和许多训练数据提供给本科生即可。这是否意味着数学的“黑暗时代”呢？数学家们在这个数据驱动的世界中应发挥何种作用呢？

深度神经网络成功的背后一个非常流行的解释是，神经网络是通过模仿人脑开发的，因此注定会取得成功。事实上，正如第 5 章所讨论的那样，最著名的数值实验之一是在训练深度神经网络进行人脸分类时所呈现出来的层次特征。有趣的是，这种现象在人类大脑中也有类似的观察，也就是说，在视觉信息处理过程中会出现目标的层次特征。基于这些数值观察，一些人工神经网络的强硬分子（hardliners）甚至声称，我们需要的不是数学，而是研究大脑的生物学，以便设计更复杂的人工神经网络并了解人工神经网络的工作原理。然而，当神经科学家（尤其是计算神经科学家）被问及为什么大脑会提取这种层次特征时，令人惊讶的是，他们通常依靠人工神经网络的数值模拟来解释大脑中层次特性是如何产生的。从数学的角度来看，这其实是一种典型的“循环证明”（circular proof），也是一个显而易见的逻辑谬误。

那么，应如何填补经验成功与理论缺失之间的空白呢？事实上，我们从科学史中学到的一个教训是，经验观察与缺乏理论之间的差距并不是限制性因素，相反，它往往预示着一门新科学的诞生。例如，在 20 世纪初的“物理学黄金时代”，物理学中一个最激动人心的经验发现就是量子现象（quantum phenomena）。实验物理学家发现了许多无法用牛顿物理学或相对论物理学解释的奇异量子现象。事实上，可以解释新发现的量子现象的理论物理学存在严重的滞后性，提出的数学模型被经验观察进一步发展、质疑和驳斥。即使是伟大的科学家阿尔伯特·爱因斯坦也曾坦言他无法相信量子物理学，因为“上帝不会与宇宙掷骰子”（God does not play dice with the universe）。在为了解释看似无法解释的经验观察而进行的密集智力付出中，严谨地形成了量子力学（quantum mechanics）的新理论，从而产生了众多诺贝尔奖获得者；并且，泛函分析（functional analysis）、调和分析（harmonic analysis）等新数学已经成为现代数学的主流。事实上，科学家们的这些努力彻底改变了物理学和数学的面貌。

同样，现在亟须发展数学理论来解释深度神经网络所取得的经验上的巨大成功。事实上，致力于深度神经网络实现的计算机科学家和工程师就像给予了无穷灵感的实验物理学家，而数学家和信号处理专家就像试图找到统一的数学理论来解释经验发现的理论物理学家。因此，与我们正处于数学黑暗时代的错误观念恰恰相反，其实我们现在正生活在“黄金时代”，随时准备发现可以彻底改变数学领域的美妙的深度学习数学理论。因此，本书旨在探索深度学习的数学原理，以破解深度学习的“黑匣子”，开启数学的新篇章。

从本质上说，深度学习是一个交叉学科领域，包括数学、数据科学、物理学、生物学、医学等。因此，数学与其他领域的合作研究至关重要。这是因为经验结果不仅为数学理论研究提供了灵感，而且为验证数学理论是否正确提供了一种手段。因此，尽管本书主要侧重于挖掘深度学习背后的基本数学原理，但希望能够对利用深度学习促进物理学、生物学、化学、地球物理学等基础科学的发展发挥重要作用，并且使读者能够受到新的经验问题的启迪，以便获得更好的数学模型。

附录A 专业术语中英文对照表

符号

σ-algebra σ代数

c-transforms c 变换

f-divergence f 散度

A

Absolutely continuous 绝对连续

Absolutely continuous measure 绝对连续测度

Action potential 动作电位

Activation function 激活函数

Adaptive instance normalization (AdaIN) 自适应实例归一化

Adjacency matrix 邻接矩阵

Adjoint 伴随

Affine function 仿射函数

Algorithmic robustness 算法鲁棒性

Ambient space 背景空间

Artificial intelligence (AI) 人工智能

Artificial neural network (ANN) 人工神经网络

Atlas 图册

Attended map 注意力增强映射

Attention 注意力

Attentional GAN (AttnGAN) 注意力 GAN

Autoencoder 自编码器

Auxiliary classifier 辅助分类器

Average pooling 平均池化

Axon 轴突

Axon hillock 轴突丘

B

Backpropagation 反向传播

Backward-propagated estimation error 反向传播估计误差

Bag-of-words (BOW) kernel 词袋核

Banach space 巴拿赫空间

Basis 基

Basis pursuit 基追踪

Basis vectors 基向量

Batch norm (BN) 批量归一化

Batch normalization 批量归一化

Benign optimization landscape 良性优化地形

Bias–variance trade-off 偏差-方差权衡

Bidirectional encoder representations from transformers (BERT) 双向编码器表示 Transformers

Binary classification 二分类

Biological neural network 生物神经网络

Break point 断点

C

Calculus of variations 变分法

Cauchy–Schwarz inequality 柯西-施瓦茨不等式

Cauchy sequence 柯西序列

Channel attention 通道注意力

Chart 坐标卡

Chemical synapses 化学突触

Classifier 分类器

Collaborative GAN (CollaGAN) 协同 GAN

Colored graph 着色图
Community detection 社区检测
Complete 完备的
Compressed sensing 压缩感知
Concave 凹
Concentration inequalities 集中不等式
Content image 内容图像
Continuous bag-of-words (CBOW) 连续词袋模型
Convex 凸
Convex conjugate 凸共轭
Convex function 凸函数
Convex set 凸集
Convolution 卷积
Convolutional neural network (CNN) 卷积神经网络
Convolution framelet 卷积小波框架
Corpus vocabulary 语料库词汇
Counting measure 计数测度
Cost function 代价函数
Covariate shift 协变量偏移
Cross-domain attention 跨域注意力
Cross entropy 交叉熵
Cycle-consistency 循环一致性

D

Data augmentation 数据增强
Deep convolutional framelets 深度卷积小波框架
Dendrite 树突
Denominator layout 分母布局
Dense convolutional network (DenseNet) 稠密卷积网络
Dependent variable 因变量
Discriminator 判别器
Disentanglement 解耦
Divergences 散度
Domain 定义域
Double descent 双下降
Dropout 随机失活
Dual frame 对偶框架
Duality gap 对偶间隙
Dual variables 对偶变量

E

Earth-mover distance 推土机距离
Edges 边
Eigen-decomposition 特征分解
Electric synapses 电突触
Empirical risk minimization (ERM) 经验风险最小化
Encoder–decoder CNN 编码器–解码器 CNN
Entropy regularization 熵正则化
Evidence lower bound (ELBO) 证据下限
Excitatory postsynaptic potentials (EPSPs) 兴奋性突触后电位
Expressivity 表达能力

F

Feature engineering 特征工程
Feature space 特征空间
Feature map 特征映射
Feedforward neural network (FFNN) 前馈神经网络
First-order necessary conditions (FONC) 一阶必要条件
Fixed points 不动点
Forward-propagated input 前向传播输入
Fréchet differentiable Fréchet 可微的
Frame 框架
Frame condition 框架条件
Framelets 小波框架
Function space 函数空间

G

General linear model (GLM) 广义线性模型
Generative adversarial network (GAN) 生成对抗网络
Generative models 生成模型

Generative pre-trained transformer (GPT) 生成预训练 Transformer
Generator 生成器
Global minima 全局最小值
Global minimizer 全局最小解
Global minimum 全局最小点
Gradient descent method 梯度下降法
Gram matrix Gram 矩阵
Graph 图
Graph attention network (GAT) 图注意力网络
Graph coloring 图着色
Graph embedding 图嵌入
Graph isomorphism 图同构
Graph neural network (GNN) 图神经网络
Growth function 增长函数

H

Haar wavelet Haar 小波
Hankel matrix Hankel 矩阵
Hilbert space 希尔伯特空间
Hinge loss 合页损失
Hoeffding's inequality Hoeffding 不等式
Hubel and Wiesel model Hubel-Wiesel 模型

I

ImageNet large scale visual recognition challenge (ILSVRC) ImageNet 大规模视觉挑战赛
Image imputation 图像填补
Image style transfer 图像风格迁移
Image translation 图像翻译
Implicit bias 隐含偏置
Inception module inception 模块
Independent variable 自变量
Indicator function 示性函数
Induced norm 诱导范数
Inductive bias 归纳偏置
Inhibitory postsynaptic potentials (IPSPs) 抑制性突触后电位
Inner product 内积
Instance normalization 实例归一化
Interpolation threshold 插值阈值
Invexity 不变凸
Ionotropic receptors 离子通道型受体

J

Jennifer Aniston cell Jennifer Aniston 细胞
Jensen–Shannon (JS) divergence JS 散度

K

Kantorovich formulation Kantorovich 公式
Karush–Kuhn–Tucker (KKT) conditions KKT 条件
Kernel 核
Kernel Machine 核机器
Kernel SVM 核 SVM
Kernel trick 核技巧
Key 键
Kronecker product Kronecker 积
Kullback–Leibler (KL) divergence KL 散度

L

Lagrangian dual problem 拉格朗日对偶问题
Lagrangian multipliers 拉格朗日乘子
Latent space 隐空间
Latent variables 隐变量
Layer normalization 逐层归一化
learning machine 学习机器
Least squares (LS) regression 最小二乘回归
Lifting 提升
Linearly independent 线性无关
Linear operators 线性算子
Link analysis 链接分析
Lipschitz continuous Lipschitz 连续
Lipschitz constant Lipschitz 常数
Local minima 局部最小值
Local minimizer 局部最小解
Local minimum 局部极小点

Logistic regression 逻辑回归
Logit 对数几率
Long-term depression (LTD) 长时程抑制
Long-term potentiation (LTP) 长时程增强
Loss landscape 损失地形
Loss surfaces 损失曲面
Low-rank mapping 低秩映射
Lyapunov function Lyapunov 函数
Lyapunov global asymptotic stability theorem Lyapunov 全局渐近稳定性定理
Lyapunov stability analysis Lyapunov 稳定性分析

M

Manifold 流形
Masked self-attention 掩蔽自注意力
Matrix factorization 矩阵分解
Matrix inversion lemma 矩阵求逆引理
Matrix norm 矩阵范数
Maximum margin linear classifier 最大间隔线性分类器
Max pooling 最大池化
Mean squared error (MSE) 均方误差
Measurable space 可测空间
Metabotropic receptors 代谢型受体
Metric 度量
Metric space 度量空间
Mini-batch 小批量
Momentum method 动量法
Multi-input multi-output (MIMO) convolution 多输入-多输出卷积
Multi-input single-output (MISO) convolution 多输入-单输出卷积
Multilayer perception (MLP) 多层感知器
Multiset 多重集

N

Natural language processing (NLP) 自然语言处理
Neural tangent kernel (NTK) 神经正切核
Neuron 神经元
Neurotransmitter 神经递质
Node 节点
Node classification 节点分类
Node coloring 节点着色
Node2vec
Nonlinear independent component estimation (NICE) 非线性独立成分估计
Norm 范数
Normalizing flow (NF) 归一化流
Null space 零空间
Numerator layout 分子布局
Normed space 赋范空间

O

Odds 概率
Optimal transport 最优传输
Optimization landscape 优化地形
Orthogonal complement 正交补
Over-parameterization 过参数化
Overfitting 过拟合

P

PAC–Bayes bounds PAC 贝叶斯界
Perceptual loss 感知损失
Perfect reconstruction condition 完美重建条件
Piecewise linear partition 分片线性分区
Point evaluation function 点求值泛函
Polyak–Łojasiewicz (PL) condition PL 条件
Pooling 池化
Population risk 群体风险
Positional encoding 位置编码
Positive definite 正定
Positive definite kernel 正定核
Positive semidefinite 半正定
Probability measure 概率测度
Probability space 概率空间

Union bound 联合界
Union of subspaces 子空间的并
Universal approximation theorem 万能逼近定理
Unpooling 反池化
Unsupervised learning 无监督学习
Unweighted graph 非加权图

V

Validation set 验证集
Vanishing gradient problem 梯度消失问题
Variational autoencoder (VAE) 变分自编码器
VC bound VC 界
VC dimension VC 维
Vector space 向量空间
Vertices 顶点
Vision Transformer (ViT) 视觉 Transformer

W

Wasserstein metric Wasserstein 度量
Wasserstein-1 metric 1–Wasserstein 度量
Wavelet frame 小波框架
Wavelet shrinkage 小波收缩
Weight clipping 权重剪枝
Weighted graphs 加权图
Weisfeiler–Lehman (WL) isomorphism test WL 同构测试
W–GAN with the gradient penalty (WGAN–GP) 带梯度惩罚的 W–GAN
Whitening and coloring transform (WCT) 白化与着色变换
Word embedding 词嵌入

参考文献

1. R. J. Duffin and A. C. Schaeffer, "A class of nonharmonic Fourier series," Transactions of the American Mathematical Society, vol. 72, no. 2, pp. 341–366, 1952.
2. P. R. Halmos, Measure theory. Springer, 2013, vol. 18.
3. W. H. Press, S. A. Teukolsky, W. T. Vetterling, and B. P. Flannery, Numerical recipes 3rd edition: The art of scientific computing. Cambridge University Press, 2007.
4. R. A. Horn, R. A. Horn, and C. R. Johnson, Topics in matrix analysis. Cambridge University Press, 1994.
5. K. Petersen, M. Pedersen et al., "The matrix cookbook, vol. 7," Technical University of Denmark, vol. 15, 2008.
6. S. Boyd, S. P. Boyd, and L. Vandenberghe, Convex optimization. Cambridge University Press, 2004.
7. O. Russakovsky, J. Deng, H. Su, J. Krause, S. Satheesh, S. Ma, Z. Huang, A. Karpathy, Khosla, M. Bernstein et al., "ImageNet large scale visual recognition challenge," International Journal of Computer Vision, vol. 115, no. 3, pp. 211–252, 2015.
8. J. Deng, W. Dong, R. Socher, L.-J. Li, K. Li, and L. Fei-Fei, "ImageNet: A large-scale hierarchical image database," in 2009 IEEE Conference on Computer Vision and Pattern Recognition. IEEE, 2009, pp. 248–255.
9. A. Krizhevsky, I. Sutskever, and G. E. Hinton, "ImageNet classification with deep convolutional neural networks," in Advances in Neural Information Processing Systems, 2012, pp. 1097–1105.
10. V. Vapnik, The nature of statistical learning theory. Springer Science & Business Media, 2013.
11. B. Schölkopf, A. J. Smola, F. Bach et al., Learning with kernels: support vector machines, regularization, optimization, and beyond. MIT Press, 2002.
12. D. G. Lowe, "Distinctive image features from scale-invariant keypoints," International Journal of Computer Vision, vol. 60, no. 2, pp. 91–110, 2004.
13. H. Bay, T. Tuytelaars, and L. Van Gool, "SURF: Speeded up robust features," in European Conference on Computer Vision (ECCV). Springer, 2006, pp. 404–417.
14. W. D. Penny, K. J. Friston, J. T. Ashburner, S. J. Kiebel, and T. E. Nichols, Statistical parametric mapping: the analysis of functional brain images. Elsevier, 2011.
15. B. Schölkopf, R. Herbrich, and A. J. Smola, "A generalized representer theorem," in International conference on computational learning theory. Springer, 2001, pp. 416–426.
16. G. Salton and M. McGill, Introduction to Modern Information Retrieval. McGraw Hill Book Company, 1983.
17. E. R. Kandel, J. H. Schwartz, T. M. Jessell, S. Siegelbaum, and A. Hudspeth, Principles of neural science.

McGraw-Hill New York, 2000, vol. 4.

18. G. M. Shepherd, Neurobiology. Oxford University Press, 1988.
19. J. G. Nicholls, A. R. Martin, B. G. Wallace, and P. A. Fuchs, From neuron to brain. Sinauer Associates Sunderland, MA, 2001, vol. 271.
20. D. H. Hubel and T. N.Wiesel, "Receptive fields of single neurones in the cat's striate cortex," The Journal of Physiology, vol. 148, no. 3, pp. 574–591, 1959.
21. Y. LeCun, B. Boser, J. S. Denker, D. Henderson, R. E. Howard,W. Hubbard, and L. D. Jackel, "Backpropagation applied to handwritten zip code recognition," Neural Computation, vol. 1, no. 4, pp. 541–551, 1989.
22. M. Riesenhuber and T. Poggio, "Hierarchical models of object recognition in cortex," Nature Neuroscience, vol. 2, no. 11, pp. 1019–1025, 1999.
23. R. Q. Quiroga, L. Reddy, G. Kreiman, C. Koch, and I. Fried, "Invariant visual representation by single neurons in the human brain," Nature, vol. 435, no. 7045, pp. 1102–1107, 2005.
24. V. Nair and G. E. Hinton, "Rectified linear units improve restricted Boltzmann machines," in Proceedings of the 27th International Conference on Machine Learning, 2010, pp. 807–814.
25. J. Duchi, E. Hazan, and Y. Singer, "Adaptive subgradient methods for online learning and stochastic optimization," Journal of Machine Learning Research, vol. 12, no. 7, pp. 2121–2159, 2011.
26. T. Tieleman and G. Hinton, "Lecture 6.5-RMSprop: Divide the gradient by a running average of its recent magnitude," COURSERA: Neural Networks for Machine Learning, vol. 4, no. 2, pp. 26–31, 2012.
27. D. P. Kingma and J. Ba, "Adam: A method for stochastic optimization," arXiv preprint arXiv: 1412.6980, 2014.
28. D. E. Rumelhart, G. E. Hinton, and R. J. Williams, "Learning representations by backpropagating errors," Nature, vol. 323, no. 6088, pp. 533–536, 1986.
29. I. M. Gelfand, R. A. Silverman et al., Calculus of variations. Courier Corporation, 2000.
30. C. Szegedy, W. Liu, Y. Jia, P. Sermanet, S. Reed, D. Anguelov, D. Erhan, V. Vanhoucke, and Rabinovich, "Going deeper with convolutions," in Proceedings of the IEEE Conference on Computer Vision and Pattern Recognition, 2015, pp. 1–9.
31. K. Simonyan and A. Zisserman, "Very deep convolutional networks for large-scale image recognition," arXiv preprint arXiv: 1409.1556, 2014.
32. J. Johnson, A. Alahi, and L. Fei-Fei, "Perceptual losses for real-time style transfer and superresolution," in European Conference on Computer Vision (ECCV), 2016, pp. 694–711.
33. K. He, X. Zhang, S. Ren, and J. Sun, "Deep residual learning for image recognition," in Proceedings of the IEEE Conference on Computer Vision and Pattern Recognition, 2016, pp. 770–778.
34. H. Li, Z. Xu, G. Taylor, C. Studer, and T. Goldstein, "Visualizing the loss landscape of neural nets," in Advances in Neural Information Processing Systems, 2018, pp. 6389–6399.
35. J. C. Ye and W. K. Sung, "Understanding geometry of encoder-decoder CNNs," in International Conference on Machine Learning, 2019, pp. 7064–7073.
36. Q. Nguyen and M. Hein, "Optimization landscape and expressivity of deep CNNs," arXiv preprint

arXiv:1710.10928, 2017.

37. G. Huang, Z. Liu, L. Van Der Maaten, and K. Q. Weinberger, “Densely connected convolutional networks,” in Proceedings of the IEEE Conference on Computer Vision and Pattern Recognition, 2017, pp. 4700–4708.
38. O. Ronneberger, P. Fischer, and T. Brox, “U-Net: Convolutional networks for biomedical image segmentation,” in International Conference on Medical Image Computing and Computer-Assisted Intervention. Springer, 2015, pp. 234–241.
39. K. H. Jin, M. T. McCann, E. Froustey, and M. Unser, “Deep convolutional neural network for inverse problems in imaging,” IEEE Transactions on Image Processing, vol. 26, no. 9, pp. 4509–4522, 2017.
40. Y. Han and J. C. Ye, “Framing U-Net via deep convolutional framelets: Application to sparse-view CT,” IEEE Transactions on Medical Imaging, vol. 37, no. 6, pp. 1418–1429, 2018.
41. S. Ioffe and C. Szegedy, “Batch normalization: Accelerating deep network training by reducing internal covariate shift,” arXiv preprint arXiv: 1502.03167, 2015.
42. J. C. Ye, Y. Han, and E. Cha, “Deep convolutional framelets: A general deep learning framework for inverse problems,” SIAM Journal on Imaging Sciences, vol. 11, no. 2, pp. 991–1048, 2018.
43. J. Bruna and S. Mallat, “Invariant scattering convolution networks,” IEEE Transactions on Pattern Analysis and Machine Intelligence, vol. 35, no. 8, pp. 1872–1886, 2013.
44. I. Goodfellow, Y. Bengio, and A. Courville, Deep learning. MIT Press, 2016.
45. N. Srivastava, G. Hinton, A. Krizhevsky, I. Sutskever, and R. Salakhutdinov, “Dropout: a simple way to prevent neural networks from overfitting,” The Journal of Machine Learning Research, vol. 15, no. 1, pp. 1929–1958, 2014.
46. D. L. Donoho, “Compressed sensing,” IEEE Trans. Information Theory, vol. 52, no. 4, pp. 1289–1306, 2006.
47. E. J. Candès and B. Recht, “Exact matrix completion via convex optimization,” Found. Comput. Math., vol. 9, no. 6, pp. 717–772, 2009.
48. G. Cybenko, “Approximation by superpositions of a sigmoidal function,” Mathematics of Control, Signals and Systems, vol. 2, no. 4, pp. 303–314, 1989.
49. S. Ryu, J. Lim, S. H. Hong, and W. Y. Kim, “Deeply learning molecular structureproperty relationships using attention-and gate-augmented graph convolutional network,” arXiv preprint arXiv: 1805.10988, 2018.
50. T. Mikolov, I. Sutskever, K. Chen, G. S. Corrado, and J. Dean, “Distributed representations of words and phrases and their compositionality,” in Advances in Neural Information Processing Systems, 2013, pp. 3111–3119.
51. T. Mikolov, K. Chen, G. Corrado, and J. Dean, “Efficient estimation of word representations in vector space,” arXiv preprint arXiv: 1301.3781, 2013.
52. W. L. Hamilton, R. Ying, and J. Leskovec, “Representation learning on graphs: Methods and applications,” arXiv preprint arXiv: 1709.05584, 2017.
53. B. Perozzi, R. Al-Rfou, and S. Skiena, “DeepWalk: Online learning of social representations,” in

Proceedings of the 20th ACM SIGKDD International Conference on Knowledge Discovery and Data Mining, 2014, pp. 701–710.

54. A. Grover and J. Leskovec, “Node2vec: Scalable feature learning for networks,” in Proceedings of the 22nd ACM SIGKDD International Conference on Knowledge Discovery and Data Mining, 2016, pp. 855–864.

55. M. M. Bronstein, J. Bruna, Y. LeCun, A. Szlam, and P. Vandergheynst, “Geometric deep learning: going beyond Euclidean data,” IEEE Signal Processing Magazine, vol. 34, no. 4, pp. 18–42, 2017.

56. T. N. Kipf and M. Welling, “Semi-supervised classification with graph convolutional networks,” arXiv preprint arXiv: 1609.02907, 2016.

57. K. Xu,W. Hu, J. Leskovec, and S. Jegelka, “How powerful are graph neural networks?” arXiv preprint arXiv:1810.00826, 2018.

58. W. Hamilton, Z. Ying, and J. Leskovec, “Inductive representation learning on large graphs,” in Advances in Neural Information Processing Systems, 2017, pp. 1024–1034.

59. C. Morris, M. Ritzert, M. Fey, W. L. Hamilton, J. E. Lenssen, G. Rattan, and M. Grohe, “Weisfeiler and Leman go neural: Higher-order graph neural networks,” in Proceedings of the AAAI Conference on Artificial Intelligence, vol. 33, 2019, pp. 4602–4609.

60. Z. Chen, S. Villar, L. Chen, and J. Bruna, “On the equivalence between graph isomorphism testing and function approximation with GNNs,” in Advances in Neural Information Processing Systems, 2019, pp. 15 868–15 876.

61. P. Barceló, E. V. Kostylev, M. Monet, J. Pérez, J. Reutter, and J. P. Silva, “The logical expressiveness of graph neural networks,” in International Conference on Learning Representations, 2019.

62. M. Grohe, “word2vec, node2vec, graph2vec, x2vec: Towards a theory of vector embeddings of structured data,” arXiv preprint arXiv: 2003.12590, 2020.

63. N. Shervashidze, P. Schweitzer, E. J. Van Leeuwen, K. Mehlhorn, and K. M. Borgwardt, “Weisfeiler–Lehman graph kernels,” Journal of Machine Learning Research, vol. 12, no. 77, pp. 2539–2561, 2011.

64. J. L. Ba, J. R. Kiros, and G. E. Hinton, “Layer normalization,” arXiv preprint arXiv: 1607.06450, 2016.

65. D. Ulyanov, A. Vedaldi, and V. Lempitsky, “Instance normalization: The missing ingredient for fast stylization,” arXiv preprint arXiv: 1607.08022, 2016.

66. Y. Wu and K. He, “Group normalization,” in Proceedings of the European Conference on Computer Vision (ECCV), 2018, pp. 3–19.

67. X. Huang and S. Belongie, “Arbitrary style transfer in real-time with adaptive instance normalization,” in Proceedings of the IEEE International Conference on Computer Vision, 2017, pp. 1501–1510.

68. J. Hu, L. Shen, and G. Sun, “Squeeze-and-excitation networks,” in Proceedings of the IEEE Conference on Computer Vision and Pattern Recognition, 2018, pp. 7132–7141.

69. P. Veliˇckoviˊc, G. Cucurull, A. Casanova, A. Romero, P. Lio, and Y. Bengio, “Graph attention networks,” arXiv preprint arXiv: 1710.10903, 2017.

70. X. Wang, R. Girshick, A. Gupta, and K. He, “Non-local neural networks,” in Proceedings of the IEEE

Conference on Computer Vision and Pattern Recognition, 2018, pp. 7794–7803.

71. H. Zhang, I. Goodfellow, D. Metaxas, and A. Odena, "Self-attention generative adversarial networks," in International conference on machine learning. PMLR, 2019, pp. 7354–7363.
72. T. Xu, P. Zhang, Q. Huang, H. Zhang, Z. Gan, X. Huang, and X. He, "AttnGAN: Fine-grained text to image generation with attentional generative adversarial networks," in Proceedings of the IEEE Conference on Computer Vision and Pattern Recognition, 2018, pp. 1316–1324.
73. A. Vaswani, N. Shazeer, N. Parmar, J. Uszkoreit, L. Jones, A. N. Gomez, Ł. Kaiser, and Polosukhin, "Attention is all you need," in Advances in Neural Information Processing Systems, 2017, pp. 5998–6008.
74. J. Devlin,M.-W. Chang, K. Lee, and K. Toutanova, "BERT: Pre-training of deep bidirectional transformers for language understanding," arXiv preprint arXiv: 1810.04805, 2018.
75. A. Radford, J. Wu, R. Child, D. Luan, D. Amodei, and I. Sutskever, "Language models are unsupervised multitask learners," OpenAI Blog, vol. 1, no. 8, p. 9, 2019.
76. T. B. Brown, B. Mann, N. Ryder, M. Subbiah, J. Kaplan, P. Dhariwal, A. Neelakantan, P. Shyam, G. Sastry, A. Askell et al., "Language models are few-shot learners," arXiv preprint arXiv:2005.14165, 2020.
77. L. A. Gatys, A. S. Ecker, and M. Bethge, "Image style transfer using convolutional neural networks," in Proceedings of the IEEE Conference on Computer Vision and Pattern Recognition, 2016, pp. 2414–2423.
78. Y. Taigman, A. Polyak, and L. Wolf, "Unsupervised cross-domain image generation," arXiv preprint arXiv: 1611.02200, 2016.
79. Y. Li, C. Fang, J. Yang, Z.Wang, X. Lu, and M.-H. Yang, "Universal style transfer via feature transforms," in Advances in Neural Information Processing Systems, 2017, pp. 386–396.
80. Y. Li, M.-Y. Liu, X. Li, M.-H. Yang, and J. Kautz, "A closed-form solution to photorealistic image stylization," in Proceedings of the European Conference on Computer Vision (ECCV), 2018, pp. 453–468.
81. D. Y. Park and K. H. Lee, "Arbitrary style transfer with style-attentional networks," in Proceedings of the IEEE Conference on Computer Vision and Pattern Recognition, 2019, pp. 5880–5888.
82. J. Yoo, Y. Uh, S. Chun, B. Kang, and J.-W. Ha, "Photorealistic style transfer via wavelet transforms," in Proceedings of the IEEE International Conference on Computer Vision, 2019, pp. 9036–9045.
83. T. Park, M.-Y. Liu, T.-C. Wang, and J.-Y. Zhu, "Semantic image synthesis with spatiallyadaptive normalization," in Proceedings of the IEEE Conference on Computer Vision and Pattern Recognition, 2019, pp. 2337–2346.
84. X. Huang, M.-Y. Liu, S. Belongie, and J. Kautz, "Multimodal unsupervised image-to-image translation," in Proceedings of the European Conference on Computer Vision (ECCV), 2018, pp. 172–189.
85. J.-Y. Zhu, R. Zhang, D. Pathak, T. Darrell, A. A. Efros,O.Wang, and E. Shechtman, "Toward multimodal image-to-image translation," in Advances in Neural Information Processing Systems, 2017, pp. 465–476.
86. H.-Y. Lee, H.-Y. Tseng, J.-B. Huang, M. Singh, and M.-H. Yang, "Diverse image-to-image translation via disentangled representations," in Proceedings of the European Conference on Computer Vision (ECCV), 2018, pp. 35–51.

87. Y. Choi, M. Choi, M. Kim, J.-W. Ha, S. Kim, and J. Choo, "StarGAN: Unified generative adversarial networks for multi-domain image-to-image translation," in Proceedings of the IEEE Conference on Computer Vision and Pattern Recognition, 2018, pp. 8789–8797.

88. I. Goodfellow, J. Pouget-Abadie, M. Mirza, B. Xu, D. Warde-Farley, S. Ozair, A. Courville, and Y. Bengio, "Generative adversarial nets," in Advances in Neural Information Processing Systems, 2014, pp. 2672–2680.

89. T. Karras, S. Laine, and T. Aila, "A style-based generator architecture for generative adversarial networks," in Proceedings of the IEEE Conference on Computer Vision and Pattern Recognition, 2019, pp. 4401–4410.

90. K. Zhang, W. Zuo, Y. Chen, D. Meng, and L. Zhang, "Beyond a Gaussian denoiser: Residual learning of deep CNN for image denoising," IEEE Transactions on Image Processing, vol. 26, no. 7, pp. 3142–3155, 2017.

91. M. Bear, B. Connors, andM. A. Paradiso, Neuroscience: Exploring the brain. Jones & Bartlett Learning, LLC, 2020.

92. K. Greff, R. K. Srivastava, J. Koutník, B. R. Steunebrink, and J. Schmidhuber, "LSTM: a search space odyssey," IEEE Transactions on Neural Networks and Learning Systems, vol. 28, no. 10, pp. 2222–2232, 2016.

93. J. Pérez, J. Marinkovi´c, and P. Barceló, "On the Turing completeness of modern neural network architectures," in International Conference on Learning Representations, 2018.

94. J.-B. Cordonnier, A. Loukas, and M. Jaggi, "On the relationship between self-attention and convolutional layers," arXiv preprint arXiv: 1911.03584, 2019.

95. G. Marcus and E. Davis, "GPT-3, bloviator: OpenAI's language generator has no idea what it's talking about," Technology Review, 2020.

96. A. Dosovitskiy, L. Beyer, A. Kolesnikov, D. Weissenborn, X. Zhai, T. Unterthiner, M. Dehghani, M. Minderer, G. Heigold, S. Gelly et al., "An image is worth 16 × 16 words: Transformers for image recognition at scale," arXiv preprint arXiv:2010.11929, 2020.

97. G. Kwon and J. C. Ye, "Diagonal attention and style-based GAN for content-style disentanglement in image generation and translation," arXiv preprint arXiv: 2103.16146, 2021.

98. J. Xie, L. Xu, and E. Chen, "Image denoising and inpainting with deep neural networks," in Advances in Neural Information Processing Systems, 2012, pp. 341–349.

99. C. Dong, C. C. Loy, K. He, and X. Tang, "Image super-resolution using deep convolutional networks," IEEE Transactions on Pattern Analysis and Machine Intelligence, vol. 38, no. 2, pp. 295–307, 2015.

100. J. Kim, J. K. Lee, and K. Lee, "Accurate image super-resolution using very deep convolutional networks," in Proceedings of the IEEE Conference on Computer Vision and Pattern Recognition, 2016, pp. 1646–1654.

101. M. Telgarsky, "Representation benefits of deep feedforward networks," arXiv preprint arXiv: 1509.08101, 2015.

102. R. Eldan and O. Shamir, "The power of depth for feedforward neural networks," in 29th Annual

Conference on Learning Theory, 2016, pp. 907–940.

103. M. Raghu, B. Poole, J. Kleinberg, S. Ganguli, and J. S. Dickstein, "On the expressive power of deep neural networks," in Proceedings of the 34th International Conference on Machine Learning. JMLR, 2017, pp. 2847–2854.
104. D. Yarotsky, "Error bounds for approximations with deep ReLU networks," Neural Networks, vol. 94, pp. 103–114, 2017.
105. R. Arora, A. Basu, P. Mianjy, and A. Mukherjee, "Understanding deep neural networks with rectified linear units," arXiv preprint arXiv: 1611.01491, 2016.
106. S. Mallat, A wavelet tour of signal processing. Academic Press, 1999.
107. D. L. Donoho, "De-noising by soft-thresholding," IEEE Transactions on Information Theory, vol. 41, no. 3, pp. 613–627, 1995.
108. Y. C. Eldar and M. Mishali, "Robust recovery of signals from a structured union of subspaces," IEEE Transactions on Information Theory, vol. 55, no. 11, pp. 5302–5316, 2009.
109. R. Yin, T. Gao, Y. M. Lu, and I. Daubechies, "A tale of two bases: Local-nonlocal regularization on image patches with convolution framelets," SIAM Journal on Imaging Sciences, vol. 10, no. 2, pp. 711–750, 2017.
110. J. C. Ye, J. M. Kim, K. H. Jin, and K. Lee, "Compressive sampling using annihilating filterbased low-rank interpolation," IEEE Transactions on Information Theory, vol. 63, no. 2, pp. 777–801, 2016.
111. K. H. Jin and J. C. Ye, "Annihilating filter-based low-rank Hankel matrix approach for image inpainting," IEEE Transactions on Image Processing, vol. 24, no. 11, pp. 3498–3511, 2015.
112. K. H. Jin, D. Lee, and J. C. Ye, "A general framework for compressed sensing and parallel MRI using annihilating filter based low-rank Hankel matrix," IEEE Transactions on Computational Imaging, vol. 2, no. 4, pp. 480–495, 2016.
113. J.-F. Cai, B. Dong, S. Osher, and Z. Shen, "Image restoration: total variation, wavelet frames, and beyond," Journal of the American Mathematical Society, vol. 25, no. 4, pp. 1033–1089, 2012.
114. N. Lei, D. An, Y. Guo, K. Su, S. Liu, Z. Luo, S.-T. Yau, and X. Gu, "A geometric understanding of deep learning," Engineering, 2020.
115. B. Hanin and D. Rolnick, "Complexity of linear regions in deep networks," in International Conference on Machine Learning. PMLR, 2019, pp. 2596–2604.
116. B. Hanin and D. Rolnick. "Deep ReLU networks have surprisingly few activation patterns," Advances in Neural Information Processing Systems, vol. 32, pp. 361–370, 2019.
117. X. Zhang and D. Wu, "Empirical studies on the properties of linear regions in deep neural networks," arXiv preprint arXiv: 2001.01072, 2020.
118. G. F. Montufar, R. Pascanu, K. Cho, and Y. Bengio, "On the number of linear regions of deep neural networks," in Advances in Neural Information Processing Systems, 2014, pp. 2924–2932.
119. Z. Allen-Zhu, Y. Li, and Z. Song, "A convergence theory for deep learning via overparameterization," in International Conference on Machine Learning. PMLR, 2019, pp. 242–252.
120. S. Du, J. Lee, H. Li, L. Wang, and X. Zhai, "Gradient descent finds global minima of deep neural

networks," in International Conference on Machine Learning. PMLR, 2019, pp. 1675–1685.

121. D. Zou, Y. Cao, D. Zhou, and Q. Gu, "Stochastic gradient descent optimizes overparameterized deep ReLU networks," arXiv preprint arXiv: 1811.08888, 2018.

122. H. Karimi, J. Nutini, andM. Schmidt, "Linear convergence of gradient and proximal-gradient methods under the Polyak-łojasiewicz condition," in Joint European Conference on Machine Learning and Knowledge Discovery in Databases. Springer, 2016, pp. 795–811.

123. Q. Nguyen, "On connected sublevel sets in deep learning," in International Conference on Machine Learning. PMLR, 2019, pp. 4790–4799.

124. C. Liu, L. Zhu, and M. Belkin, "Toward a theory of optimization for over-parameterized systems of non-linear equations: the lessons of deep learning," arXiv preprint arXiv: 2003.00307, 2020.

125. Z. Allen-Zhu, Y. Li, and Y. Liang, "Learning and generalization in overparameterized neural networks, going beyond two layers," arXiv preprint arXiv: 1811.04918, 2018.

126. M. Soltanolkotabi, A. Javanmard, and J. D. Lee, "Theoretical insights into the optimization landscape of over-parameterized shallow neural networks," IEEE Transactions on Information Theory, vol. 65, no. 2, pp. 742–769, 2018.

127. S. Oymak and M. Soltanolkotabi, "Overparameterized nonlinear learning: Gradient descent takes the shortest path?" in International Conference on Machine Learning. PMLR, 2019, pp. 4951–4960.

128. S. S. Du, X. Zhai, B. Poczos, and A. Singh, "Gradient descent provably optimizes overparameterized neural networks," arXiv preprint arXiv: 1810.02054, 2018.

129. I. Safran, G. Yehudai, and O. Shamir, "The effects of mild over-parameterization on the optimization landscape of shallow ReLU neural networks," arXiv preprint arXiv: 2006.01005, 2020.

130. A. Jacot, F. Gabriel, and C. Hongler, "Neural tangent kernel: convergence and generalization in neural networks," in Proceedings of the 32nd International Conference on Neural Information Processing Systems, 2018, pp. 8580–8589.

131. S. Arora, S. S. Du,W. Hu, Z. Li, R. Salakhutdinov, and R.Wang, "On exact computation with an infinitely wide neural net," arXiv preprint arXiv:1904.11955, 2019.

132. Y. Li, T. Luo, and N. K. Yip, "Towards an understanding of residual networks using neural tangent hierarchy (NTH)," arXiv preprint arXiv: 2007.03714, 2020.

133. Y. Nesterov, Introductory lectures on convex optimization: A basic course. Springer Science & Business Media, 2003, vol. 87.

134. Z.-Q. Luo and P. Tseng, "Error bounds and convergence analysis of feasible descent methods: a general approach," Annals of Operations Research, vol. 46, no. 1, pp. 157–178, 1993.

135. J. Liu, S. Wright, C. Ré, V. Bittorf, and S. Sridhar, "An asynchronous parallel stochastic coordinate descent algorithm," in International Conference on Machine Learning. PMLR, 2014, pp. 469–477.

136. I. Necoara, Y. Nesterov, and F. Glineur, "Linear convergence of first order methods for nonstrongly convex optimization," Mathematical Programming, vol. 175, no. 1, pp. 69–107, 2019.

137. H. Zhang and W. Yin, "Gradient methods for convex minimization: better rates under weaker conditions," arXiv preprint arXiv: 1303.4645, 2013.

138. B. T. Polyak, "Gradient methods for minimizing functionals," Zhurnal Vychislitel'noi Matematiki i Matematicheskoi Fiziki, vol. 3, no. 4, pp. 643–653, 1963.

139. S. Lojasiewicz, "A topological property of real analytic subsets," Coll. du CNRS, Les équations aux dérivées partielles, vol. 117, pp. 87–89, 1963.

140. B. D. Craven and B. M. Glover, "Invex functions and duality," Journal of the Australian Mathematical Society, vol. 39, no. 1, pp. 1–20, 1985.

141. K. Kawaguchi, "Deep learning without poor local minima," arXiv preprint arXiv: 1605.07110, 2016.

142. H. Lu and K. Kawaguchi, "Depth creates no bad local minima," arXiv preprint arXiv: 1702.08580, 2017.

143. Y. Zhou and Y. Liang, "Critical points of neural networks: Analytical forms and landscape properties," arXiv preprint arXiv: 1710.11205, 2017.

144. C. Yun, S. Sra, and A. Jadbabaie, "Small nonlinearities in activation functions create bad local minima in neural networks," arXiv preprint arXiv: 1802.03487, 2018.

145. D. Li, T. Ding, and R. Sun, "Over-parameterized deep neural networks have no strict local minima for any continuous activations," arXiv preprint arXiv: 1812.11039, 2018.

146. N. P. Bhatia and G. P. Szegö, Stability Theory of Dynamical Systems. Springer Science & Business Media, 2002.

147. B. Neyshabur, R. Tomioka, and N. Srebro, "Norm-based capacity control in neural networks," in Conference on Learning Theory. PMLR, 2015, pp. 1376–1401.

148. P. Bartlett, D. J. Foster, and M. Telgarsky, "Spectrally-normalized margin bounds for neural networks," arXiv preprint arXiv: 1706.08498, 2017.

149. V. Nagarajan and J. Z. Kolter, "Deterministic PAC-Bayesian generalization bounds for deep networks via generalizing noise-resilience," arXiv preprint arXiv: 1905.13344, 2019.

150. C.Wei and T. Ma, "Data-dependent sample complexity of deep neural networks via Lipschitz augmentation," arXiv preprint arXiv: 1905.03684, 2019.

151. S. Arora, R. Ge, B. Neyshabur, and Y. Zhang, "Stronger generalization bounds for deep nets via a compression approach," in International Conference on Machine Learning. PMLR, 2018, pp. 254–263.

152. N. Golowich, A. Rakhlin, and O. Shamir, "Size-independent sample complexity of neural networks," in Conference on Learning Theory. PMLR, 2018, pp. 297–299.

153. B. Neyshabur, S. Bhojanapalli, and N. Srebro, "A pac-Bayesian approach to spectrallynormalized margin bounds for neural networks," arXiv preprint arXiv: 1707.09564, 2017.

154. M. Belkin, D. Hsu, S. Ma, and S. Mandal, "Reconciling modern machine-learning practice and the classical bias–variance trade-off," Proceedings of the National Academy of Sciences, vol. 116, no. 32, pp. 15 849–15 854, 2019.

155. M. Belkin, D. Hsu, and J. Xu, "Two models of double descent for weak features," SIAM Journal on Mathematics of Data Science, vol. 2, no. 4, pp. 1167–1180, 2020.

156. L. G. Valiant, "A theory of the learnable," Communications of the ACM, vol. 27, no. 11, pp. 1134–1142, 1984.

157. W. Hoeffding, "Probability inequalities for sums of bounded random variables," in The Collected Works

of Wassily Hoeffding. Springer, 1994, pp. 409–426.

158. N. Sauer, "On the density of families of sets," Journal of Combinatorial Theory, Series A, vol. 13, no. 1, pp. 145–147, 1972.

159. Y. Jiang, B. Neyshabur, H. Mobahi, D. Krishnan, and S. Bengio, "Fantastic generalization measures and where to find them," arXiv preprint arXiv: 1912.02178, 2019.

160. P. L. Bartlett, N. Harvey, C. Liaw, and A. Mehrabian, "Nearly-tight VC-dimension and pseudodimension bounds for piecewise linear neural networks." Journal of Machine Learning Research, vol. 20, no. 63, pp. 1–17, 2019.

161. P. L. Bartlett and S. Mendelson, "Rademacher and Gaussian complexities: Risk bounds and structural results," Journal of Machine Learning Research, vol. 3, pp. 463–482, 2002.

162. A. Blumer, A. Ehrenfeucht, D. Haussler, and M. K. Warmuth, "Learnability and the Vapnik–Chervonenkis dimension," Journal of the ACM (JACM), vol. 36, no. 4, pp. 929–965, 1989.

163. D. A. McAllester, "Some PAC-Bayesian theorems," Machine Learning, vol. 37, no. 3, pp. 355–363, 1999.

164. P. Germain, A. Lacasse, F. Laviolette, and M. Marchand, "PAC-Bayesian learning of linear classifiers," in Proceedings of the 26th Annual International Conference on Machine Learning, 2009, pp. 353–360.

165. C. Zhang, S. Bengio, M. Hardt, B. Recht, and O. Vinyals, "Understanding deep learning requires rethinking generalization," arXiv preprint arXiv: 1611.03530, 2016.

166. A. Bietti and J. Mairal, "On the inductive bias of neural tangent kernels," arXiv preprint arXiv:1905.12173, 2019.

167. B. Neyshabur, R. Tomioka, and N. Srebro, "In search of the real inductive bias: On the role of implicit regularization in deep learning," arXiv preprint arXiv: 1412.6614, 2014.

168. D. Soudry, E. Hoffer, M. S. Nacson, S. Gunasekar, and N. Srebro, "The implicit bias of gradient descent on separable data," The Journal of Machine Learning Research, vol. 19, no. 1, pp. 2822–2878, 2018.

169. S. Gunasekar, J. Lee, D. Soudry, and N. Srebro, "Implicit bias of gradient descent on linear convolutional networks," arXiv preprint arXiv: 1806.00468, 2018.

170. L. Chizat and F. Bach, "Implicit bias of gradient descent for wide two-layer neural networks trained with the logistic loss," in Conference on Learning Theory. PMLR, 2020, pp. 1305–1338.

171. S. Gunasekar, J. Lee, D. Soudry, and N. Srebro, "Characterizing implicit bias in terms of optimization geometry," in International Conference on Machine Learning. PMLR, 2018, pp. 1832–1841.

172. H. Xu and S. Mannor, "Robustness and generalization," Machine Learning, vol. 86, no. 3, pp. 391–423, 2012.

173. A. W. Van Der Vaart and J. A. Wellner, "Weak convergence," in Weak Convergence and Empirical Processes. Springer, 1996, pp. 16–28.

174. D. P. Kingma and M. Welling, "Auto-encoding variational Bayes," arXiv preprint arXiv:1312.6114, 2013.

175. I. Higgins, L.Matthey, A. Pal, C. Burgess, X. Glorot,M. Botvinick, S. Mohamed, and A. Lerchner, "β-VAE: Learning basic visual concepts with a constrained variational framework," The International Conference on Learning Representations, vol. 2, no. 5, p. 6, 2017.

176. S. Nowozin, B. Cseke, and R. Tomioka, "f -GAN: Training generative neural samplers using variational divergence minimization," in Advances in Neural Information Processing Systems, 2016, pp. 271–279.

177. M. Arjovsky, S. Chintala, and L. Bottou, "Wasserstein GAN," arXiv preprint arXiv: 1701.07875, 2017.

178. L. Dinh, D. Krueger, and Y. Bengio, "NICE: Non-linear independent components estimation," arXiv preprint arXiv:1410.8516, 2014.

179. D. J. Rezende and S. Mohamed, "Variational inference with normalizing flows," arXiv preprint arXiv: 1505.05770, 2015.

180. L. Dinh, J. Sohl-Dickstein, and S. Bengio, "Density estimation using real NVP," arXiv preprint arXiv: 1605.08803, 2016.

181. D. P. Kingma and P. Dhariwal, "GLOW: Generative flow with invertible 1×1 convolutions," in Advances in Neural Information Processing Systems, 2018, pp. 10 215–10 224.

182. C. Villani, Optimal transport: old and new. Springer Science & Business Media, 2008, vol. 338.

183. M. Cuturi, "Sinkhorn distances: Lightspeed computation of optimal transport," in Advances in Neural Information Processing Systems, 2013, pp. 2292–2300.

184. G. Peyré, M. Cuturi et al., "Computational optimal transport," Foundations and Trends in Machine Learning, vol. 11, no. 5–6, pp. 355–607, 2019.

185. J.-Y. Zhu, T. Park, P. Isola, and A. A. Efros, "Unpaired image-to-image translation using cycle-consistent adversarial networks," in Proceedings of the IEEE international conference on computer vision, 2017, pp. 2223–2232.

186. D. Lee, J. Kim,W.-J. Moon, and J. C. Ye, "CollaGAN: Collaborative GAN for missing image data imputation," in Proceedings of the IEEE Conference on Computer Vision and Pattern Recognition, 2019, pp. 2487–2496.

187. C. Clason, D. A. Lorenz, H. Mahler, and B. Wirth, "Entropic regularization of continuous optimal transport problems," Journal of Mathematical Analysis and Applications, vol. 494, no. 1, p. 124432, 2021.

188. T. Miyato, T. Kataoka, M. Koyama, and Y. Yoshida, "Spectral normalization for generative adversarial networks," arXiv preprint arXiv: 1802.05957, 2018.

189. I. Gulrajani, F. Ahmed, M. Arjovsky, V. Dumoulin, and A. C. Courville, "Improved training of Wasserstein GANs," in Advances in Neural Information Processing Systems, 2017, pp. 5767–5777.

190. P. Vincent, H. Larochelle, I. Lajoie, Y. Bengio, and P.-A. Manzagol, "Stacked denoising autoencoders: Learning useful representations in a deep network with a local denoising criterion," Journal of Machine Learning Research, vol. 11, no. 12, pp. 3371–3408, 2010.

191. M. J.Wainwright,M. I. Jordan et al., "Graphical models, exponential families, and variational inference," Foundations and Trends® in Machine Learning, vol. 1, no. 1–2, pp. 1–305, 2008.

192. T. M. Cover and J. A. Thomas, Elements of information theory. John Wiley & Sons, 2012.

193. J. Su and G. Wu, "f -VAEs: Improve VAEs with conditional flows," arXiv preprint arXiv: 1809.05861, 2018.

194. P. Isola, J.-Y. Zhu, T. Zhou, and A. A. Efros, "Image-to-image translation with conditional adversarial networks," in Proceedings of the IEEE Conference on Computer Vision and Pattern Recognition, 2017, pp. 1125–1134.

195. B. Sim, G. Oh, J. Kim, C. Jung, and J. C. Ye, "Optimal transport driven CycleGAN for unsupervised learning in inverse problems," SIAM Journal on Imaging Sciences, vol. w13, no. 4, pp. 2281–2306, 2020.